# 电磁脉冲焊接理论与技术

**Electromagnetic Pulse Welding Theory and Technology**

李成祥　周　言　陈　丹等　著

科学出版社

北　京

## 内 容 简 介


本书主要阐述电磁脉冲焊接的基本原理、设备研制、电磁过程、结合机理和评估技术。全书共 8 章，分别阐述电磁脉冲焊接技术的基本原理与发展动态、电磁脉冲焊接设备的设计与研制、电磁脉冲焊接的电磁过程、电磁脉冲焊接的结合机理、电磁脉冲焊接效果的评估方法及电磁脉冲焊接工艺优化。本书立足电气工程、结合材料加工与机械制造，系统阐述电磁脉冲焊接的基础理论、基本方法、关键技术与主要应用。

本书主要面向电磁脉冲焊接、电磁成形等先进电磁制造技术及脉冲功率技术领域的研究人员与工程技术人员，也可作为机械工程、材料加工工程等相关专业本科生与研究生的参考书。



**图书在版编目（CIP）数据**

电磁脉冲焊接理论与技术 / 李成祥等著. -- 北京 : 科学出版社, 2024. 10. -- ISBN 978-7-03-079413-0

Ⅰ. TG456.9

中国国家版本馆 CIP 数据核字第 2024GE7604 号

责任编辑：叶苏苏 / 责任校对：王萌萌
责任印制：罗 科 / 封面设计：义和文创

科学出版社 出版
北京东黄城根北街 16 号
邮政编码：100717
http://www.sciencep.com
四川煤田地质制图印务有限责任公司印刷
科学出版社发行 各地新华书店经销
*
2024 年 10 月第 一 版 开本：787×1092 1/16
2024 年 10 月第一次印刷 印张：18 1/4
字数：444 000

**定价：239.00 元**

（如有印装质量问题，我社负责调换）

# 序

高端制造是经济社会高质量发展的重要支撑，在航空器、核电装备以及新能源汽车等高端制造领域，往往需要将不同金属进行连接。

电磁脉冲焊接技术是实现不同金属可靠连接的一种先进技术，涉及多学科交叉，机理和工艺都比较复杂。国内对电磁脉冲焊接研究的起步较晚，加之国外对技术的垄断和封锁，导致我国在电磁脉冲焊接领域一度处于落后局面，一定程度上影响了我国高端制造业的发展。

近年来，重庆大学、华中科技大学、西安交通大学等高校在电磁脉冲焊接领域进行了持续深入的研究，在脉冲电源研制、多物理场仿真、电磁力场调控等方面取得了可喜进展。我国的电磁脉冲焊接技术与国外的差距不断缩小，部分研究甚至达到国际领先水平。

李成祥研究员与其团队成员撰写的《电磁脉冲焊接理论与技术》，是国内第一本专门探讨电磁脉冲焊接技术的专业书籍。该书从电气工程，特别是脉冲功率技术的学术视角切入，融合材料加工与性能表征等多学科内容，全面、系统地探讨了电磁脉冲焊接技术的理论、方法、工艺和工程应用实例，为我国科研人员开展相关研究、共同推动我国电磁脉冲焊接技术的发展提供了重要参考。

2024 年 9 月 28 日

# 前　言

科技发展日新月异，航空航天、新能源汽车、电子信息、高端装备制造等领域对材料的要求越来越严格，材料多样化、性能多元化的特点也日益凸显。单一材料往往很难兼顾各种严格、复杂的应用要求。“将不同材料连接起来”成为解决以上问题的一种自然思路，不仅可以发挥各组成材料的性能优势，还有望降低生产成本、促进资源节约。

然而，不同材料的物理化学性质可能存在巨大差异，将这些材料可靠连接并非易事。近年来，“电磁脉冲焊接”（或称“磁脉冲焊接”）技术在异种金属焊接领域“异军突起”、广受关注，展现出可靠性高、速度快、自动化程度高、环保的突出优势，目前已成功应用于铝-钢、铝-镁、铝-钛、铜-钢等异种材料的连接。国内的电磁脉冲焊接技术尚处于初步研究与小批量试验阶段，遗憾的是，由于有关国家对高性能电磁脉冲焊接设备限制出口并实施技术和市场垄断，严重影响了该技术在国内的发展和应用。

这一背景下，重庆大学先进电磁制造团队基于前期在“脉冲功率技术及其应用”领域数十年的积累，在国家自然科学基金项目（52207148）、重庆市自然科学基金项目（CSTB2022NSCQ-MSX1238、CSTB2022NSCQ-MSX1504）、重庆市教育委员会科学技术研究计划项目（KJZD-K202203102、KJQN202303117）的资助下，依托输变电装备技术全国重点实验室，围绕电磁脉冲焊接理论与技术开展了系统的理论探索与实验研究，取得了一些进展。为推动电磁脉冲焊接技术的发展与应用，助力制造业的高端化、智能化和绿色化，并促进不同领域研究人员间的学术交流，作者集结并凝练团队近十年来的研究工作、编撰成书。

全书共 8 章。第 1 章介绍电磁脉冲焊接技术的起源和基本原理，分析研究动态、应用现状与前景；第 2 章以脉冲电流发生器设计为核心，阐述电磁脉冲焊接通用平台的设计、器件研发选型及控制系统构建等关键技术；第 3、4 章分别说明适用于板状工件与管状工件焊接的电磁脉冲焊接驱动器；第 5 章分析电磁脉冲焊接的电磁过程，通过场-路耦合等方法阐明电磁参数的空间分布、变化规律和影响因素；第 6 章从微观形貌、界面演变、元素扩散、金属射流等方面揭示电磁脉冲焊接的结合机理；第 7 章论述电磁脉冲焊接效果的破坏性与非破坏性评估方法；第 8 章说明电磁脉冲焊接技术在无垫片板件、长管工件及叠层工件焊接中的应用及工艺优化。

衷心感谢重庆大学先进电磁制造团队的周言、陈丹、王现民、杜建、石鑫、廖志刚、吴浩、沈婷及许晨楠等人，他们在电磁脉冲焊接领域开展的大量研究为本书奠定了坚实的基础。

限于作者的研究视野和学术水平，书中难免会有疏漏之处，敬请读者批评指正。

李成祥

2024 年 5 月

# 目　　录

# 第 1 章　电磁脉冲焊接技术的发展动态

## 1.1　电磁脉冲焊接技术简介

### 1.1.1　电磁脉冲焊接技术的提出与发展

电磁脉冲焊接（electromagnetic pulse welding，EMPW）是一种新型固态焊接技术，通过具有高幅值、陡前沿的脉冲电流产生脉冲磁场，驱使工件之间高速碰撞形成冶金结合[1]。该技术起源于电磁成形技术，是脉冲功率技术在材料加工领域的应用之一。20 世纪 20 年代，物理学家 Kapitza 发现用于产生脉冲磁场的金属线圈容易发生胀破现象[2]，这一现象启发了人们对电磁成形技术的思考。1958 年，美国的 Harvey 和 Brower 将上述现象应用于金属的成形并发明了用于工业生产的电磁成形设备 Magneform[3]。1964 年，通用汽车公司采用电磁成形技术将橡胶套压接到汽车球形接头上（图 1.1[4]），这是电磁成形技术首次应用于工业生产[4]。

(a) 工人操作电磁成形设备

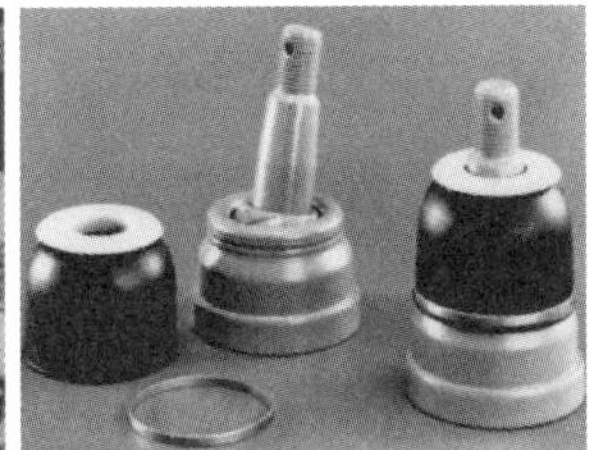

(b) 电磁成形技术加工的产品

图 1.1　通用汽车公司采用电磁成形技术加工汽车球形接头

随后，通用汽车公司不断改进电磁成形设备，所研制的第三代电磁成形设备与自动化装配生产线实现集成（图 1.2[4]），可同步加工多个球形组件。

图 1.2　通用汽车公司第三代电磁成形设备及其配套生产线

20 世纪 70 年代初期，苏联库尔恰托夫研究所的核物理科学家将电磁成形技术应用于核燃料棒顶盖的焊接[5]，电磁脉冲焊接技术由此诞生。该技术以电能激发的洛伦兹力作为主要驱动力，焊接过程中几乎没有任何飞溅、温升和脆性金属间化合物产生，尤其适合异种金属的焊接。

电磁脉冲焊接技术一经提出，便引起多个国家、组织和企业的高度重视。在美国先进技术计划（advanced technology program，ATP）资助下，德纳公司于 1998 年推出电磁脉冲焊接的铝合金-钢汽车传动轴产品（图 1.3）[6]，可有效减轻汽车车身重量，降低生产成本和油耗。2001 年，在美国能源部的资助下，福特、通用和克莱斯勒等多家公司联合开展铝合金板材电磁脉冲焊接技术的研究[7-10]。同年，欧盟资助沃尔沃和多特蒙德大学等多家机构合作开展汽车领域管材与板材的电磁脉冲焊接技术研究。2007 年，Trim 公司和俄亥俄州立大学组建专门团队研究金属双极板电磁成形快速制造工艺[11]。截至目前，德国、以色列、美国、日本等多个国家已在电磁脉冲焊接领域取得丰硕理论研究和工程实践成果，并在国防军工、航空航天、汽车制造等多个领域成功实现工业化应用。

图 1.3　德纳公司通过电磁脉冲焊接技术制造的铝合金-钢汽车传动轴[12]

20 世纪 80～90 年代，国内部分高校与科研院所开始关注电磁脉冲焊接技术。目前，哈尔滨工业大学、中国科学院电工研究所、中国兵器工业第五九研究所、华中科技大学、重庆大学、湖南大学、北京工业大学等多所高校及科研机构围绕电磁脉冲焊接设备、焊接试验、焊接电磁过程和界面结合机理等开展了大量研究工作。然而，现阶段国内对电磁脉冲焊接技术的工业应用还处于起步阶段，尚未实现市场化、规模化应用。据报道，目前国内仅比亚迪公司采用电磁脉冲焊接技术来焊接锂离子电池模组中的铜汇流排与铝电极端子[13, 14]。

### 1.1.2　电磁脉冲焊接技术基本原理与特点

电磁脉冲焊接的基本原理涉及脉冲功率技术和电磁感应技术。电磁脉冲焊接系统主要由充电电源、电容器组、驱动器、充放电开关和待焊接工件构成。以板状工件焊接为例，电磁脉冲焊接系统的结构示意图如图 1.4（a）所示。图中，待焊接工件之外的部分（即充电电源、充电开关、电容器组、放电开关及相应电路）组成脉冲电流发生器；驱动器由焊接线圈和工件装配装置构成。需要指出，国内外学者常常将电磁脉冲焊接系统分为脉冲电流发生器和驱动器两部分，事实上驱动器也是脉冲电流发生器电路的一部分。

脉冲电流发生器产生衰减振荡电流，是实现焊接的能量来源；驱动器将电磁能量转化为工件（图中飞板）的动能，并最终实现工件（图中飞板与基板）的焊接。图 1.4（b）是电磁脉冲焊接过程中放电回路的简化模型，由电容、电感和电阻串联形成 *RLC* 振荡电路，当放电开关 $S_k$ 导通时，放电回路中会产生衰减振荡电流。

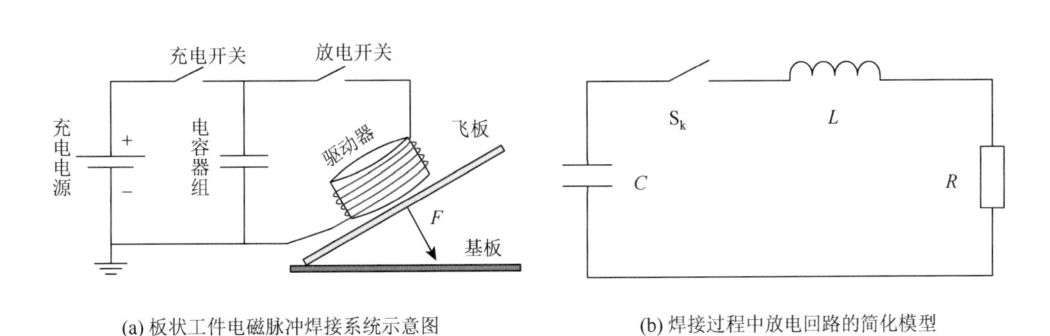


(a) 板状工件电磁脉冲焊接系统示意图　(b) 焊接过程中放电回路的简化模型

图 1.4　板状工件电磁脉冲焊接系统示意图与放电回路的简化模型

电磁脉冲焊接过程可分为三个阶段：充电阶段、放电阶段和焊接阶段。第一阶段为充电阶段，放电开关断开、充电开关闭合，充电电源向电容器组充电。第二阶段为放电阶段，充电开关断开、放电开关闭合，电容器组对驱动器中焊接线圈放电，焊接线圈流过脉冲大电流并产生随时间快速变化的脉冲强磁场，随后进入焊接阶段。这一阶段，根据法拉第电磁感应定律，当穿过飞板的磁通量不断变化时，就会在飞板中产生感应涡流，并与脉冲强磁场共同作用形成洛伦兹力；在洛伦兹力作用下，飞板向基板高速移动并与之猛烈撞击，在两者接触界面产生金属射流，促使金属间形成冶金结合，完成焊接。

目前，电磁脉冲焊接多用于管状工件和板状工件焊接。两者的几何结构不同，对洛伦兹力的加载方向和形式也有不同要求。管状工件为环形轴对称结构，需要径向的洛伦兹力，板状工件为平板结构，需要轴向的洛伦兹力。两类工件电磁脉冲焊接系统的区别在于驱动器不同，如图 1.5 所示。图 1.5（a）为管状工件焊接采用的螺线管型焊接线圈，常常与集磁器配合使用；图 1.5（b）为板状工件焊接常用的单匝平板焊接线圈，不需要配合集磁器。

管状工件电磁脉冲焊接系统的示意图如图 1.6 所示。将待焊接的管件（包括飞管与基管）均置于集磁器内部；工作时，脉冲电流流过线圈，集磁器将磁场集中于局部区域，移动管件在洛伦兹力作用下高速撞击固定管件。

(a) 管状工件的焊接线圈[15]

(b) 板状工件的焊接线圈[16]

图 1.5　管状工件与板状工件的焊接线圈

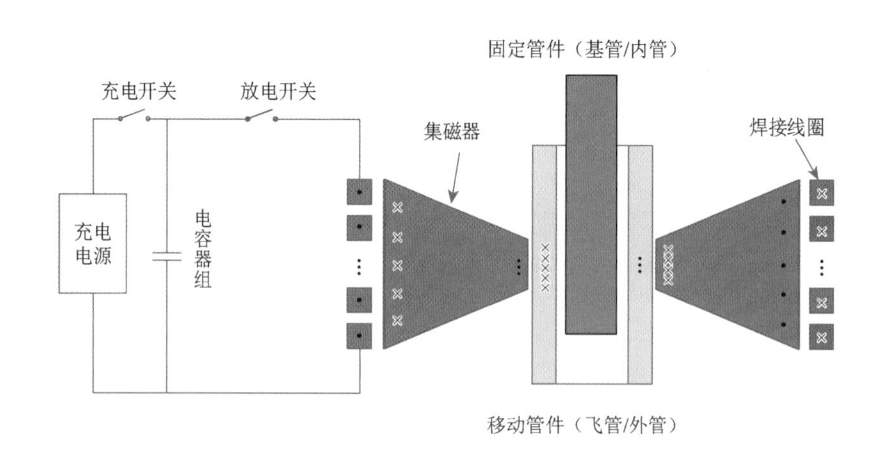


图 1.6　管状工件电磁脉冲焊接系统示意图

由前述焊接原理可知，电磁脉冲焊接技术集成了高速率电磁成形和固相连接技术的优点，具有以下特点：

（1）可弥补传统焊接工艺的不足，能够有效实现晶体结构差别大、性能差异大、活性强的异种金属材料之间的焊接；

（2）可在室温下焊接，焊接前工件不需要预热且焊接过程中几乎不产生热量，无须冷却，且无明显的热区影响；

（3）可在空气中焊接，不需要填充其他物质（焊料/辅料）或惰性气体，不会产生烟、雾及其他有害物质，绿色环保；

（4）焊接质量稳定、可靠，焊缝组织强度高于母材；

（5）可快速焊接，完成一次焊接的平均时间为 30～100 μs，生产效率高；

（6）可精确控制放电能量，重复性好，机械化和自动化程度高，适合大规模持续生产场景；

（7）可实现金属材料与非金属材料的连接。

### 1.1.3　电磁脉冲焊接窗口

电磁脉冲焊接过程中，两个工件能否在高速碰撞后形成冶金结合与其碰撞速度和碰撞角度紧密相关。电磁脉冲焊接与爆炸焊接机理相似，下面借助爆炸焊接的碰撞模型[17]来说明碰撞速度与碰撞角度之间的关系。

假设待焊接的飞板与基板倾斜放置，初始夹角为 $\alpha$。爆炸焊接时，炸药爆炸所产生的爆炸冲击波以速度 $V_D$ 沿飞板传播，使飞板加速向基板运动，并最终与基板不断发生碰撞。图 1.7 为焊接过程中某个时刻两个板件的碰撞结构模型，此时碰撞前端点为 $c$ 点，碰撞速度为 $V_p$，其大小取决于所使用炸药的成分和装载量，方向一般假设为垂直于角 $\theta$ 的平分线（该假设对最终分析结果影响不大），碰撞角度为 $\beta$。随着碰撞过程的不断发展，$c$ 点不断向水平箭头所示方向移动，移动速度设为 $V_c$；对于处于 $c$ 点的观察者来说，飞板以速度 $V_F$ 沿板件方向不断冲向 $c$ 点。根据图示几何关系，$V_c$、$V_F$ 与 $V_p$ 的关系如式（1.1）和式（1.2）所示[17]。由于夹角 $\alpha$ 通常较小，因此 $V_c$ 和 $V_F$ 相差很小。

$$V_c = V_p \frac{\cos\frac{1}{2}(\beta-\alpha)}{\sin\beta} \tag{1.1}$$

$$V_F = V_p \frac{\cos\frac{1}{2}(\beta+\alpha)}{\sin\beta} \tag{1.2}$$

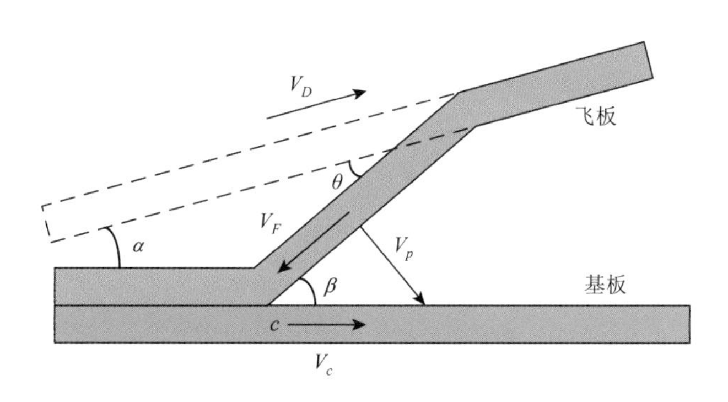


图 1.7　爆炸焊接两倾斜板件的碰撞模型

板件碰撞过程中，产生金属射流是实现焊接的先决条件，但产生金属射流并不能保证焊接效果良好。相关研究人员对各参数与焊接效果之间的关系进行了研究，目前普遍认为高速碰撞焊接中飞板运动速度（即飞板、基板碰撞速度）$V_p$、碰撞前端点的移动速度 $V_c$ 及碰撞角度 $\beta$ 是决定焊接效果的三个关键参数，只有当三个参数的取值处于一定范围内才能实现良好焊接[18]。由式（1.1）可知，三个参数中只有两个独立参数，因此，真正决定焊接效果的只有两个参数（即三个参数中任意两个的组合）。以选取的两个独立的参数为坐标轴建立坐标平面，并标注出所有能实现良好焊接的参数范围，即可形成所需的焊接参数区域（通常称为“焊接窗口”），当参数处于“焊接窗口”内时就能实现良好的焊接效果。

目前，国内外研究者常用文献[19]至文献[21]建立的以 $V_c$ 和 $\beta$ 为参数的焊接窗口，如图 1.8 所示。焊接窗口区域由四条线包围形成，分别对应焊接下限、焊接上限、声速限及最大碰撞角度。

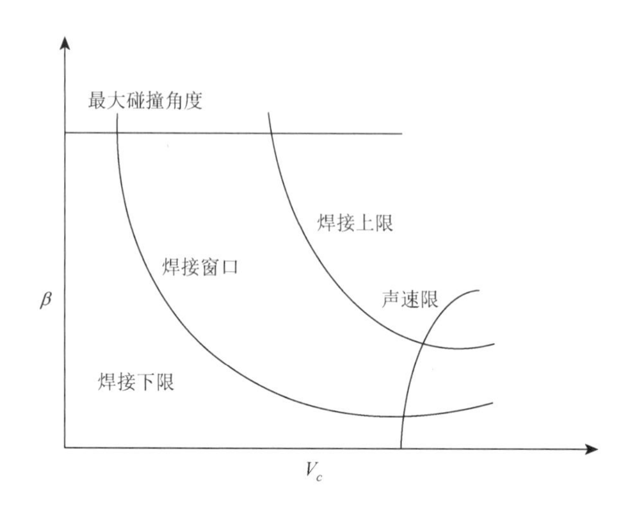


图 1.8　$V_c$-$\beta$ 焊接窗口示意图

焊接下限对应使金属板件碰撞接触界面能呈现液体状形态的焊接参数边界。只有当碰撞速度 $V_p$ 足够大，即碰撞能量足够大，碰撞点的压力大于板件材料的屈服强度时，碰撞点处金属材料才能呈现液体状形态，从而达到形成射流的条件。根据 Deribas 等的研究，焊接下限的计算公式[19]为

$$\beta = k_1\sqrt{\frac{H_v}{\rho_m V_c^2}} \tag{1.3}$$

式中，$k_1$ 为经验常数（当板件碰撞接触表面洁净时取 0.6，不洁净时可取 1.2）；$H_v$ 为工件中较软金属的维氏硬度；$\rho_m$ 为飞板密度。

将碰撞参数限定在焊接上限内，是为了避免因碰撞能量太高导致界面发生连续熔化，进而因热拉伸强度不足以抵抗反射拉伸波等问题而造成大量焊接缺陷。根据 Deribas 等的研究，焊接上限按式（1.4）[19]计算：

$$\sin\frac{\beta}{2} = \frac{k_3}{t^{\frac{1}{4}} V_c^{1.25}} \tag{1.4}$$

式中，$t$ 为飞板厚度；$k_3$ 为一由物理和机械特性决定的参数，其计算公式[19]如下：

$$k_3 = \frac{1}{2}\left(\frac{E}{3(1-2\nu)} / \rho_m\right)^{\frac{1}{2}} \tag{1.5}$$

式中，$E$ 为杨氏模量；$\nu$ 为泊松比；$\rho_m$ 为飞板密度。

声速限为决定超声速区域能否形成射流的边界焊接参数。俄罗斯学者奥尔连科基于可压缩流体模型、考虑碰撞时激波的影响但忽略材料黏性造成的能量损耗及材料强度的影响，通过实验研究给出了如下射流形成判据：① 当 $V_F$ 小于 $C_0$（$C_0$ 为板件中的初始声

速度）时，射流形成可按不可压缩流体模型进行分析，此时均能产生射流；② 当 $V_F$ 大于 $C_0$ 且 $\beta$>arctan（$V_p/C_0$）时，能产生粒子射流；③ 当 $V_F$ 大于 $C_0$ 且 $\beta$<arctan（$V_p/C_0$）时，无射流产生[22]。此外，Bahrani 和 Crossland 通过实验研究发现，当碰撞角度 $\beta$ 超过一定阈值后无法形成冶金结合[23]。

## 1.2　电磁脉冲焊接技术的研究动态

### 1.2.1　电磁脉冲焊接设备的研制

如前所述，自问世以来，电磁脉冲焊接技术得到了工业发达国家的广泛关注，电磁脉冲焊接设备也得到了快速发展与迭代升级；到 20 世纪 80 年代，部分发达国家已经形成了标准化、系列化的设备，并大量应用于工业生产[24]。目前，德国 PST 公司、以色列 Pulsar 公司在电磁脉冲焊接商用设备的制造方面处于世界领先水平[25]，国内部分高校采购了相应设备开展实验研究，如图 1.9 所示。

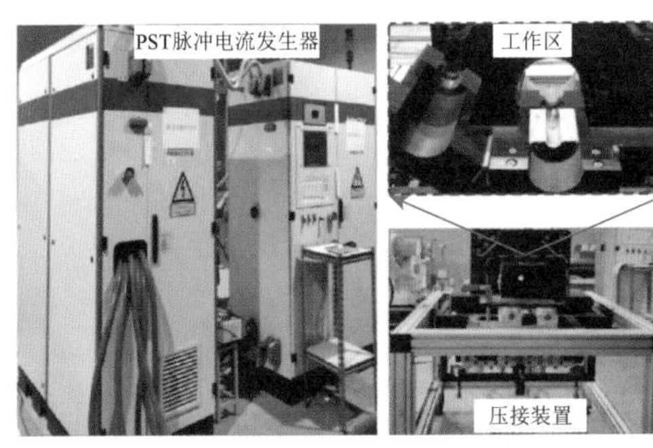

(a) PST电磁脉冲焊接设备[26]

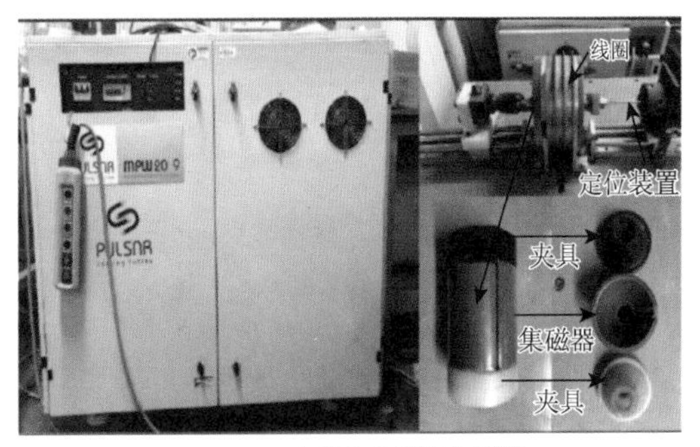


(b) Pulsar电磁脉冲焊接设备[27]

图 1.9　国外商用电磁脉冲焊接设备

尽管国外已有成熟的商用设备，但其价格昂贵，且电路结构和参数都已固定，并不适用于技术开发和实验研究。为进一步研究电磁脉冲焊接的电磁过程及结合机理，国内外研究者在电磁脉冲焊接设备的研发方面开展了大量工作。近年来，国外学者基于火花间隙开关、引燃管、真空触发管等不同放电开关，研制了不同放电能量、放电电压、放电电流峰值、频率的电磁脉冲焊接设备，并用于铝合金板-不锈钢板、铝合金板-铜板等板状工件，以及铝合金管件与管件、管件与棒件等管状工件的焊接[28-32]。国内电磁脉冲焊接设备的研制相对缓慢，大部分研究集中于不同应用场景下驱动器（焊接线圈与集磁器）的研制。20 世纪 60 年代，中国科学院电工研究所率先开展了电磁成形技术的相关研究，随后，哈尔滨工业大学、华中科技大学、西安交通大学、重庆大学、中南大学等开始自主研制电磁脉冲焊接/电磁成形设备，并基于自主研发的电磁脉冲焊接/电磁成形设备样机（见图 1.10）开展了电磁脉冲焊接铝合金-钢管、钢弹体-铜弹带、铝合金板-不锈钢板、高压电缆连接导管与铝合金绞线等的研究[33-38]。

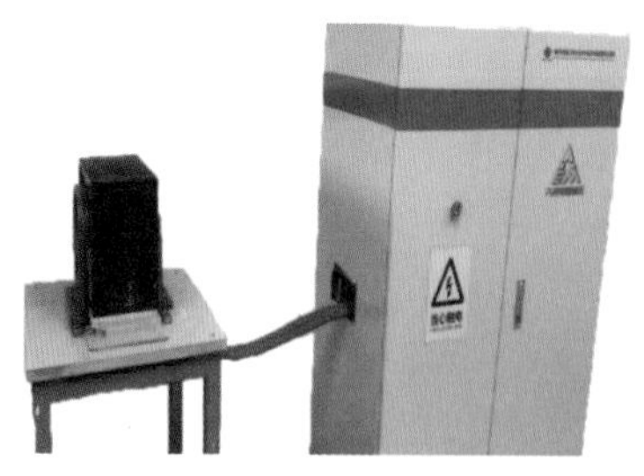

(a) 重庆大学先进电磁制造团队的样机　　(b) 哈尔滨工业大学团队的样机[34]

图 1.10　国内研制的电磁脉冲焊接设备样机

为了适用于更多应用场景，越来越多的学者开始关注驱动器的研制，并逐渐开发了 I 型线圈、E 型线圈、螺线管型多匝线圈、多匝盘型线圈、匀压力线圈、条型线圈和双 H 型线圈等，部分线圈如图 1.11 所示。

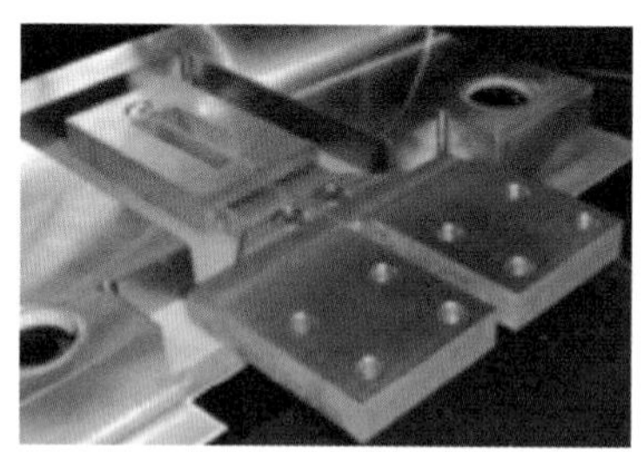
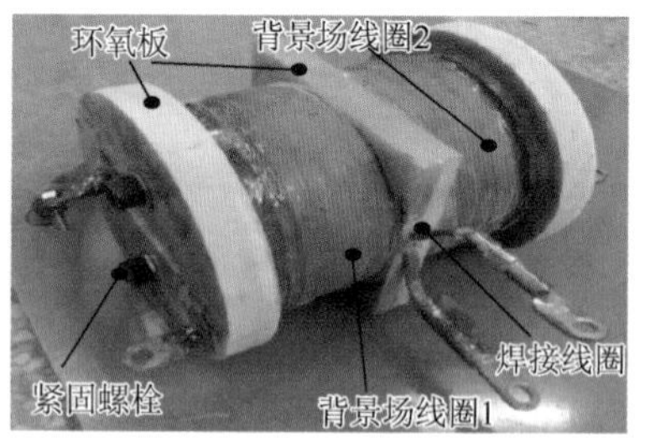


(a) 条型线圈驱动器[39]　　(b) 背景场（螺线管型多匝）线圈与焊接（I 型）线圈组合驱动器[37]

图 1.11　电磁脉冲焊接驱动器

总体而言，我国自主研发的电磁脉冲焊接设备相对较少[40]（尤其是能够产生陡前沿、高幅值脉冲电流的发生器及相应电磁脉冲焊接设备），严重制约了电磁脉冲焊接技术在我国的发展和应用。

### 1.2.2　电磁脉冲焊接瞬态过程及数值模拟

电磁脉冲焊接瞬态过程包括电磁过程、运动过程和结合过程，涉及电路、电磁场、固体力学场、固体传热场等多个物理场且各物理场间相互影响，十分复杂。

电磁过程包括电磁参数的时空分布与变化规律，涉及电压、放电电流、空间磁场、感应涡流、洛伦兹力等。在电磁脉冲焊接中，碰撞速度和碰撞角度与电磁参数紧密相关，而包括碰撞速度和碰撞角度在内的碰撞参数是影响焊接质量的重要因素。电压与电路参数决定了放电电流，从而影响空间磁场，进一步影响感应涡流和洛伦兹力，空间磁场和感应涡流越大，洛伦兹力就越大，工件变形和碰撞速度就会越大，从而产生更大的焊接面积，获得质量更佳的焊接接头。放电电压、放电电流数据通常采用高压探头、罗戈夫斯基线圈（Rogowski coil）或皮尔逊线圈（Pearson coil）采集。

运动过程包括移动工件（飞板或外管）的高速运动、移动工件与固定工件（板件、管件、管件-棒件）之间的碰撞。工件以何种碰撞参数碰撞并形成有效的焊接接头，得到了广大研究者的关注。在工件运动过程中，碰撞速度与碰撞角度受到电磁参数及塑性变形程度的影响而不断变化。为了深入研究工件的运动过程，且避免空间中脉冲强磁场的影响，学者采用高速摄像机[41]、光子多普勒测速仪（photon Doppler velocimetry，PDV）[42]、碰撞闪光法[43]等非电气量测量装置及方法获得电磁脉冲焊接过程中移动工件的碰撞速度与碰撞角度，如图 1.12 所示。

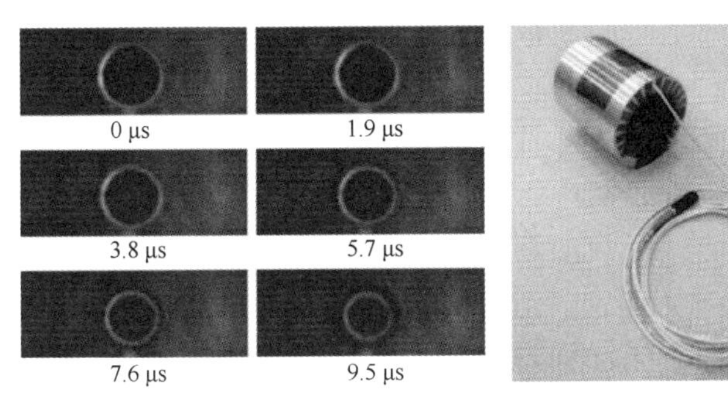


(a) 管件焊接高速摄像机拍摄结果[41]　　(b) PDV与集磁器集成[42]

图 1.12　电磁脉冲焊接过程的碰撞参数测量方法示意图

结合过程为焊接界面演化过程，包括界面塑性流动、金属射流、元素扩散及微观组织变化。这些演化过程（尤其是金属射流）引起了研究者的广泛关注。电磁脉冲焊接作为一种高速碰撞焊接技术，在两种金属高速碰撞的过程中，会产生金属射流。在金属射流作用下，工件表面的氧化物薄层得以破碎并清除，从而展现出新鲜清洁的金属表面，并利用高速碰撞产生的巨大压力使两种材料在原子间的距离内扩散，从而形成良好的结合界面。通过分析电磁脉冲焊接过程中产生金属射流的临界条件，可以得到金属射流形成条件区间内碰撞速度与碰撞角度的关系，也能通过像增强器相机、高速摄像机等装置对焊接过程进行记录，如图 1.13（a）[44]所示。除了拍摄金属射流过程这种直接研究的方式，也有学者通过测量金属射流残留量估算电磁脉冲焊接过程中喷射出的金属射流堆积物厚度来间接地研究金属射流的特征，见图 1.13（b）[45]。

电磁脉冲焊接的电磁过程是运动过程和结合过程的基础，也是调控电磁脉冲焊接参数的重要载体，因而需要对电磁过程开展深入细致的研究。此外，除了少量的现象分析，电磁过程、运动过程和结合过程的空间磁场、感应涡流、洛伦兹力以及界面温度、压力等参数都难以精准测量，目前仅能通过理论推导和数值模拟两个途径研究电磁脉冲焊接的瞬态过程。因此，研究者利用 LS-DYNA[46]、COMSOL Multiphysics[47]、ANSYS[48]、Ansoft Maxwell[49]等软件开展多物理场耦合仿真，求解电磁脉冲焊接的瞬态过程，从宏观角度建立了电磁脉冲焊接过程的时空仿真模型，分析电路参数、电流、电压、磁场、涡流、洛伦兹力、焦耳热等参数的时空变化，以及移动工件的塑性变形、运动行为和碰撞过程（碰撞前端点移动），如图 1.14 所示。

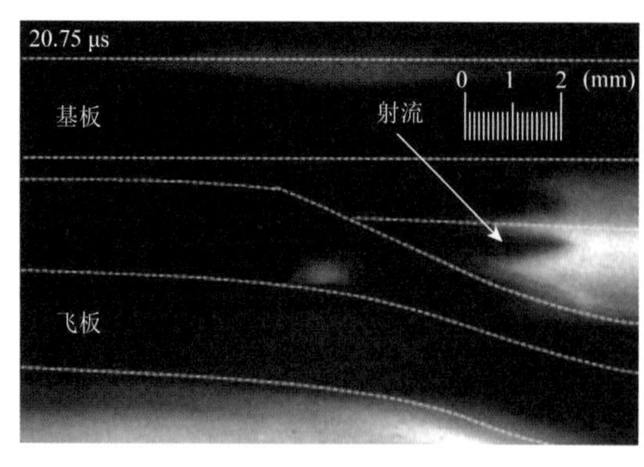


(a) 金属射流的形貌[44]

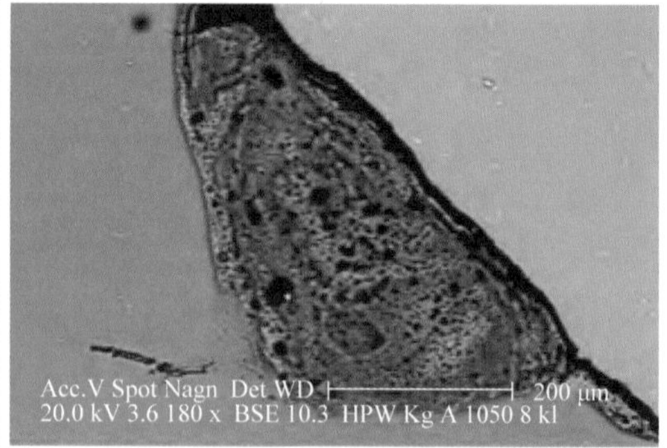


(b) 金属射流堆积物[45]

图 1.13　电磁脉冲焊接过程的金属射流

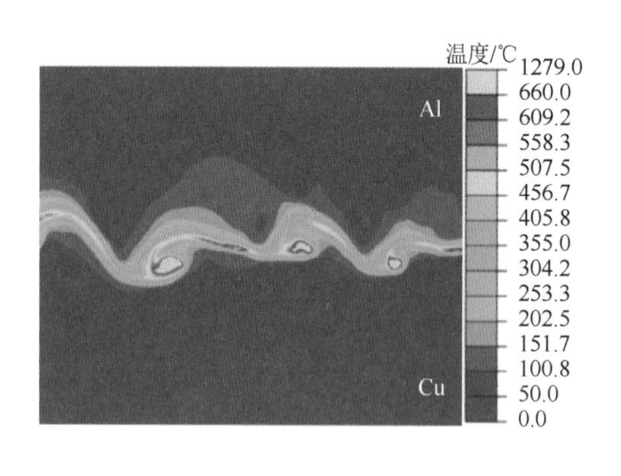


(a) 界面温度仿真结果[46]

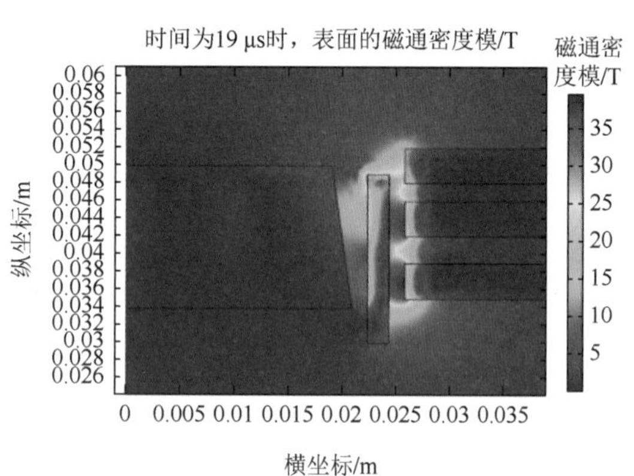


(b) 磁通密度模仿真结果[47]

图 1.14　电磁脉冲焊接过程的仿真结果

此外，部分学者还将电磁过程的研究结果代入光滑粒子流体动力学（smoothed particle hydrodynamics，SPH）、分子动力学（molecular dynamics，MD）等粒子动力学模型，从微观层面分析电磁脉冲焊接的结合过程及相应的塑性流动、金属射流、界面温升等关键环节和参数。

### 1.2.3　电磁脉冲焊接界面结合机理

电磁脉冲焊接接头性能与其结合界面紧密相关。国内外学者从焊接接头结合界面的微观结构、组织形貌、元素组成、结合形式等方面表征分析结合界面的结合机理及其影响因素。

随着电磁脉冲焊接接头结合界面的塑性流动速度差异增大，结合界面逐渐形成平直形貌、波纹形貌及涡旋形貌（见图 1.15）。波纹形貌及涡旋形貌区域的元素扩散程度高于平直形貌区域，而接头在高应变率下可能会产生硬化效应[50]。波纹形貌是电磁脉冲焊接、爆炸焊接等高速冲击焊接特有的界面特征，众多学者认为开尔文—亥姆霍兹（Kelvin-Helmholtz）不稳定性是造成焊接结合界面呈波纹形貌的原因[51]。但也有部分学者认为，电磁脉冲焊接接头的结合机理为刻入机理[52]、涡旋流泻机理[53]或反射波机理[54]等。目前，这些机理均属于定性或半定性的，每种机理仅能描述一种特定的界面类型或部分界面现象。

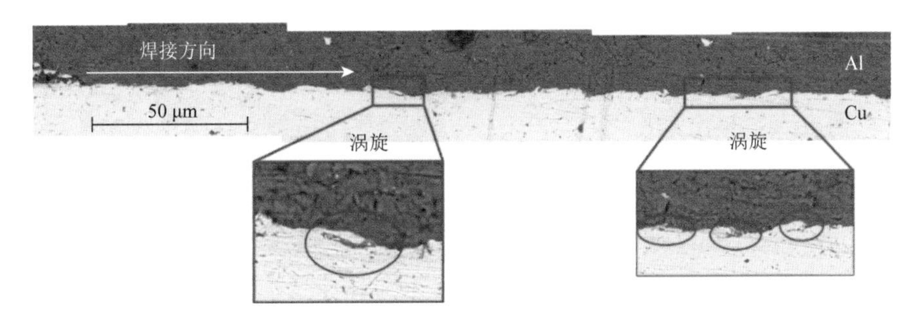


图 1.15　电磁脉冲焊接的涡旋形貌界面[55]

除了对界面典型形貌特征的观察和研究，诸多学者针对界面结合特性展开了进一步分析。部分学者检测到了结合界面的过渡层，并对其组成成分、形成过程开展了大量的研究，认为过渡层是由于固态金属机械混合[56]或局部温升导致金属熔化并快速冷却形成的[57-59]。随着焊接间隙的减小或放电电压的提高，过渡层厚度会增加且会产生更多的孔隙和裂纹；当焊接间隙较小或者动能较大时，能量转化为热能导致局部熔化，增加过渡层厚度。在电磁脉冲焊接机理的研究中，结合机理与过渡层之间的关系尚无定论。部分学者发现结合界面存在过渡层，但也有学者未在结合界面发现过渡层，这是因为过渡层与电磁参数紧密相关，如图 1.16 所示，放电电压不同时，过渡层状态也不一样[60]。

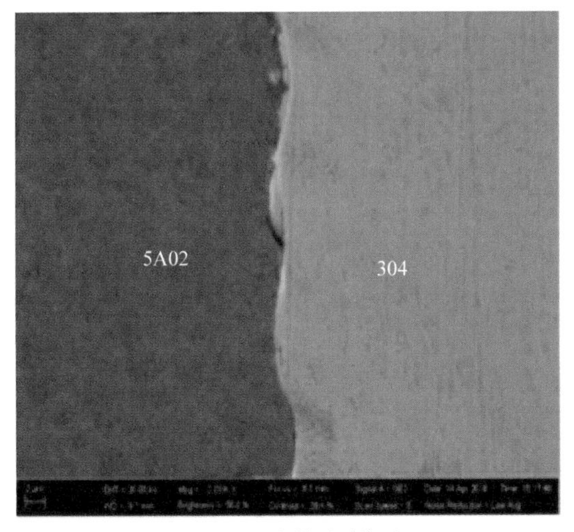

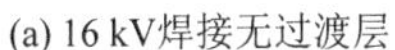

(a) 16 kV焊接无过渡层

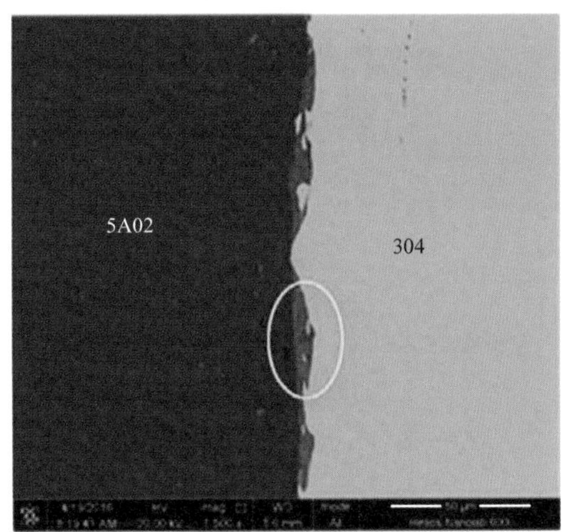


(b) 17 kV焊接有过渡层

图 1.16　不同电磁参数下电磁脉冲焊接结合界面[60]

尽管众多学者已对电磁脉冲焊接结合机理开展了一些研究工作，但这些工作仍不足以揭示电磁脉冲焊接接头冶金结合的本质特点及多种现象之间的相互联系，还无法为电磁脉冲焊接效果的调控提供翔实的理论依据。

## 1.3 电磁脉冲焊接技术的应用现状与前景

随着科技的高速发展，制造业中涌现出越来越多的异种金属焊接需求。例如，在汽车制造中，研究人员提出采用铝合金、镁合金等轻质材料替代传统钢材，使得铝合金、镁合金等轻质材料与其他金属材料的连接需求激增[61, 62]。鉴于电磁脉冲焊接技术拥有诸多优点，特别适用于板状工件与管状工件的焊接，在电力建设、汽车制造、航空航天、电子信息等领域均有巨大应用潜力与广阔市场前景。

### 1.3.1 板状工件电磁脉冲焊接现状与前景

在电力建设领域中，电磁脉冲焊接可用于铜-铝复合板的制造。研究人员提出可将铜-铝复合板应用于开关柜等电力设备[63, 64]（见图 1.17（a）），以降低成本、减轻重量，且铜-铝复合板相比于铝板具有更优良的导电性能[65]。电磁脉冲焊接技术还可用于变电站接地扁钢的连接。与传统接地扁钢熔焊方式相比，电磁脉冲焊接技术获得的接地扁钢接头耐腐蚀性能更好，强度更高[66]。此外，重庆大学先进电磁制造团队还尝试将电磁脉冲焊接技术应用于风力发电机定子绕组铝排的连接中（见图 1.17（b）），无须焊料且焊接速度更快。

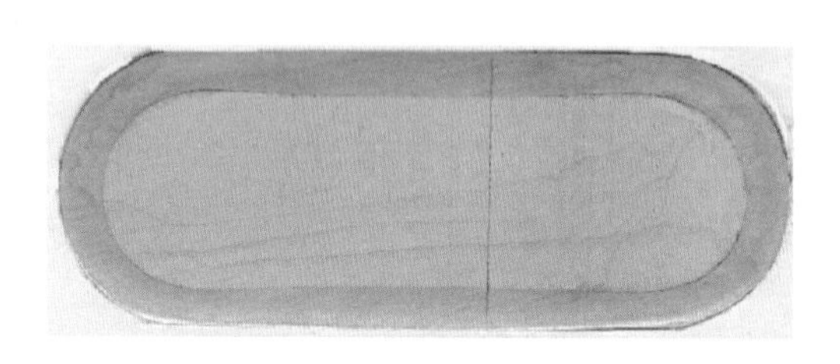

(a) 铜包铝排[63]

(b) 风力发电机定子绕组铝排电磁脉冲焊接样品

图 1.17 板状工件电磁脉冲焊接在电力建设领域中的应用

在汽车制造领域，电磁脉冲焊接技术可助力汽车的轻量化和节能减排。以轻质材料替代传统材料，形成铝合金-镁合金、铝合金-钢等多元材料复合板件[67]，可有效减轻车身重量，降低油耗、减少排放[31]，在汽车制造尤其是新能源汽车制造中具有极大潜力。PST 公司将电磁脉冲焊接技术应用于轻量化汽车车身框架、电池汇流排、碰撞管理系统等，部分样品如图 1.18[68, 69]所示。

此外，电磁脉冲焊接技术还可用于制造锂离子电池模组引出极、叠层极耳，防碰撞吸能盒等板状工件。根据报道，比亚迪公司已将电磁脉冲焊接技术应用于锂离子电池模组引出极铜排与铝排的连接，如图 1.19[70]所示。

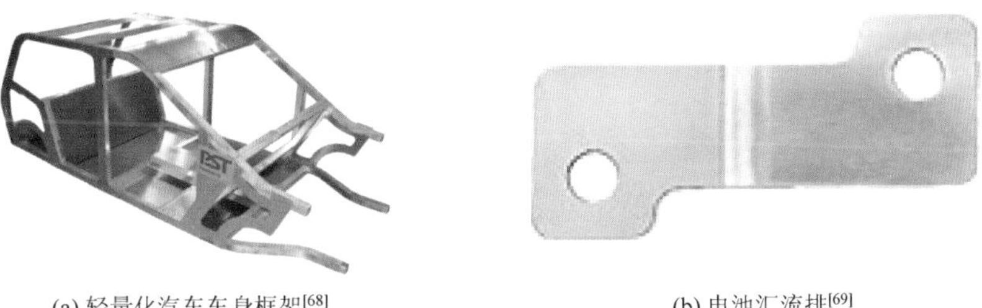

(a) 轻量化汽车车身框架[68]　　(b) 电池汇流排[69]

图 1.18　PST 公司电磁脉冲焊接的样品

图 1.19　采用电磁脉冲焊接技术的锂离子电池模组引出极铜排-铝排

重庆大学先进电磁制造团队提出基于梯度通孔的锂离子电池叠层极耳电磁脉冲焊接方法，可实现锂离子电池叠层极耳的可靠焊接（见图 1.20），有效提高极耳体的焊接

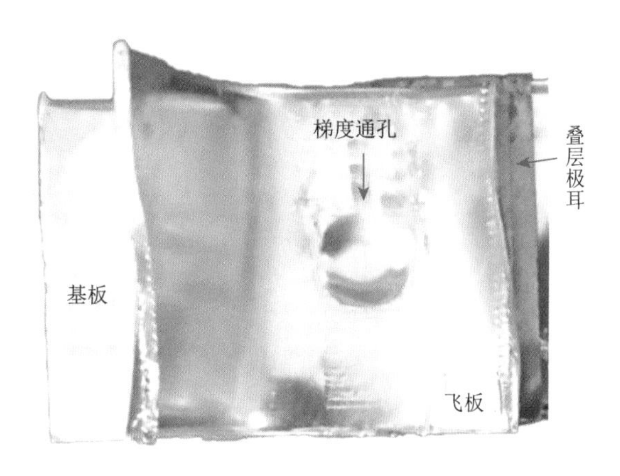


图 1.20　重庆大学先进电磁制造团队基于梯度通孔焊接的叠层极耳

质量[71]。Bergmann 等[72]也指出，在汽车锂电池及其金属汇流排中使用该技术制造的复合构件，能有效降低成本并提高电池能量密度。

在电子信息领域，焊接是集成电路制造技术及工艺的重要组成部分。焊接形成的焊点（柱）是集成电路的主要互连结构，是集成电路实现电源供给、信号传输的重要环节，部分焊点还兼有机械支撑的作用。焊点的性能和可靠性直接决定了集成电路乃至整个电子产品、电子设备的有效性和安全性。张龙等[73]设计了一种电子封装用的电磁脉冲焊接设备以提高封装质量，避免电子封装移动过程中产生黏附杂质。采用电磁脉冲焊接技术可避免电子元件的热变形，防止冷却后焊点因虚焊脱落，造成元件性能退化或失效[74]。在印制电路板（printed-circuit board，PCB）集成电路微互连焊点的连接中[75]，通过电磁脉冲焊接技术获得的微互连焊点质量更佳，不会因焊点直径过小引起其截面电流密度急剧增加[76]，从而导致焊点断裂开路。已有学者尝试将该技术应用于柔性印制电路板（flexible printed-circuit board，FPCB）的制造中（见图 1.21）[76, 77]。此外，Aizawa 和张建臣指出铜-铝复合散热片可应用于中央处理器（central processing unit，CPU）和发光二极管（light emitting diode，LED）的散热中，能够有效提升散热效率、降低成本[77, 78]，而电磁脉冲焊接技术也可应用于制造铜-铝复合散热片。

(a) 铜排宽度为1 mm

(b) 铜排宽度为5 mm

图 1.21　电磁脉冲焊接 FPCB 样品[77]

在航空航天领域，飞行运载工具对整体式、高精度、轻量化结构件制造的要求不断提高[79]，异种金属连接的场景更加广泛。以航空客机为例，其机身和机翼分别使用了 2000 系与 7000 系铝合金[80]；航空发动机需连接钛和镍基高温合金等多种高温材料[81]。电磁脉冲焊接技术可用于航空航天用铝合金、镁合金、钛合金等同种材料和异种材料的连接，具有广阔的应用前景[82]，已有学者提出了一种航空用厚板的电磁脉冲焊接工艺及设备，可提高厚板焊接接头性能[83]。

### 1.3.2　管状工件电磁脉冲焊接现状与前景

在电力建设领域，电磁脉冲焊接技术可用于电力电缆（铜绞线）端子、架空线（钢芯铝绞线）端子等管状工件的连接。目前，国内电力电缆接头主要采用液压方式连接，端子受力不均匀，所制成的电缆接头存在棱角、毛刺、缝隙等缺陷，且端子易回弹与铜绞线产生间隙，接头的电学性能与力学性能难以达到预期，成为威胁电力系统安全可靠运行的隐患。与此同时，电磁脉冲焊接技术能够实现冶金结合，作用于接线端子的洛伦兹力大小与方向均匀，无棱角、毛刺产生，也无回弹现象。国内外学者的研究结果表明，采用电磁脉冲焊接技术制成的电缆接头，其电学性能与力学性能均比液压方式更加优异。重庆大学先进电磁制造团队采用电磁脉冲焊接技术制成的电缆接头及液压电缆接头，如图 1.22[84]所示。

图 1.22　电磁脉冲焊接电缆接头（左）与液压电缆接头（右）

在汽车制造领域，美国德纳公司率先采用电磁脉冲焊接技术加工直径为 120 mm 的管件，提出了铝合金-不锈钢复合结构的汽车传动轴电磁脉冲焊接技术，减轻车身重量的同时降低了生产成本。该公司还应用电磁脉冲焊接技术为通用汽车、菲亚特汽车等企业加工全铝、铝合金-钢管类试验工件[85, 86]。Pulsar 公司利用电磁脉冲焊接技术同样实现了异种金属管状工件焊接，并将其应用于燃油滤清器、传动轴、高压容器等器件的加工生产，部分样品如图 1.23[87]所示。

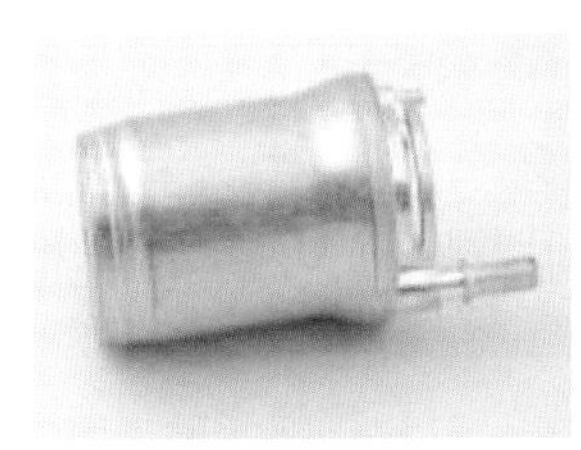

(a) 燃油滤清器

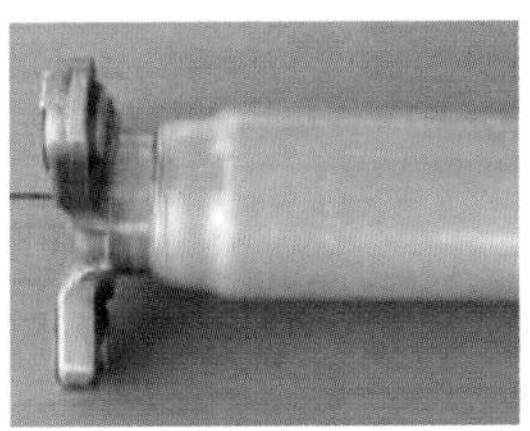

(b) 传动轴

(c) 高压容器

图 1.23　Pulsar 公司电磁脉冲焊接的部分样品

宝马公司对管-轴的电磁脉冲焊接过程及接头性能进行数值模拟和相应的试验研究，为轻量化（悬挂）结构设计提供了非常有效的指导作用[88]。PST 公司将电磁脉冲焊接技术应用于卡车侧翼支撑、轻量化座椅、管式框架、齿轮箱部件紧锁等零部件的加工，部分焊接样品如图 1.24[89]所示。

重庆大学先进电磁制造团队采用电磁脉冲焊接技术制成的电动汽车高压线束接头如图 1.25 所示，可助力铝合金线束替代铜线束与铜合金端子紧密结合，减小接触电阻，提高拉伸强度，节约生产成本，降低车重[90, 91]。

(a) 卡车侧翼支撑

(b) 轻量化铝制座椅

图 1.24　PST 公司电磁脉冲焊接的样品

图 1.25　重庆大学先进电磁制造团队制成的高压线束样品（含铝合金线束与铜线束）

在航空航天领域，电磁脉冲焊接技术主要用于连接飞行运载工具的控制管件——航空扭矩管。航空扭矩管可控制机翼上副翼和活动辅翼的升降，在运行过程中扭矩作用明显，对焊接工艺要求极高，采用传统焊接方法无法保证其稳定运行[92]。美国格鲁曼公司在军用飞机的制造中，采用电磁脉冲焊接技术连接铝合金-钢类的航空扭矩管，可提高连接强度，延长服役寿命，如图 1.26[4]所示。随后，格鲁曼公司将该技术转让给波音公司，用于民用飞机中管状工件的连接，如高压液压系统的厚壁钛合金管与钛合金终端构件，减少了工艺步骤，降低了生产成本，提高了合格率[93, 94]。

此外，电磁脉冲焊接技术还可应用于多个领域。在军工领域，电磁脉冲焊接技术可应用于炮弹弹带与弹体连接[95-97]（图 1.27（a））、榴弹及其尾罩零件装配[98]等。在核工业领域，电磁脉冲焊接技术可应用于放射性异种金属的连接（铀棒与镉管连接）、核燃料棒端部的封装[99]及核废料封存。在医疗领域，电磁脉冲焊接技术可应用于医疗设备关键零部件的焊接、医药模具制造、药品包装材料成形[100, 101]、无菌封装[102]，如图 1.27（b）所示。此外，随着铜价上涨和产品轻量化需求的增加，以铝合金替代铜已经成为产品制造的重要趋势[103]。通过电磁脉冲焊接技术制成的铜-铝合金复合管可用于制造电冰箱蒸发器、冷凝器及空调室内机与室外机的连接配管[104, 105]。

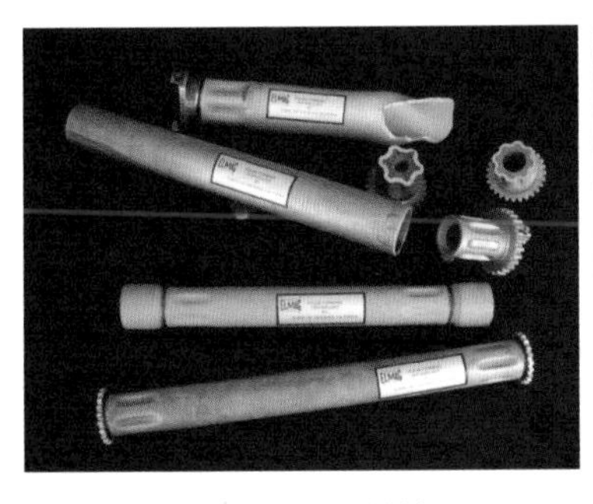
(a) 焊接前后的样品

(b) 具体应用场景

图 1.26　飞行运载工具控制管件电磁脉冲焊接样品

(a) 炮弹铜弹带-钢弹体电磁脉冲焊接样品[95-97]

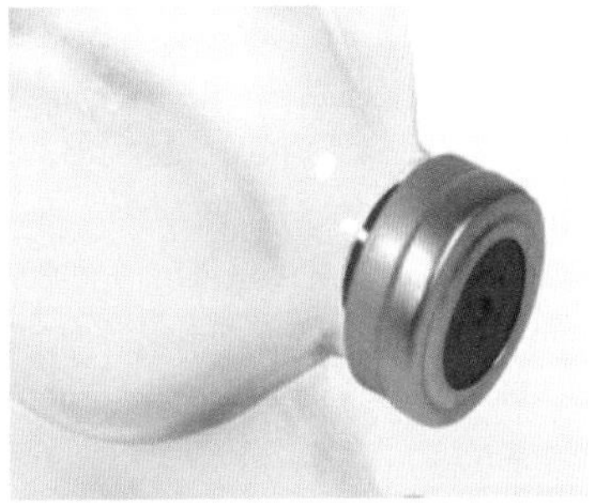
(b) 医用药瓶瓶盖电磁脉冲焊接样品[101]

图 1.27　电磁脉冲焊接技术在其他领域的应用

## 参 考 文 献


[1] Sahlot P，Mehta K P. Magnetic Pulse Welding[M]//Advanced Welding and Deforming. Amsterdam：Elsevier，2021：179-201.

[2] Kapitza P. A method of producing strong magnetic fields[J]. Proceedings of the Royal Society Serine A，1924，105：691-710.

[3] Harvey G W，Brower D F. Metal forming device and method[P]. US Nr.2976907，1958.

[4] Zittel G. A historical review of high speed metal forming[J]. Fakultäten，2010，DOI：10.17877/DE290R-8687.

[5] 宋艳芳，张宏阁. 电磁脉冲焊接技术研究现状及发展趋势[J]. 热加工工艺，2015，44（11）：13-17.

[6] Shang J. Electromagnetically assisted sheet metal stamping[D]. Columbus：The Ohio State University，2006.

[7] Golovashchenko S F，Mamutov V S，Dmitriev V V，et al. Formability of sheet metal with pulsed electromagnetic and electrohydraulic technologies[C]//Proceedings of TMS Annual Meeting，San-Diego，2003：99-110.

[8] Bessonov N M，Golovashchenko S F. Numerical simulation of pulsed electromagnetic stamping processes[C]//1st International Conference on High Speed Forming，Dortmund，2004：83-92.

[9] Golovashchenko S，Imbert J，Worswick M. Contributing factors to the increased formability observed in electromagnetically formed aluminum alloy sheet[C]//2nd International Conference on High Speed Forming，Dortmund，2006：3-12.

[10] Golovashchenko S，Bessonov N，Davies R. Analysis of blank-die contact interaction in pulsed forming processes[C]//3rd International Conference on High Speed Forming，Dortmund，2008：3-12.

[11] Tawfik H，Hung Y，Mahajan D. Metal bipolar plates for PEM fuel cell-A review[J]. Journal of Power Sources，2007，163（2）：755-767.

[12] 孙继飞. 6061 铝合金和中碳钢电磁脉冲焊接工艺和接头性能研究[D]. 十堰：湖北汽车工业学院，2017.

[13] 蒋露霞，朱建华，沈晞，等. 一种电池外壳及其制备方法以及电池、电池组、电池包和电动汽车：CN105789491A[P]. 2016-07-20.

[14] 蒋露霞，朱建华，沈晞，等. 电极端子及其制备方法以及电池盖板组件、电池、电池组、电池包和电动汽车：CN105789547B[P]. 2019-01-29.

[15] 李潇翔. 铝/钢金属管板件磁脉冲焊接系统研制及工艺研究[D]. 武汉：华中科技大学，2020.

[16] Kore S D，Date P P，Kulkarni S V. Electromagnetic impact welding of aluminum to stainless steel sheets[J]. Journal of Materials Processing Technology，2008，208（1-3）：486-493.

[17] Crossland B，Bahrani A S. Fundamentals of explosive welding[J]. Contemporary Physics，1968，9（1）：71-87.

[18] Crossland B. Explosive Welding of Metals and Its Application[M]. Oxford：Oxford University Press，1982.

[19] Deribas A A，Simonov V A，Zakcharenko I D. Investigation of explosive welding parameters for arbitrary combinations of metals and alloys[C]//5th International Conference on High Energy Rate Fabrication，Denver，1975：1-4.

[20] Wittman R H. The influence of collision parameters of the strength and microstructure of an explosion welded aluminium alloy[C]//2nd International Symposium on Use of an Explosive Energy in Manufacturing Metallic Materials，1973：153-168.

[21] Ribeiro J B，Mendes R，Loureiro A. Review of the weldability window concept and equations for explosive welding[J]. Journal of Physics：Conference Series，2014，500（5）：052038.

[22] 奥尔连科. 爆炸物理学[M]. 孙承伟，译. 北京：科学出版社，2011.

[23] Hoseini Athar M M，Tolaminejad B. Weldability window and the effect of interface morphology on the properties of Al/Cu/Al laminated composites fabricated by explosive welding[J]. Materials & Design，2015，86：516-525.

[24] Hayward G B. Machine for forming material by a pulsed，high intensity magnetic field[P]. US Nr. USD197276 S，1964.

[25] 任亮陆. 磁脉冲焊接线圈与放电开关的优化及实验研究[D]. 重庆：重庆大学，2019.

[26] 周彬彬. 6061 铝-SPCC 钢薄壁管件磁脉冲压接工艺与连接机理研究[D]. 长沙：湖南大学，2021.

[27] 龚文韬. 1060 铝-TA1 钛管件磁脉冲焊接参数优化及连接机理研究[D]. 北京：北京工业大学，2020.

[28] Mishra S，Sharma S K，Kumar S，et al. 40 kJ magnetic pulse welding system for expansion welding of aluminium 6061 tube[J]. Journal of Materials Processing Technology，2017，240：168-175.

[29] Dond S K，Kulkarni M R，Kumar S，et al. Magnetic field enhancement using field shaper for electromagnetic welding system[C]//2015 IEEE Applied Electromagnetics Conference（AEMC），Guwahati，2015：1-2.

[30] Aizawa T. Magnetic pulse welding of Al/Cu sheets using 8-turn flat coil[J]. Journal of Light Metal Welding，Supplement，2020，58：97-101.

[31] Manogaran A P，Manoharan P，Priem D，et al. Magnetic pulse spot welding of bimetals[J]. Journal of Materials Processing Technology，2014，214（6）：1236-1244.

[32] Pereira D，Oliveira J P，Pardal T，et al. Magnetic pulse welding：Machine optimisation for aluminium tubular joints production[J]. Science and Technology of Welding and Joining，2018，23（2）：172-179.

[33] 邱立. 脉冲强磁场成形制造技术研究[D]. 武汉：华中科技大学，2012.

[34] 徐志丹. 3A21 铝合金-20#钢管件磁脉冲焊接数值模拟与工艺试验[D]. 哈尔滨：哈尔滨工业大学，2013.

[35] 于海平，李春峰. 管件电磁成形数值模拟方法及缩径变形分析[J]. 材料科学与工艺，2004，12（5）：536-539.

[36] 于海平，徐志丹，江洪伟，等. 铝合金-碳钢管的磁脉冲变形连接（英文）[J]. 中国有色金属学报（英文版），2012，22（S2）：548-552.

[37] 邓方雄. 基于电磁脉冲技术的金属板件高速碰撞焊接方法与实验研究[D]. 武汉：华中科技大学，2019.

[38] 刘刚，韩佳一，丁健，等. 高压电力电缆导体连接管的电磁脉冲成形研究[J]. 高电压技术，2021，47（3）：1109-1118.

[39] Park C G，Choi Y，Shim J Y，et al. High speed forming press using electromagnetic pulse force[C]//6th International Conference on High Speed Forming，Daejeon，2014.

[40] 苏子龙，徐永庚，高雷，等. 电磁脉冲焊接技术研究现状及发展趋势[J]. 焊接技术，2020，49（7）：1-7.

[41] Xu Z D，Cui J J，Yu H P，et al. Research on the impact velocity of magnetic impulse welding of pipe fitting[J]. Materials & Design，2013，49：736-745.

[42] Jäger A，Tekkaya A E. Online measurement of the radial workpiece displacement in electromagnetic forming subsequent to hot aluminum extrusion[C]//5th International Conference on High-Speed Forming，Dortmund，2012：13-22.

[43] Bellmann J，Beyer E，Lueg-Althoff J，et al. Measurement of collision conditions in magnetic pulse welding processes[J]. Journal of Physical Science and Application，2017，7（4）：1-10.

[44] Christian P，Peter G. Identification of process parameters in electromagnetic pulse welding and their utilisation to expand the process window[J]. International Journal of Materials，Mechanics and Manufacturing，2018，6（1）：69-73.

[45] Stern A，Becher O，Nahmany M，et al. Jet composition in magnetic pulse welding：Al-Al and Al-Mg couples[J]. Welding Journal，2015，94（8）：258-264.

[46] Li J S，Raoelison R N，Sapanathan T，et al. An anomalous wave formation at the Al/Cu interface during magnetic pulse welding[J]. Applied Physics Letters，2020，116（16）：161601.

[47] Shanthala K，Sreenivasa T N，Choudhury H，et al. Analytical，numerical and experimental study on joining of aluminium tube to dissimilar steel rods by electro magnetic pulse force[J]. Journal of Mechanical Science and Technology，2018，32（4）：1725-1732.

[48] Desai S V，Kumar S，Satyamurthy P，et al. Analysis of the effect of collision velocity in electromagnetic welding of aluminum strips[J]. International Journal of Applied Electromagnetics and Mechanics，2010，34（1/2）：131-139.

[49] 陈树君，阚纯磊，袁涛，等. 磁脉冲焊接外管周向变形研究[J]. 热加工工艺，2019，48（9）：195-197，203.

[50] Patra S，Arora K S，Shome M，et al. Interface characteristics and performance of magnetic pulse welded copper-steel tubes[J]. Journal of Materials Processing Technology，2017，245：278-286.

[51] Ben-Artzy A，Stern A，Frage N，et al. Wave formation mechanism in magnetic pulse welding[J]. International Journal of Impact Engineering，2010，37（4）：397-404.

[52] Bahrani A S，Black T J，Crossland B. The mechanics of wave formation in explosive welding[J]. Proceedings of the Royal Society of London. Series A. Mathematical and Physical Sciences，1967，296（1445）：123-136.

[53] Blazynski T Z. Explosive Welding，Forming and Compaction[M]. London：Springer，1983.

[54] Reid S R. A discussion of the mechanism of interface wave generation in explosive welding[J]. International Journal of Mechanical Sciences，1974，16（6）：399-413.

[55] Li C X，Wang X M，Zhou Y，et al. Decouple the effect of the horizontal and vertical components of the collision velocity on interfacial morphology in electromagnetic pulse welding[J]. Journal of Materials Processing Technology，2023，321：118161.

[56] Stern A，Shribman V，Ben-Artzy A，et al. Interface phenomena and bonding mechanism in magnetic pulse welding[J]. Journal of Materials Engineering and Performance，2014，23（10）：3449-3458.

[57] Kaspar G，Herrmanssdörfer J，Brenner T，et al. Insights into interfacial phases on pulse welded dissimilar metal joints[C]//4th International Conference on High-Speed Forming，Columbus，2010：127-136.

[58] Raoelison R，Rachik M，Buiron N，et al. Assessment of gap and charging voltage influence on mechanical behaviour of joints obtained by magnetic pulse welding[C]//5th International Conference on High-Speed Forming，Dortmund，2012：207-216.

[59] Zhang Y，Babu S S，Prothe C，et al. Application of high velocity impact welding at varied different length scales[J]. Journal of Materials Processing Technology，2011，211（5）：944-952.

[60] Yu H P，Dang H Q，Qiu Y N. Interfacial microstructure of stainless steel/aluminum alloy tube lap joints fabricated via magnetic pulse welding[J]. Journal of Materials Processing Technology，2017，250：297-303.

[61] 夏羽. 能量的传递与转换作用对磁脉冲焊接接头性能的影响研究[D]. 北京：北京工业大学，2012.

[62] 明珠，甄立玲，于海平，等. 铝合金与碳钢管磁脉冲连接试验[J]. 焊接技术，2011，40（10）：9-11.

[63] 李建勇. 铜包铝复合材料铸—挤/轧工艺研究及有限元模拟[D]. 秦皇岛：燕山大学，2013.

[64] 唐大保. 铜铝复合母线排在低压成套开关设备中的研究与应用[J]. 机床电器，2012，39（2）：50-52.

[65] 夏兆辉，姚辉，孙谊媊，等. 铜铝复合材料在电力电气行业的研究和应用[J]. 热加工工艺，2016，45（22）：24-28，32.

[66] Carlone P，Astarita A. Dissimilar metal welding[J]. Metals，2019，9（11）：1206.

[67] 党春梅，谢卫东. 铝、镁合金材料在汽车工业中的应用[J]. 热加工工艺，2011，40（4）：1-4.

[68] Pasquale P，Schäfer R. Robot automated EMPT sheet welding[C]//5th International Conference on High Speed Forming，Dortmund，2012.

[69] Marschner O，Pabst C，Schäfer R，et al. Suitable design for electromagnetic pulse processes[C]//9th International Conference on High Speed Forming，2021.

[70] 新能源汽车. 拆解秦 Pro EV500 揭秘比亚迪动力电池核心技术[EB/OL]. https://www.checheng.com.cn/article-6548-1.html[2022-02-21].

[71] 周言，李成祥. 基于梯度通孔的电磁脉冲焊接锂离子电池叠层极耳的方法：CN114583411A[P]. 2022-06-03.

[72] Bergmann J P，Petzoldt F，Schürer R，et al. Solid-state welding of aluminum to copper—case studies[J]. Welding in the World，2013，57（4）：541-550.

[73] 张龙，郭豪，尹立孟，等. 一种电子封装用电磁脉冲焊接设备：CN114799467A[P]. 2022-07-29.

[74] Zhang G Q，van Driel W D，Fan X J. Mechanics of Microelectronics [M]. Amsterdam：Springer，2006.

[75] 李成祥，周言，沈婷，等. 一种电磁脉冲固态焊接集成电路微互连焊点的方法：CN202210223891.1[P]. 2022-06-07.

[76] Tu K N，Gusak A M，Li M. Physics and materials challenges for lead-free solders[J]. Journal of Applied Physics，2003，93（3）：1335-1353.

[77] Aizawa T，Okagawa K，Kashani M. Application of magnetic pulse welding technique for flexible printed circuit boards（FPCB）lap joints[J]. Journal of Materials Processing Technology，2013，213（7）：1095-1102.

[78] 张建臣. 基于爆炸焊接的铜铝复合散热片的优化设计[J]. 焊接技术，2007，5：35-37.

[79] 迟露鑫，甘贵生，甘树德. 电磁脉冲技术在焊接中研究现状[C]//第二届电磁冶金与强磁场材料科学学术会议论文集，包头，2014：188-190.

[80] Dursun T，Soutis C. Recent developments in advanced aircraft aluminium alloys[J]. Materials & Design，2014，56：862-871.

[81] Zhang B X，Chen C H，Cai Z L，et al. Study on microstructure and mechanical properties of single crystal/powder superalloy pulsed current diffusion bonded joints[J]. Journal of Alloys and Compounds，2022，890：161681.

[82] 尹立孟，张丽萍，苏子龙，等.电磁制造技术在航空航天领域的应用[J]. 电焊机，2020，50（9）：202-206.

[83] 王刚，王敬文，尹立孟，等. 一种航空用厚板的电磁脉冲焊接工艺及设备：CN113084662B[P]. 2022-01-18.

[84] 李成祥，杜建，陈丹，等. 基于电磁脉冲成形技术的电缆接头压接装置的研制及实验研究[J]. 高电压技术，2020，46（8）：2941-2950.

[85] Bellmann J，Lueg-Althoff J，Schulze S，et al. Thermal effects in dissimilar magnetic pulse welding[J]. Metals，2019，9（3）：348.

[86] Wang P Q，Chen D L，Ran Y，et al. Fracture characteristics and analysis in dissimilar Cu-Al alloy joints formed via electromagnetic pulse welding[J]. Materials，2019，12（20）：3368.

[87] Shribman V. Magnetic pulse welding for dissimilar and similar materials[C]//3rd International Conference on High Speed Forming，Dortmund，2008.

[88] 于海平，徐志丹，李春峰，等. 3A21 铝合金-20 钢管磁脉冲连接实验研究[J]. 金属学报，2011，47（2）：197-202.

[89] Schäfer R，Pasquale P. The electromagnetic pulse technology（EMPT）：Forming，welding，crimping and cutting[J]. Biuletyn Instytutu Spawalnictwaw Gliwicach，2014，58：50-57.

[90] 李成祥，沈婷，周言，等. 电动汽车高压线束电磁脉冲压接装置的研制及实验[J]. 强激光与粒子束，2022，34（7）：153-158.

[91] Li C X，Shen T，Zhou Y，et al. EMPC of aluminium wire and copper terminal for electric vehicles[J]. Materials and Manufacturing Processes，2023，38（3）：306-313.

[92] 冉洋，孙继飞，高雷. 电磁制造技术及产业发展现状与展望[J]. 科技中国，2020（1）：9-12.

[93] Velocci J，Anthony L. Ventures rife with marketing pitfalls[J]. Aviation Week & Space Technology，1993，139（19）：59-61.

[94] Saha P K. Electromagnetic forming of various aircraft components[J]. SAE transactions，2005，114（1）：999-1009.

[95] 范治松. Al/Fe 双金属管磁脉冲复合变形行为及界面微观结构形成机制[D]. 哈尔滨：哈尔滨工业大学，2016.

[96] 于海平，赵岩，李春峰. 铜弹带磁脉冲焊接接头的力学性能[J]. 兵器材料科学与工程，2015，38（3）：8-12.

[97] 于海平，徐殿国，李春峰. 异种金属磁脉冲连接技术的研究与应用[J]. 锻压技术，2009，34（2）：1-6.

[98] 陈志强，周学斌，杨享林，等. MF-16K 型电磁成形机的研制及其在弹簧装配中的应用[J]. 金属成形工艺，1995，13（4）：81-85.

[99] Tomas B M C. Magnetic pulse welding MPW[D]. Lisbon：The University of Lisbon，2010.

[100] 尤恩·维托尔夫，杰拉德·魏格纳，托比亚斯·莱因哈特. 用于被设计为袋的医疗包装的用于脉冲焊接的轮廓形成焊接工具和轮廓成形脉冲焊接方法：CN112770894B[P]. 2019-09-24.

[101] 杰拉德·魏格纳，尤恩·维托尔夫. 脉冲焊接方法及脉冲焊接设计为袋的医疗包装的焊接工具：CN110545988B[P]. 2018-03-23.

[102] 李成祥，廖志刚，周言，等. 一种金属盖容器电磁脉冲密封装置及其方法：CN111730189B[P]. 2021-11-09.

[103] 王岸林. 家用空调铝代铜的应用与研究[J]. 家电科技，2008（9）：59-61.

[104] 张希川，张海滨，左丽娜，等. 铜铝管技术在制冷空调行业中的应用研究[J]. 制冷与空调，2008，8（s1）：92-105.

[105] Shim J Y，Kim I S. Selection of design parameters of working coil for Al/Cu tubular magnetic pulse welding[J]. Advances in Mechanical Engineering，2023，15（12）：16878132231219573.

# 第 2 章　电磁脉冲焊接通用平台

## 2.1　引　　言

作为一种新型固相连接方式，电磁脉冲焊接技术的工艺参数选择、电路结构设计和结合机理研究都有赖于大量的实验、测试与分析。结合不同焊接场景的需求，研制放电电流参数符合要求、运行稳定可靠的电磁脉冲焊接通用平台是开展电磁脉冲焊接技术研究及其工业应用的关键，也是进一步开展电磁过程及结合机理研究的基础。

电磁脉冲焊接设备本质上是一套脉冲大电流发生设备，由充电电源、充电开关、储能模块、放电开关和负载构成。本章将重点围绕脉冲电流发生器、控制系统与操作平台三个主要部分，从脉冲电流幅值范围的理论计算入手，正向设计脉冲电流发生器充电与储能回路、放电回路、控制系统以及多功能操作平台，从而形成电磁脉冲焊接通用平台。

## 2.2　脉冲电流发生器的设计

### 2.2.1　脉冲电流幅值范围的理论计算

放电（脉冲）电流波形直接关系到工件是否能够实现焊接，其主要参数为脉冲电流幅值和脉冲电流上升速度。当储能电容放电时间一定时，脉冲电流上升速度由其幅值决定。因此，脉冲电流幅值是电磁脉冲焊接最基本、最关键的参数；设计电磁脉冲焊接通用平台的首要工作就是对所需脉冲电流幅值范围进行理论计算。

如前所述，电磁脉冲焊接与爆炸焊接同属于固态压焊，焊接机理类似，而相比电磁脉冲焊接，爆炸焊接的理论研究更为成熟。因此，本节借鉴爆炸焊接的基础理论[1, 2]，对电磁脉冲焊接所需临界放电电流条件（即脉冲电流幅值范围）进行计算。

爆炸焊接分为三个阶段：①炸药爆炸释放能量，驱动飞板与基板发生高速碰撞；②碰撞过程中，两板之间会产生金属射流，金属射流冲刷掉板件表面的氧化层，露出新鲜表面；③在高温高压作用下，相互接触的板件新鲜表面发生熔化和元素扩散，形成结合紧密的波纹状结合界面，实现板件的可靠连接[3]。由此可见，在爆炸焊接过程中，金属射流有两个作用：一是清除板件表面的氧化物和污渍，使其露出洁净新鲜的表面；二是促进金属原子间的相互扩散[4]。国内外学者普遍认为，产生金属射流是实现爆炸焊接的先决条件[5]，由此可得“在爆炸焊接中，金属射流形成的临界速度就是金属可靠焊接的临界条件”这一推论。现有研究表明，电磁脉冲焊接过程中也存在金属射流现象，因此，本节参考爆炸焊接临界速度的计算方法，对板状工件电磁脉冲焊接接头的形成条件进行理论计算。

图 2.1 是板状工件爆炸焊接示意图。图中，$V_p$ 是碰撞速度，$V_c$ 是碰撞点移动速度，$\beta$ 是飞板与基板之间的夹角。

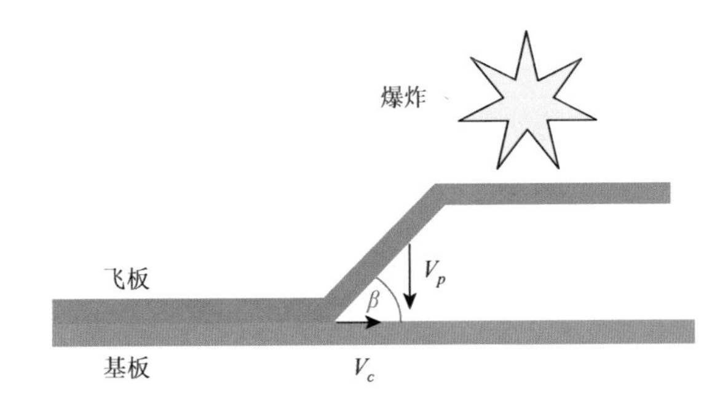


图 2.1　板状工件爆炸焊接示意图

大量的实验结果[5, 6]表明，金属射流的形成与材料自身的强度相关。当产生金属射流时，板件间的临界碰撞速度 $V_{p\min}$ 需满足[5, 6]

$$V_{p\min} = \sqrt{\frac{\sigma_{b\max}}{\rho_{\min}}} \tag{2.1}$$

式中，$\sigma_{b\max}$ 为待焊工件材料强度的最大值；$\rho_{\min}$ 为待焊工件材料密度的最小值。根据待焊工件的材料性能参数，由式（2.1）即可计算得到板件间碰撞速度的最小值。

因此，要实现飞板与基板的焊接，两者的碰撞速度 $V_p$（即飞板速度）须满足

$$V_p \geqslant V_{p\min} \tag{2.2}$$

与爆炸焊接采用炸药提供驱动力不同的是，电磁脉冲焊接中飞板与基板的碰撞速度是洛伦兹力与飞板自身的变形抗力叠加作用的结果。飞板中的洛伦兹力由放电电流所产生的时变磁场及其在飞板中感应产生的涡流共同决定。为实现两工件的焊接，脉冲电流发生器必须产生幅值足够的放电电流，使飞板与基板的碰撞速度大于临界碰撞速度。

根据电磁脉冲焊接过程中飞板的受力情况，其运动所需的洛伦兹力主要包括两个部分：一部分用于克服自身的变形抗力，另一部分则驱使其加速运动，即

$$F = F_1 + F_2 \tag{2.3}$$

式中，$F$ 为飞板所受洛伦兹力；$F_1$ 为克服自身变形抗力所需的作用力；$F_2$ 为驱使飞板加速运动所需的作用力。

电磁脉冲焊接过程持续时间非常短暂，通常为 10～20 μs[7]，因此飞板的加速时间也极短。为简化计算，假设飞板运动为匀加速运动，则整个运动过程可表示为

$$d_{\mathrm{A}} = V_0 t + \frac{1}{2} a_{\mathrm{A}} t^2 = \frac{V_p^2 - V_0^2}{2a_{\mathrm{A}}} \tag{2.4}$$

式中，$d_{\mathrm{A}}$ 为飞板加速运动的距离（即焊接间隙）；$V_0$ 为飞板初始速度（设为 0 m/s）；$V_p$ 为飞板的撞击速度；$a_{\mathrm{A}}$ 为飞板加速度。

由式（2.4）可得飞板运动过程中所需的加速度为

$$a_{\mathrm{A}}=\frac{V_p^2}{2d_{\mathrm{A}}} \tag{2.5}$$

由牛顿第二定律可知

$$F_2=m_{\mathrm{A}}a_{\mathrm{A}} \tag{2.6}$$

式中，$m_{\mathrm{A}}$为飞板加速运动部分的质量，取决于飞板密度和几何尺寸：

$$m_{\mathrm{A}}=\rho_{\mathrm{A}}h_{\mathrm{A}}l_{\mathrm{A}}b_{\mathrm{A}} \tag{2.7}$$

其中，$\rho_{\mathrm{A}}$为飞板密度；$h_{\mathrm{A}}$为飞板厚度；$l_{\mathrm{A}}$、$b_{\mathrm{A}}$分别为飞板加速运动部分的长、宽。

综上，驱使飞板加速运动所需的作用力可表示为

$$F_2=\frac{V_p^2}{2d_{\mathrm{A}}}\rho_{\mathrm{A}}h_{\mathrm{A}}l_{\mathrm{A}}b_{\mathrm{A}} \tag{2.8}$$

飞板受力部分的面积$S_{\mathrm{A}}$为

$$S_{\mathrm{A}}=l_{\mathrm{A}}b_{\mathrm{A}} \tag{2.9}$$

根据式（2.8）和式（2.9），可得驱使飞板运动所需压强：

$$P_2=\frac{F_2}{S_{\mathrm{A}}}=\frac{V_p^2}{2d_{\mathrm{A}}}\rho_{\mathrm{A}}h_{\mathrm{A}} \tag{2.10}$$

要驱使飞板发生塑性变形，飞板受到的压强$P_{\mathrm{A}}$还须大于飞板屈服强度$P_1$，即

$$P_{\mathrm{A}}=P_1+P_2 \tag{2.11}$$

根据文献[8]，脉冲磁场在金属板件上产生的磁压可以表示为

$$P_{\mathrm{A}}=\frac{B^2}{2\mu_0} \tag{2.12}$$

式中，$\mu_0$为真空磁导率，取$4\pi\times10^{-7}$ T·m/A；$B$为放电电流$I$产生瞬变磁场的磁感应强度，可表示为

$$B=\sqrt{2\mu_0\left(\frac{V_p^2}{2d_{\mathrm{A}}}\rho_{\mathrm{A}}h_{\mathrm{A}}+P_1\right)} \tag{2.13}$$

以单匝平板焊接线圈为例，板件的尺寸小于焊接线圈的长度。为简化计算，将单匝平板焊接线圈视为有限长直导线。由文献[9]可知，飞板附近任意一点的磁感应强度与焊接线圈中放电电流$I$的关系是

$$B=\frac{\mu_0 I}{4\pi r}(\cos\theta_1-\cos\theta_2) \tag{2.14}$$

式中，$r$为飞板与焊接线圈中心处的距离，飞板在运动过程中$r$也会发生变化，因此取与中心处对应的焊接间隙，在放电初期，飞板不会立刻离开焊接线圈，$r$为飞板与焊接线圈之间的绝缘层厚度；$\theta_1$和$\theta_2$分别为焊接线圈两端的电流元与它们到该点径矢的夹角。

将式（2.13）代入式（2.14）中，可初步求得电磁脉冲焊接两板状工件所需的放电电流计算公式：

$$I=\frac{4\pi r}{\mu_0(\cos\theta_1-\cos\theta_2)}\sqrt{2\mu_0\left(\frac{V_p^2}{2d_{\mathrm{A}}}\rho_{\mathrm{A}}h_{\mathrm{A}}+P_1\right)} \tag{2.15}$$

根据式（2.15）即可确定电磁脉冲焊接板状工件所需的最小放电电流峰值。

须指出，上述理论计算过程中将飞板加速运动过程简化为匀加速运动，并将焊接线圈视为有限长直导线，且未考虑飞板对焊接线圈电流分布的影响。这些简化处理导致理论计算结果仅能确定放电电流的大致范围。为满足不同金属、不同场景的焊接要求（例如，对管件进行焊接时，常采用多匝焊接线圈与集磁器结合的驱动器，对放电电流幅值影响较大），通常需要在理论计算结果的基础上，适当提高脉冲电流发生器的最小放电电流。

### 2.2.2 脉冲电流的影响因素

脉冲电流发生器的放电回路是典型的二阶 *RLC* 振荡电路（见图 1.4（b）），其对应的微分方程如下：

$$\frac{d^2I(t)}{dt^2}+2\xi\frac{dI(t)}{dt}+\omega_0^2I(t)=0 \tag{2.16}$$

$$\xi=\frac{R}{2L} \tag{2.17}$$

$$\omega_0=\sqrt{\frac{1}{LC}} \tag{2.18}$$

$$\omega_d=\sqrt{\frac{1}{LC}-\left(\frac{R}{2L}\right)^2} \tag{2.19}$$

式中，$C$ 为电路中的储能电容；$R$ 为放电回路电阻（包括连接线路电阻、焊接线圈电阻和电容自身的电阻）；$L$ 为放电回路电感（包括连接线路电感、焊接线圈电感和电容自身的电感）；$I$ 为放电电流；$\xi$ 为衰减系数；$\omega_0$ 为电路固有频率；$\omega_d$ 为振荡角频率。

微分方程的初始条件分别为

$$t=0 \tag{2.20}$$

$$I(0)=0 \tag{2.21}$$

$$\frac{dI(0)}{dt}=\frac{U_0}{L} \tag{2.22}$$

式中，$U_0$ 为储能电容的初始电压（即充电电压；不计损耗时，$U_0$ 也是放电回路的放电电压）。

将式（2.21）和式（2.22）代入式（2.16），可得

$$I(t)=-\frac{U_0}{\omega_d L}e^{(-\xi t)}\sin(\omega_d t) \tag{2.23}$$

通常情况下，电磁脉冲焊接放电回路中的电阻较小（满足式（2.24）），因而在焊接线圈上将产生欠阻尼衰减振荡电流。

$$R<2\sqrt{\frac{L}{C}} \tag{2.24}$$

由式（2.23）可知，放电电压、储能电容、电路电阻和电路电感都会影响脉冲电流发生器的放电电流。为进一步明确放电过程中各个参数对放电电流的影响规律，为电磁脉冲焊接通用平台的设计和研制提供参考和依据，在 PSpice 电路仿真软件中搭建电磁脉冲焊接放电过程的电路模型，如图 2.2（a）所示。图中，$U$ 是充电电源，为储能电容提供电能；$S_1$ 是充电开关，当储能电容两端的电压达到预设幅值后自动断开，时延设置为 1 μs；$C$ 是储能电容；$S_2$ 为放电开关，时延设置为 2 μs；$L$ 为放电回路电感（含线路电感和线圈电感），设置为 300 nH；$R$ 为放电回路电阻（含线路电阻和线圈电阻），设置为 1 mΩ。仿真电路中的元件参数并非脉冲电流发生器放电回路的实际参数，仅用于分析不同参数对放电电流的影响规律。仿真时长设置为 250 μs，步长设置为 1 μs。放电电流的仿真结果如图 2.2（b）所示。可见，放电回路中会产生衰减振荡电流，与理论分析一致。最大放电电流约为 220 kA，首个 1/4 周期内电流上升时间约为 10 μs，频率约为 25 kHz。

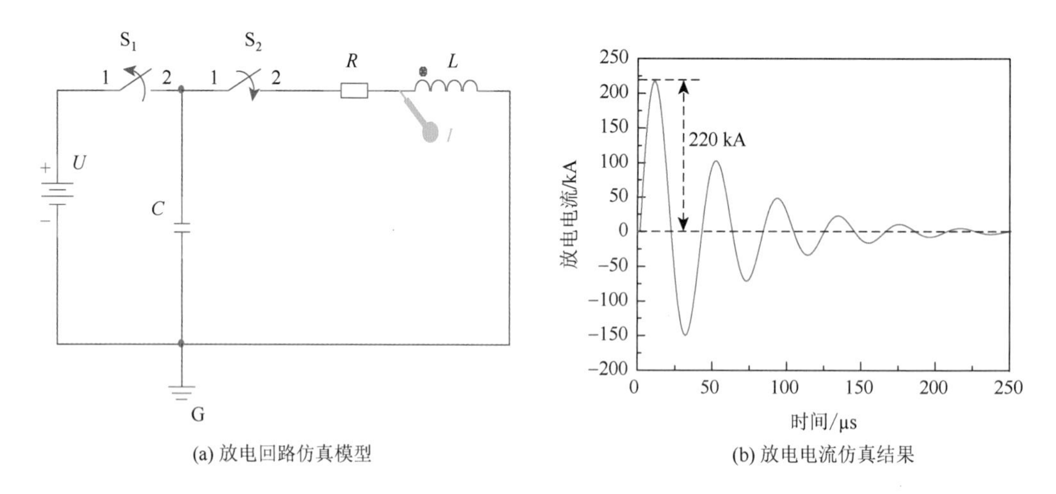


(a) 放电回路仿真模型　　(b) 放电电流仿真结果

图 2.2　放电回路的 PSpice 仿真模型与结果

考虑不同的充电电压、储能电容、电感和电阻，放电电流的仿真波形如图 2.3 所示。其中，图 2.3（a）为充电电压从 10 kV 调至 15 kV、步长 1 kV，其他参数不变情况下放电电流的仿真结果；图 2.3（b）～（d）分别是对应不同储能电容、电路电感和电路电阻时的放电电流波形。由图 2.3（a）可知，充电电压越高，放电电流峰值越大；随着充电电压升高，放电电流波形的陡度增大，表明放电电流的变化速率（d$I$/d$t$）增大，但放电电流的频率不变。由图 2.3（b）可知，储能电容越大，放电电流峰值越大，但储能电容的增加也降低了放电速度，减小了 d$I$/d$t$ 的值和放电电流的频率。由图 2.3（c）可知，放电电流与电路电感呈负相关，即随着电路电感增大，放电电流峰值减小，d$I$/d$t$ 和放电电流的频率也降低。由图 2.3（d）可知，放电电流与电路电阻同样呈负相关，随着电路电阻增大，放电电流峰值和 d$I$/d$t$ 减小，但放电电流频率几乎保持不变。此外，对比图 2.3（c）和（d）可知，放电电流受电路电感的影响较电路电阻大。

上述仿真结果表明，当放电电压和储能电容一定时，要提高放电电流幅值及其变化速率，在脉冲电流发生器的电路设计中应该尽量减少回路电感。

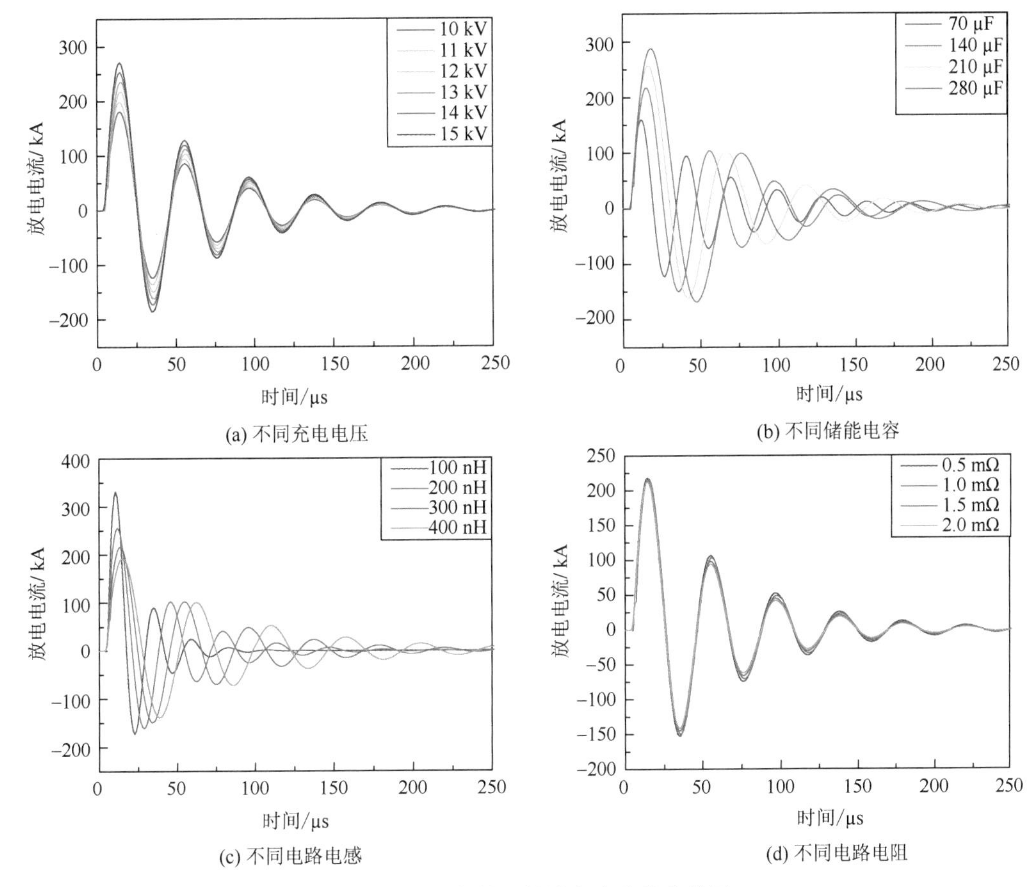


图 2.3　不同条件下的放电电流仿真结果

### 2.2.3　脉冲电流发生器电路结构

脉冲电流发生器主要分为电容储能、电感储能和蓄电池储能几大类，电磁脉冲焊接技术常采用电容储能的方式。电容储能脉冲电流发生器电路主要包含充电电源、充电开关、储能模块、放电开关、负载及其连接回路。

重庆大学先进电磁制造团队根据不同焊接场景需求，设计了两种脉冲发生器电路结构——“多电容并联放电的脉冲电流发生器”与“多放电模块并联的脉冲电流发生器”，两种发生器均可与驱动器构成电磁脉冲焊接通用平台。

基于多电容并联放电脉冲电流发生器的电磁脉冲焊接通用平台设计框图如图 2.4 所示。该平台采用模块化设计，分为充电及控制模块、储能-放电模块和操作平台模块，各个模块之间采用电路连接。充电及控制模块主要用于人员操作控制；储能-放电模块处于高电压和大电流的工作环境，该模块中的放电开关是脉冲电流发生器的关键元器件，直接决定整个电磁脉冲焊接通用平台的应用范围；操作平台模块是电磁脉冲焊接的实现区域，主要用于与驱动器装配。对电磁脉冲焊接通用平台进行功能分区和模块化设计，既能方便地根据不同应用场景更换模块、降低平台使用成本，也便于平台的维护与检修，还有利于保证操作人员的安全。

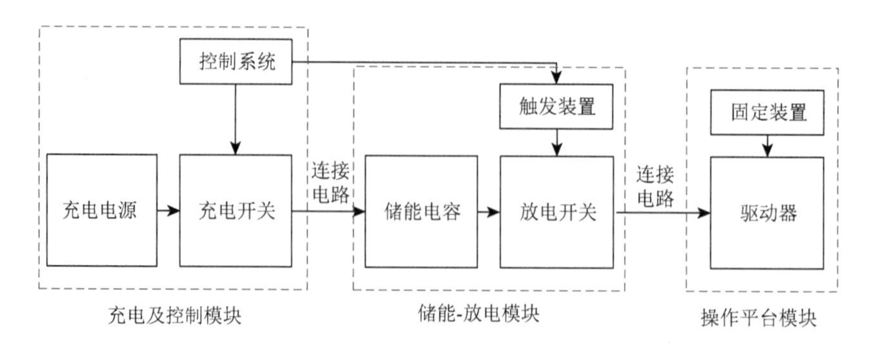


图 2.4　基于多电容并联放电脉冲电流发生器的电磁脉冲焊接通用平台

基于多放电模块并联脉冲电流发生器的电磁脉冲焊接通用平台设计框图如图 2.5 所示。该平台由 4 个独立的放电模块与驱动器并联而成，可研究放电电流频率对电磁脉冲焊接技术的影响，同时也可为电磁参数的调整提供更多选择。放电电流频率 $f$ 与电路中的电感 $L$ 和电容 $C$ 相关（式（2.25））；相比于改变电感，改变储能电容更容易实现，因此，该平台通过控制储能电容投切数量来改变放电电流频率。

$$f = 1/\left(2\pi\sqrt{LC}\right) \tag{2.25}$$

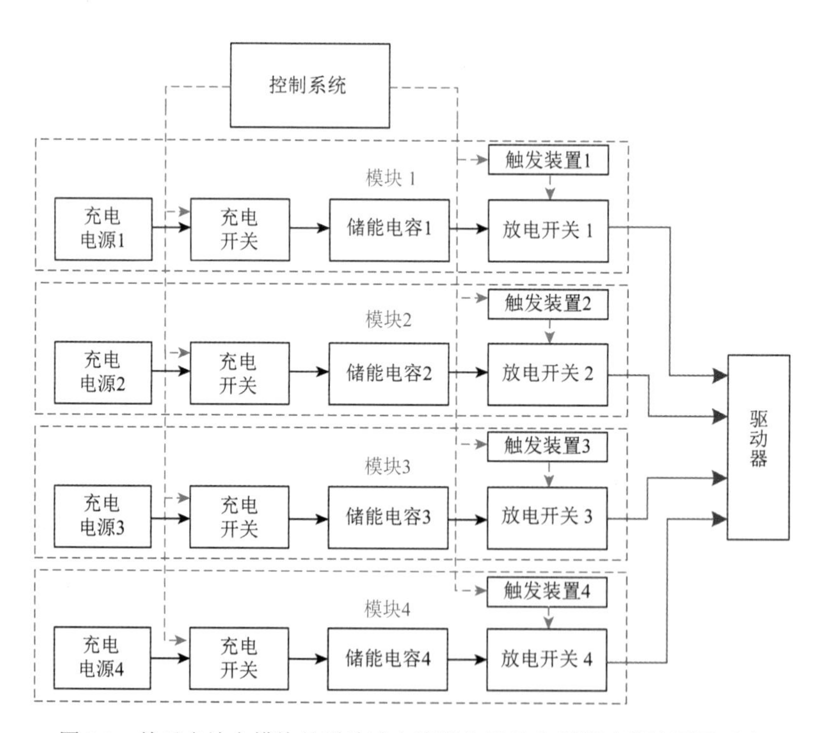


图 2.5　基于多放电模块并联脉冲电流发生器的电磁脉冲焊接通用平台

在该通用平台中，每个放电模块都是独立脉冲电流发生器（各模块容量小于多电容并联放电的发生器），具备单独的充电电源、充电开关、储能电容、放电开关和放电开关的触发装置。控制系统产生 8 路控制信号，其中 4 路控制充电开关，另外 4 路控制放电开关的触发装置。采用 4 个充电开关分别控制充电电源与储能电容间的充电回路，而不是 1 个充电开关后连接 4 个放电模块，不仅方便控制，还可隔离各个储能电容，避免相互之间并联。通过充电开关与放电开关，来控制放电电路中放电模块的投切数量，改变放电电流频率。

两种通用平台的设计方式的区别在于脉冲电流发生器的主体结构，即多电容并联放电与多放电模块并联放电。与多电容并联放电相比，多放电模块并联的连接线路与控制方式相对复杂，电路中的电感等参数也相对较大，且存在放电开关导通分散性的问题，在相同条件下，产生的放电电流幅值及其变化率低，且成本更高。在开展电磁脉冲焊接实验或工业生产时，可根据具体需求选择对应的通用平台设计方案。后面内容将以重庆大学先进电磁制造团队所设计的电磁脉冲焊接通用平台（以下简称为“本平台”）为例，阐述脉冲电流发生器的具体研制过程。

## 2.3 充电回路与储能模块

充电回路与储能模块由充电电源、充电开关和储能电容组成。该模块直接关系电磁脉冲焊接通用平台的充电时间与充电效率，其方案设计与元件参数选择至关重要。

### 2.3.1 充电电源选型

在脉冲功率系统中，通常由高压直流电源对储能电容供电。高压直流电源的类型和实现方案多种多样。例如，可使用变压器将工业电源升压后再由硅堆整流，其基本电路框图如图 2.6（a）所示，该方案常用于工业生产，但是变压器体积较大，且电压调节精度较低。为减小通用平台体积，实现电压多级可调，选用基于高频开关变换技术的高压直流电源，如斯派曼公司的高压直流电源 SL50P1200（最高充电电压为 50 kV，最大充电电流为 12 mA）、威斯曼公司的高压直流电源 DL30P600（最高充电电压为 30 kV，最大充电电流为 20 mA）等。高频开关变换式高压直流电源结构紧凑（见图 2.6（b）），操作方便，可满足实验室级的电磁脉冲焊接系统设计，但充电电流幅值较小，充电速度慢，效率低，不适用于工业生产。

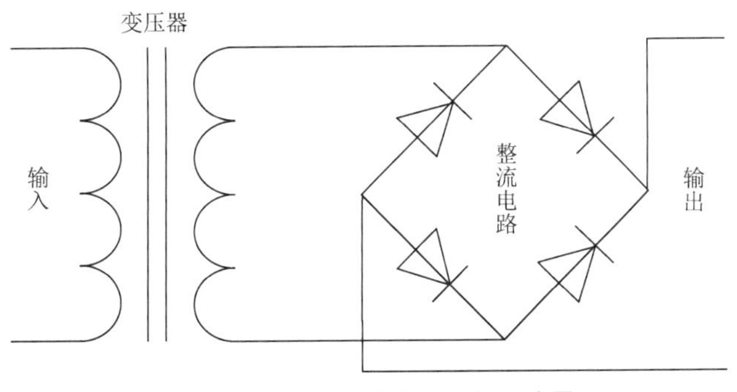

(a) 升压-整流式高压直流电源原理示意图

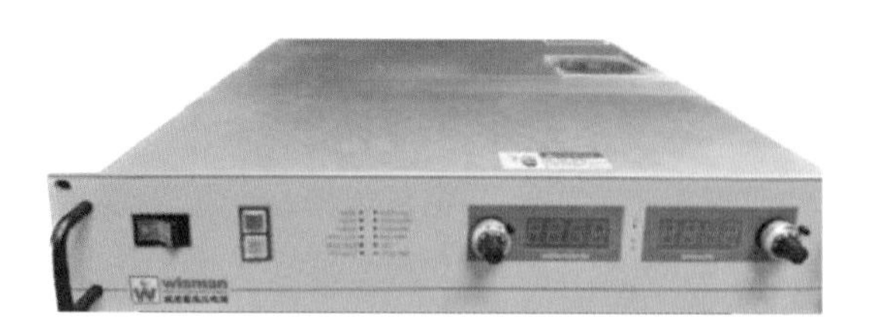

(b) 高频开关变换式高压直流电源

图 2.6　高压直流电源

### 2.3.2　充电开关选型

电磁脉冲焊接过程属于储能电容对焊接线圈短路放电，通常需要在高压直流电源与储能电容之间配置硅堆或者隔离电阻，以防止高压直流电源被放电回路短路。为了提高储能电容的充电速率，本平台未设置硅堆或隔离电阻，而是采用充电开关的方式隔离高压直流电源与储能电容。

充电开关可以选择高压开关、继电器等，主要考虑开关的耐压能力、通流能力和控制难易程度。由于真空继电器耐压幅值高，闭合时为短路状态，可对储能电容快速充电，操作简单，性能可靠，结构紧凑（见图 2.7），本平台选取真空继电器作为充电开关。使用时通过控制开关电源模块输出电压信号来控制继电器，以 GL62L 高压真空继电器为例，当输入电压为 25 V 时，继电器断开；当输入电压为 0 V 时，继电器导通。

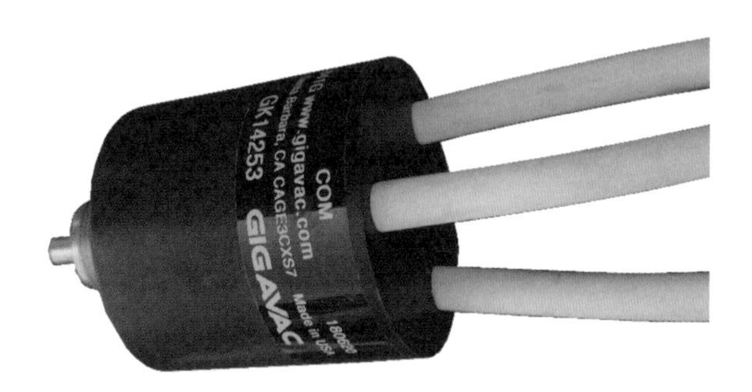


图 2.7　真空继电器

### 2.3.3　储能电容选型及储能模块

储能模块是电磁脉冲焊接通用平台的能量来源，常见的储能方式有电容储能、电感储能、蓄电池储能等。电容器具有工作电压高、放电电流大、充电速度快等优势，电磁脉冲焊接通用平台以电容器为储能元件。用于高压脉冲放电的电容器也称为高压脉冲电容器。高压脉冲电容器的耐压、容量、放电电流、体积与使用寿命等物理参数都会对平台产生影响。

储能模块可由一个或者多个高压脉冲电容器构成。当采用单个大电容作为储能模块时，电路结构简单，但电容自身电感较大，会影响放电回路的电流波形及峰值；采用多个小电容并联的方式构成储能模块，电路结构复杂，但可减少储能模块的电感，是目前常用的方式[10, 11]。因而，本平台选用多个高压脉冲电容并联形成的储能模块。

此外，高压脉冲电容器的自身电感也属于回路电感的一部分，是影响脉冲上升沿的因素之一。在储能电容选择时，一方面应当选用自身电感较低的电容器，另一方面也应注意电容的外形结构，尽量减小连接导线给放电回路引入的电感。与文献[8]中高压脉冲电容结构类似，同轴型高压脉冲电容（见图2.8（b））中心螺柱为正极，边缘螺柱为负极，相比于传统的高压脉冲电容（见图2.8（a））更有优势。

(a) 传统结构高压脉冲电容器

(b) 同轴型高压脉冲电容器

图 2.8　高压脉冲电容器

综合考虑高压脉冲电容器的体积、性能和使用寿命等因素，分别定制同轴型高压脉冲电容 MKMJ82 和 MKMJ-25 作为储能电容，具体参数如表 2.1 所示。

**表 2.1　储能电容器性能参数表**

| 性能参数 | MKMJ82 | MKMJ-25 |
|---|---|---|
| 额定电容量/μF | 70 | 15 |
| 额定电压/kV | 20 | 25 |
| 额定放电峰值电流/kA | 200 | 150 |
| 最大放电峰值电流/kA | 240 | 220 |
| 杂散电感/nH | ≤200 | ≤60 |
| 绝缘电阻/MΩ | ＞140 | ＞600 |

MKMJ82 型电容器电容值为 70 μF，最大充电电压为 20 kV，电容器的储存能量可通过式（2.26）进行计算：

$$E_c = \frac{1}{2} C U_c^2 \tag{2.26}$$

式中，$C$ 为电容器的电容值；$U_c$ 为电容器所充电压。

通过计算可知，当充电电压最大时，单个 MKMJ82 型电容器的最大储能可达 14 kJ。相比之下，单个 MKMJ-25 型电容器的最大储能仅为 4.6875 kJ。

储能模块由多个高压脉冲电容并联而成，本平台的多电容并联放电简易储能模块与多放电模块并联储能模块分别如图 2.9（a）和（b）所示。两种储能模块均采用 4 个电容并联的方式，连接各个电容的均为铜板/铝合金板，可降低回路电感与电阻。

(a) 简易的多电容并联储能模块

(b) 多放电模块并联储能模块

图 2.9　高压脉冲电容构成的储能模块

## 2.4　放电开关系统及其特性

### 2.4.1　放电开关选型

以电磁脉冲焊接板状工件为例，根据板件所受洛伦兹力与回路放电电流间的关系可知，电磁脉冲焊接过程中金属板件所受洛伦兹力与脉冲电流发生器放电电流幅值及其变化速率密切相关。为提升飞板（移动板件）与基板（固定板件）的撞击速度，需提高回路放电电流幅值，提升储能电容放电速率。

如 2.2.3 小节所述，放电开关是脉冲电流发生器的关键元器件。为满足更多金属材料的焊接条件，需要尽量提升放电开关的通流能力和耐压能力。目前，脉冲功率技术中常用的放电开关有气体火花间隙开关、晶闸管（又称可控硅整流器，silicon controlled rectifier，SCR）、反向开关晶体管（reversely switched dynistor，RSD）、赝火花开关（pseudospark switch，PSS）、绝缘栅双极晶体管（insulated gate bipolar transistor，IGBT）以及真空触发管（triggered vacuum switch，TVS）[12-19]等，部分开关如图 2.10 所示，部分开关主要参数如表 2.2 所示。

(a) 气体火花间隙开关[20]

(b) 反向开关晶体管[21]

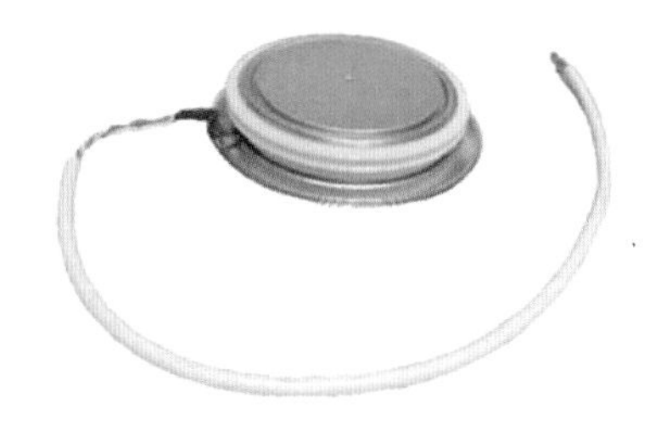

(c) 晶闸管

(d) 焊接型IGBT模块[15]

图 2.10　常见的放电开关

**表 2.2　几种常见放电开关的主要参数**

| 名称 | 工作电压/kV | 峰值电流/kA | 时间量级 | 重复频率/Hz | 寿命 |
| --- | --- | --- | --- | --- | --- |
| 油浸开关 | 290 | 3 | ms | 200 | 短 |
| 气体火花间隙开关 | 100 | 40 | ns | 125 | 短 |
| 闸流管 | 30 | 5 | ms | 10 | 中等 |
| 真空触发管 | 50 | 300 | μs | 10 | 中等 |
| 晶闸管 | 6.5 | 200 | μs | — | 中等 |
| 门级可关断晶闸管 | 6.5 | 140 | μs | 300 | 长 |
| 大功率绝缘栅晶体管 | 6.5 | 3 | μs | 150 | 长 |
| 反向开关晶体管 | 3.5 | 250 | ns | 1000 | 长 |

在脉冲功率技术领域，气体火花间隙开关应用历史较长，其整体结构简单，具有开关工作寿命长、发生误动作概率低等诸多优点。现有电磁脉冲焊接设备中常用的火花间隙开关[10, 22]外形尺寸太大，不适合在紧凑型通用平台中使用，且当工作电压较高时，该类开关需要充气才能保持绝缘强度，操作比较繁琐。闸流管是热阴极低压气体开关，耐压高、通流大且容易触发，但电感太大，不符合放电回路低电感的要求。电磁脉冲焊接过程中，放电电流变化非常快，其变化率 $dI/dt$ 超过了晶闸管可承受范围，且单个晶闸管的耐压能力和通流能力难以满足放电电流的要求，多个晶闸管串并联会增加电路电感。赝火花开关耐压不高，难以达到电磁脉冲焊接过程中需承受电压的要求，多个开关串联使用同样会增加电路电感且存在均压问题。

综上所述，根据电磁脉冲焊接通用平台的设计要求和放电开关的工作性能，同时考虑放电开关的控制便易性、结构紧凑性和使用寿命等因素，本平台选用真空触发管作为放电回路开关。真空触发管是一种结合了三电极火花间隙技术和真空技术的、采用特殊设计触发极来控制导通的大容量开关[17]。开关内部的真空环境为其提供了绝缘和灭弧介质，从而可获得较高的工作电压、较强的开断能力和优异的熄弧性能，同时具有熄弧速度快、触头损耗小和使用寿命长的优势，目前已被广泛应用于脉冲功率技术领域。在各类真空触发管中，多棒极型真空触发管（triggered vacuum switch with multi-rod electrode，MTVS）的两个主电极都含有多对棒状电极，呈环状排列，相互间正负交叉，构成并联的真空间隙；与平板型真空触发管相比，这种结构增大了开关导通时的燃弧面积，具有较强的通流能力和较长的使用寿命。通过对比性能参数，针对不同的装置需求，本平台选用了两款 MTVS（俄罗斯全俄电工研究所的 RVU-43-1 和国产的 TVS-ZKTC）作为放电开关，如图 2.11 所示。

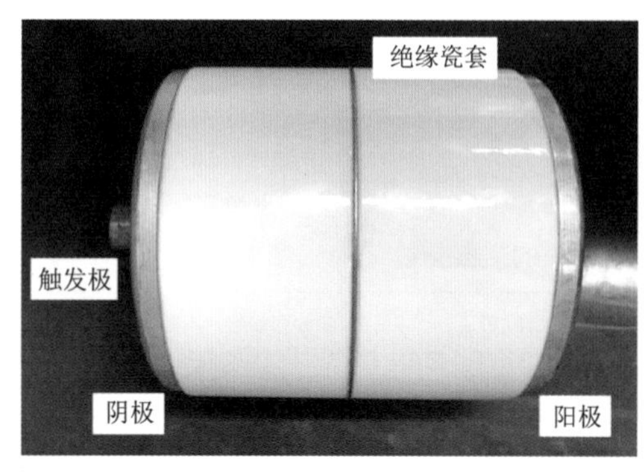


(a) RVU-43-1

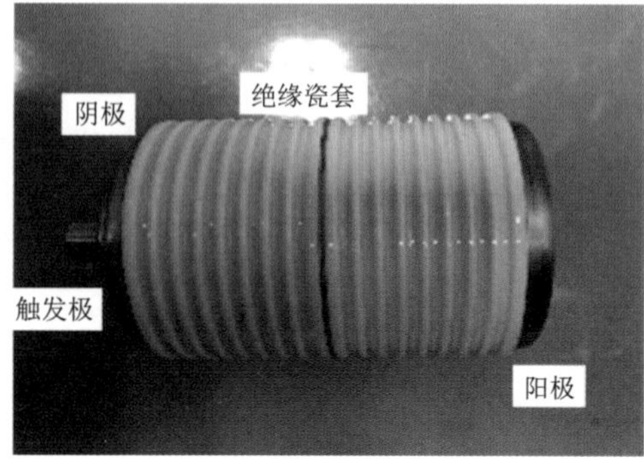


(b) TVS-ZKTC

图 2.11　多棒极型真空触发管外形结构

由图 2.11 可见，两款 MTVS 的外形结构相似，外壳都是白色陶瓷，主电极则采用铜作为材料。TVS-ZKTC 的阴极和阳极表面上各有 6 个直径为 10 mm 的螺孔，用于与主电路连接。阴极中间凸起部分为触发极，触发极、阴极可与外部触发系统构成触发回路，控制真空触发管的导通。RVU-43-1 的阴极和阳极表面上分别只有 4 个直径为 10 mm 的螺孔，因此在设计连接电路时采用大条孔的形式，既可以连接 4 孔的 RVU-43-1，也可以连接 6 孔的 TVS-ZKTC。除了尺寸差异，两者最大的区别就是陶瓷外壳的结构，TVS-ZKTC 的外壳通过褶皱结构增加了表面积，增大了开关阴极与阳极的距离，提高了外壳沿面的绝缘强度。两款 MTVS 的主要性能参数和触发条件如表 2.3 所示。

**表 2.3　MTVS 的性能参数和触发条件**

| 性能 | RVU-43-1 | TVS-ZKTC |
|---|---|---|
| 工作电压/kV | 0.5～40 | 0.5～27 |
| 工作电流/kA | 5～400 | 5～200 |
| 恢复时间/μs | 100 | 100 |
| 触发时延/μs | 2 | 2 |
| 最小触发信号电压/kV | 5 | 5 |
| 最小触发信号脉冲宽度/μs | 5 | 5 |
| 高度/mm | 197 | 169 |
| 质量/kg | 6.2 | 4.8 |

### 2.4.2　触发源的研制

真空触发管的触发装置又称触发源。由表 2.3 中的触发条件可知，两款多棒极型真空触发管对触发信号的要求基本一致，其触发电压最小幅值与触发信号最小脉冲宽度均分别为 5 kV 和 5 μs。由文献[17]可知，提高触发信号的上升沿可提高真空触发管触发导通的可靠性；具有快速上升沿的触发信号能够使真空触发管更快导通，减少储能电容及相应电路承受高电压的时间。紧凑结构的触发源便于集成，可减小电磁脉冲焊接通用平台的体积。因此，针对真空触发管所研制的触发源既要能够产生电压幅值为 5 kV、脉冲宽度为 5 μs 的触发脉冲信号，还需具有上升沿陡峭、结构紧凑等特点。

1. 触发源整体电路

目前，RVU-43 型真空触发管的触发方式常采用高压电容直接放电产生脉冲信号进行触发，其触发电路如图 2.12 所示[17]。但这种方式对触发源的高压电源、高压电容以及放电开关的要求较高，触发电路体积较大且成本较高。

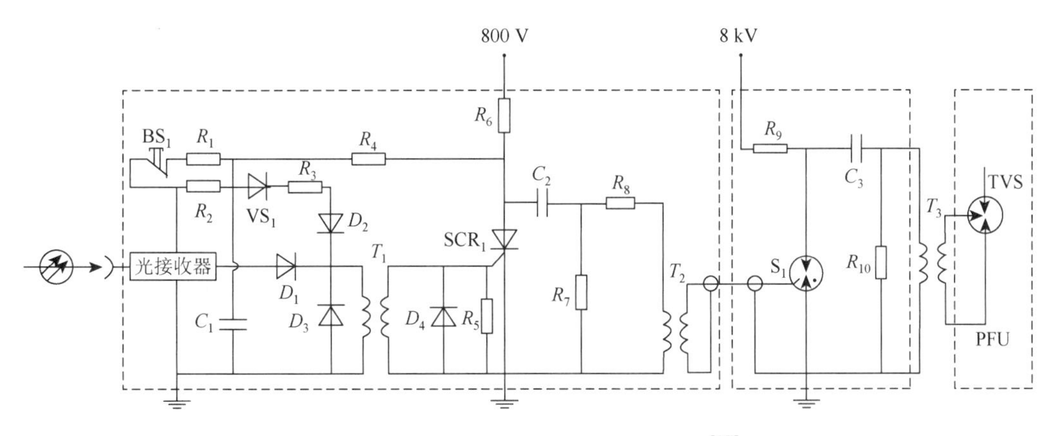


图 2.12　RVU-43 型真空触发管触发电路[17]

在高压脉冲发生器的设计中，Marx 电路是常用的电路结构，其通过控制开关的有序导通，实现多电容的并联充电与串联放电，能成倍提高输出脉冲信号的幅值，尤其是采用固态开关后可使脉冲源的结构更紧凑，控制更灵活方便。但目前的 Marx 电路多采用 IGBT 和金属-氧化物半导体场效应晶体管（metal-oxide-semiconductor field effect transistor，MOSFET）开关，其耐压水平较低，若想实现高幅值脉冲触发信号的输出，需要多级 Marx 电路，将导致触发电路结构复杂、体积较大。相比之下，基于半导体开关和磁芯的脉冲变压器结构简单，可靠性好，价格便宜[23]。此外，为减小触发源电感，降低脉冲变压器绕组匝数，需减小脉冲变压器变比，提升脉冲变压器一次侧幅值。基于此，本平台采用 Marx 电路与脉冲变压器结合的方式来构成用于触发 MTVS 的触发源。MTVS 触发源系统如图 2.13 所示，触发源采用直流电源模块作为充电电源，其最高幅值为 1 kV，经两级 Marx 电路后输出 2 kV 脉冲信号，随后经变比为 1∶10 的脉冲变压器升压，最高可输出 20 kV 的脉冲信号。

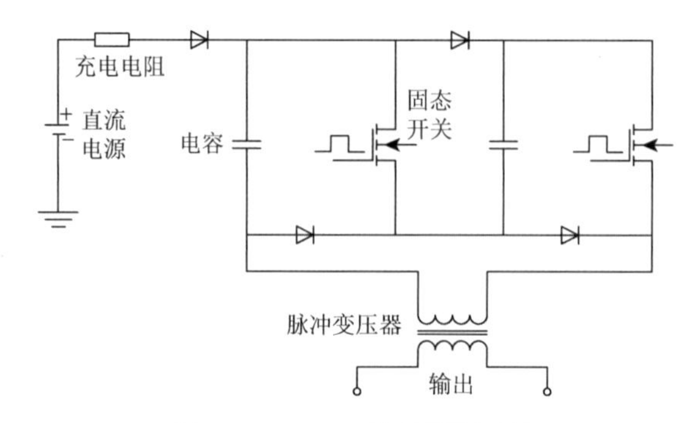


图 2.13　MTVS 的触发源系统

触发源的工作流程如图 2.14 所示。其中，Marx 电路由直流电源、储能电容、固态开关及其配套的控制电路构成。

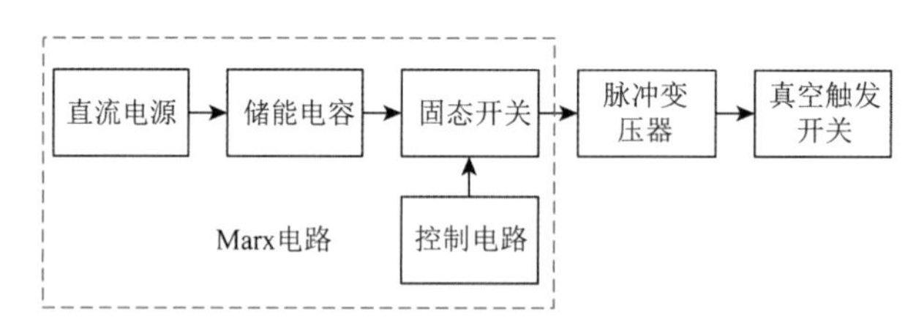


图 2.14　触发源工作流程

2. Marx 电路

触发源电路分为前端与后端两个部分，前端采用两级 Marx 电路实现两倍充电电源幅值的脉冲信号输出，其电路结构如图 2.15 所示。

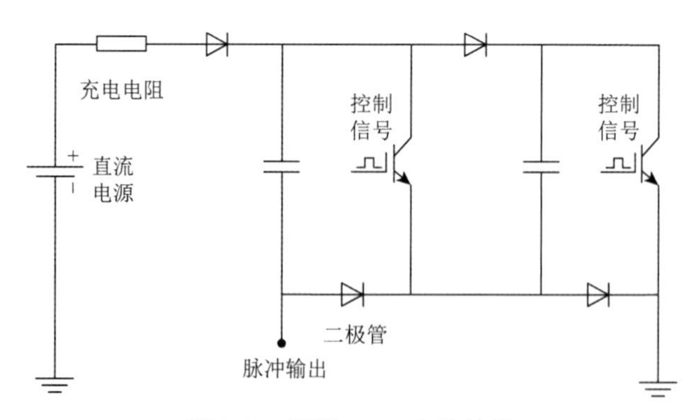


图 2.15　两级 Marx 电路结构

高压脉冲发生器中，电容是系统的储能元件，为满足触发能量需求，选用 5 μF 的电容作为 Marx 电路的储能电容。采用高压直流电源模块为储能电容充电，其输出幅值为 0～1 kV 连续可调。充电电路中，充电电阻为 1 MΩ。由于真空触发管所需的触发电流较大，触发电路所选用的半导体固态开关需具有足够的耐压能力与通流能力。相较于 MOSFET，IGBT 的通流能力更强，因而选用 IGBT 作为 Marx 电路的放电开关，以高压二极管作为回路各级间的隔离器件。

如前所述，半导体固态开关的有序导通，是 Marx 电路能够实现倍压输出的关键，其充放电回路如图 2.16 所示。

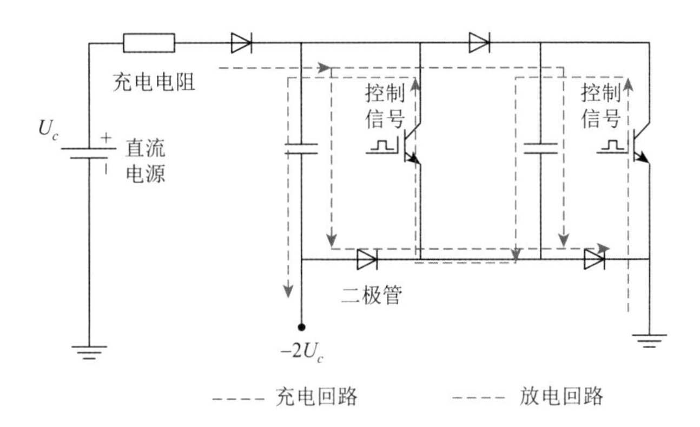


图 2.16　两级 Marx 电路充放电回路示意图

IGBT 的导通与关断需要通过其驱动电路与控制电路完成。由于触发源与真空触发管的位置相近，受回路放电电流的影响较大，为减小空间电磁场干扰并保证操作人员的安全，Marx 电路与控制电路板之间利用光纤隔离，实现远距离触发导通。根据 IGBT 的触发要求，设置 Marx 电路侧触发控制电路如图 2.17 所示，此控制电路将脉冲光信号转换为对应脉冲宽度的 15 V 脉冲电压信号，控制 IGBT 的导通与关断。

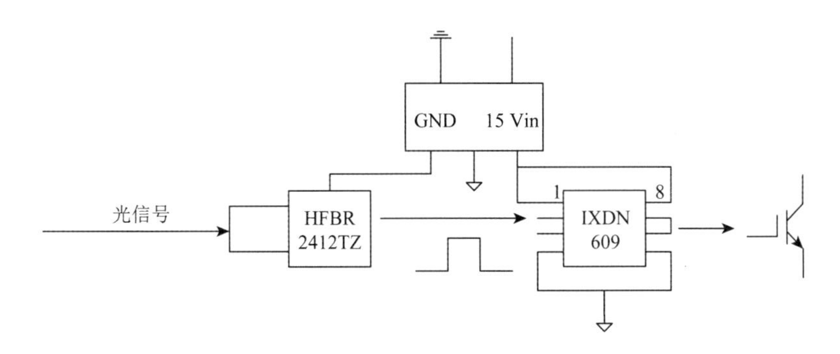


图 2.17　IGBT 的触发控制电路

3. 脉冲变压器

触发源 Marx 电路后端接脉冲变压器。磁芯是脉冲变压器中的关键部件，其性能会影响整个脉冲变压器的性能，尤其是磁芯饱和，既会影响脉冲的最大输出脉冲宽度，也会影响脉冲变压器的体积。因此，磁芯的形状结构、制作材料及工艺、基本性能等都需要全面考虑。为尽可能减小脉冲变压器的体积与漏感，本平台选用低剩磁低损耗纳米晶环形闭合磁芯作为脉冲变压器的磁芯，主要参数如表 2.4 所示。

**表 2.4　纳米晶磁芯参数**

| 性能 | 参数 |
| --- | --- |
| 平均磁导率 $\mu$/(H/m) | 3000 |
| 剩余磁感应强度 $B_r$/T | 0.15 |
| 饱和磁感应强度 $B_s$/T | 1.25 |
| 占空比系数 | 0.78 |

脉冲变压器的初级总感应电动势 $e_1$ 为

$$e_1 = N_1 \frac{\mathrm{d}\varphi}{\mathrm{d}t} \approx N_1 \frac{\Delta\varphi}{\Delta t} = \frac{N_1 \Delta B_{\max} S K_C}{t_{\mathrm{on}}} = U_1 \tag{2.27}$$

式中，$\varphi$ 为每匝的磁通量；$N_1$ 为初级绕组总匝数；$t_{\mathrm{on}}$ 为脉冲宽度；$S$ 为磁芯的截面积；$K_C$ 为磁芯的占空比系数，与磁芯的制造工艺相关；$U_1$ 为 Marx 电路输出电压，即一次侧电压。

$\Delta B_{\max}$ 为最大磁感应增量，其计算公式为

$$\Delta B_{\max} = B_s - B_r \tag{2.28}$$

式中，$B_s$ 为饱和磁感应强度；$B_r$ 为剩余磁感应强度。

由式（2.27）和式（2.28）可知

$$S_{\min} = \frac{U_1 t_{\mathrm{on}}}{N_1 \Delta B_{\max} K_C} \tag{2.29}$$

在 $U_1$ 和脉冲宽度 $t_{\mathrm{on}}$ 一定的情况下，为了使脉冲变压器更加紧凑，减小体积，只能增大 $K_C$ 和 $\Delta B_{\max}$。但增加匝数 $N_1$ 会增大漏感，减缓脉冲前沿，而纳米晶磁芯是一种低剩磁的铁磁材料，其使用时损耗较小，能够保证能量传输效率。为了减小绕组与磁芯之间的间隙以减小漏感，磁芯外部绝缘采用绝缘胶带紧密缠绕而不是套塑料壳。

环形闭合磁芯几何结构如图 2.18 所示，其基本尺寸由外径 $D$，内径 $d$，高 $h$ 组成。

综合考虑磁芯成本、体积等因素，最终确定磁芯几何参数为 $D = 16$ cm，$d = 6$ cm，$h = 10$ cm。

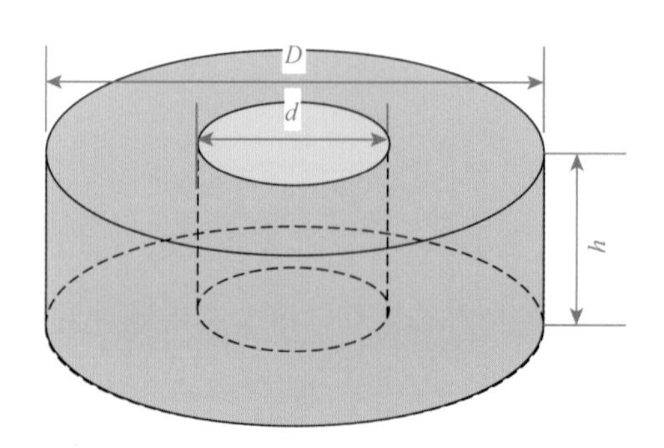


图 2.18　环形闭合磁芯的几何结构

由式（2.27）可得初级绕组匝数为

$$N_1 = \frac{U_1 t_{\text{on}}}{\Delta B_{\max} S K_C} \tag{2.30}$$

根据 Marx 电路的最大输出电压幅值，取 $U_1$ 为 2 kV，$t_{\text{on}}$ 为 10 μs，计算得到初级绕组匝数为 5 匝；设置变比 $n$ 为 10，则次级绕组匝数为 50。

为增大初级与次级间耦合，减小脉冲变压器漏感，变压器初级与次级采用同轴重叠绕制的方式；最终制作的脉冲变压器如图 2.19 所示。

图 2.19　脉冲变压器实物图

4. 输出波形及触发测试

基于 Marx 电路与脉冲变压器构建了一套放电开关触发系统（触发源），可产生电压幅值为 0～25 kV、脉冲宽度为 0～10 μs 可调的脉冲信号，触发源及其最大输出电压信号如图 2.20 所示。从图中可知，触发源输出脉冲信号幅值约为 25 kV，最大脉冲宽度约为 10 μs。

(a) 触发源

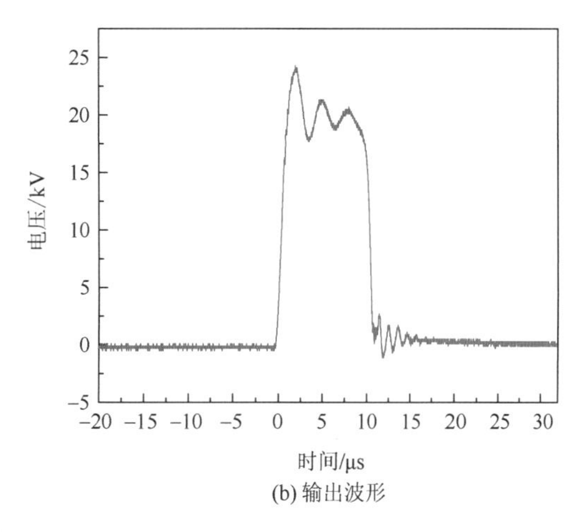


(b) 输出波形

图 2.20　触发源及其输出波形

为测试该触发源的性能，采用该触发源进行 TVS-ZKTC 真空触发管的离线触发测试，结果如图 2.21 所示。当触发电压上升至 2.3 kV 时，开关导通，触发极与阴极两端的电压快速下降至 0 kV，表明两者已经击穿短路。由此可见，所设计的触发源能够有效实现 TVS-ZKTC 开关的触发导通。

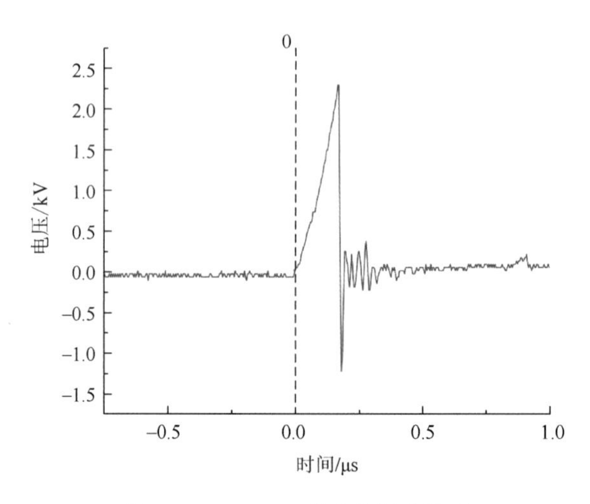


图 2.21　ZKTC 开关离线触发波形

### 2.4.3　放电回路的导通特性

真空触发管常用于大功率放电回路的设计，其通流能力及耐压水平是真空触发管的重要参数[24]。当使用基于多放电模块并联脉冲电流发生器的电磁脉冲焊接通用平台时，需要多个真空触发管同步导通，其导通时延等参数同样重要。因此，需对脉冲电流发生器放电回路的导通特性进行研究。

1. 导通阶段划分

多棒极真空触发管是三电极开关的改进，在其触发导通过程中，触发电压施加于触发极与阴极之间，当间隙两端电压达到击穿电压时，触发极与阴极击穿，产生放电电流。放电电流流过触发极与阴极，在其间隙附近产生初始等离子体。初始等离子体在自身浓度扩散以及主间隙电场的作用下扩散至主间隙，持续发展产生放电通道，造成主间隙的绝缘水平下降。当放电通道贯穿阴阳两极时，主间隙击穿，真空触发管燃弧导通，实现脉冲电流发生器放电回路导通放电。图 2.22 为真空触发管导通过程中的触发电压以及主回路电压波形，根据实际工作情况可将其分为 3 阶段，在图中分别标记为 $t_1$、$t_2$ 和 $t_3$。其中，$t_1$ 为开关的启动时延，由触发脉冲施加于触发极与阴极两端开始，至触发电压开始下降结束。此阶段为触发极与阴极间导通过程，时延大小主要取决于触发脉冲的上升时间以及触发极与阴极间的绝缘状况。$t_2$ 为开关的导通时延，从触发脉冲开始下降（即触发极与阴极导通）到主回路电压开始下降（主回路开始导通），该阶段主要由触发极导通所产生的初始等离子体浓度、扩散速度以及放电通道发展状况等因素决定。

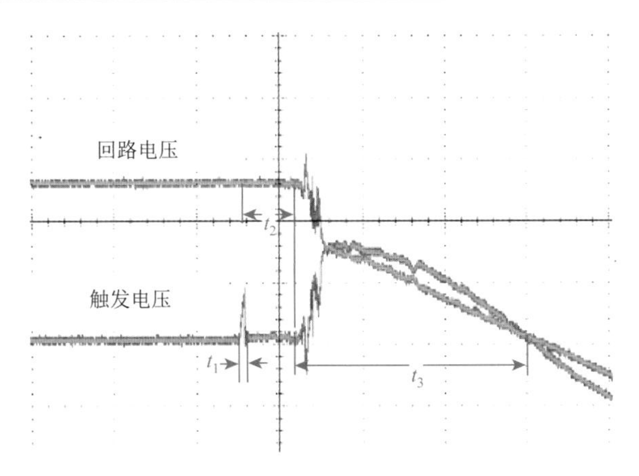


图 2.22　放电回路导通过程 3 阶段划分

通常应用情况下，启动时延 $t_1$ 与导通时延 $t_2$ 构成了真空触发管的整体时延[25]，但在电磁脉冲焊接中，待焊接板件所受洛伦兹力除与主回路放电电流幅值密切相关，还与回路放电速率相关，因此，将主回路放电时延 $t_3$ 也考虑计入整体时延并进行研究。放电时延 $t_3$ 为主回路开始导通至主回路电压下降至零时的时间长度，反映了脉冲电流发生器的放电速率。由此，放电回路整体时延 $t_d$ 可表示为

$$t_d = t_1 + t_2 + t_3 \tag{2.31}$$

2. 各阶段时延的影响因素分析

1）启动时延 $t_1$

启动时延 $t_1$ 描述了真空触发管触发极与阴极间隙的导通过程，其自触发脉冲信号施加于触发间隙开始，直至触发间隙击穿导通，触发脉冲信号幅值开始下降结束。该阶段主要由触发回路的特性决定，触发回路基本电路如图 2.23 所示。

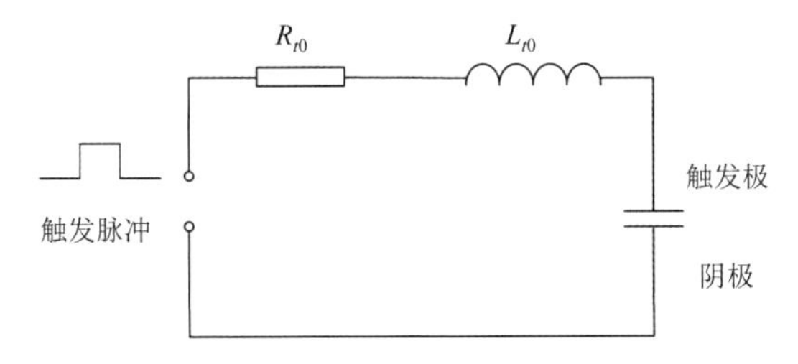


图 2.23　$t_1$ 阶段等效电路模型

其中，$R_{t0}$ 为触发回路的整体电阻，包括触发源等效电阻以及回路连线电阻；$L_{t0}$ 为触发回路电感，主要包括回路连线电感以及触发源自身电感。当触发间隙未导通时，可将触发极与阴极间等效为一储能电容。触发过程中，触发源向该储能电容充电，使其两端电压逐渐上升，直至间隙击穿电压而导通放电。在触发过程中，触发脉冲信号的上升速度决定了启动时延 $t_1$ 的大小，而触发回路电感、回路电阻以及触发源施加电压幅值均会影响到触发电压的上升过程。因此，在 PSpice 软件中构建了触发回路仿真模型，就各部分参数对启动时延 $t_1$ 的影响规律进行仿真分析。触发回路仿真电路如图 2.24 所示。

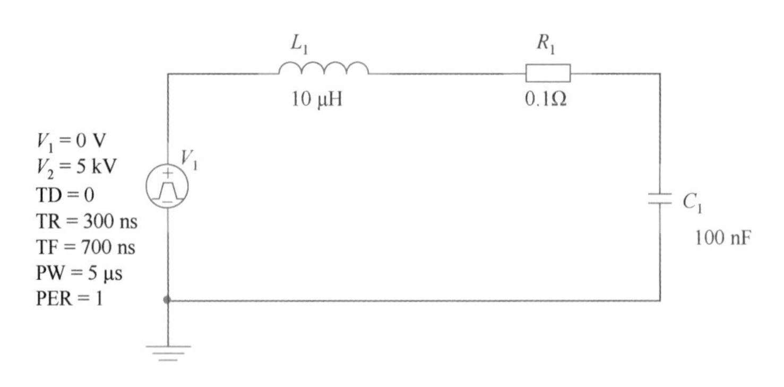


图 2.24　$t_1$ 阶段 PSpice 仿真模型

仿真模型中，$L_1$ 为触发回路电感，包括回路连线电感以及触发源自身电感，$R_1$ 为触发回路整体电阻，$C_1$ 为触发间隙等效电容，仿真中利用脉冲源 $V_1$ 模拟触发信号输出（$V_1$ 为低电位电压，$V_2$ 为高电位电压，TR 为脉冲上升时延，TF 为脉冲下降时延，PW 为脉冲宽度）。通过该仿真模型对触发脉冲信号幅值、回路电阻和回路电感对启动时延 $t_1$ 的影响进行分析，结果如图 2.25 所示。

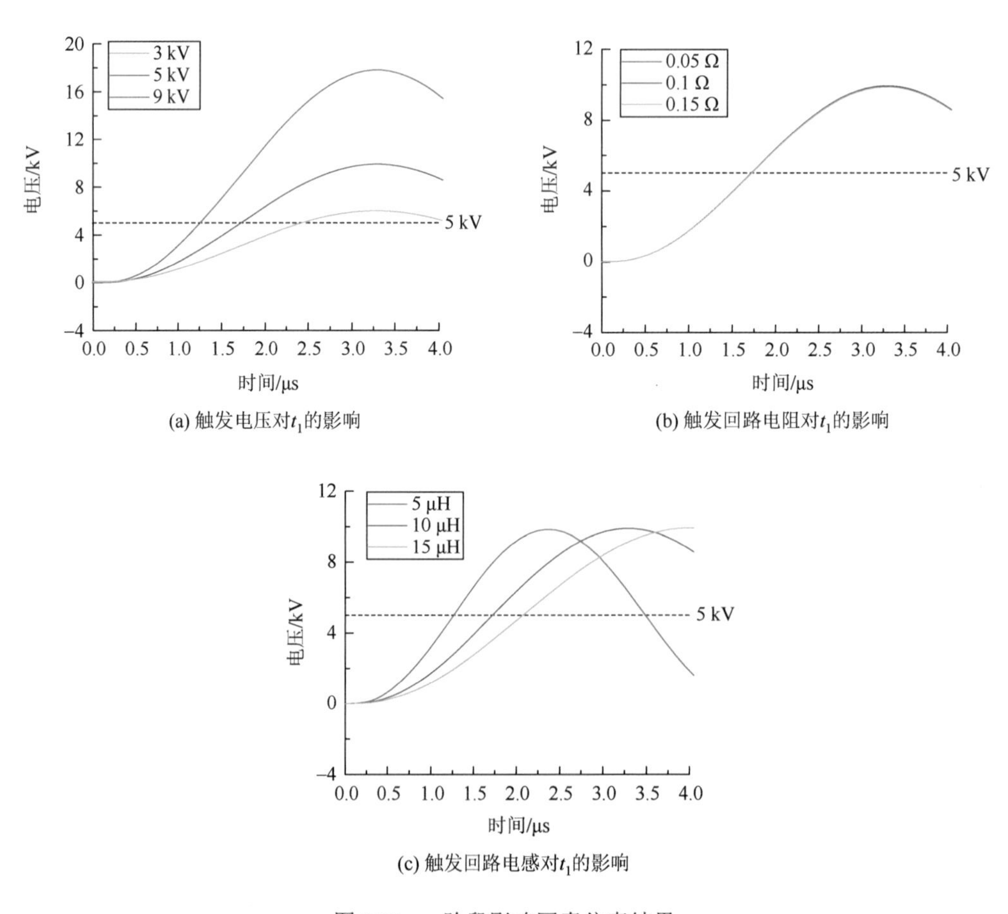


(a) 触发电压对$t_1$的影响

(b) 触发回路电阻对$t_1$的影响

(c) 触发回路电感对$t_1$的影响

图 2.25　$t_1$ 阶段影响因素仿真结果

触发电压对启动时延的仿真结果如图 2.25（a）所示。在触发源的设计过程中，触发脉冲信号的产生通常由 IGBT 等固态开关快速导通放电实现，使得触发脉冲信号自身的上升沿主要由固态开关的导通时延决定，在触发回路其他参数不变的情况下，触发脉冲上升时间将近似保持不变。同时，提高触发脉冲信号的电压幅值，可增大回路电流，使触发间隙两端电压迅速提升至间隙击穿电压，降低开关启动时延 $t_1$。图 2.25（b）显示了回路电阻对启动时延的影响。由仿真结果可知，触发回路整体电阻主要为回路连线电阻，阻值较小，电阻的小幅度变化对启动时延的影响不大。由图 2.25（c）所示结果可知，回路电感将影响触发间隙两端电压的上升速度，进而影响启动时延的大小。现有触发源多采用脉冲变压器的形式实现高幅值触发脉冲的输出，变压器两侧绕组的电感不容忽视，因此，在触发源的设计过程中，应尽量减小其回路电感。

2）导通时延 $t_2$

导通时延 $t_2$ 是触发极与阴极导通后至主回路导通之间的时间段，该阶段主要反映了触发极与阴极之间导通后放电等离子体的产生及阴极与阳极间隙放电通道的发展过程，两个电路等效示意图如图 2.26 所示。

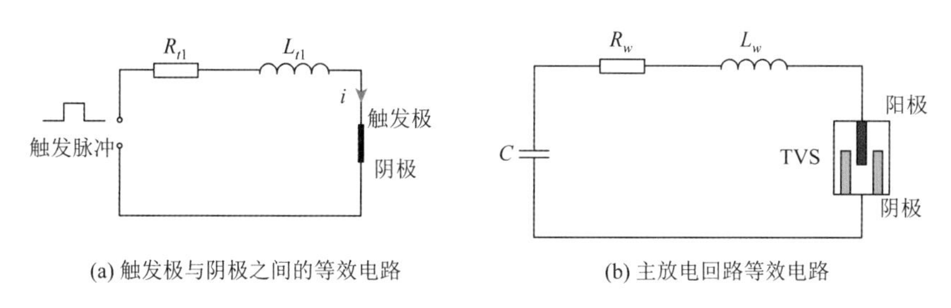


(a) 触发极与阴极之间的等效电路　　(b) 主放电回路等效电路

图 2.26　$t_2$ 阶段等效电路模型

图 2.26（a）为触发极与阴极导通后，触发回路持续放电，放电电流经触发极与阴极间特殊涂层而产生等离子体过程的等效电路。相比于图 2.23，等效电路中的电感与电阻多了电弧电阻与电弧电感。图 2.26（b）为脉冲电流发生器主放电回路等效电路图。触发回路放电电流产生的初始等离子体在浓度扩散以及主回路电压所产生的电场作用下逐渐扩散至真空触发开关阴极与阳极间隙之间，形成放电通道并不断发展，最终贯穿两极，开关击穿导通。

因此，导通时延 $t_2$ 涉及初始等离子体的产生、扩散以及间隙放电通道的发展。该过程较为复杂，尚缺乏详细理论研究。而在类似结构的引燃管研究过程中，研究人员发现其导通时延 $t_2$ 可由式（2.32）计算[25]：

$$t_2 = \frac{x}{v_c} + \frac{d_m - x}{v_e} \tag{2.32}$$

式中

$$v_c = 1.25 \times 10^7 \times \sqrt{\frac{133.3E_m}{40p_t}} \tag{2.33}$$

$$v_e = \left(274 \times \frac{E_m}{p_t} + 39.1\right) \times 10^5 \tag{2.34}$$

其中，$E_m$ 为真空触发管主间隙（阳极与阴极之间）的电场强度；$p_t$ 为真空触发管内部气压；$v_c$ 为等离子体中电子扩散以及电子崩发展的迁移速率；$x$ 为电子崩发展的总距离；$v_e$ 为电子崩发展结束后电子在流注中的迁移速率；$d_m$ 为流注经过的距离。该计算公式仅适用于 $x$ 小于 $d_m$ 时。其他情况下，计算会更复杂，但影响因素相同。同样，在真空触发管中，等离子体的产生以及间隙内放电通道发展的影响因素（包括触发电压幅值、触发脉冲宽度和工作电压）都将影响 $t_2$。其具体影响规律如何，将通过实验进行分析。

3）放电时延 $t_3$

放电时延 $t_3$ 反映了脉冲电流发生器放电回路中储能模块的放电速率，其与主回路参数密切相关。根据 2.2.2 小节中的仿真结果可知，随着放电回路电阻的增加，放电电压峰值将减小，且放电电压的振荡周期将随着电阻的增大而增大，但在电磁脉冲焊接中，常采用电容直接对焊接线圈放电的形式，回路电阻较小，因此，回路电阻的微小变化对放电时延 $t_3$ 的影响较小。相比之下，储能电容和回路电感均对放电电压波形的影响较大。放电时延 $t_3$ 随着回路电感或者电容的增大均呈现明显的增加趋势。储能电容充电电压仅会影响放电电压的振荡峰值，对其振荡周期无影响，因此，改变储能电容的充电电压，不会对回路放电时延 $t_3$ 产生影响。

### 3. 导通特性实验

为深入研究导通时延$t_2$的影响因素，并对前述仿真结果进行验证，根据电磁脉冲焊接过程等效电路的特征，搭建真空触发管导通特性测试实验平台，探究放电回路导通特性的影响因素。测试实验平台如图2.27所示，与脉冲电流发生器类似，主要由高压直流电源、充电开关、储能电容、真空触发管、触发源以及相关测量仪器构成。此处，主回路指脉冲电流发生器的放电回路，触发回路指触发源与真空触发管触发极、阴极之间构成的回路。

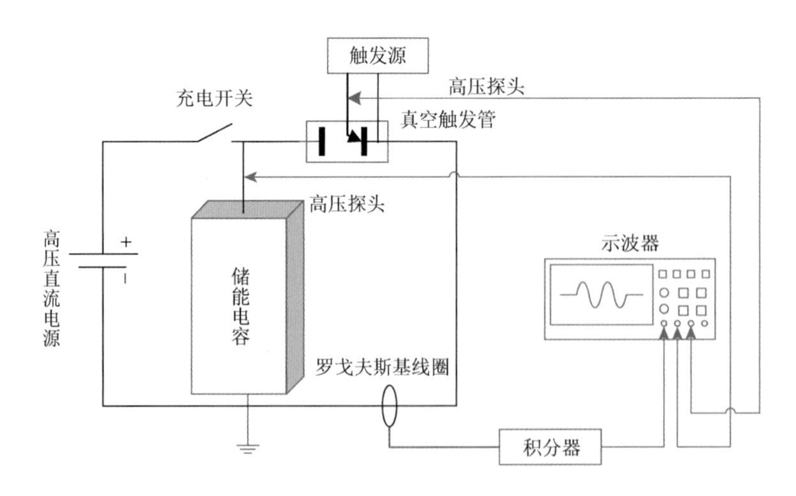


图 2.27　真空触发管导通特性测试实验平台

当真空触发管有效触发时，所测得的主回路电压和触发电压信号波形如图 2.28 所示。

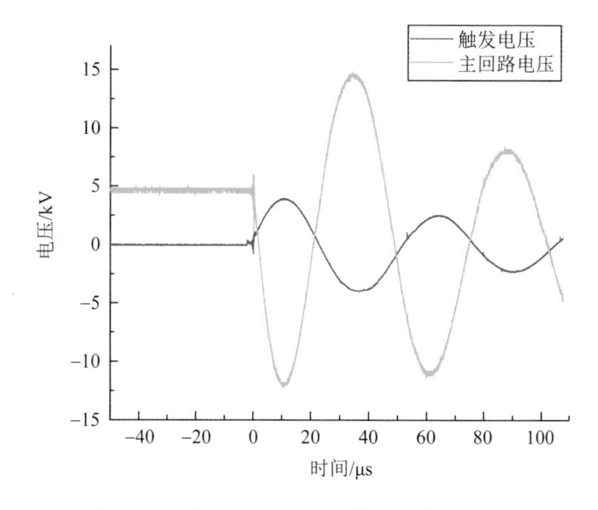


图 2.28　主回路电压与触发电压信号波形

触发测试结果表明，该平台能够实现真空触发管的稳定触发导通。在真空触发管触发过程中，由于触发间隙导通，阴极与触发极几乎处于等电位状态，同时由于真空触发管阴极与地电位之间连线电阻的存在，当真空触发管阴极与阳极导通，主回路开始放电后，在触发极上将产生高幅值振荡电压。因此，触发源中脉冲变压器的存在，除具有升压作用，还可有效隔离振荡电压，避免对 Marx 电路中固态开关造成损害。

当测试平台搭建完成后，触发源回路和脉冲电流发生器放电主回路参数便已固定，只有触发信号参数和回路充电电压是测试实验过程以及后续电磁脉冲焊接实验中的可调参数。

1）触发信号对导通特性的影响

触发信号是影响真空触发管导通性能的重要因素之一，其参数可以决定真空触发管能否被有效触发。

图 2.29 显示了触发电压对回路导通性能的影响。测试过程中，储能电容的充电电压始终保持在 5 kV，触发脉冲的宽度保持为 5 μs。

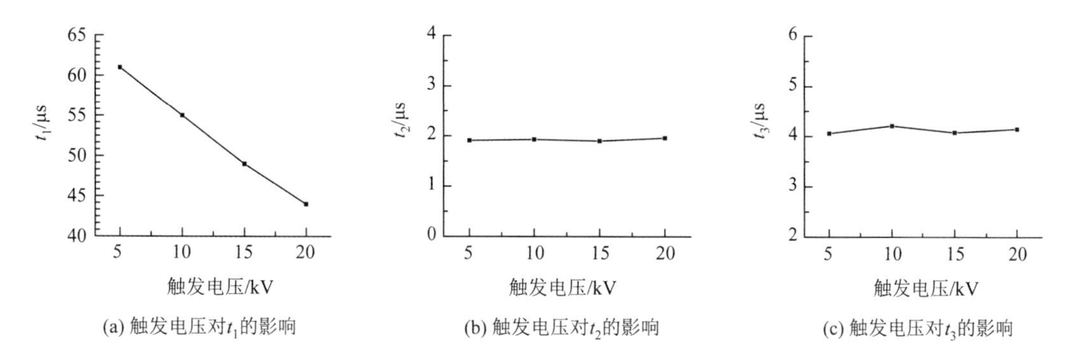


(a) 触发电压对$t_1$的影响　(b) 触发电压对$t_2$的影响　(c) 触发电压对$t_3$的影响

图 2.29　触发电压对回路导通性能的影响

由图 2.29（a）可知，随着触发电压的提高，启动时延 $t_1$ 逐渐减小。如前所述，触发电压增加时，加大了触发回路电流幅值，使得触发极与阴极之间的电压能够更快地达到触发间隙击穿电压，导致启动时延减小。从图 2.29（b）和图 2.29（c）可以看出，导通时延 $t_2$ 和放电时延 $t_3$ 基本不受到触发电压的影响。

触发实验中，触发电压过低，将难以实现真空触发管的导通。当触发电压高于 2 kV 时，真空触发管实现导通，但因触发能量降低，导通过程振荡较大。因此，较高的触发电压能够保证真空触发管稳定可靠导通，因而后续测试将采用 10 kV 的触发电压。

图 2.30 展示了触发脉冲宽度对回路导通性能的影响。测试中，充电电压为 5 kV 且触发电压为 10 kV。真空触发管的启动时延仅与触发脉冲上升速度相关，与触发后脉冲的持续宽度并无关系，且当主回路触发导通后，回路产生高幅值脉冲电流，由触发回路产生的等离子体相较于回路电流极其微小，所以放电时延同样与触发脉冲宽度无明显关联。

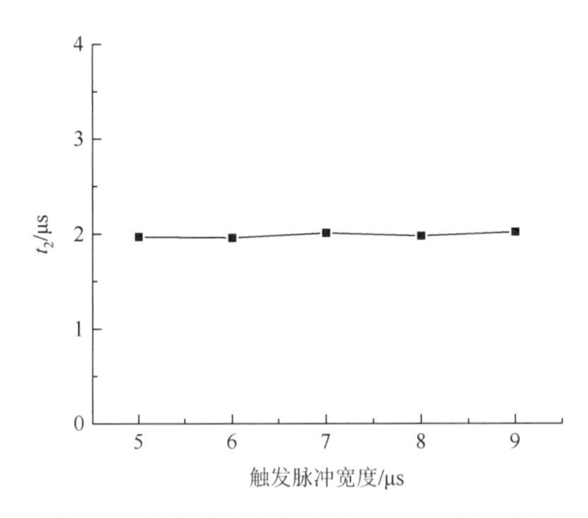


图 2.30　触发脉冲宽度对回路导通性能的影响

由图 2.30 可知，当触发脉冲宽度大于 5 μs 时，触发脉冲宽度的增加对导通时延的影响同样较小。其主要原因为，真空触发管的启动时延以及导通时延之和约为 2 μs，当触发脉冲持续时间超过 2 μs 后，主间隙便得以触发导通，相较于主回路脉冲大电流，触发电流的影响可忽略不计。

因此，根据触发实验研究，设真空触发管的触发参数为 10 kV/5 μs，以此保证真空触发管长期可靠工作。

2）主回路电压对导通特性的影响

对于真空触发管而言，除了触发电压外，脉冲电流发生器主回路电压（工作/充电电压）对其导通特性同样重要。因此，为探究主回路电压对开关导通以及回路放电性能的影响，开展不同主回路电压下的触发测试，实验结果如图 2.31 所示。

测试结果表明，主回路电压的增加对启动时延 $t_1$ 的影响很小。根据真空触发管三电极间的布局，主回路电压在主间隙中产生的电场垂直于触发极与阴极间由触发电压所产生的电场，对触发极电场影响较小，且触发脉冲上升速度快，开关启动时延极短，因此，主回路电压对启动时延的影响总体较小。然而，主回路电压的增加将导致主间隙电场强度的增加，这增加了由主间隙中的触发电极和阴极击穿而产生的等离子体的扩散速度以

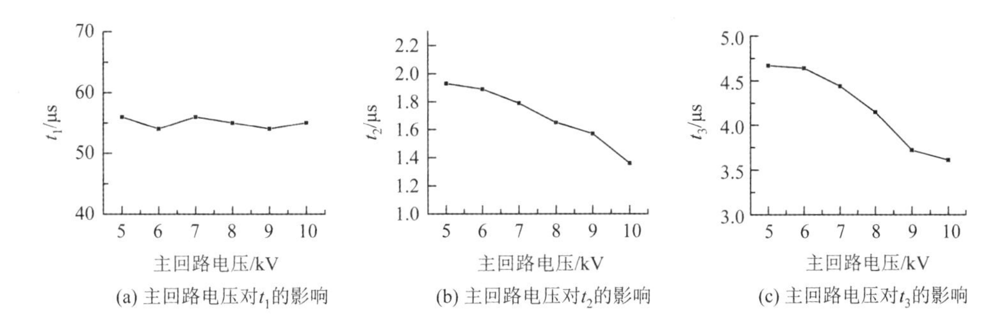


(a) 主回路电压对$t_1$的影响　(b) 主回路电压对$t_2$的影响　(c) 主回路电压对$t_3$的影响

图 2.31　主回路电压对回路导通性能的影响

及放电通道的发展速度，因此，如图 2.31（b）所示，随着主回路电压的增加，导通时延 $t_2$ 具有明显的下降趋势。此外，从图 2.31（c）中可以看出，随着主回路电压的增加，真空触发管触发后电压首次降至零所需的放电时延 $t_3$ 显著减少。根据仿真结果，若回路参数保持不变，则放电时延 $t_3$ 将不会改变。因此，测试中放电时延 $t_3$ 的改变必定由回路参数变化引起。

在多棒极真空触发管中，随着工作电压的提高，流经阴极和阳极之间主间隙的电流将增大，从而使间隙之间的电流分散度增大，将会有更多电极棒参与导通放电。因此，真空触发管的导通电感和电阻将会降低，放电时延 $t_3$ 下降。当电流达到一定水平时，真空触发管中所有棒状电极均参与回路放电，$t_3$ 的变化将减慢并最终停止。因此，在一定程度上提高主回路电压，将有利于改善真空触发管的触发特性。

## 2.5　控制系统设计

### 2.5.1　控制系统整体设计思路

根据电磁脉冲焊接过程，可将通用平台的运行状态划分为充电阶段、放电阶段和泄流阶段。充电阶段涉及的设备包括高压直流电源、充电开关、储能电容等。放电阶段是储能电容对焊接线圈放电、电能转化为飞板机械能的过程，材料界面冶金结合发生在此阶段，涉及的主要设备包括储能电容、真空触发管及其触发源。真空触发管会在能量振荡过程中关断，导致储能电容的能量难以在焊接过程中完全泄放，将残留一定的能量，形成残压。残压幅值与负载阻抗特性相关，当采用单匝平板线圈等阻抗较小的负载时，残压几乎为 0，而当采用多匝焊接线圈时，负载电感较大，残压幅值也在 200～2000 V 的范围。当充电开关导通时，储能电容残压将对高压直流电源反向充电，影响高压直流电源的使用寿命，且残压还会威胁操作人员的生命安全，因此，每次焊接完成后，必须控制泄流开关导通，通过泄流电阻释放储能电容中的残余能量。泄流阶段涉及的主要设备包括储能电容、泄流开关和泄流电阻。

如上所述，在电磁脉冲焊接过程中需要控制多个不同功能的开关和设备，且需要遵守严格的操作时序，若操作失误可能会导致设备损坏甚至威胁操作人员的安全。例如，在储能电容放电过程中未关闭充电开关，则放电回路对高压直流电源短路，电路中的脉冲电流会严重威胁高压直流电源的使用寿命。

为提高电磁脉冲焊接通用平台的智能化水平，降低安全风险，重庆大学先进电磁制造团队设计了电磁脉冲焊接通用平台控制系统，其整体思路如图 2.32 所示，系统主要由上位机（计算机）、微控制器（micro controller unit，MCU）、储能电容电压监测电路、高压直流电源控制电路、充电开关控制电路、触发源和泄流开关控制电路组成。

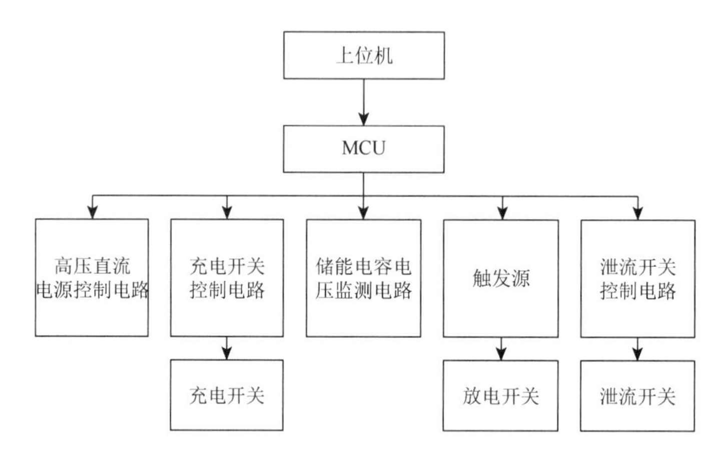


图 2.32　电磁脉冲焊接通用平台控制系统整体框图

储能电容电压监测电路由并联在储能电容两端的分压电路和数据采集电路组成，用于监测储能电容在充电过程和放电之后的电压，通过电-光转换电路、光纤、光-电转换电路和 MCU 通信，实现控制电路和放电回路之间的电气隔离。高压直流电源控制电路和 MCU 通过 RS-232 通信，实现高压电源充电电压、充电电流等信号控制。充电开关控制电路、放电开关触发源和泄流开关控制电路均由 MCU 控制。MCU 与上位机通信，基于 LABVIEW 软件开发相应程序，将电磁脉冲焊接通用平台的控制操作与状态监测数据集成在上位机界面显示，方便操作人员对平台状态与参数进行监控，并在软件中内置操作逻辑，对每一操作步骤进行逻辑校验，杜绝误操作风险。

### 2.5.2　控制系统硬件设计

控制系统的硬件主要包括控制电路板和储能电容电压监测电路板两个部分。

1. 控制电路

控制电路是电磁脉冲焊接通用平台的核心，主要包括微处理芯片最小系统、充电开关继电器驱动电路、泄流开关继电器驱动电路、放电开关触发源驱动电路和通信模块。

1）STM32 最小系统

控制电路中的微处理器芯片常用的是 STM32 单片机，具体型号为 STM32f103C8T6，其包含 2 个 12 位数模转换器（digital-to-analog converter，DAC）和 3 个串口。STM32 最小系统电路图如图 2.33 所示，包括晶振、复位开关、下载器等。

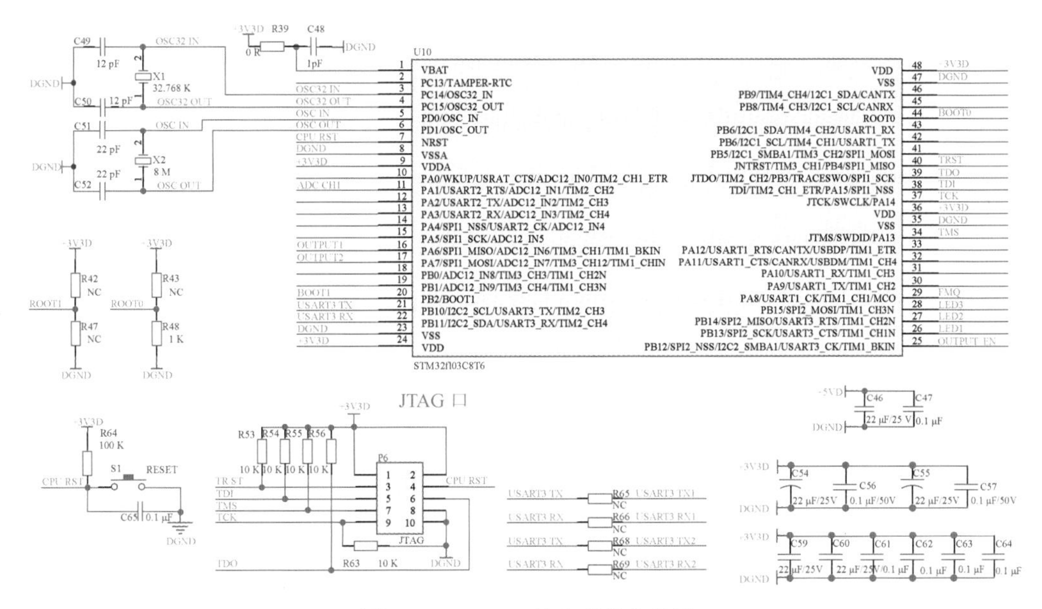


图 2.33　STM32 最小系统电路图

2）继电器和触发源驱动电路

充电开关继电器、放电开关触发源和泄流开关继电器分别是充电开关、放电开关、泄流开关的控制器件，其控制信号要求如表 2.5 所示。

**表 2.5　开关及其控制信号**

| 开关类型 | 控制器件 | 控制信号 |
|---|---|---|
| 充电开关 | 继电器 | 24 V 直流信号 |
| 放电开关 | 自研触发源 | 脉冲宽度为 5 μs、幅值为 5 V 的脉冲信号 |
| 泄流开关 | 继电器 | 24 V 直流信号 |

控制充电开关和泄流开关的继电器均为 24 V 直流信号驱动，而 STM32 自带的 I/O 端口的最高输出电压为 3.3 V，无法直接驱动继电器。因此，使用光耦开关 TLP127 设计了如图 2.34 所示的驱动电路。

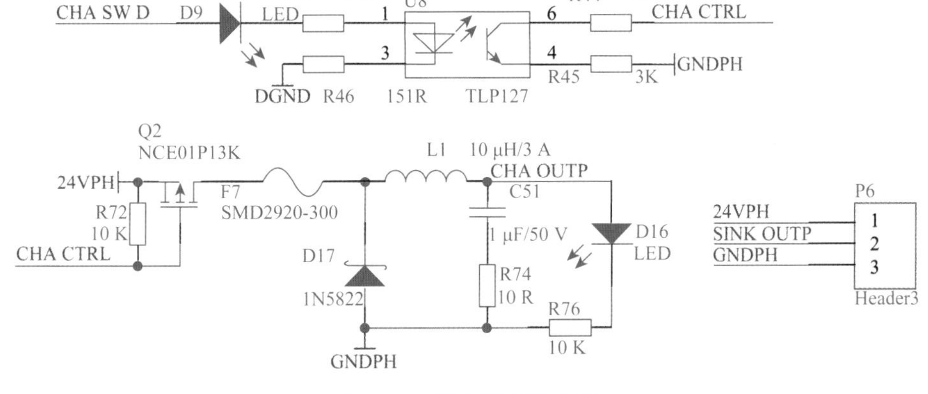


图 2.34　继电器驱动电路

放电开关触发源的控制信号设计为脉冲宽度 5 μs、幅值 5 V 的脉冲信号，而 I/O 端口 3.3 V 的输出电压已可驱动触发源工作，无须放大电压信号。此外，电磁脉冲焊接通用平台工作时的电磁环境十分复杂，为了减少对触发信号的干扰，触发源的控制信号采用光纤传输的方式。图 2.35 是 STM32 控制 SN75451 芯片驱动光纤模块 HFBR1414TZ 的驱动电路图。

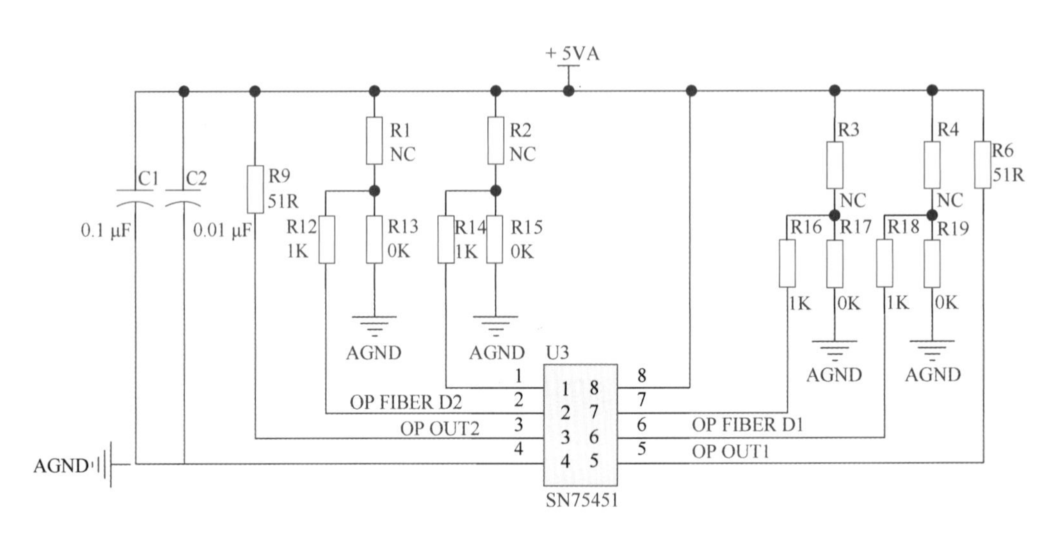


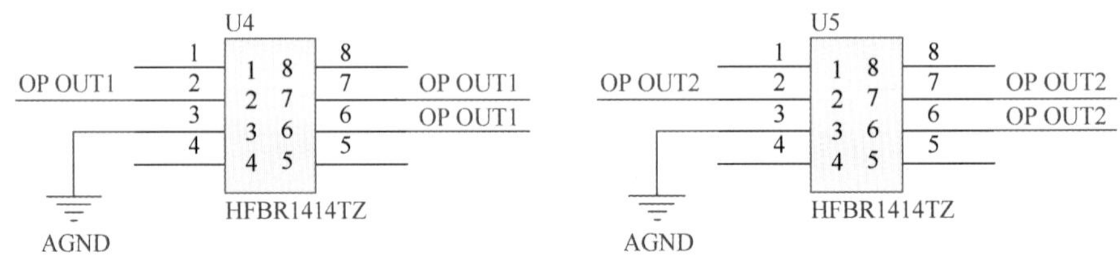


图 2.35　光纤发射模块及其驱动电路

3）通信模块

控制电路分别需要和上位机、高压直流电源和储能电容电压监测电路通信，RS-232 是一种应用广泛、价格便宜、易于使用的通用通信协议，因此采用 RS-232 接口通信。

目前采用的高压直流电源的通信协议为 Modbus。Modbus 协议是应用于工业设备通信的一个标准通信协议，通过 Modbus 协议可以将控制设备连成工业网络，进行集中监控。标准的 Modbus 口是使用 RS-232 兼容串行接口，RS-232 通信电路如图 2.36 所示。

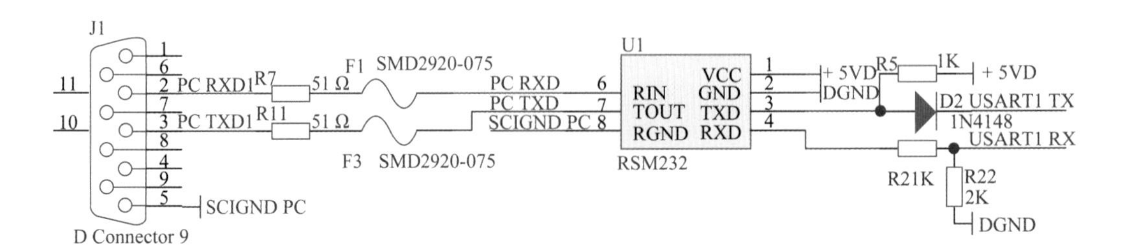

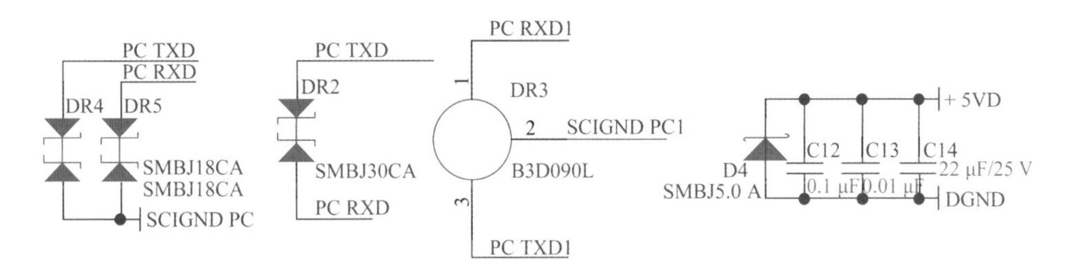


图 2.36　RS-232 通信电路

根据上述电路设计，重庆大学先进电磁制造团队研制的控制电路板如图 2.37 所示，主要由电源电路、STM32 最小系统、光纤通信模块、继电器控制端口和 3 路 RS-232 通信电路组成。

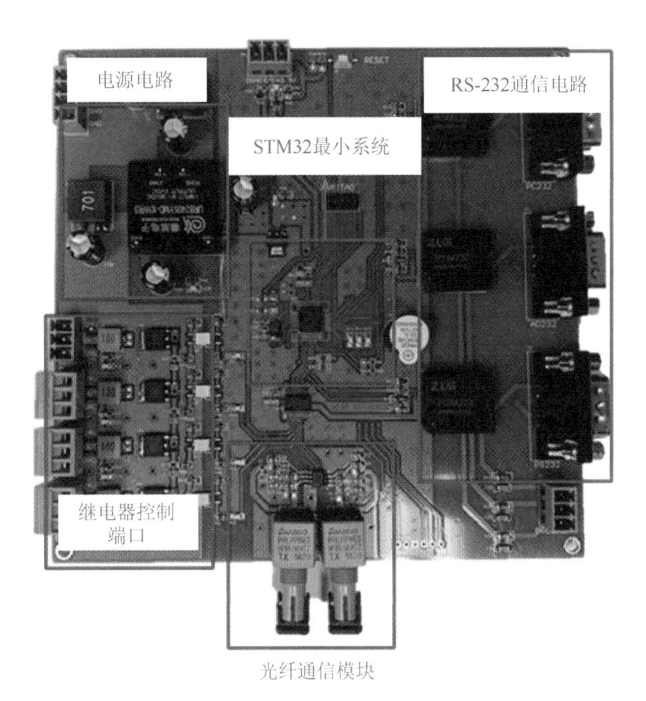


图 2.37　控制电路板

2. 储能电容电压监测电路

储能电容电压监测电路由分压电路和采样电路组成。电磁脉冲焊接过程中，储能电容的工作电压远高于控制电路中元器件的可承受范围，为保护上位机和控制电路，将储能电容电压监测电路独立于控制电路，采用单独的电路板，并使用光纤与控制系统通信，实现两者电气隔离。

1）分压电路

储能电容电压远高于控制电路 STM32 的 ADC 采样电压，因此采用分压电路分压并将其测量结果传输给 ADC 通道。为避免分压电路对储能电容电压造成明显影响，分压电

路漏电流 $I_{leak}$ 应该小于 1 mA。考虑到采样芯片的输入电压范围为 0～3.3 V，分压电路输出电压 $U_{dc}$ 范围也设计为 0～3.3 V。分压电阻 $R_d$ 可由式（2.35）求得

$$R_d \geqslant \frac{U_{dc}}{I_{leak}} \tag{2.35}$$

分压电路如图 2.38 所示，取 $R_1 = 50\ \text{M}\Omega$，$R_2 = 10\ \text{k}\Omega$，当充电电压在 0～16 kV 时，分压电路的漏电流 $I_{leak}$ 最大约为 0.32 mA，$R_2$ 的电压范围为 0～3.2 V。当充电电压范围扩大或缩小时，可通过改变 $R_1$ 的阻值改变监测范围。

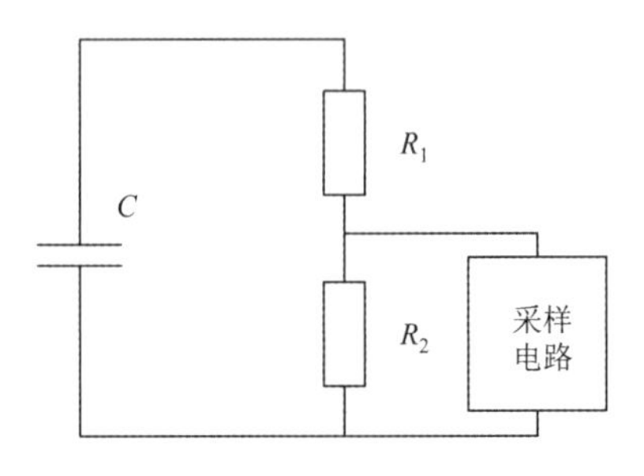


图 2.38　分压电路

当储能电容放电时，分压电阻上会存在冲击电压。冲击电压可能超出采样电路的量程，存在损坏采样电路的风险。考虑到储能电容电压监测对象是储能电容的稳态电压，无须监测储能电容放电过程的瞬态变化，因此，在图 2.38 的分压电路中增加开关，在放电过程中断开以保护采样电路，仅在充电阶段和泄流阶段测量储能电容电压。

带开关的分压电路如图 2.39 所示，提出了两种方案，方案 1 在采样电路的输入端引入开关，方案 2 使用 2 级分压电路，并在两级之间引入开关。

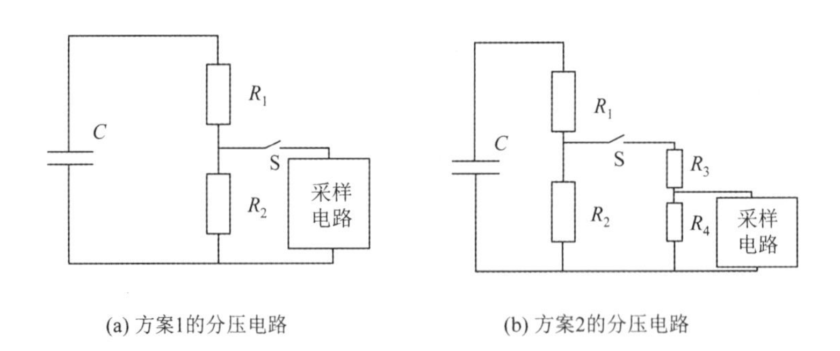


(a) 方案1的分压电路　　(b) 方案2的分压电路

图 2.39　带开关的分压电路

方案 1 中，$R_1 = 50\ \text{M}\Omega$，$R_2 = 10\ \text{k}\Omega$：

$$U_{ad} = \frac{R_2}{R_1 + R_2} U_{dc} - U_{s\_on} \tag{2.36}$$

即

$$U_{ad} \approx \frac{1}{5000} U_{dc} - U_{s\_on} \tag{2.37}$$

方案 1 中的漏电流 $I_{\mathrm{leak}}$ 约等于 0.3 mA，当储能电容电压为 0～16 kV 时，输出的电压范围为 0～3.2 V，符合 ADC 采样的电压范围。

方案 2 中，取 $R_1 = 200\ \mathrm{M\Omega}$，$R_2 = 10\ \mathrm{M\Omega}$，$R_3 = 500\ \mathrm{M\Omega}$，$R_4 = 2\ \mathrm{M\Omega}$：

$$U_{\mathrm{ad}} = \left(\frac{R_2}{R_1 + R_2} U_{\mathrm{dc}} - U_{\mathrm{s\_on}}\right)\frac{R_4}{R_3 + R_4} \tag{2.38}$$

即

$$U_{\mathrm{ad}} = \left(\frac{1}{21} U_{\mathrm{dc}} - U_{\mathrm{s\_on}}\right)\frac{R_4}{251} \tag{2.39}$$

由于 $\frac{1}{21}U_{\mathrm{dc}} \gg U_{\mathrm{s\_on}}$，式（2.39）可以简化为

$$U_{\mathrm{ad}} = \frac{1}{21} U_{\mathrm{dc}} \times \frac{1}{251} = \frac{1}{5271} U_{\mathrm{dc}} \tag{2.40}$$

方案 2 中的漏电流 $I_{\mathrm{leak}}$ 约等于 0.06 mA，当储能电容电压为 0～15 kV 时，输出电压的范围为 0～2.85 V，测量范围更大。

尽管方案 1 和方案 2 的漏电流和输出电压范围均满足设计要求，但是两者对比可以看出，方案 1 中 $U_{\mathrm{ad}}$ 受继电器导通电压的影响，且 $U_{\mathrm{ad}}$ 的范围在 0～3.3 V，继电器的导通电压 $U_{\mathrm{s\_on}}$<1 V，继电器导通电压对于 $U_{\mathrm{ad}}$ 的范围影响很大，又由于继电器的导通压降是非线性变化的，因此方案 1 的结果并不准确。而方案 2 中采样电路的输入参数 $U_{\mathrm{ad}}$ 仅仅和储能电容电压 $U_{\mathrm{dc}}$ 相关，不受继电器导通压降影响，得到的结果更准确。因此，分压电路的设计采用方案 2，其中，分压电阻采用 AFJ-HVL010 功率电阻，最大功率为 10 W，继电器采用 CRSTHV-20 kV 常闭型继电器，最高耐压 20 kV，最大导通电流为 3 A。

2）采样电路

本平台采用并联电阻分压的方式测量储能电容的工作电压幅值，由于分压电阻直接接入放电回路中的储能电容两端，为了保护控制系统，将采样电路设置在独立的电路板上，采样电路板和控制电路通过 RS-232 转光纤通信，从而实现采样电路和控制电路的电气隔离。

采样电路板如图 2.40 所示，主要由电源电路、STM32 最小系统、AD 及隔离模块、RS-232 通信模块等部分组成。目前，采用 STM32 自带的 12 位 AD 模块，输入电压范围为 0～3.3 V。因此，储能电容电压监测电路的分辨率为 4.24 V。

$$\Delta U = \frac{15000}{2^{12}} \times \frac{3.3}{2.85} = 4.24\ \mathrm{V} \tag{2.41}$$

由于电阻阻值精度存在误差，电阻分压电路的实际比例系数与理论值存在误差，须通过实际测量储能电容电压值并与储能电容电压监测电路测试结果进行比对校验，在软件中进行线性校正。

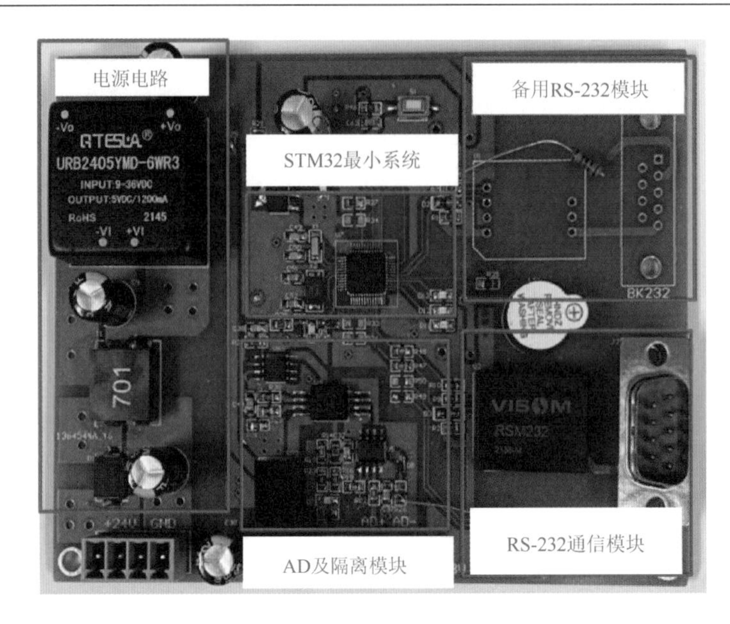


图 2.40　采样电路板

### 2.5.3　上位机程序与界面

为实现控制系统与操作人员的良好交互，本平台采用 LABVIEW 软件开发了电磁脉冲焊接通用平台控制系统的人机交互界面。上位机程序运行的流程如图 2.41 所示，系统开机初始化后，操作人员设定充电电压并打开充电开关，储能电容进入充电阶段。待储能电容监测电路监测到储能电容充电完成后，系统自动关闭充电开关，并提示操作人员进行放电操作。用户打开放电开关后，储能电容开始放电，放电结束后系统自动监测储能电容残压情况，并提示用户进行泄流操作，当电容电压泄放到 0 V 时，系统关闭泄流开关，至此，一次电磁脉冲焊接过程结束。

电磁脉冲焊接通用平台在工作过程中存在严格的操作时序，误操作存在安全风险，因此，需要在控制系统中设置操作逻辑，只有安全的操作逻辑，系统才会执行相关操作。由电磁脉冲焊接的工作过程可知，在同一时刻，充电开关、放电开关和泄流开关最多仅有一个导通。因此，在上位机系统中设置逻辑检查，每当需要开通充电开关、放电开关和泄流开关时，系统会检查其他两个开关的状态，仅在其他开关关断的情况下才会正常执行命令。

控制系统的人机交互界面如图 2.42 所示，主要包括通信设置、直流电源设置和焊接流程三个子界面。电磁脉冲焊接流程有手动模式和自动模式两种模式可供用户选择，手动模式下用户需要按照电磁脉冲焊接流程依次操作各个开关；在自动模式下，用户只需要设置充电电压，单击“确定”后，设备在采集和控制系统的监测和指令下完成一个电磁脉冲焊接流程。为了应对突发状况，界面还包含停止按钮，控制平台的紧急开关，按下停止按钮后会依次关断充电开关并打开泄流开关，将储能电容的能量完全泄放。

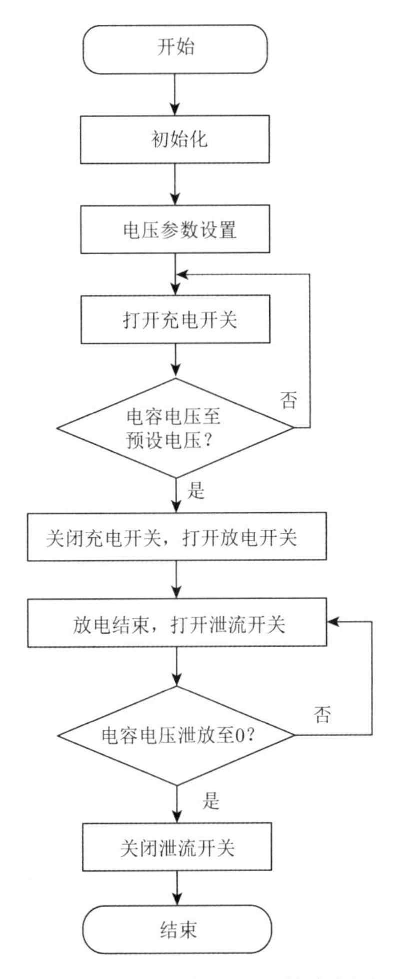


图 2.41　上位机程序运行的流程图

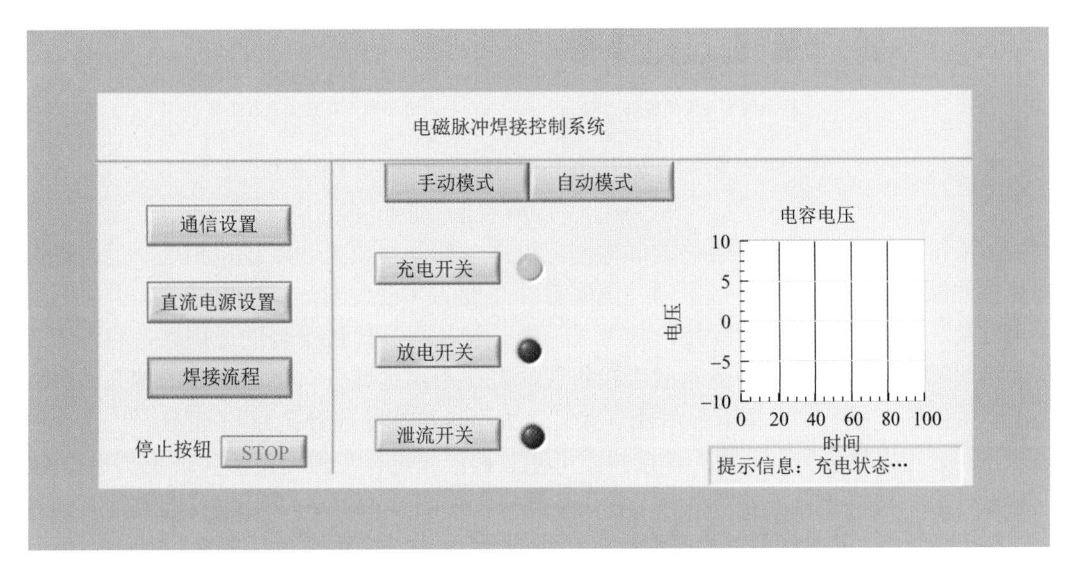


图 2.42　控制系统的人机交互界面

# 2.6　电磁脉冲焊接通用平台构建

## 2.6.1　多功能电磁脉冲焊接操作平台

操作平台模块是电磁脉冲焊接通用平台的重要组成部分，主要包括操作台、汇流排和固定工装。操作台主要用于放置汇流排、固定工装及驱动器，装配了多匝焊接线圈与集磁器的操作平台模块见图 2.43（a）。操作台主体采用钢结构，底部有滚轮，方便移动，台面采用环氧树脂板，通过螺栓与钢架固定。

在电磁脉冲焊接过程中，不仅飞板（外管）会承受较大的洛伦兹力，焊接线圈同样会承受较大的洛伦兹力，为防止焊接线圈在洛伦兹力作用下变形，须对其进行固定（见图 2.43（b））。固定工装主要由环氧树脂板、螺母螺柱、金属固定架等构成。此外，电磁脉冲焊接时，飞板（外管）需要有一段加速过程，工件间需设置焊接间隙和相应的固定装置对其进行装配。因此，固定工装主要有固定焊接线圈、工件和调节工件位置、相对位置及焊接间隙的功能。根据所使用的焊接线圈类型不同，工装也不相同，需要采用模块化方式集成线圈及其工装，方便更换。

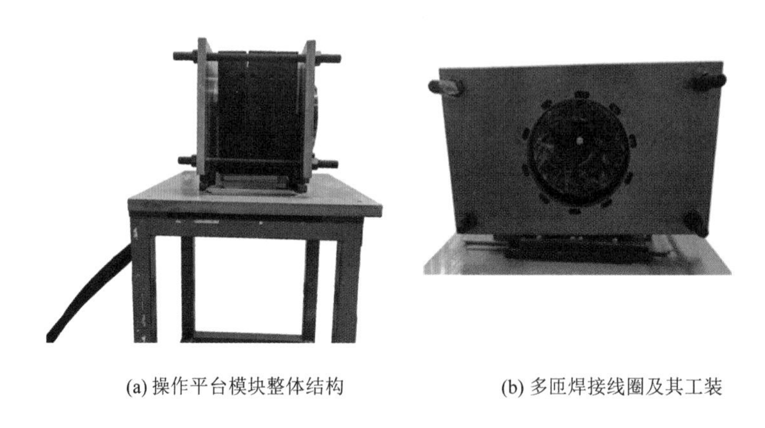

(a) 操作平台模块整体结构　　(b) 多匝焊接线圈及其工装

图 2.43　装配了多匝焊接线圈与集磁器的操作平台模块

汇流排是操作平台模块的关键部件，汇流排一部分与放电回路线路相连，另一部分与焊接线圈相连。与传统焊接不同，电磁脉冲焊接的焊接线圈一旦确定成形，几乎只能应用于某一单一类型工件的焊接，缺少灵活性。为了提高焊接平台的通用性，将汇流排与焊接线圈连接一侧设计为多功能连接装置，即在不同区域分布不同直径的螺孔（分为小型焊接线圈连接孔、中型焊接线圈连接孔、大型焊接线圈连接孔），汇流排分为两个部分，分别为正极与负极，不同的焊接线圈可通过螺栓固定在汇流排两侧实现正负极相连。这种设计方式使得平台能够对多种工件进行焊接。如图 2.44（a）所示，小型单匝焊接线圈安装于汇流排，其工作区域为圆形，应用于低压小尺寸线束的焊接；如图 2.44（b）所示，另一种中型单匝焊接线圈安装于汇流排表面，其工作区域为椭圆形，可加工椭圆形工件。

(a) 小型单匝焊接线圈

(b) 中型单匝焊接线圈

图 2.44　多功能汇流排及其与焊接线圈装配

汇流排的材料为 T2 紫铜，具有良好的导电性。汇流排通过螺栓固定于环氧树脂板台面，其表面与焊接线圈相连，底部与放电回路相连，具体连接方式将在后面内容详细描述。

### 2.6.2　回路构建与板-线转接

电磁脉冲焊接通用平台的线路主要包括高压直流电源与储能电容之间的充电回路、储能电容与操作平台模块之间的放电回路。充电回路需减少电路杂散参数，采用高压硅胶导线连接高压直流电源与储能电容，其耐压幅值可达 30 kV。放电回路的线路材料选择相较于充电回路要求更高。如 2.2.2 小节所述，放电回路电感对电流幅值的影响较大，从而影响焊接效果，所以，当设计整个通用平台各个部分连接回路时，须充分考虑减少回路电感。低阻抗同轴电缆常应用于脉冲功率技术中，作为放电回路，如图 2.45[17]所示。因此，电磁脉冲焊接通用平台主要采用低阻抗同轴电缆作为回路连接方式。

图 2.45　电磁轨道炮所用的低阻抗同轴电缆[17]

真空触发管为圆柱结构，通常采用板状导线连接其正负极，因而采用铝合金板（铜板）连接真空触发管正极。采用铝套筒结构连接真空触发管的负极，可形成同轴式电路结构，减少对控制电路的干扰，铝套筒如图 2.46（a）所示。真空触发管与铝套筒的装配如图 2.46（b）所示，铝套筒内壁与真空触发管管体之间的距离为 2 cm（空气绝缘强度为 60 kV），用 4 个尼龙螺柱通过筒身通孔固定保持两者间距。

(a) 真空触发管铝套筒

(b) 铝套筒、铝合金板与真空触发管装配

图 2.46　铝套筒与真空触发管的连接及固定方式

储能电容模块与真空触发管套筒的连接电路及放电时的电流方向如图 2.47（a）所示。储能电容的正极通过铝合金板与真空触发管的阳极相连，其负极通过板件和铝套筒与真空触发管的阴极相连。如图 2.47（a）所示，红色为放电时电流正极的流向，绿色为放电时电流负极的流向。储能模块与真空触发管连接后形成储能-放电单元，如图 2.47（b）所示，根据实际应用场景，电磁脉冲焊接通用平台可包含多个储能-放电单元。此外，在不考虑成本的情况下，采用铜板与铜套筒可进一步减少放电回路的电阻与电感，提高脉冲电流幅值。

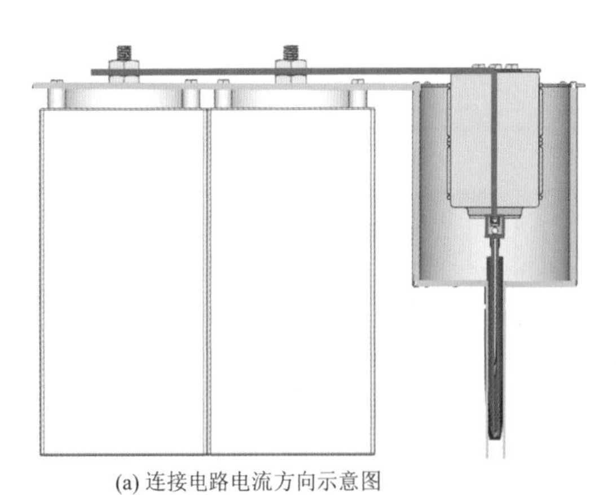

(a) 连接电路电流方向示意图

(b) 储能-放电单元

图 2.47　储能电容模块与真空触发管连接方案

铝套筒与汇流排之间为放电回路，采用低阻抗同轴电缆连接。根据同轴电缆结构，设计其与真空触发管套筒的连接方式，如图 2.48（a）所示，低阻抗同轴电缆的内芯线与屏蔽层通过两块铝合金板分别与真空触发管阴极与铝套筒连接。触发源的信号线也装配于铝套筒内，如图 2.48（b）所示。

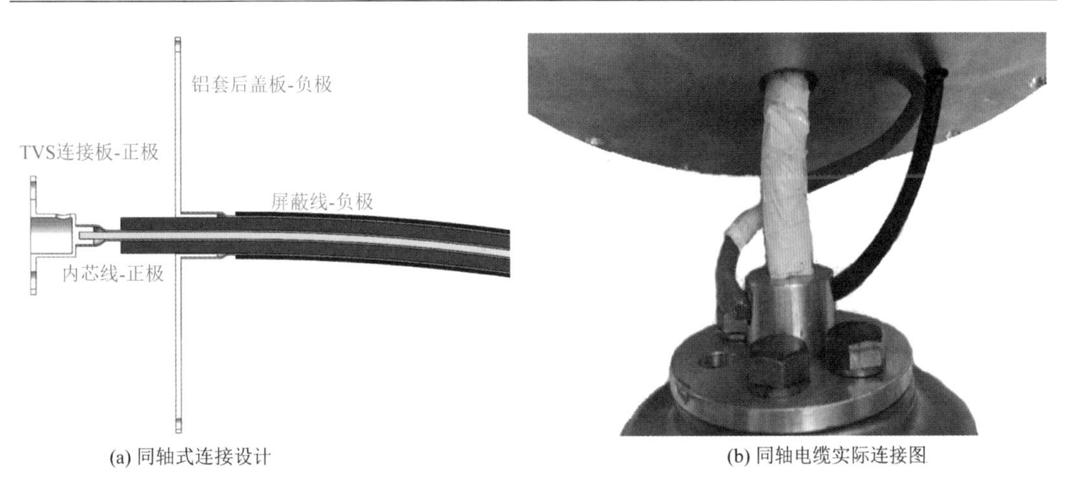


(a) 同轴式连接设计　(b) 同轴电缆实际连接图

图 2.48　同轴电缆与真空触发管、铝套筒的连接方式

同轴电缆与汇流排之间的连接方式如图 2.49 所示，根据同轴电缆芯线与屏蔽层的外径设计了相应的压接装置。通过螺栓和铜箍将同轴电缆的芯线与屏蔽层分别紧压在汇流排的正负极上，保证接触位置的电气连接良好，降低接触电阻。

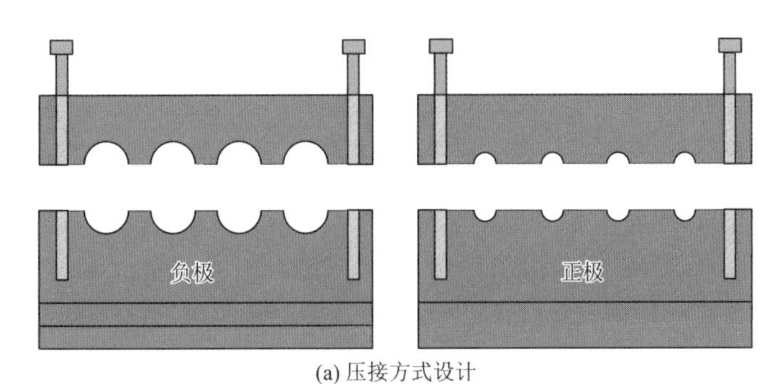


(a) 压接方式设计

(b) 同轴电缆与汇流排压接实物

图 2.49　同轴电缆与汇流排之间的连接

## 参 考 文 献

[1] Gerlach R, Kettenbeil C, Petrinic N. A new split hopkinson tensile bar design[J]. International Journal of Impact Engineering,

2012，50：63-67.

[2] 邵丙璜，张凯. 爆炸焊接原理及工程应用[M]. 大连：大连工学院出版社，1987.

[3] 赵铮，王金相，杭逸夫，等. 双金属复合板爆炸焊接窗口研究[J]. 科学技术与工程，2009，9（5）：1126-1130.

[4] 曹亚明，杨尚磊，夏明许，等. 铝-铝电磁脉冲焊接技术及其机理研究[J]. 热加工工艺，2020，49（9）：50-53，58.

[5] Meyers M A. Dynamic Behavior of Materials[M]. Hoboken：John Wiley & Sons Inc.，1994.

[6] Wittman R H. Use of explosive energy in manufacturing metallic materials of new properties[C]//Proceedings of the Second International Symposium，Marianski Lazne，1973.

[7] Shotri R，Faes K，De A. Magnetic pulse welding of copper to steel tubes-experimental investigation and process modelling[J]. Journal of Manufacturing Processes，2020，58：249-258.

[8] Kore S D，Date P P，Kulkarni S V，et al. Electromagnetic impact welding of aluminum to stainless steel sheets[J]. Journal of Materials Processing Technology，2008，208（1）：486-493.

[9] 武晓康，鲁军勇，李玉，等. 一种获取电磁发射出口速度的测量方法研究[J]. 海军工程大学学报，2018，30（2）：40-43.

[10] Dond S K，Kulkarni M R，Kumar S，et al. Magnetic field enhancement using field shaper for electromagnetic welding system [C]//2015 IEEE Applied Electromagnetics Conference（AEMC），Guwahati，2015：1-2.

[11] Aizawa T. Magnetic pulse welding of Al/Cu sheets using 8-turn flat coil[J]. Journal of Light Metal Welding，Supplement，2020，58：97-101.

[12] 王晓军，陈平，杨大为，等. 高压陡脉冲发生器的研制[J]. 中国原子能科学研究院年报，1991：63-64.

[13] 郝晓敏，唐丹，陈敏德，等. 低抖动纳秒级前沿的氢闸流管高压脉冲源[J]. 强激光与粒子束，2004，16（2）：265-268.

[14] Redondo L M，Jorge T，Pereira M T. Modular high-current generator for electromagnetic forming with energy recovery[J]. IEEE Transactions on Plasma Science，2014，42（10）：3043-3047.

[15] 任海. 压接型 IGBT 模块短时过载工况结温监测与管理方法研究[D]. 重庆：重庆大学，2023.

[16] 刘毅，李志远，李显东，等. 水中大电流脉冲放电激波影响因素分析[J]. 中国电机工程学报，2017，37（9）：2741-2750.

[17] 张亚舟. 脉冲功率开关在电磁轨道炮电容储能电源中的应用与实验研究[D]. 南京：南京理工大学，2018.

[18] Alferov D F，Ivanov V P，Sidorov V A. High-current vacuum switching devices for power energy storages[J]. IEEE Transactions on Magnetics，1999，35（1）：323-327.

[19] 邹积岩，段雄英，扈志宏. 真空触发开关通断特性实验研究[J]. 大连理工大学学报，2000，40（S1）：20-23.

[20] 储贻道. 高变化率脉冲磁场的产生及其对肿瘤细胞带电粒子的影响[D]. 重庆：重庆大学，2015.

[21] 周纹霆. 电缆接头电磁压接成形的装置设计和实验研究[D]. 重庆：重庆大学，2019.

[22] Kore S D，Date P P，Kulkarni S V. Electromagnetic impact welding of aluminum to stainless steel sheets[J]. Journal of Materials Processing Technology，2008，208（1-3）：486-493.

[23] 胡晓斌. TVS 触发脉冲变压器的设计与实验研究[D]. 武汉：华中科技大学，2009.

[24] 王延召. 多棒极型触发真空开关的关键问题及应用研究[D]. 武汉：华中科技大学，2014.

[25] Wang Y Z，Lin F C，Dai L，et al. Optimization of a triggered vacuum switch with multi-rod electrodes system[J]. IEEE Transactions on Plasma Science，2013，42（1）：162-167.

# 第3章　板状工件电磁脉冲焊接驱动器

## 3.1　引　　言

驱动器是电磁脉冲焊接设备中实现电能向驱动工件运动的动能转化的关键部件，同时也是脉冲电流发生器放电回路的一部分。驱动器结构直接影响电磁脉冲焊接设备的放电电流、空间磁场、感应涡流、洛伦兹力的幅值和分布，进而影响工件的塑性变形及运动速度，并最终决定电磁脉冲焊接的效果。因此，驱动器设计是电磁脉冲焊接设备中技术含量最高的环节。

对于板状工件，驱动器通常只为焊接线圈，若焊接线圈采用多匝盘型线圈，一般会装配平板集磁器。为使焊接线圈与板状工件尽可能紧密贴合以提升板状工件所处位置的磁感应强度，板状工件焊接线圈多采用平面结构。焊接线圈设计主要需要考虑以下两个方面。其一，焊接线圈的电气参数。焊接线圈是放电回路的一部分，其电气参数会影响放电电流波形，因此需要减少线圈的电感和电阻，同时也要保证线圈具有良好导电性能。其二，焊接线圈的力学性能。焊接线圈产生的瞬态磁场使飞板感应出洛伦兹力而加速运动的同时，焊接线圈自身也将受到大小相同、方向相反的作用力；该作用力过大则可能导致焊接线圈发生变形，破坏焊接线圈结构或者焊接线圈与主回路之间的装配，影响焊接效果，缩短焊接线圈的使用寿命。

本章将说明板状工件电磁脉冲焊接常用的Ⅰ型线圈、E型线圈、双H型线圈以及多匝盘型线圈等驱动器的基本原理、结构参数与装配设计，为板状工件电磁脉冲焊接线圈的设计提供科学依据和理论参考。

## 3.2　Ⅰ型线圈及其焊接效果

### 3.2.1　工作原理

Ⅰ型线圈结构简单，其端部较宽、横梁部分收窄，整体结构形如字母“Ⅰ”，故称为Ⅰ型线圈（也称单H型线圈、工字形线圈）。Ⅰ型线圈因结构简单、加工安装方便而被广泛应用于板状工件的电磁脉冲焊接设备。

Ⅰ型线圈的两端用于连接放电回路，中间部分是与板件相互作用的工作区域（即线圈有效作用部分）。焊接过程中，驱动板件运动的洛伦兹力产生原理如图3.1所示。当Ⅰ型线圈内部流通幅值高达数百kA的放电电流$I$时，线圈周围会产生瞬变磁场$B$。根据安培环路定律，处于瞬变磁场中的飞板在磁场$B$的垂直分量$B_y$的作用下，将在其内部感应出如图3.1（b）所示的感应涡流$J$。而根据洛伦兹力的计算公式，飞板内部感应电流在磁场平行分量$B_x$的作用下将受到洛伦兹力$F$，加速向基板运动。

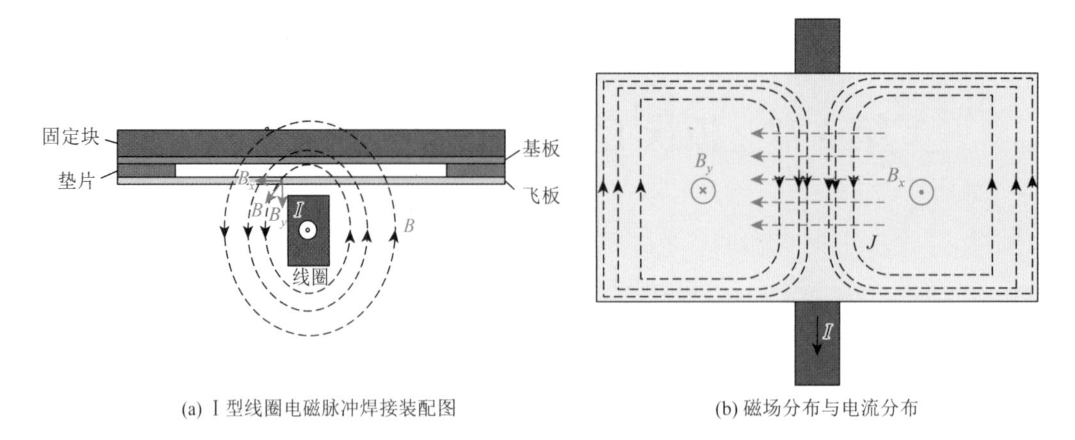


(a) I 型线圈电磁脉冲焊接装配图 (b) 磁场分布与电流分布

图 3.1 I 型线圈工作原理示意图

如第 2 章所述，焊接线圈是放电回路的一部分，线圈的结构会影响放电回路的电感、电阻、磁场分布以及线圈自身的力学性能。现有研究表明，当放电电流相同时，线圈的截面形状和面积将显著影响其产生的磁感应强度。例如，矩形截面焊接线圈产生的磁感应强度是圆形截面焊接线圈的 1.3 倍，且矩形截面焊接线圈的机械强度也更高[1]。Desai 等[2]分析了不同焊接线圈截面产生的洛伦兹力，发现结合梯形与矩形的线圈截面所产生的洛伦兹力效果最佳。梯形截面的上表面宽度较小，当放电电流流过时，在集肤深度相同的情况下，电流密度与截面上表面的宽度是相关的。由于邻近效应，板状工件中的感应涡流与放电电流会相互吸引，放电电流集中在焊接线圈的上表面，电流密度越高，产生的磁场也就越强，感应涡流和洛伦兹力越强；但截面宽度过窄会降低焊接线圈的机械强度。此外，作用区域的长度不能太短。I 型线圈的两端宽于中间作用区，如果工作区域太短，流过两端的电流产生的磁场会影响中间区域磁场，进而影响焊接效果。因此，在设计 I 型线圈时，应综合考虑以上各方面的影响，根据具体工件类型进行设计并选择合适的参数。

E 型线圈由 I 型线圈改进而来，其结构如图 3.2 所示，部分 E 型线圈两边侧臂较中臂更宽，使电磁能量能够集中在中臂。电磁脉冲焊接采用 E 型线圈时，放电电流从 E 型线圈的中臂/两边侧臂流入，再由两边侧臂/中臂流回。E 型线圈的中臂为有效作用部位，焊接时，需将待焊板件置于 E 型线圈中臂的上方[3]。当线圈中流过放电电流时，板件上感应产生相当大

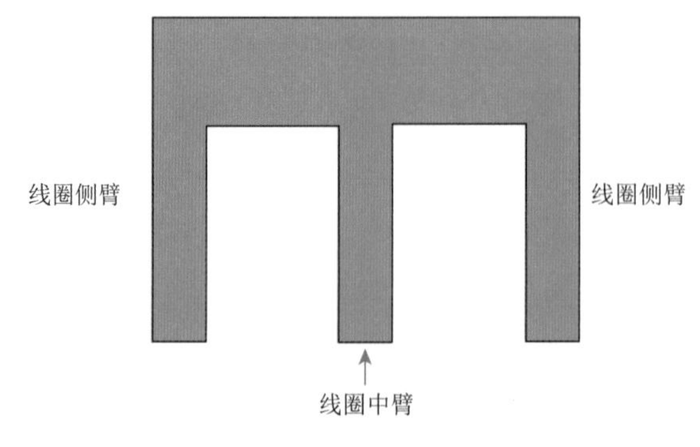


图 3.2 E 型线圈示意图

的涡流与洛伦兹力，在受力加速运动一段距离后发生碰撞，完成焊接。由于 E 型线圈源于 I 型线圈，两者具有相同的优点和不足，例如，结构和装配简单，但能量利用率低、易变形等。

为深入研究 E 型线圈中臂与待焊板件上的洛伦兹力，相关学者[4]采用解析与数值方法进行了计算。研究发现，在线圈两侧同时放置焊接工件可以抵消线圈中臂所受部分洛伦兹力，从而延长线圈的寿命。若进一步改变 E 型线圈的截面形状，例如，将线圈中臂截面设计为“凹”字形，与矩形截面相比，“凹”字形线圈焊接接头的冶金结合区宽度增加了两倍，焊接效果更好[5]。此外，E 型线圈中臂和侧臂之间的距离也将影响板件受力，当两者之间的间距约为中臂截面宽度的 3 倍时，焊接效果最佳[6]。文献[7]还提出了一种串联多匝的 8 层 E 型线圈，采用该焊接线圈能降低焊接所需的放电电流幅值，提高能量利用效率。

### 3.2.2　I 型线圈研制与工装设计

焊接线圈的常用制作材料有紫铜、黄铜和不锈钢等。铜及其合金具有良好的导电性能，但价格较高且质地较软；不锈钢等材料不易变形，但导电性较差。相比之下，铜及其合金应用更为广泛，表3.1中列出了4种常用铜合金的相关性能参数。可见，紫铜的导电性能最好，但其屈服强度较低，以紫铜为材料制作的焊接线圈容易在焊接过程中发生疲劳变形（图3.3），变形后的焊接线圈与工件之间的间隙增大，焊接效果会大幅降低，使用寿命较短，且成本较高。

**表 3.1　常见铜合金参数**

| 性能指标 | 紫铜 | 钨铜 | 铬锆铜 | 黄铜 |
|---|---|---|---|---|
| 电导率 IACS/% | 90 | 54 | 78 | 27 |
| 屈服强度/MPa | 200 | 260 | 380 | 290 |
| 延伸率/% | 45 | 7 | 15 | 49 |
| 硬度 HRB | 45 | 115 | 75 | 75 |

图 3.3　I 型线圈疲劳变形

黄铜合金的电导率最低，会影响电路参数和放电电流幅值，不宜选用。钨铜合金（含钨量 50%）因硬度高、熔点高，不容易被电弧烧蚀而常被用作电极材料，能有效提升放电电极的使用寿命，但钨铜合金的电导率较低，会影响焊接线圈的电学性能。此外，钨铜合金的屈服强度与紫铜相差不大，但其延伸率较低，在焊接时受到反作用力易发生断裂，不适合作为焊接线圈的材料。相比之下，同样常用于电极加工的铬锆铜合金具有良好的导电性能、导热性能和机械性能，可满足焊接线圈的研制需求。综上所述，铬锆铜合金是制作焊接线圈的适宜材料。

重庆大学先进电磁制造团队研发的 I 型线圈如图 3.4 所示，整体长为 16 cm，最大宽度为 4 cm，材料为铬锆铜合金。焊接线圈与主回路之间通过螺栓连接，在多次实验后发现，焊接线圈受力时会使得螺栓疲劳变形而导致位置不易对齐，因而将两端连接区域的螺纹孔结构改为条孔结构以方便调节。

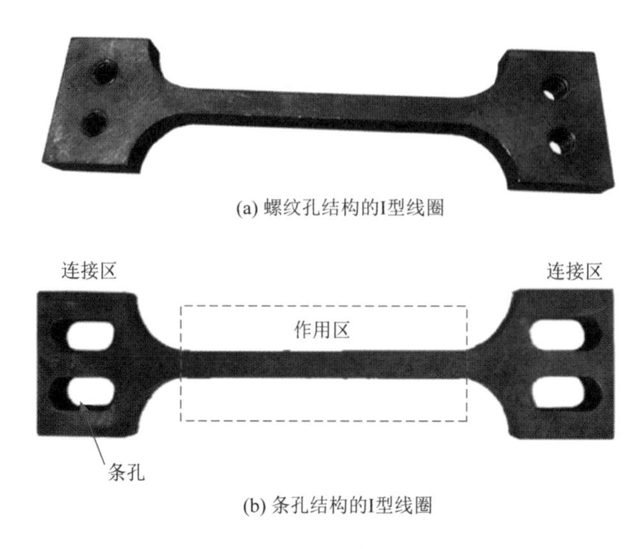


(a) 螺纹孔结构的I型线圈

(b) 条孔结构的I型线圈

图 3.4　I 型线圈

研发过程中，重庆大学先进电磁制造团队还尝试了多种结构的 I 型线圈，如图 3.5 所示。若线圈较薄，在洛伦兹力作用下容易折断，因此需要有一定的厚度。此外，该团队尝试了更窄的工作区域，将工件对应面分别加工为凸台结构和梯台结构，并将各种结构的线圈进行了对比分析。研究发现，与凸台结构和梯台结构相比，平台结构面更大，电流密度低，洛伦兹力较小，但板件在焊接过程中能够产生更大区域的形变、碰撞角度更小，因而选择何种焊接线圈还需要根据具体的焊接需求决定。

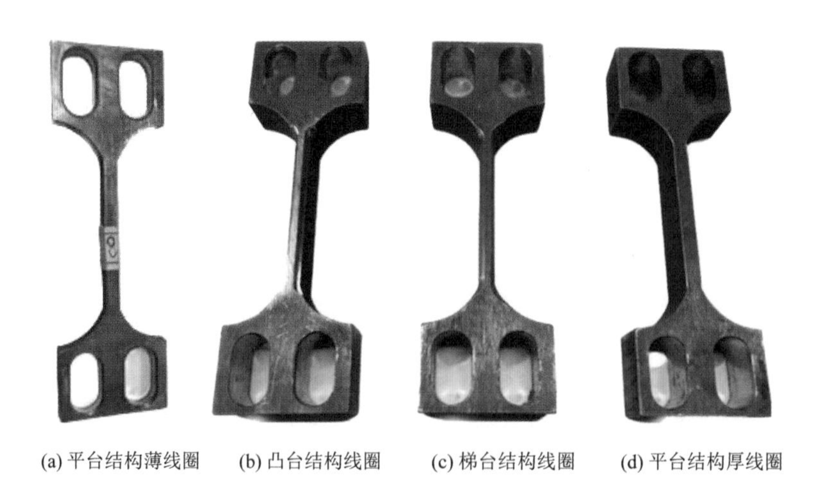

(a) 平台结构薄线圈　(b) 凸台结构线圈　(c) 梯台结构线圈　(d) 平台结构厚线圈

图 3.5　典型结构 I 型线圈

在电磁脉冲焊接过程中，工件之间会发生激烈撞击，为防止撞击过程中工件（基板）移动影响焊接效果，需对其进行固定。根据 I 型线圈的结构，设计相应的固定装置（见图 3.6），整套装置包括绝缘基座、绝缘垫片、金属固定板及固定螺栓。下面，对各部分进行简要说明。

图 3.6　与固定装置装配的 I 型线圈

绝缘基座选用硬质塑料，在绝缘基座长边中心处挖一条凹槽，用于放置焊接线圈。绝缘基座既可以防止焊接线圈因受到洛伦兹力作用发生变形，也可以为飞板提供放置平台。绝缘基座平放于操作平台之上，使其承受的压力能够均匀传递给操作平台。

绝缘垫片选用环氧树脂，主要用于调节焊接间隙。飞板的加速运动距离与绝缘垫片厚度相同，因此，选择绝缘垫片厚度时要考虑飞板的加速过程和碰撞过程。此外，绝缘垫片之间的间距也会对焊接效果造成影响。绝缘垫片放置在飞板与基板之间，并避免在碰撞过程中发生位移。

金属固定板不仅要防止铜板在碰撞过程中发生位移，还要能够在飞板高速碰撞基板的过程中不会因发生塑性变形而影响焊接效果，因此，选用质地坚硬的 H13 钢作为金属固定板的材料。绝缘基座与金属固定板四角都有通孔，两者通过螺栓螺母与操作平台固定。

I 型线圈与固定装置的装配过程如图 3.7 所示。首先，将绝缘基座与焊接线圈进行装配并放置在操作平台上；其次，放置飞板，焊接线圈上表面缠绕绝缘胶带，与飞板之间形成电气隔离；然后，在飞板上表面两侧放置绝缘垫片，并将基板放置在绝缘垫片上表面；最后，在基板上表面放置金属固定板，并安装螺栓固定。采用这种装配方式，飞板在塑性变形和运动过程中会受到重力影响，导致对洛伦兹力的需求增加，但这种方式无须其他装置来防止焊接线圈发生变形，可减少装配工序、降低成本；此外，相比于将焊接工件放置于焊接线圈底部，采用如图 3.7 所示的装配方式更方便焊接工件的换取。

重庆大学先进电磁制造团队也开展了 E 型线圈的相关研究（见图 3.8），但从线圈装配的便捷性和成本方面考虑，I 型线圈更有优势，因此团队的大部分研究均基于 I 型线圈开展。

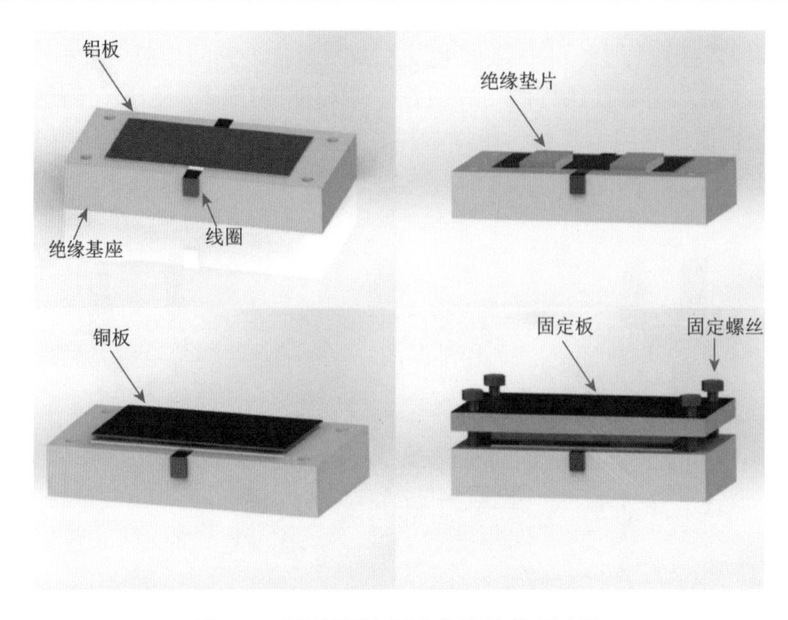


图 3.7　I 型线圈与固定装置的装配过程

图 3.8　E 型线圈

### 3.2.3　I 型线圈焊接结果

采用所研制的 I 型线圈，分别开展铜-铝合金板、镁合金-铝合金板的电磁脉冲焊接实验。板状工件几何尺寸均为 100 mm×50 mm×1 mm，其中，铜板材料选用 T2 紫铜，铝合金板（简称铝板）材料选用 1060 铝合金，镁合金板材料选用 AZ31B 镁合金；将放电电压设置为 9～16 kV、步长为 1 kV，焊接间隙设置为 1～3 mm、步长为 0.5 mm，每组参数焊接 20 次。首先直接观察各组焊接实验所得的接头，分析接头的宏观形貌，再对接头进行剥离并作进一步的分析。

当放电电压为 10 kV、焊接间隙为 2 mm 时，板件之间未能实现可靠连接。此时接头的宏观形貌见图 3.9，图中分别展示了铝合金板外侧表面、铝合金板内侧表面、铜板内侧表面和铜板外侧表面四个部分的形貌。

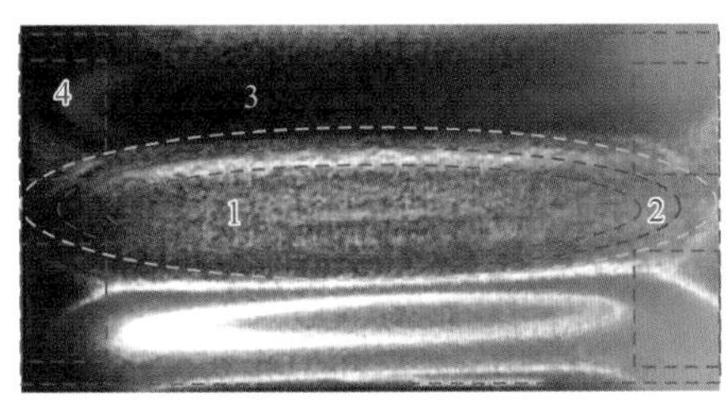


(a) 铝合金板外侧表面

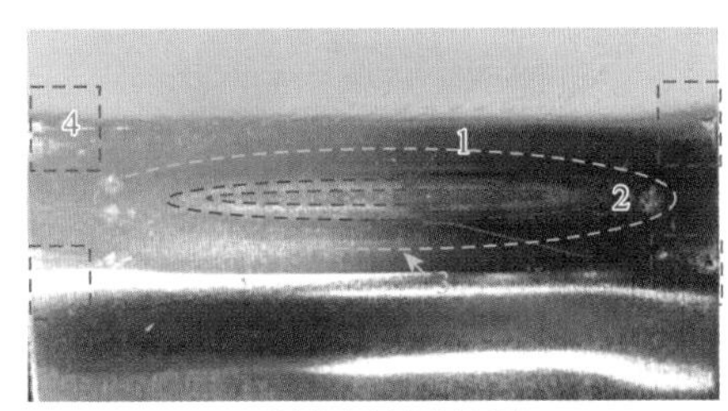


(b) 铝合金板内侧表面

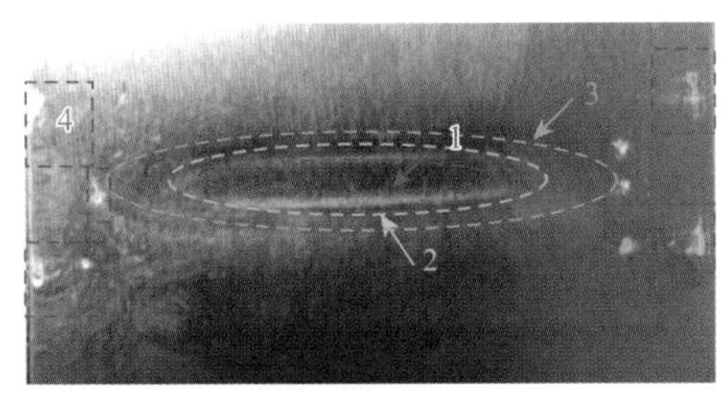


(c) 铜板内侧表面

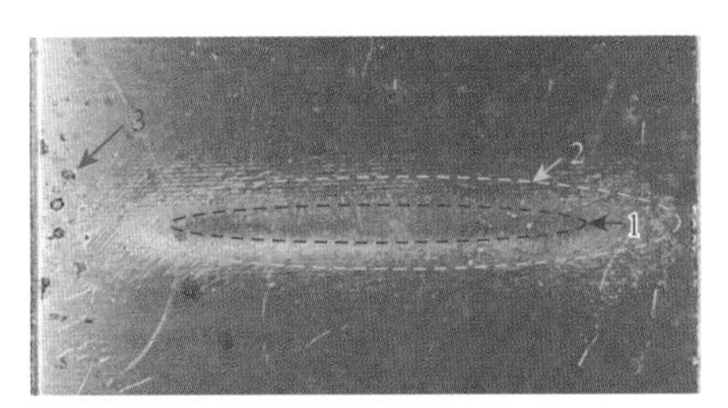


(d) 铜板外侧表面

图 3.9　铜-铝合金板电磁脉冲焊接接头的宏观形貌

由图 3.9 可知，与焊接线圈对应的铝合金板外侧表面发生了明显的塑性变形，变形区域的轮廓近似为矩形。根据形貌，矩形又可分为 4 个区域，如图 3.9（a）所示。区域 1 为扁平椭圆形，处于接头的正中心位置。区域 2 为扁平椭圆环形，该区域内的金属表面纹路与其他区域存在明显区别。区域 3 也是一个扁平椭圆环，与区域 2 存在明显的分界线。区域 4 为塑性变形区，位于矩形的 4 个角落。

铝合金板内侧表面的宏观形貌如图 3.9（b）所示，根据形貌特征也可以分为 4 个区域。区域 1 为扁平椭圆形，处于接头中心。区域 2 和区域 3 都是扁平椭圆环。区域 4 不仅有塑性变形，还出现一些坑洞缺陷，裸露出崭新的表面。

图 3.9（c）是铜板内侧表面的宏观形貌，同样可分为 4 个区域。区域 1 仍是扁平椭圆，位于接头中心位置。区域 2 是一个未闭合的扁平椭圆环，椭圆环的两端未闭合，环上的颜色偏银白，与铜的颜色明显不同，推测是铝附着在铜板表面。区域 3 是一个较大的扁平椭圆环，塑性变形明显，没有银白色的痕迹。区域 4 存在银白色的坑洞缺陷。

图 3.9（d）是铜板外侧表面的宏观形貌，可分为 2 个区域。区域 1 是一个扁平椭圆，位于接头中心；区域 2 是一个椭圆环，颜色与其他区域有区别，在碰撞过程中，铜板与金属固定板发生剧烈摩擦，裸露出崭新的表面。此外，在铜板外侧表面也存在坑洞缺陷。

不同焊接条件下，I 型线圈所得接头经剥离处理后焊痕的宏观形貌见图 3.10（剥离测试分析详见第 7 章），其中，图 3.10（a）为焊接间隙 2 mm、放电电压 12～14 kV 所得铜-铝合金板焊接接头剥离后的焊痕形貌，图 3.10(b)为放电电压 9 kV、焊接间隙 1～2 mm 所得焊痕。由图 3.10（a）可见，焊痕近似为一个扁平椭圆环，放电电压越高，焊痕越完整；由图 3.10（b）可见，焊接间隙越小，焊痕越清晰。

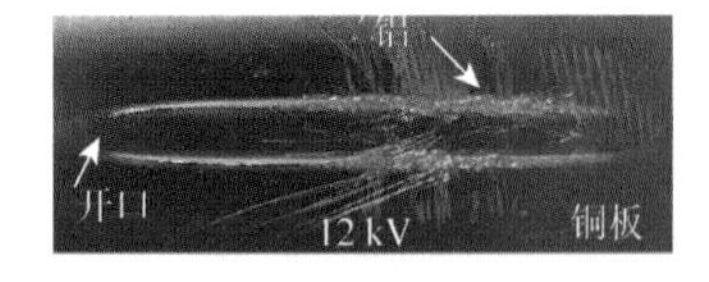

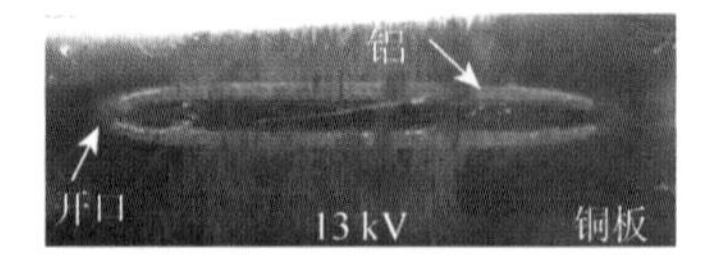

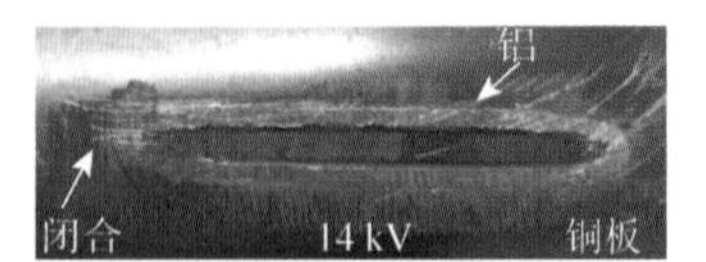


(a) 放电电压对接头焊痕宏观形貌的影响

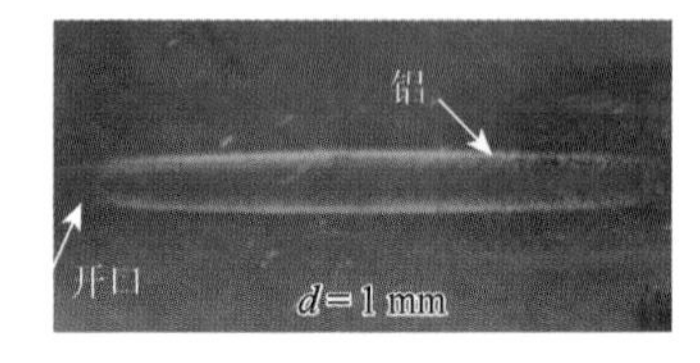

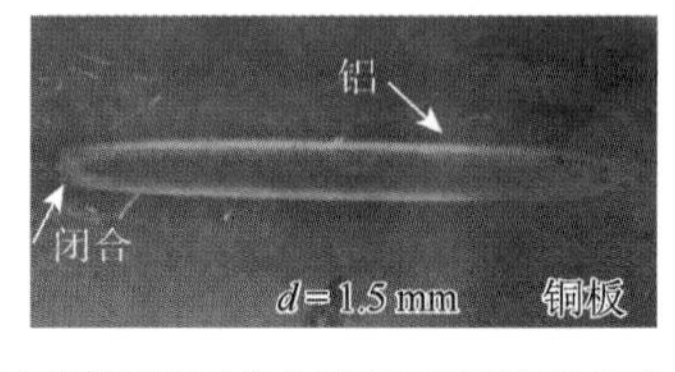

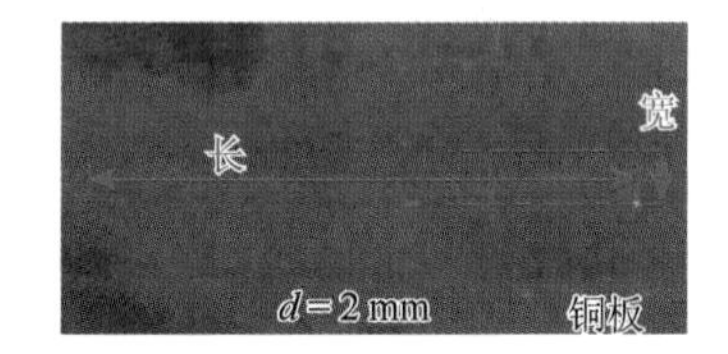


(b) 焊接间隙对接头焊痕宏观形貌的影响

图 3.10　电磁脉冲焊接接头焊痕的宏观形貌及其影响因素

采用游标卡尺测量焊接环的长度和宽度（忽略打磨过程产生的误差），结果见表 3.2 和表 3.3。可见，随着放电电压升高，电磁脉冲所覆盖的面积增大；随着焊接间隙增大，电磁脉冲焊接环所覆盖的面积先增大后减小。

**表 3.2　不同放电电压下铜-铝合金板焊接环的几何尺寸**

| 放电电压/kV | 长度/mm | 宽度/mm |
|---|---|---|
| 12 | 33.98 | 4.11 |
| 13 | 35.50 | 4.92 |
| 14 | 36.71 | 5.53 |

**表 3.3　不同焊接间隙下铜-铝合金板焊接环的几何尺寸**

| 焊接间隙/mm | 长度/mm | 宽度/mm |
|---|---|---|
| 1 | 31.13 | 3.23 |
| 1.5 | 31.83 | 3.31 |
| 2 | 28.65 | 2.95 |

镁合金-铝合金板电磁脉冲焊接接头表面宏观形貌与铜-铝合金板接头基本一致，如图 3.11 所示，塑性变形区均为矩形和扁平椭圆形，表明电磁脉冲焊接接头的宏观形貌与材料无关。

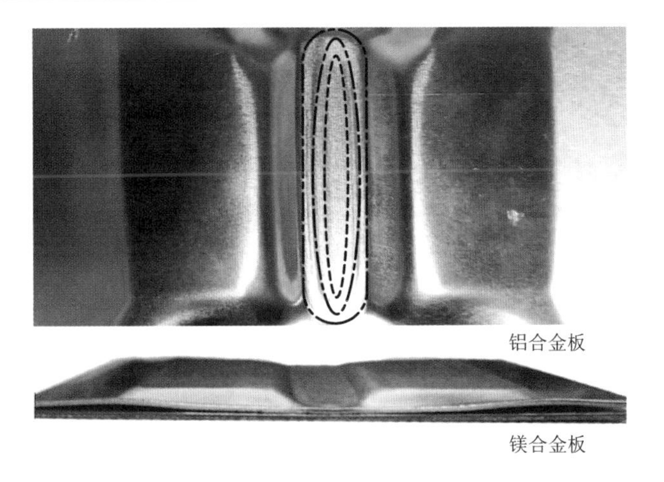


图 3.11　镁合金-铝合金板电磁脉冲焊接接头宏观形貌

# 3.3　双 H 型线圈及其焊接效果

## 3.3.1　工作原理

双 H 型线圈由两个 H 型线圈（I 型线圈）构成，其结构如图 3.12 所示，两个 H 型线圈通过中间夹层部分串联形成一个完整线圈。焊接时，待焊板件放置于两层 H 型线圈中间，当线圈中流过放电电流时，两块待焊板件上同时产生幅值较高的感应涡流与洛伦兹力，在洛伦兹力作用下，板件加速运动一段距离后发生剧烈碰撞，完成焊接。相比于 I 型线圈和 E 型线圈，双 H 型线圈可同时对两块待焊金属板件施加洛伦兹力，在相同条件下可有效提高电磁能量的利用率。相对多匝多层线圈而言，双 H 型线圈结构简单，体积小，不用考虑线圈绝缘、加固及散热等问题。

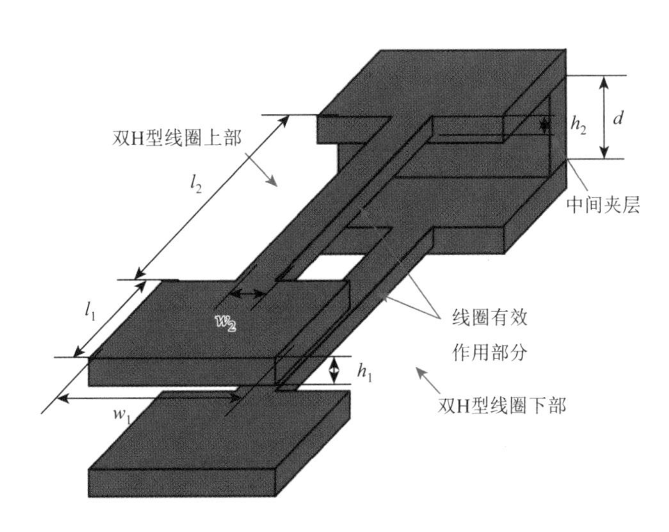


图 3.12　双 H 型线圈结构

双 H 型线圈由 Aizawa[8]在 2003 年提出，并将其用于电磁脉冲焊接铝合金-铝合金板。此后，多位学者[9-14]采用双 H 型线圈开展电磁脉冲焊接研究，分析了放电电压、板件间隙等工艺参数对焊接效果的影响以及设计双 H 型线圈的结构参数。

双 H 型线圈在电磁脉冲焊接系统放电回路中可等效为串联的电阻电感。若不考虑线圈中间夹块的电阻、电感及其与线圈其他部分的互感，仅考虑线圈上下两部分的电阻和电感，以及两者之间的互感，则双 H 型线圈电阻为 $R_{\mathrm{DH}}=2R_{\mathrm{SH}}$，电感为 $L_{\mathrm{DH}}=2L_{\mathrm{SH}}+M_{\text{up-down}}$。其中，$R_{\mathrm{SH}}$、$L_{\mathrm{SH}}$ 为线圈上下部分单个 H 型线圈的电阻及电感，$M_{\text{up-down}}$ 为线圈上下两部分之间的耦合电感。其中，$R_{\mathrm{SH}}$、$L_{\mathrm{SH}}$ 和 $M_{\text{up-down}}$ 均可通过理论分析。

对于截面宽度和厚度分别为 $w_c$ 和 $h_c$ 的矩形截面线圈，其电阻可表示为

$$R_{\mathrm{SH}}=\rho\frac{l_c}{2(w_c+h_c)\delta_c} \tag{3.1}$$

式中，$\rho$ 为材料的电阻率；$l_c$ 为线圈的长度；$\delta_c$ 为趋肤深度。

其电感可由式（3.2）进行计算[15]：

$$\begin{cases} L_c=\dfrac{\mu_0 l_c}{2\pi}\left(\ln\dfrac{2l_c}{\tilde{g}}-1\right) \\ \tilde{g}=0.25w_c+0.44h_c-\dfrac{0.1h_c^2}{w_c} \end{cases},\quad h_c<w_c \tag{3.2}$$

式中，$\tilde{g}$ 为截面面积自身的几何平均距离。

对于长度相等平行对齐，且导线长度 $l_c$ 远大于导线之间距离 $d_c$ 的两导线之间的耦合电感 $M_{\text{up-down}}$ 可由式（3.3）进行计算[15]：

$$\begin{cases} M_{\text{up-down}}=\dfrac{\mu_0 l_c}{2\pi}(\ln 2l_c-1-\ln g_{12}) \\ \ln g_{12}=\ln k+\dfrac{1}{2}\left(\dfrac{d_c}{h_c}+1\right)^2\ln(d_c+w_c+h_c)+\dfrac{1}{2}(-1)^2\ln(d_c+w_c-h_c)-\dfrac{d_c^2}{h_c^2}\ln(d_c+w_c) \end{cases} \tag{3.3}$$

式中，$g_{12}$ 为两矩形截面导线截面积之和的几何平均；$k$ 为 0.2236。

接入双 H 型线圈后的电磁脉冲焊接通用平台放电回路及其与板件工装示意图如图 3.13 所示，线圈由双 H 型线圈的两个自由端接入电磁脉冲焊接通用平台，待焊板件放置于双 H 型线圈上下部分之间，并对板件两端采用垫片和固定装置进行固定。

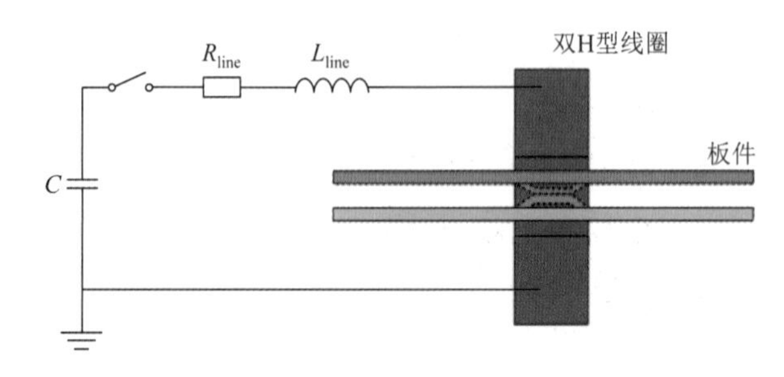


图 3.13　双 H 型线圈电磁脉冲焊接示意图

电磁脉冲焊接过程中，电流流过双H型线圈，形成放电回路。由于双H型线圈结构对称，因此仅对其中一侧进行分析。当板件紧贴焊接线圈放置时，焊接线圈与板件间隙较小，两者的放置位置及磁场分布如图3.14所示。

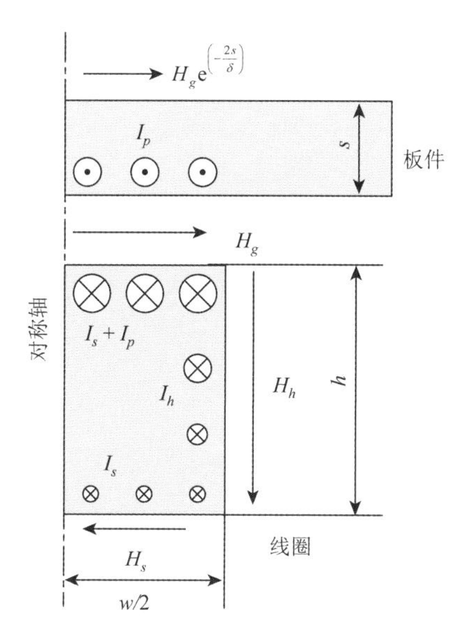


图3.14　线圈与板件放置位置及磁场分布示意图

若忽略板件变形运动导致的间隙距离的变化对磁场造成的影响，并假设线圈宽度区域整个间隙空间磁场强度均相等，当焊接线圈中流过放电电流 $I(t)$时，焊接线圈与板件间隙中（即板件靠近焊接线圈表面）的磁场强度 $H_g$ 为[16]

$$H_g(t)=\frac{I(t)}{w(1+\mathrm{e}^{-s/\delta_F})+\dfrac{2\delta_F h}{s}(1-\mathrm{e}^{-s/\delta_F})} \tag{3.4}$$

式中，$w$ 为焊接线圈截面宽度；$h$ 为焊接线圈截面厚度；$s$ 为板件的厚度；$\delta_F$ 为在放电电流 $I(t)$作用下板件的趋肤深度。

由于板件的屏蔽效应，板件背面的磁场强度 $H_{gb}$ 为[16]

$$H_{gb}(t)=H_g(t)\mathrm{e}^{\left(-\frac{2s}{\delta}\right)} \tag{3.5}$$

根据Aizawa[8]对磁压的计算推导，可得正对线圈宽度区域的板件上会受到压强为 $p(t)$的磁压，方向为背离线圈的方向：

$$p(t)=\frac{\mu_0}{2}(H_g(t)^2-H_{gb}(t)^2)=\frac{\mu_0 I(t)^2(1-\mathrm{e}^{-2s/\delta_F})}{2\left(w(1+\mathrm{e}^{-s/\delta_F})+\dfrac{2\delta_F h}{s}(1-\mathrm{e}^{-2s/\delta_F})\right)^2} \tag{3.6}$$

式中，$\mu_0$ 为真空磁导率。

电磁脉冲焊接中，当作用于板件上的磁压 $p$ 大于板件的静态塑性破坏压强时，板件就会发生塑性变形，并且在洛伦兹力的作用下产生加速度，沿受力方向加速运动。通常情况下，磁压 $p$ 远大于静态塑性破坏压强，因此在对板件的速度进行计算时静态塑性破坏压强对运动的阻碍作用可以忽略不计，可进一步简化，假设板件在磁压的作用下做刚体运动，则板件的运动速度 $v$ 及位移 $D$ 可由式（3.7）计算[16]。

$$\begin{cases} v = \dfrac{1}{\rho_m s}\int p(t)\mathrm{d}t \\ D = \int v\mathrm{d}t \end{cases} \tag{3.7}$$

与 I 型线圈不同，双 H 型线圈作用下，两块板件均会加速运动。当两块板件运动距离达到两者间隙距离后，板件就会以一定的速度发生碰撞，若碰撞过程中碰撞速度 $V_c$ 和碰撞角度 $\beta$ 处于焊接窗口内则两板件间就能实现冶金结合，完成焊接。

### 3.3.2　双 H 型线圈研制与实验

邓方雄[17]将矩形截面的紫铜导线折弯形成双线圈结构，如图 3.15 所示。然而，这种一体成型的加工方式在调节焊接间隙方面灵活性不足，限制了双线圈结构的应用。

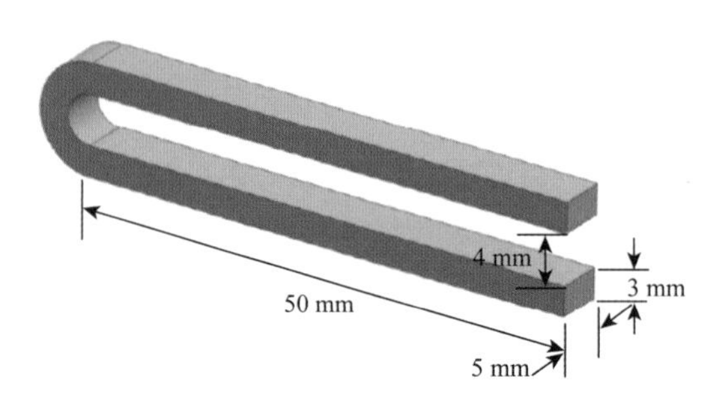


图 3.15　折弯形成的双线圈结构[17]

为此，重庆大学先进电磁制造团队采用了模块化的组合式结构，即双 H 型线圈由两个单独的 H 型线圈与中间夹层组合构成，通过更换中间夹层的厚度可扩大焊接间隙与板件厚度范围，如图 3.16 所示，线圈与中间夹层材料均为铬锆铜。

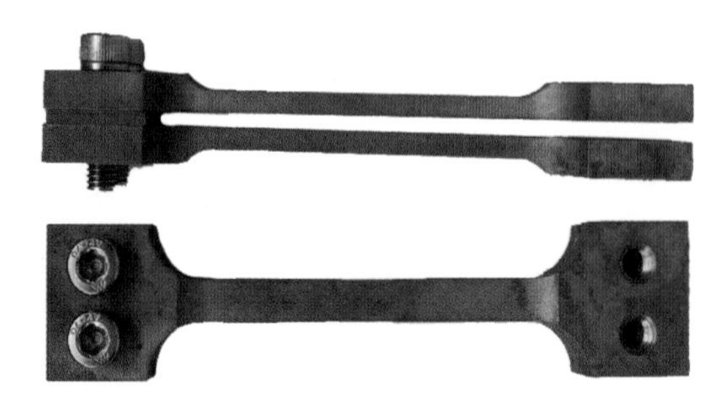

图 3.16　组合式的双 H 型线圈

与 I 型线圈一样，双 H 型线圈在焊接过程中也会受到洛伦兹力的影响，因而设计了专门的固定装置对双 H 型线圈上下两部分同时固定。如图 3.17 所示，双 H 型线圈放置于固定装置的凹槽中，焊接时固定装置固定不动，防止线圈变形。

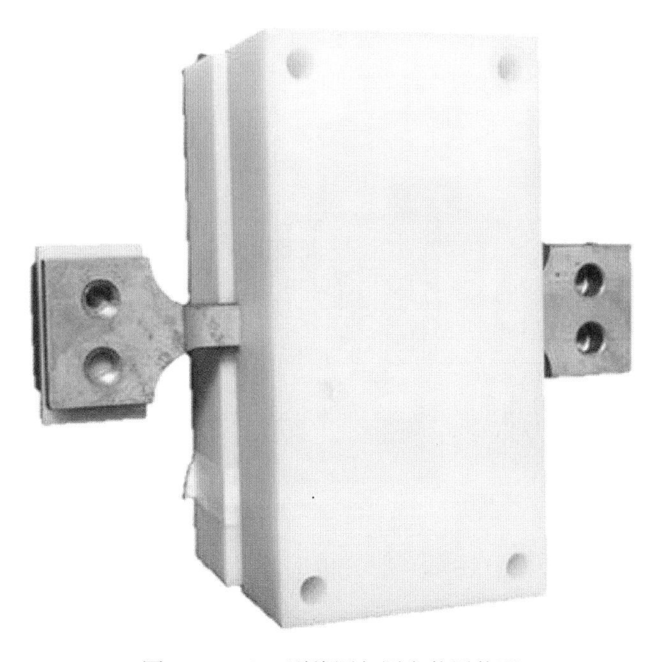

图 3.17　双 H 型线圈与固定装置装配

为测试研制的双 H 型线圈，开展铜-铝合金板电磁脉冲焊接实验。当放电电压为 7 kV 时，铜板与铝合金板变形并发生碰撞，未能实现冶金结合，板件发生碰撞的痕迹如图 3.18 所示。铜板和铝合金板碰撞区域均出现了椭圆痕迹，推测应为铜板和铝合金板碰撞过程中碰撞前端点产生的射流冲刷板件表面而形成的痕迹，但由于碰撞速度不够，产生的射流没有充分移除板件表面污染物，因而未形成冶金结合。

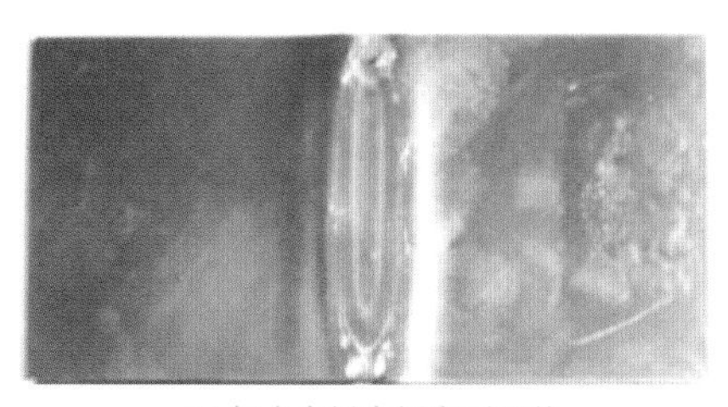

(a) 铝合金板内侧表面形貌

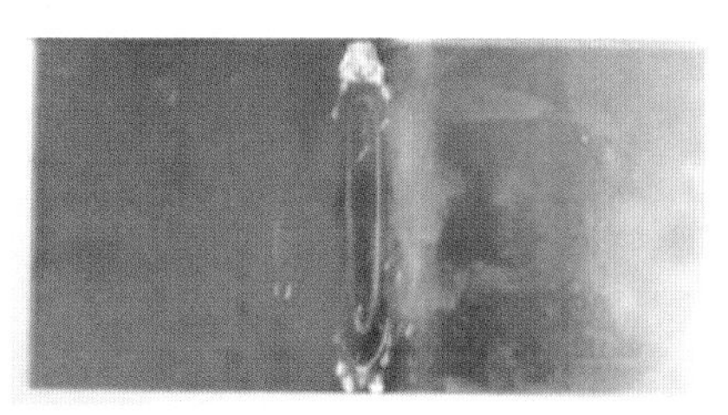

(b) 铜板内侧表面形貌

图 3.18　未冶金结合板件内侧表面痕迹

当放电电压分别为 8 kV、9 kV 和 10 kV 时，铜板和铝合金板实现了冶金结合，且接头处无裂纹等明显损伤。当放电电压为 8 kV 和 9 kV 时，铜-铝合金板电磁脉冲焊接接头的铜板侧和铝合金板侧宏观形貌正视图和侧视图如图 3.19 所示。与 I 型线圈电磁脉冲焊接的板件接头相比，铝合金板与铜板均发生了塑性变形，且所需的电磁参数较低，可提高电磁能量的利用率。尽管对称双 H 型线圈的截面宽度是一样的，但铜板和铝合金板发生变形的范围以及碰撞后形成的椭圆变形区域形貌是不同的，铜板侧形成椭圆环变形区域宽度明显比铝合金板侧形成椭圆环变形区域宽度小一些。双 H 型线圈为串联电路，流过双 H 型线圈的放电电流幅值相同，但铝合金板和铜板自身物理特性差异，导致两者的感应涡流不同，所受到的洛伦兹力不同，且板件自身的抗变形力也不同，造成了椭圆变形区域、变形范围和变形量之间存在差异。

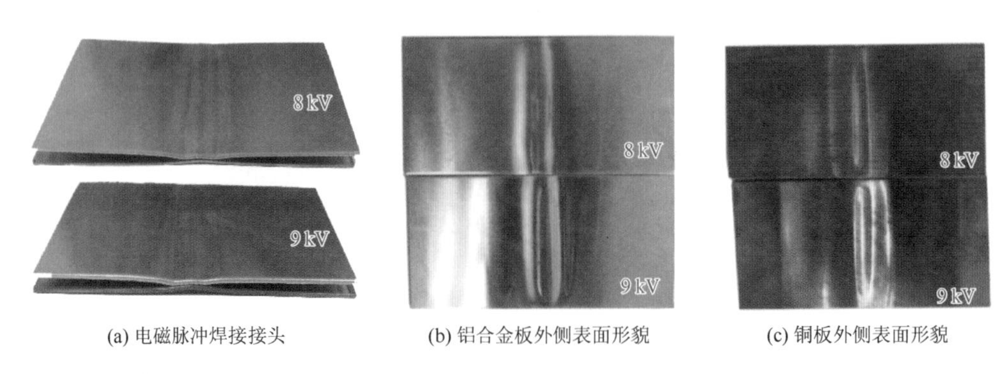


(a) 电磁脉冲焊接接头　　(b) 铝合金板外侧表面形貌　　(c) 铜板外侧表面形貌

图 3.19　铜-铝合金板电磁脉冲焊接接头宏观形貌

为分析不同线圈截面宽度对双 H 型线圈电磁脉冲焊接的影响，研制了不同截面宽度的线圈，如图 3.20 所示。

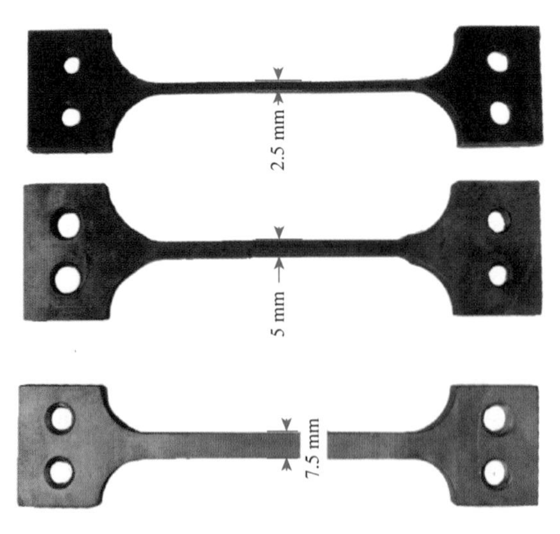


图 3.20　不同截面宽度的 H 型线圈

当放电电压相同时，采用游标卡尺分别测量不同截面宽度焊接线圈所获得的铜-铝合金板电磁脉冲焊接接头中的铜板椭圆变形区域宽度和铝合金板椭圆变形区域宽度，结果如图 3.21 所示。图中，2.5-2.5 表示线圈截面宽度均为 2.5 mm。从图中可知，相同放电电压情况下，随着 H 型线圈截面宽度增大，铝合金板与铜板椭圆变形区域的宽度也增大。将铝合金板椭圆变形区域宽度与铜板椭圆变形区域宽度相减可知，两者椭圆变形区域宽度之间的差距也在不断增大，由此表明，H 型线圈截面宽度对铝合金板椭圆变形区域的影响更大。

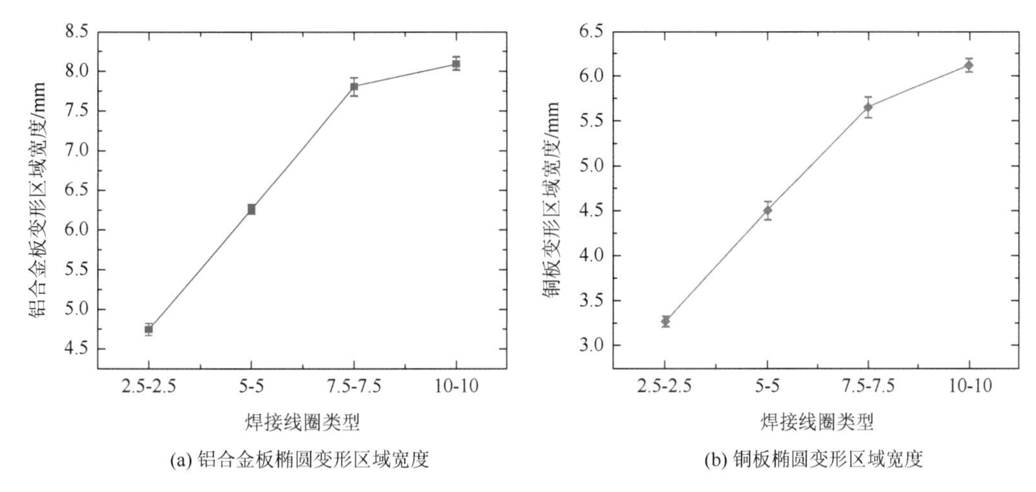

(a) 铝合金板椭圆变形区域宽度　(b) 铜板椭圆变形区域宽度

图 3.21　不同截面宽度双 H 型线圈所获铜-铝合金板焊接接头椭圆变形区域宽度

采用万能试验机拉伸电磁脉冲焊接接头样品，获得不同截面宽度双 H 型线圈作用下的力学性能，结果如表 3.4 所示。由表中数据可知，随着双 H 型线圈截面宽度的增大，焊接接头质量先提升后下降。

**表 3.4　不同截面宽度双 H 型线圈焊接样品最大拉力数据表**

| 项目 | 2.5-2.5 | 5-5 | 7.5-7.5 | 10-10 |
|---|---|---|---|---|
| 平均最大拉力/N | 623.104 | 4337.293 | 3425.957 | × |

注：“×”表示未实现焊接。

此外，在不同截面宽度的双 H 型线圈电磁脉冲焊接实验中发现，2.5-2.5 H 型线圈（线圈截面宽度均为 2.5 mm）和 5-5 H 型线圈即使进行了加固处理，在多次放电后仍发生了明显的弯曲变形。这使得线圈与板件间的间距变宽，严重影响板件上所受洛伦兹力大小进而影响到焊接效果。当经历多次放电后，双 H 型线圈固定装置凹槽的下两角处产生了裂纹并最终破裂。与此同时，7.5-7.5 H 型线圈也发生了弯曲形变，尽管变形程度相比于前两者要轻微许多，但仍会影响焊接效果。而 10-10 H 型线圈在实验中并未出现明显的弯曲变形，表明其具有更长的服役寿命。因此，在实际电磁脉冲焊接中，考虑到线圈的服役寿命，不应该选择宽度过小的线圈。

### 3.3.3　对称系数的影响

双 H 型线圈截面对称系数 $g$ 为 $w_1/w_2$，$w_1$ 是线圈上部截面的宽度，$w_2$ 是线圈下部截面的宽度。现有研究均仅采用简单的、相同截面的完全对称结构双 H 型线圈，即对称系数 $g$ 为 1，如图 3.16 所示，缺乏对双 H 型线圈截面对称系数变化及其影响的研究。根据 Hahn 等[16]的研究结果，双 H 型线圈截面对称系数会改变板件的受力分布情况，随之位移分布也会发生变化，进而改变板件碰撞过程中的碰撞速度、碰撞角度等参数，最终影响板件的焊接效果。

为此，重庆大学先进电磁制造团队提出将双 H 型线圈上下两部分的线圈截面设计成不同的宽度，形成非对称双 H 型线圈结构[18]。将 10-10 H 型线圈（铜板侧线圈宽度为 10 mm，铝合金板侧线圈宽度为 10 mm）、7.5-10 H 型线圈（铜板侧线圈宽度为 7.5 mm，铝合金板侧线圈宽度为 10 mm）和 10-7.5 H 型线圈（铜板侧线圈宽度为 10 mm，铝合金板侧线圈宽度为 7.5 mm）对称系数分别标记为 $g_1$、$g_{0.75}$、$g_{1.33}$，非对称双 H 型线圈装配示意图如图 3.22 所示。

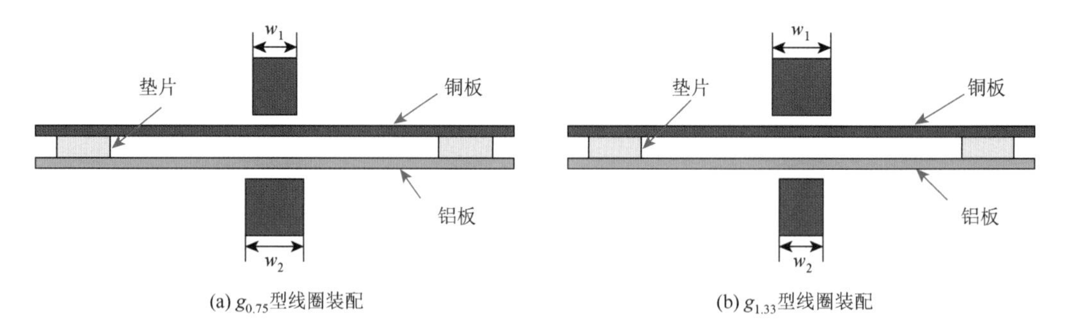


(a) $g_{0.75}$型线圈装配　　(b) $g_{1.33}$型线圈装配

图 3.22　非对称双 H 型线圈装配示意图

为分析对称系数对焊接效果的影响，分别采用 $g_1$ 型线圈、$g_{1.33}$ 型线圈和 $g_{0.75}$ 型线圈开展铜-铝合金板电磁脉冲焊接实验。焊接中，放电电压分别设置为 7 kV、8 kV 和 9 kV，每个放电电压等级下进行 3 组重复焊接实验。

非对称双 H 型线圈焊接后的铝合金板与铜板的表面分别如图 3.23 所示。与对称双 H 型线圈的结果（图 3.19）相似，铜板的椭圆变形区域宽度明显比铝合金板椭圆变形区域的小一些。当脉冲电流相同时，由于截面宽度不同，焊接线圈中的脉冲电流密度不同，铝合金板和铜板的感应涡流不同，所受到的洛伦兹力不同，且板件自身的抗变形力也不同，导致了椭圆变形区域和变形量之间的差异。

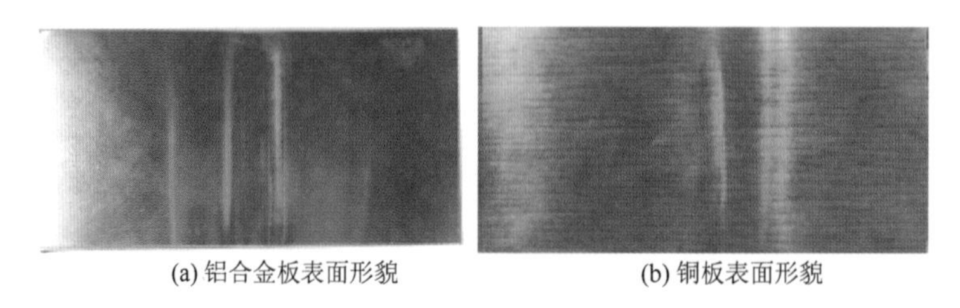

(a) 铝合金板表面形貌　　(b) 铜板表面形貌

图 3.23　非对称双 H 型线圈焊接铜-铝合金板表面宏观形貌

当放电电压相同时，采用游标卡尺分别测量不同对称系数双 H 型线圈所得铜-铝合金板焊接接头铜板椭圆变形区域宽度和铝合金板椭圆变形区域宽度，结果见图 3.24。可见，相同放电电压下，当双 H 型线圈对称系数变化时，铝合金板与铜板椭圆变形区域的宽度也随之变化。将铜板椭圆变形区域宽度与铝合金板变形区域宽度相减可知，采用 $g_{1.33}$ 型线圈时，铜板椭圆变形区域宽度与铝合金板椭圆变形区域宽度几乎一致，而 $g_{0.75}$ 型线圈和 $g_1$ 型线圈的椭圆变形区域宽度相差较大。

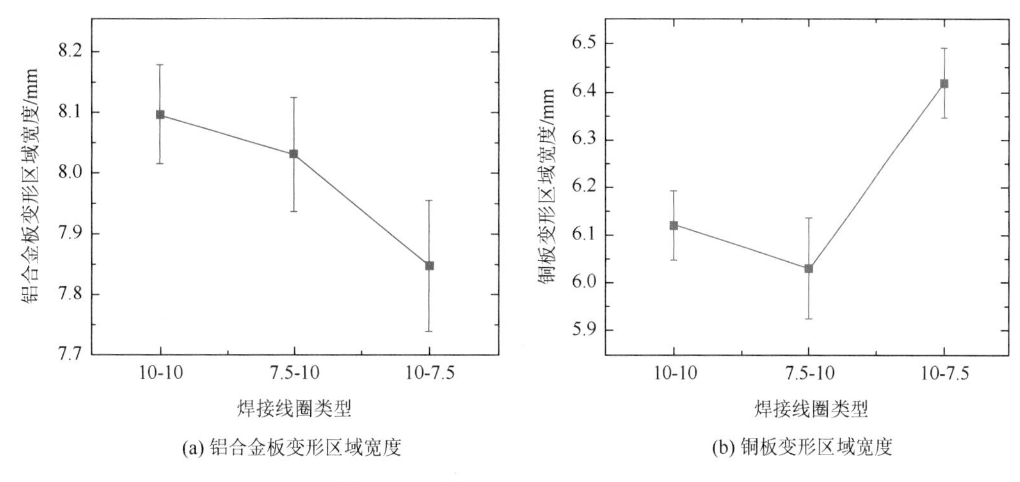


图 3.24　不同对称系数双 H 型线圈所获铜-铝合金板焊接接头变形区域宽度

采用万能试验机对所获得的铜-铝合金板电磁脉冲焊接接头样品进行拉伸测试，获得不同放电电压、不同对称系数情况下所获焊接接头所能承受的平均最大拉力，结果如表 3.5 所示。

**表 3.5　不同对称系数双 H 型线圈焊接样品拉伸结果**

| 对称系数 | 不同放电电压下的平均最大拉力 | | |
|---|---|---|---|
| | 7 kV | 8 kV | 9 kV |
| $g_{1.33}$ | 807.209 N | 4381.724 N | O |
| $g_{0.75}$ | × | 3409.612 N | 5848.545 N |
| $g_1$ | × | 2813.46 N | 4967.293 N |

注：“×”表示未实现焊接；“O”表示铝合金板完全断裂。

由表中结果可知，随着放电电压的提高，铜-铝合金板电磁脉冲焊接接头的力学性能均不断提高。此外，尽管放电电压不同，$g_{1.33}$ 型线圈获得的电磁脉冲焊接接头所能承受的拉力最大。

当双 H 型线圈的对称系数改变时，线圈部分横截面积发生了变化，对应的电感与电阻也会发生变化。但是，焊接线圈的长度远远小于放电回路，且回路中的接触电阻、电感以及电容的电阻、电感对放电电流的影响均大于线圈截面面积，因此对称系数变化带来的电阻与电感变化几乎对放电电流没有影响。电磁脉冲焊接过程中，忽略损耗，板件中的电流密度与对应线圈表面电流密度相同。因此，当 $g = 0.75$ 时，铜板表面的电流密度较大；当 $g = 1$ 时，铜板表面的电流密度与铝合金板表面的电流密度相同；当 $g = 1.33$ 时，铝合金板表面的电流密度较大。当电流相同时，电流密度之间的关系可表示为 $J_{\mathrm{Cu}(g=0.75)}=J_{\mathrm{Al}(g=1.33)}>J_{\mathrm{Al}(g=0.75)}=J_{\mathrm{Cu}(g=1.33)}=J_{\mathrm{Al}(g=1)}=J_{\mathrm{Cu}(g=1)}$。焊接过程中，空间磁场与放电电流相关，因而洛伦兹力之间的关系则表示为 $F_{\mathrm{Cu}(g=0.75)}=F_{\mathrm{Al}(g=1.33)}>F_{\mathrm{Al}(g=0.75)}=F_{\mathrm{Cu}(g=1.33)}=F_{\mathrm{Al}(g=1)}=F_{\mathrm{Cu}(g=1)}$，当板件受到洛伦兹力后，会发生塑性变形，并产生加速度，可表示为

$$F-F_1=m_A a_A \tag{3.8}$$

式中，$F_1$ 为材料的抗变形力，与材料的屈服强度相关，铜板的屈服强度高于铝合金板；$m_A$ 为板件变形加速运动部分的质量；$a_A$ 为板件变形部分的加速度。

板件受力区域面积与焊接线圈的宽度、洛伦兹力和抗变形力相关。根据材料的性质与前期实验结果可知，铝合金板的变形区域面积大于铜板，但其密度仅为铜的1/3。因此，在电磁脉冲焊接实验中，$a_{\mathrm{Al}(g=1.33)}>a_{\mathrm{Cu}(g=0.75)}>a_{\mathrm{Al}(g=0.75)}=a_{\mathrm{Al}(g=1)}>a_{\mathrm{Cu}(g=1.33)}=a_{\mathrm{Cu}(g=1)}$。可以推断，相同时间内铝合金板和铜板位移距离分别为 $S_{\mathrm{Al}(g=1.33)}>S_{\mathrm{Al}(g=1)}>S_{\mathrm{Al}(g=0.75)}$，$S_{\mathrm{Cu}(g=0.75)}>S_{\mathrm{Cu}(g=1)}>S_{\mathrm{Cu}(g=1.33)}$；碰撞速度的关系为 $V_{\mathrm{cAl}(g=1.33)}>V_{\mathrm{cAl}(g=1)}=V_{\mathrm{cAl}(g=0.75)}$，$V_{\mathrm{cCu}(g=0.75)}>V_{\mathrm{cCu}(g=1)}=V_{\mathrm{cCu}(g=1.33)}$。因此，板件碰撞的时间也不一样。当 $g=1$ 时，板件从变形到碰撞所需的时间最长。此外，当 $g=1.33$ 时，铝合金板的变形量最大，与铜板之间的夹角也最大。根据焊接窗口理论，碰撞速度与初始碰撞角越大越利于形成金属射流，实现电磁脉冲焊接。因此，当 $g=1.33$ 时，电磁脉冲焊接效果最佳。

由此可知，尽管放电能量相同，双 H 型线圈对称系数不同也会影响电磁脉冲焊接效果，因此在选择线圈时，需要考虑其对称系数。

## 3.4　多匝盘型线圈及其焊接效果

### 3.4.1　工作原理

多匝盘型线圈由导线绕制而成，如图 3.25（a）所示，相比于单根单匝线圈，其电磁能量利用率高，常用于电磁成形。邓方雄[17]设计了一种与多匝盘型线圈配合使用的集磁器，并将其用于板件电磁脉冲焊接。但是，多匝盘型线圈在焊接过程中会受到巨大的洛伦兹力，绕制而成的多匝盘型线圈容易发生变形，甚至导致绝缘击穿并烧毁线圈。重庆大学先进电磁制造团队研制的一体多匝盘型线圈如图 3.25（b）[19]所示，采用线切割的方式将整块铜板切割为多匝盘型线圈，能够提高线圈的刚度，且整个磁场产生界面更平整。接线端口采用矩形铜柱，当使用多匝盘型线圈时，在其两端铜柱分别连接接线端子，并通过接线端子与通用平台的汇流排相连，形成放电回路。

多匝盘型线圈属于阿基米德螺旋线圈结构。由文献[20]可知，多匝盘型线圈的结构参数关系可表示为

$$\rho_p=a_p+b_p\theta \tag{3.9}$$

式中，$\rho_p$ 为极径；$b_p$ 为阿基米德螺旋线系数，表示每旋转单位弧度时极径的变化量；$\theta$ 为极角，表示阿基米德螺旋线转过的总弧度；$a_p$ 为 $\theta=0$ 时的极径。

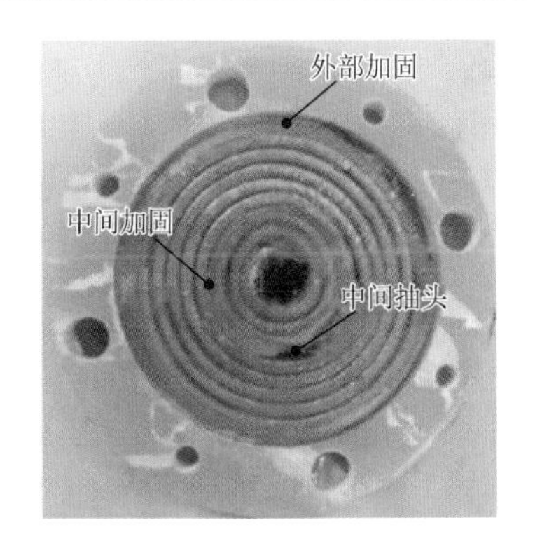

(a) 绕制的多匝盘型线圈[17]　　(b) 线切割一体多匝盘型线圈[19]

图 3.25　多匝盘型线圈

为进一步探索多匝盘型线圈的特性，对该线圈产生的感应磁场进行推导分析。以线圈平面为 $xOy$ 平面，建立三维坐标系，由线圈的表达式可知线圈上任意一点 $P$ 的坐标为（$\rho_p(\theta)\cos\theta$，$\rho_p(\theta)\sin\theta$，0），带球磁场的点 $P_2$ 的坐标为（$x_2$，$y_2$，$z_2$），则两点方向的元向量 $e_\rho$ 可表示为

$$e_\rho = \frac{((x_2 - x_1)x + (y_2 - y_1)y - (z_2 - z_1)z)}{\sqrt{(x_2 - x_1)^2 + (y_2 - y_1)^2 + (z_2 - z_1)^2}} = e_{\rho x} + e_{\rho y} + e_{\rho z} \tag{3.10}$$

式中，$x$、$y$、$z$ 为 3 个坐标轴方向的单位向量；$e_{\rho x}$、$e_{\rho y}$、$e_{\rho z}$ 为元向量 $e_\rho$ 在 $x$、$y$、$z$ 上的分量，并有 $x_1 = \rho_p(\theta)\cos\theta$，$x_2 = \rho_p(\theta)\cos\theta$，$x_3 = 0$。

流过线圈任一点的元电流 $I_a\mathrm{d}I_a$ 可表示为

$$I_a\mathrm{d}I_a = I_a\mathrm{d}\theta r(\theta)e_I \tag{3.11}$$

式中，$I_a$ 为电流；$\mathrm{d}\theta$ 为极角的微分。元电流方向 $e_I$ 可表示为

$$e_I = -\sin\theta x + \cos\theta y + 0z = e_{Ix} + e_{Iy} + e_{Iz} \tag{3.12}$$

式中，下标 $I$ 表示方向向量，由此可推导出：

$$e_I \times e_\rho = (e_{Iy}e_{\rho z} - e_{Iz}e_{\rho y})e_x + (e_{Iz}e_{\rho x} - e_{Ix}e_{\rho z})e_y + (e_{Iz}e_{\rho x} - e_{Ix}e_{\rho z})e_z \tag{3.13}$$

则任一点 $P_2$ 的磁场计算式可表示为

$$B_c = \int \mathrm{d}B_c = \frac{\mu_0}{4\pi}\frac{I_a\mathrm{d}I_a \times e_\rho}{\rho_p^2} = \frac{\mu_0}{4\pi}\frac{I_a\mathrm{d}I_a(e_I \times e_\rho)}{\rho_p^2} \tag{3.14}$$

多匝盘型线圈的匝数越多，产生的磁感应强度越大。然而，随着线圈匝数的增多，其电感也会增大，导致放电电流幅值减小，降低磁场随时间的变化率[21]。每匝线圈中流过的电流大小相等，因此线圈匝间电压与旋线的长度成正比。随着线圈匝数的增长，多匝盘型线圈的周长也会增加，匝间电压也增加，其最外圈的周长和匝间电压最大。考虑到邻近效应和集肤效应，放电电流在线圈截面上的分布并不均匀，线圈的局部匝间场强

会高于空气的击穿场强，需要在线圈匝间加强绝缘。此外，线圈匝间的绝缘材料还需要承受线圈在焊接过程中产生的径向洛伦兹力。因此，需要在线圈匝间填充聚四氟乙烯等绝缘材料以防止匝间绝缘击穿，如图 3.26 所示。

图 3.26　绝缘处理后的多匝盘型线圈

### 3.4.2　平板集磁器及其对电路的影响

多匝盘型线圈常与平板集磁器配合使用，用于板状工件电磁脉冲焊接，提高电磁能量利用率。

在焊接过程中，平板集磁器缝隙面存在巨大的电磁排斥力，当其大于集磁器材料的屈服强度时，集磁器缝隙面会发生变形。刘恩洋[22]在使用平板集磁器进行电磁吸引力成形的实验中发现集磁器发生变形损坏，主要特征为集磁器边缘翘曲、缝隙扩大。分析其原因为平板集磁器下端面未受约束，下端面在较大的排斥力下发生变形损坏。为了防止集磁器变形，需要对平板集磁器的结构进行优化设计并使用集磁器盒对其进行加固。Yan 等[23]对平板集磁器的结构研究发现，相比于锥形平板集磁器，阶梯状的非完整集磁器产生的洛伦兹力更大，板件的变形程度更加剧烈。为更好地固定平板集磁器，参考文献[23]和[24]的设计，在平板集磁器外表面的上边沿和下边沿处各设计一凸台，使得平板集磁器的外表面由锥面变为非完整锥面（即锥形-阶梯形），凸台可以将平板集磁器固定在集磁器盒中，从而发挥集磁器盒的保护作用，结构加强后的平板集磁器如图 3.27（a）所示。集磁器盒的材料为 Q235 钢，并在其表面喷漆防止生锈，采用玛拉胶带（聚酯薄膜）进行绝缘处理，集磁器盒底部加工一个凹槽用于放置待加工的板件，通孔与螺栓、螺母配合使用固定平板集磁器，如图 3.27（b）所示。

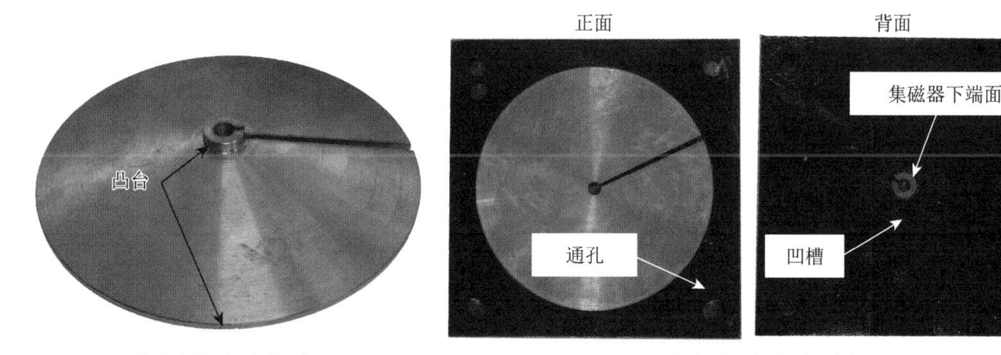


(a) 非完全锥面平板集磁器 (b) 平板集磁器与集磁器盒装配

图 3.27 非完全锥面平板集磁器及其工装

当放电电压为 5 kV 时，电磁脉冲焊接通用平台接入所研制的平板集磁器（锐角集磁器）和不接入集磁器时的放电电流波形分别如图 3.28 所示。无集磁器接入时，放电电流振荡衰减，在第一个 1/4 周期达到最大值，电流上升速度为 0.54 kA/μs，即当 $t = 12.0$ μs 时，放电电流最大值为 23.9 kA。当接入锐角集磁器时，第一个 1/4 周期放电电流的上升速度为 2.17 kA/μs，即当 $t = 11.7$ μs 时，放电电流最大值为 37.9 kA。接入平板集磁器后，放电电流的上升速度提高，其幅值增加，从图中也可以观察到放电电流的频率提高。

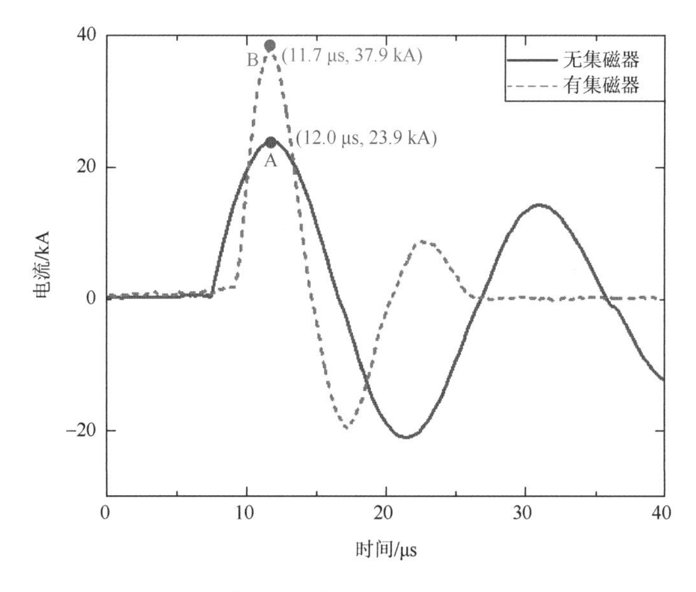


图 3.28 有无平板集磁器时的放电电流波形

接入平板集磁器后，放电回路的参数发生变化，从结果上看，平板集磁器改善了放电电流波形，使其在第一个 1/4 周期内的前沿更陡、幅值更高。

在软件中使用 cftool 拟合工具箱对图 3.28 测得的放电电流波形进行拟合，结果如表 3.6 所示，其中 $L_1$ 和 $R_1$ 为接入平板集磁器之前的电路参数，$L_2$ 和 $R_2$ 为接入平板集磁器之后的电路参数。两个放电电流波形拟合参数的校正决定系数分别为 0.9979 和 0.9959，可以认为拟合程度很高。通过表 3.6 中的参数可以看出，接入平板集磁器后放电回路的等效电感 $L_2$ 相比未接入平板集磁器时的 $L_1$ 下降，而等效电阻 $R_2$ 相比于 $R_1$ 略有提高。

**表 3.6　拟合计算的电路参数结果**

| 符号 | 意义 | 值 |
|---|---|---|
| $L_1$ | 无集磁器时等效电感 | 4.89 μH |
| $R_1$ | 无集磁器时等效电阻 | 27.2 mΩ |
| $L_2$ | 有集磁器时等效电感 | 1.43 μH |
| $R_2$ | 有集磁器时等效电阻 | 28.6 mΩ |

为探究引入平板集磁器后的放电电流波形和参数变化的原因，分析接入平板集磁器后的放电电路模型。在如图 3.29 所示的电路中，令 $Z_{11}=R_1+R_{\text{coil}}+\text{j}\omega(L+L_{\text{coil}})$，称为一次回路阻抗，令 $Z_{22}=Z_{fs}+\text{j}\omega(L_1+L_2)$，并称为二次回路阻抗，$Z_M=\text{j}\omega M_{c\text{-}fs}$ 为互感抗，则该电路模型的方程可表示为

$$Z_{11}\dot{I}_c+Z_M\dot{I}_2=\dot{U}_c \tag{3.15}$$

$$Z_M\dot{I}_c+Z_{22}\dot{I}_2=0 \tag{3.16}$$

由式（3.14）和式（3.15）可得放电回路中的电流为

$$\dot{I}_c=\frac{\dot{U}_c}{Z_{11}-Z_M^2/Z_{22}}=\frac{\dot{U}_c}{Z_i} \tag{3.17}$$

这表明，放电回路等效电路中的输入阻抗由两个阻抗串联而成，其中，$-Z_M^2/Z_{22}$ 为平板集磁器阻抗和互感阻抗通过互感反映到一次侧的等效阻抗，$-Z_M^2/Z_{22}$ 的性质与 $Z_{22}$ 相反，即平板集磁器的感性阻抗反映到放电回路中为容性阻抗。

由此可知，当平板集磁器的阻抗参数反映到放电回路后，其性质发生了变化，由感性变为了容性。在本例中，集磁器反映到一次侧的容性阻抗降低了放电回路的等效电感，改善了放电回路参数，提高了放电回路的电流幅值和电流变化率，等效电路如图 3.29 所示。

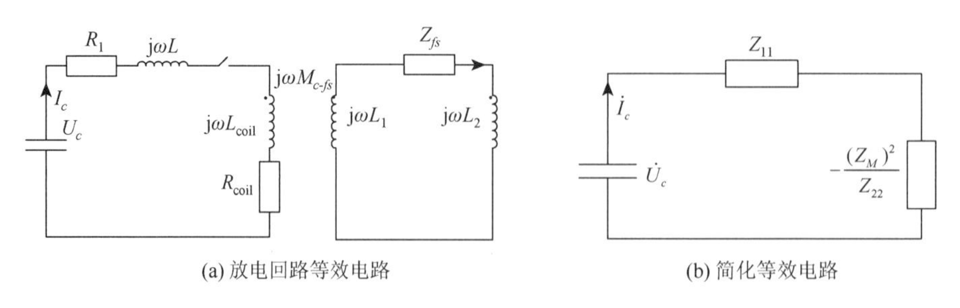


(a) 放电回路等效电路　　(b) 简化等效电路

图 3.29　放电回路-多匝盘型线圈-平板集磁器等效电路

事实上，多匝盘型线圈相比于单匝线圈，尽管线圈阻抗提高，但提高了线圈获得电磁能量的比例，从而提高了电磁脉冲焊接通用平台的能量利用率。然而，线圈阻抗的提

高也使得放电回路的总阻抗提高，导致放电电流的幅值和变化率下降，将对板件所受到的洛伦兹力幅值带来影响。通过分析可知，平板集磁器的接入会改善放电回路参数，降低放电回路的总电阻和总电感。放电回路总阻抗的下降会进一步提高电磁脉冲焊接通用平台的电磁能量利用率，并提高放电电流的幅值和变化率，避免了多匝线圈阻抗增加带来的消极影响。平板集磁器改善放电回路参数的过程如图 3.30 所示。

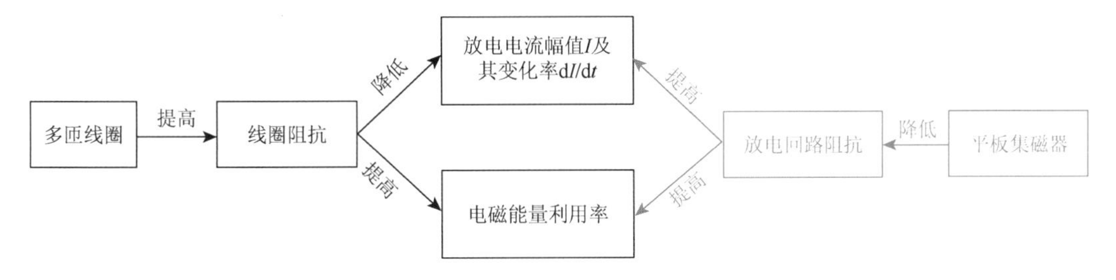


图 3.30　平板集磁器改善放电回路参数的过程

### 3.4.3　多匝盘型线圈工装与实验

为在电磁脉冲焊接过程中固定多匝盘型线圈、平板集磁器和工件，保证焊接过程的稳定与可靠，需要针对多匝盘型线圈和平板集磁器设计其固定装置。

多匝盘型线圈、平板集磁器和工件的装配模块如图 3.31 所示。多匝盘型线圈在工作过程中受到来自平板集磁器的轴向洛伦兹力和匝间洛伦兹力的影响，因此将多匝盘型线圈固定在线圈盒中。平板集磁器放置于线圈的下端，同样放在集磁器盒中。线圈盒与集磁器盒四角分别穿孔，通过螺栓螺母固定在吊板上，通过汇流排与电磁脉冲焊接通用平台连接。待焊接板件放置在底座上，通过垫板调整高度。多匝盘型线圈和平板集磁器、平板集磁器和待焊接板件之间均放置一层绝缘薄膜并紧贴，以减少磁场衰减。

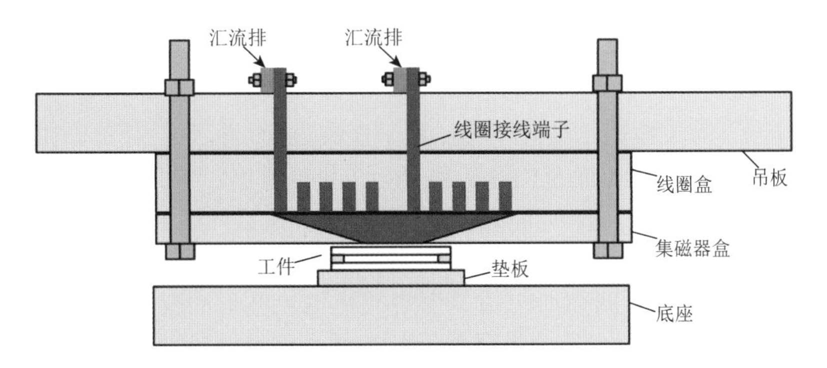


图 3.31　多匝盘型线圈、平板集磁器和工件的装配示意图

多匝盘型线圈装配模块实物图如图 3.32 所示，吊板和底座采用环氧树脂板，线圈盒采用电木材料，待焊接工件放置于垫板和集磁器盒之间，工件和集磁器盒之间的距离可通过垫板的高度调节。

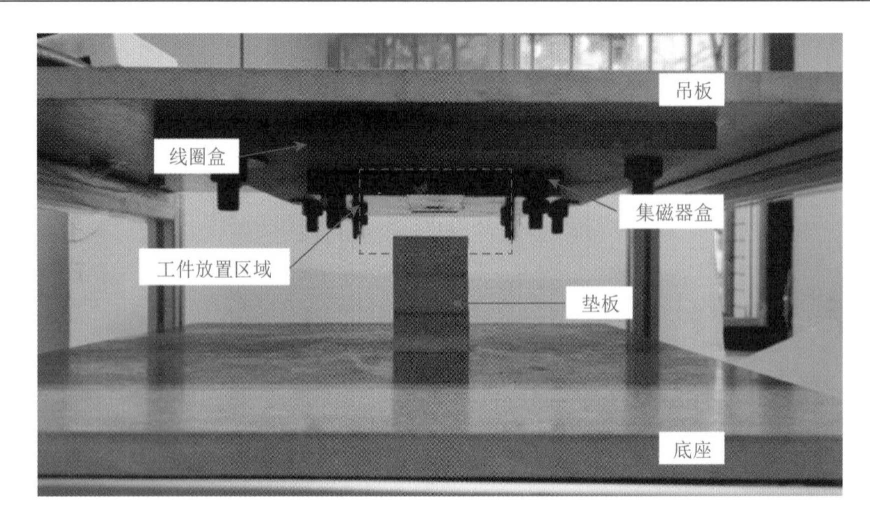


图 3.32　多匝盘型线圈装配模块实物图

为研究平板集磁器缝隙面夹角对于集磁器效果的影响，设计了不同结构的平板集磁器，包括锐角集磁器（$d_1 = 20$ mm，$\alpha = 76°$）、直角集磁器（$d_1 = 10$ mm，$\alpha = 90°$）、钝角集磁器（$d_1 = 2$ mm，$\alpha = 101°$），三种平板集磁器如图 3.33 所示。

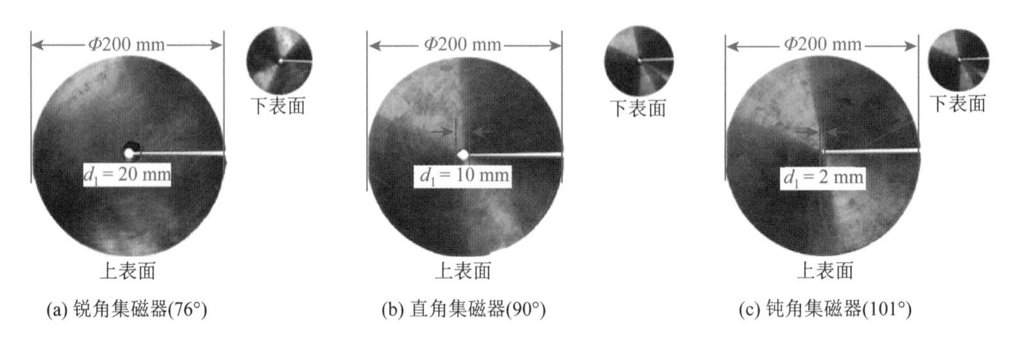


(a) 锐角集磁器(76°)　(b) 直角集磁器(90°)　(c) 钝角集磁器(101°)

图 3.33　不同结构的平板集磁器

当放电电压为 5 kV 时，装配不同结构平板集磁器（锐角、直角、钝角）的电磁脉冲焊接通用平台放电电流波形如图 3.34 所示。可以看出，平板集磁器缝隙面夹角对于放电电流波形影响不大，表面平板集磁器缝隙面夹角这一局部参数的变化对电磁脉冲焊接的等效电路参数无明显影响。文献[25]在对比不同螺旋集磁器作用区域斜面倾斜程度时也发现，集磁器局部结构的改变对放电电流波形的变化影响较小，可以忽略不计。Yan 等[26]的研究也指出集磁器缝隙数量变化对其整体电路参数变化无显著影响。

当放电电压为 11 kV 时，采用多匝盘型线圈及平板集磁器（锐角）获得的铜-铝合金板电磁脉冲焊接样品宏观形貌如图 3.35 所示。铝合金板中心区域出现变形，变形区域的直径约为 33.8 mm，且铝合金板中心区域存在一个鼓包，鼓包外是圆环状的撞击区域，圆环因存在缺口而未封闭。

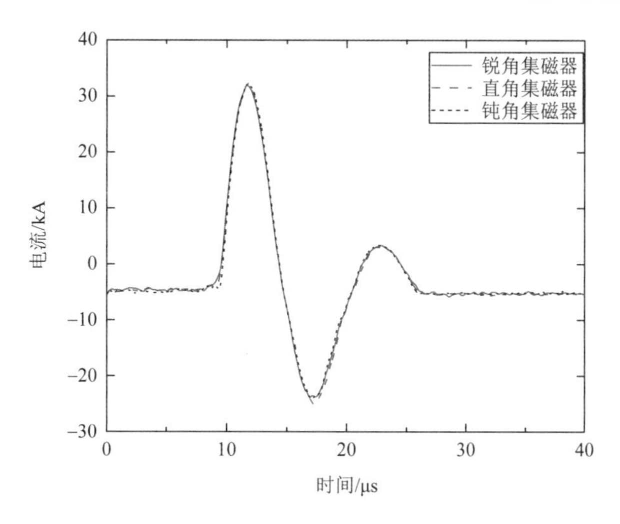


图 3.34　不同结构平板集磁器作用下的放电电流波形

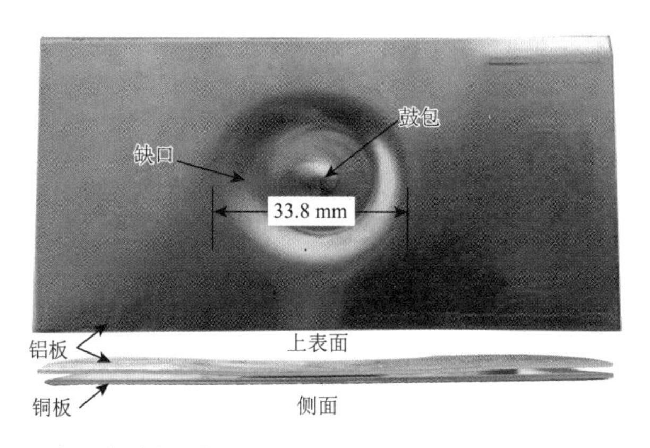


图 3.35　多匝盘型线圈作用下铜-铝合金板电磁脉冲焊接样品宏观形貌

当放电电压为 11 kV 时，铜-铝合金板电磁脉冲焊接样品的拉伸剥离结果如图 3.36 所示，铜板表面残留了一层银白色的焊痕，整体形状为一非闭合圆环，如月牙外轮廓。月牙形焊痕和平板集磁器下表面轮廓的相对位置关系如图 3.36 所示，月牙形焊痕在平板集磁器下表面的圆环投影区域内。

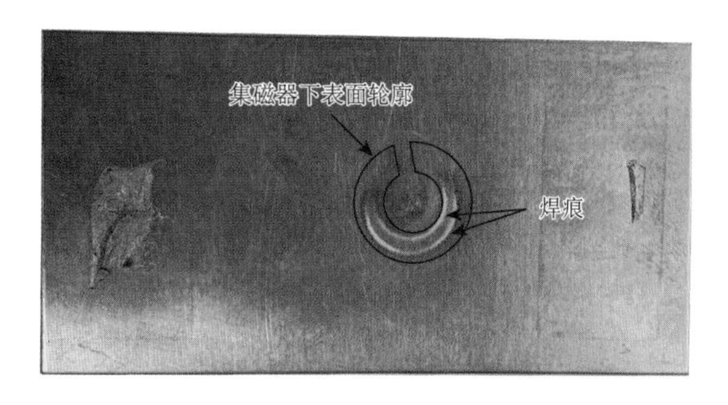


图 3.36　多匝盘型线圈作用下铜-铝合金板电磁脉冲焊接样品拉伸剥离结果

电磁脉冲焊接过程中，在洛伦兹力的作用下，平板集磁器下端面中心对应的铝合金板区域最先和铜板发生碰撞。由于受到铜板涡流磁场的影响，铝合金板最大变形区域的顶部是一个相对平直的区域，因此碰撞角度几乎为90°，根据焊接窗口理论，铝合金板和铜板在初始平直碰撞区域难以形成有效冶金结合。随着铝合金板不断变形，碰撞角度与碰撞速度的关系满足焊接窗口的条件，逐渐形成冶金结合。铜板表面未焊接区域即平板集磁器缝隙所对应的位置，受到该区域的影响，焊痕呈现出如空心的月牙状貌。焊痕的形成过程如图3.37所示。

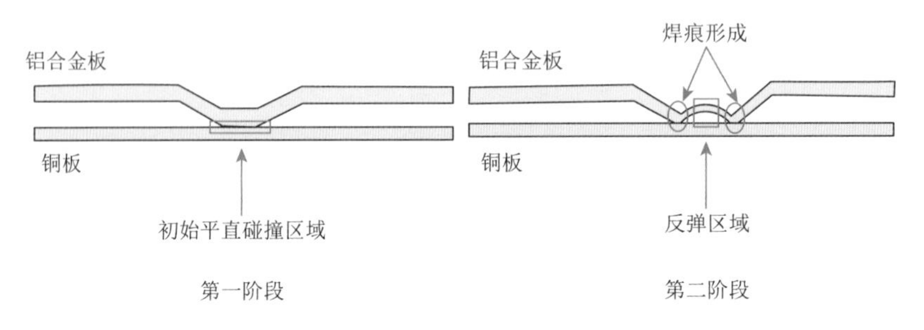


图3.37　焊痕形成过程示意图

铝合金板内表面的宏观形貌如图3.38所示。可以看到，铝合金板的焊接影响区域呈现多层月牙形貌，从内到外可划分为初始碰撞区、焊痕区、焊痕边界区和塑性变形区。

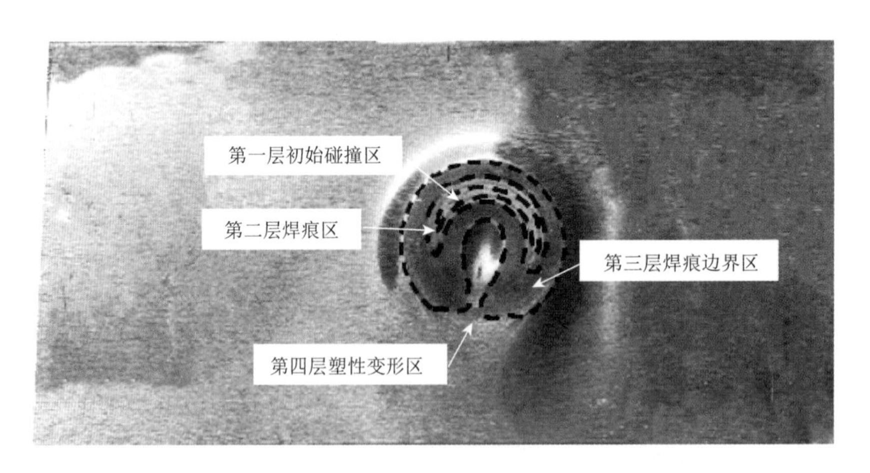


图3.38　铝合金板内表面宏观形貌

当获得铜-铝合金板电磁脉冲焊接接头后，为更加直观地对比不同条件下接头的力学性能，用SANS万能试验机对使用3种平板集磁器在不同电压下获得的铜-铝合金板电磁脉冲焊接样品进行拉伸测试，结果如表3.7所示。当放电电压在11～13 kV的范围内时，随着放电电压的提高，锐角集磁器获得的焊接样品拉伸强度逐渐提高。当放电电压为13 kV时，直角集磁器实现了铜板和铝合金板电磁脉冲焊接，而钝角集磁器始终未能实现铜板和铝合金板的焊接。

表 3.7　焊接样品拉伸结果

| 电压/kV | 拉伸载荷/N | | |
|---|---|---|---|
| | 锐角集磁器 | 直角集磁器 | 钝角集磁器 |
| 11 | 813.9 | × | × |
| 12 | 1209.1 | × | × |
| 13 | 1652.8 | 706.2 | × |

注：“×”表示未实现焊接。

当放电电压为 13 kV 时，采用锐角集磁器获得的铜-铝合金板电磁脉冲焊接样品剥离结果如图 3.39（a）所示，相较于图 3.36，铜板表面残留了一层明显的银白色焊痕，整体形状同样为一非闭合圆环，铜板变形区域的直径为 20.81 mm，且其表面残留着未剥离的母材（铝合金）。此外，在图 3.39（b）中，采用直角集磁器获得的铜-铝合金板电磁脉冲焊接样品的铜板变形区域不明显，且仅存在少量未剥离的母材，相比之下，焊接效果不如锐角集磁器。

由此可见，锐角集磁器获得的铜-铝合金板电磁脉冲焊接样品拉伸强度最高、焊接效果最好，直角集磁器次之，钝角集磁器最差。

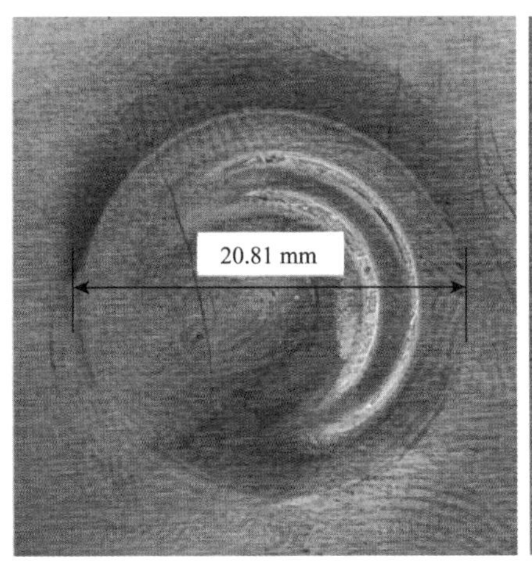


(a) 锐角集磁器焊接样品剥离结果

少量未剥离的母材

(b) 直角集磁器焊接样品剥离结果

图 3.39　不同结构平板集磁器焊接样品拉伸剥离结果

## 参 考 文 献

[1] Mishra S，Sharma S，Kumar S，et al. 40 kJ magnetic pulse welding system for expansion welding of aluminium 6061 tube[J]. Journal of Materials Processing Technology，2017，240：168-175.

[2] Desai S V，Kumar S，Satyamurthy P，et al. Analysis of the effect of collision velocity in electromagnetic welding of aluminum strips[J]. International Journal of Applied Electromagnetics and Mechanics，2010，34（1）：131-139.

[3] Aizawa T，Kashani M，Okagawa K. Application of magnetic pulse welding for aluminium alloys and SPCC steel sheet joints[J]. Welding Journal，2007，86（5）：119-124.

[4] Aizawa T，Kashani M. Experimental and numerical study on magnetic pulse welding to improving the life time of one-turn flat coil[J]. IOP Conference Series Materials Science and Engineering，2014，61：012028.

[5] Aizawa T，Matsuzawa K. Comparison between simple seam welding and adjacent parallel seam welding by magnetic pulse sheet-welding method[J]. Materials Science Forum，2018，910：19-24.

[6] Zhang H Q，Yang Z Y，Ren L L. Experimental investigation on structure parameters of E-shaped coil in magnetic pulse welding[J]. Materials and Manufacturing Processes，2019，34（15）：1701-1709.

[7] Aizawa T. Magnetic pulse welding of Al/Cu sheets using 8-turn flat coil[J]. Journal of Light Metal Welding，Supplement，2020，58：97-101.

[8] Aizawa T. Magnetic pressure seam welding method for aluminium sheets[J]. Welding International，2003，17（12）：929-933.

[9] Kore S D，Date P P，Kulkarni S V. Effect of process parameters on electromagnetic impact welding of aluminum sheets[J]. International Journal of Impact Engineering，2007，34（8）：1327-1341.

[10] Kore S D，Date P P，Kulkarni S V. Electromagnetic impact welding of aluminum to stainless steel sheets[J]. Journal of Materials Processing Technology，2008，208（1-3）：486-493.

[11] Kore S D，Imbert J，Worswick M J，et al. Electromagnetic impact welding of Mg to Al sheets[J]. Science and Technology of Welding and Joining，2009，14（6）：549-553.

[12] Sarvari M，Abdollah-zadeh A，Naffakh-Moosavy H，et al. Investigation of collision surfaces and weld interface in magnetic pulse welding of dissimilar Al/Cu sheets[J]. Journal of Manufacturing Processes，2019，45：356-367.

[13] Berlin A，Nguyen T，Worswick M J，et al. Metallurgical analysis of magnetic pulse welds of AZ31 magnesium alloy[J]. Science and Technology of Welding and Joining，2011，16（8）：728-734.

[14] Berlin A. Magnetic pulse welding of Mg sheet[D]. Waterloo：University of Waterloo，2011.

[15] 卡兰塔罗夫，采依特林. 电感计算手册[M]. 陈汤铭，译. 北京：机械工业出版社，1992.

[16] Hahn M，Weddeling C，Lueg-Althoff J，et al. Analytical approach for magnetic pulse welding of sheet connections[J]. Journal of Materials Processing Technology，2016，230：131-142.

[17] 邓方雄. 基于电磁脉冲技术的金属板件高速碰撞焊接方法与实验研究[D]. 武汉：华中科技大学，2019.

[18] 李成祥，石鑫，周言，等. 针对 H 型线圈的电磁脉冲焊接仿真及线圈截面结构影响分析[J]. 电工技术学报，2021，36（23）：4992-5001.

[19] 吴浩. 电磁脉冲板件焊接平板集磁器的优化设计与实验研究[D]. 重庆：重庆大学，2022.

[20] 米彦，芮少琴，储贻道，等. 基于阿基米德螺旋线圈的高变化率脉冲磁场发生器[J]. 高电压技术，2017，43（2）：578-586.

[21] 刘刚，韩佳一，丁健，等. 高压电力电缆导体连接管的电磁脉冲成形研究[J]. 高电压技术，2021，47（3）：1109-1118.

[22] 刘恩洋. 铁磁性材料电磁吸引力成形研究[D]. 福州：福州大学，2017.

[23] Yan Z Q，Lin L，Chen Y，et al. Electromagnetic flanging using a field shaper with multiple seams[J]. The International Journal of Advanced Manufacturing Technology，2022，120（3）：1747-1763.

[24] Deng F X，Cao Q L，Han X T，et al. Electromagnetic pulse spot welding of aluminum to stainless steel sheets with a field shaper[J]. The International Journal of Advanced Manufacturing Technology，2018，98（5）：1903-1911.

[25] Dang H，Yu H. Improving the quality of Al-Fe tube joints manufactured via magnetic pulse welding using an inclined-wall field shaper[J]. Journal of Manufacturing Processes，2022，73：78-89.

[26] Yan Z Q，Xiao A，Cui X H，et al. Magnetic pulse welding of aluminum to steel tubes using a field-shaper with multiple seams[J]. Journal of Manufacturing Processes，2021，65：214-227.

# 第 4 章　管状工件电磁脉冲焊接驱动器

## 4.1　引　　言

与第 3 章所述板状工件类似，电磁脉冲焊接技术在管状工件加工中同样应用广泛。管状工件电磁脉冲焊接驱动器通常包含线圈与集磁器，主要从两个方面影响焊接效果：一是线圈自身的电感会影响整个放电回路的电感，进而影响放电电流与焊接效果；二是多匝线圈能量分散，需与集磁器配合使用以便将电磁能量集中作用于工件、提高能量利用率。集磁器是管状工件电磁脉冲焊接设备的关键器件，利用趋肤效应并配合特殊的结构设计来传递线圈能量，从而改变焊接区域的磁场分布情况，达到调节磁场分布、增强局部磁场及改善洛伦兹力分布的目的。集磁器和线圈配合使用也提高了电磁脉冲焊接通用平台的效率和灵活性[1]。

本章将说明管状工件电磁脉冲焊接所用的单匝线圈、多匝线圈及开合式线圈的原理、结构与典型设计，为管状工件电磁脉冲焊接驱动器的设计及选取提供理论依据与参考。

## 4.2　单 匝 线 圈

### 4.2.1　一体式单匝线圈

单匝线圈与板状工件焊接用的 I 型线圈类似，具有结构简单、安装方便的优点，其工作原理见图 4.1[2]。管件（外管）被放置于单匝线圈中间通孔中，当单匝线圈内部流通幅值高达数百 kA 放电电流 $I$ 时，单匝线圈在通孔圆周产生瞬变磁场 $B$。外管在通孔中

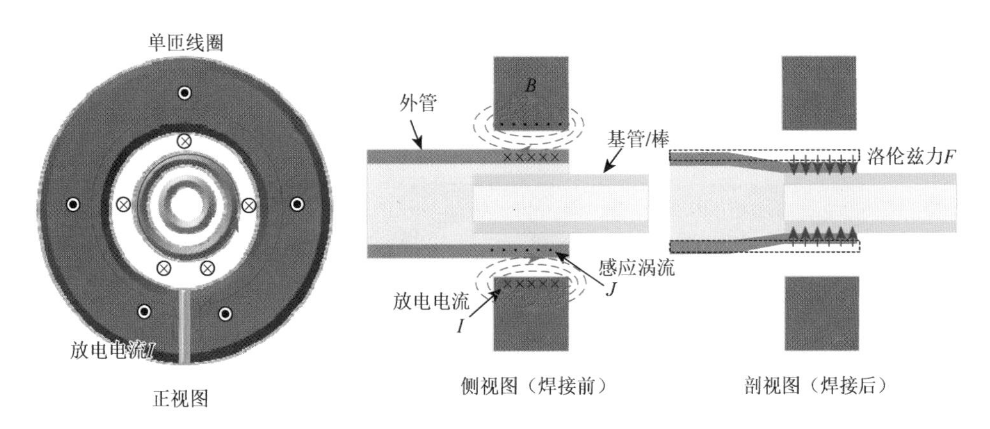


图 4.1　单匝线圈工作原理[2]

受到瞬变磁场作用产生感应涡流 $J$。在瞬变磁场与感应涡流共同作用下，通孔对应的外管位置会产生洛伦兹力 $F$，驱使外管加速运动，与基管/棒剧烈碰撞形成冶金结合。

在电磁脉冲焊接过程中，单匝线圈缝隙将承受较大的应力，需将其固定以防止变形，而圆环截面的单匝线圈外表面结构不易固定，加工复杂且容易损坏。重庆大学先进电磁制造团队设计的一体式单匝线圈如图 4.2 所示，线圈主体为正方体以方便固定，中心为通孔，用于放置管件；线圈截面为凸台结构，采用线切割整块材料的方式加工而成，通过螺栓螺母与电磁脉冲焊接通用平台的汇流排连接。由于邻近效应，线圈中的放电电流与外管感应涡流将相互吸引。通孔截面宽度小于线圈截面宽度，可提高放电电流密度，产生更大的空间磁场。线圈其余部分截面面积较大，可减少放电回路的电感与电阻。

此外，为避免一体式单匝线圈缝隙因受力过大而损伤甚至失效，采用环氧树脂板制作固定装置，正方体的结构使其线圈与固定装置能够紧密贴合并可快速传递压力。

(a) 线圈设计图

(b) 线圈样品

图 4.2　一体式单匝线圈

一体式单匝线圈结构简单、安装方便，但电磁能量利用率较低，因此，该型线圈一般设计为多工位线圈，其结构如图 4.3 所示。多工位线圈为平板结构，中间的通孔为焊接区间，每个通孔对应一个焊接工位，可根据实际情况增加或减少。通孔之间的间隙用于分离电流，当放电电流流过多工位线圈时，同样由于邻近效应，放电电流会沿着通孔边缘流过并产生空间瞬变磁场。通过增加工位数量，可提高单次放电焊接工件的数量，且不会对放电回路参数带来太大影响，能够提高电磁能量利用率及线圈的加工效率。

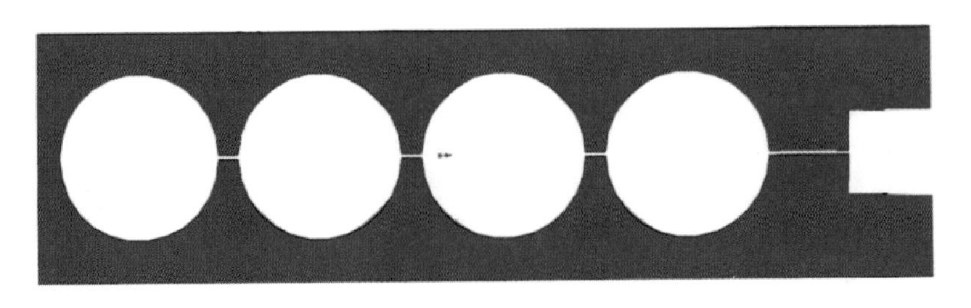

图 4.3　一体式单匝多工位线圈设计图

### 4.2.2 装配式单匝线圈与集磁器

尽管一体式单匝线圈结构简单，但制成后难以更改通孔尺寸，限制了线圈的应用范围与灵活性。为此，重庆大学先进电磁制造团队提出以装配式单匝线圈与集磁器组合的形式进行焊接，通过更换集磁器来扩大线圈的应用范围。

集磁器通常为带有缝隙的回转体，其结构与电流方向如图 4.4 所示。与单匝线圈一样，集磁器中有一条较窄的缝隙，使得整个集磁器表面并不连通，电流无法在其表面形成连续回路，而是沿缝隙与集磁器工作区内壁形成环路。

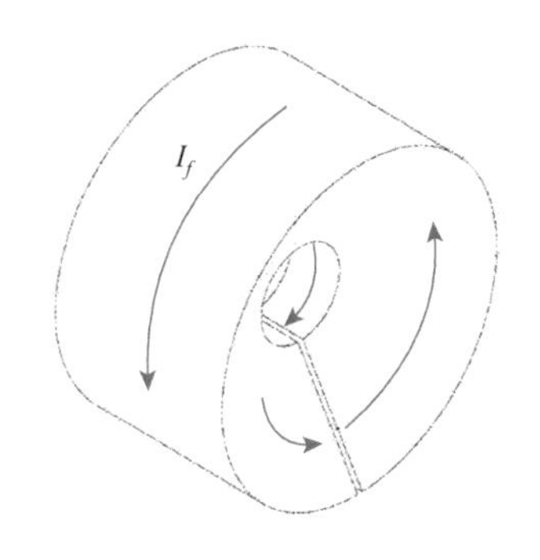


(a) 集磁器结构

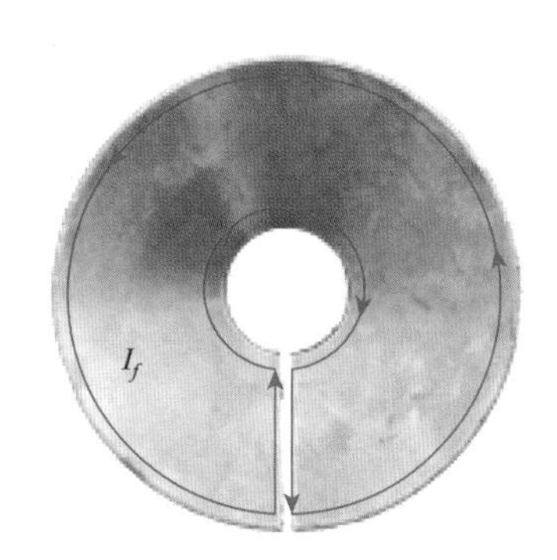


(b) 电流在集磁器表面流动方向

图 4.4　集磁器结构及其电流流动方向

装配式单匝线圈与集磁器组合构成的驱动器结构与工作原理如图 4.5 所示，其中，图 4.5（a）和（b）分别为驱动器的竖切面与横切面。驱动器的工作流程：放电电流 $i_1$ 流过装配式单匝线圈并产生空间瞬变磁场，放置于装配式单匝线圈中的集磁器产生感应涡流 $i_2$，感应涡流 $i_2$ 从集磁器表面流过，在缝隙处向下流向集磁器内表面工作区，并在集磁器工作区内产生次级空间瞬变磁场，外管在集磁器通孔中产生与 $i_2$ 几乎相同的感应涡流 $i_3$，即电磁脉冲焊接的工作电流。

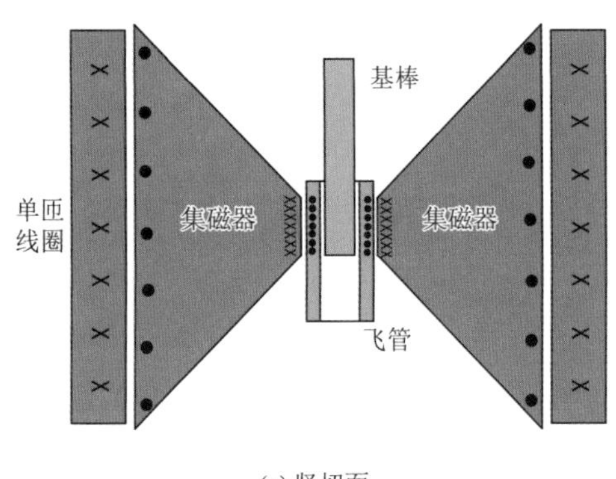


(a) 竖切面

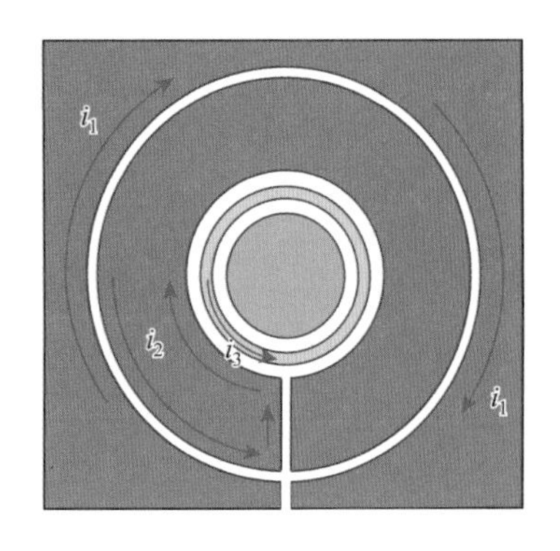


(b) 横切面

图 4.5　驱动器结构与工作原理

由此可知，$i_2$ 与集磁器工作区瞬变磁场相关，且不考虑损耗的情况下，外管感应涡流 $i_3 = i_2$，因此，$i_2$ 越大，则越有利于电磁脉冲焊接，如何获取更大幅值的感应涡流 $i_2$，需进一步分析集磁器结构与感应涡流 $i_2$ 的对应关系，为集磁器结构的优化提供参考。集磁器的剖面图如图 4.6 所示。

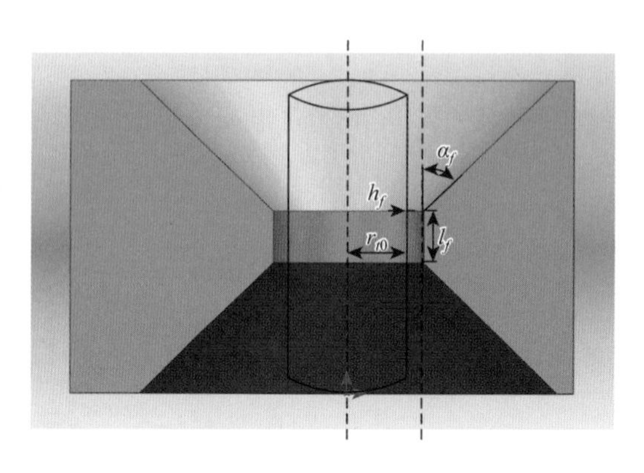


图 4.6　集磁器剖面图

以电磁脉冲焊接管件为例[3]，Batygin 将集磁器与线圈结构简化为数学模型，以 Maxwell 方程组理论为基础，推导出集磁器工作区电流 $i_2$ 表达式为[4]

$$i_2 = \frac{\phi}{2 \cdot \mu_0 \cdot \pi \cdot h_f \cdot r_{t0}} \tag{4.1}$$

式中，$\phi$ 为系统磁通量；$\mu_0$ 为真空磁导率；$h_f$ 为集磁器与外管间隙，其值越小越有利于电磁能量的传递；$r_{t0}$ 为外管外半径。

集磁器工作区电流 $i_2$ 与放电电流 $i_1$ 比值为

$$\frac{i_2}{i_1} = \frac{L_f(\alpha_f) \cdot l_f}{2 \cdot \mu_0 \cdot \pi \cdot h_f \cdot r_{t0}} \tag{4.2}$$

式中，$L_f(\alpha_f)$为集磁器电感；$l_f$ 为管件焊接区长度，即集磁器工作区长度。

集磁器电感 $L_f(\alpha_f)$可表示为

$$L_f(\alpha_f) = \frac{2 \cdot \mu_0 \cdot \pi \cdot h_f \cdot r_{t0}}{l_f \cdot \left(1 + \frac{2 \cdot h_f}{\alpha_f \cdot l_f} \cdot \ln\left(1 + \frac{r_{t0} \cdot \alpha_f \cdot \sin\alpha_f}{h_f \cdot (1 - \cos\alpha_f)}\right)\right)} \tag{4.3}$$

由式（4.1）～式（4.3）可见，当 $l_f$、$r_{t0}$ 和 $h_f$ 一定时，集磁器缝隙面与竖轴之间的夹角 $\alpha_f$ 是影响电感 $L_f(\alpha_f)$的主要因素。

图 4.7 为 $\alpha_f$ 与集磁器电感的对应关系，集磁器电感随着 $\alpha_f$ 的增加而提高，表明 $\alpha_f$ 越大越有利于提高集磁器工作区电流幅值。当 $\alpha_f$ 处在 $\pi/2$ 与 $\pi$ 之间时，集磁器电感趋于平稳，但当放电电压较高时，此区间内的集磁器工作区容易出现刚度失稳。因此，$\alpha_f$ 最好应选择 0～$\pi/2$ 且越靠近 $\pi/2$ 越理想。但是，集磁器作为放电回路的一部分，其电感增大将对放电电流带来影响。现有研究结果表明，当 $\alpha_f = \pi/4$ 时，集磁器工作效率最高[5]。

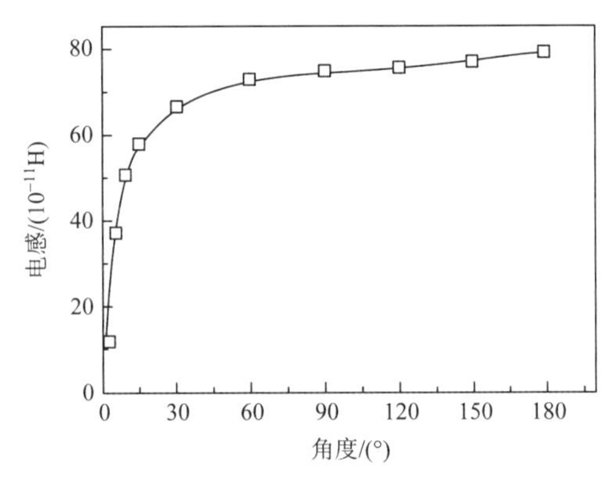


图 4.7　角度与集磁器电感之间的关系[3]

针对不同的应用场景与焊接工件，可以替换集磁器，主要是中间通孔直径的选取，不同的通孔直径对应不同结构尺寸的管件，提高了灵活性。集磁器材料选择导电性较好的紫铜，缝隙间距为 0.5～1 mm，缝隙内无电流，不会产生磁场，不宜太宽，影响焊接效果，但也不宜太窄，导致缝隙绝缘被击穿，部分设计制作的集磁器如图 4.8 所示，集磁器直径为 50 mm，中间通孔直径由左至右分别为 5 mm、7 mm 和 17 mm。

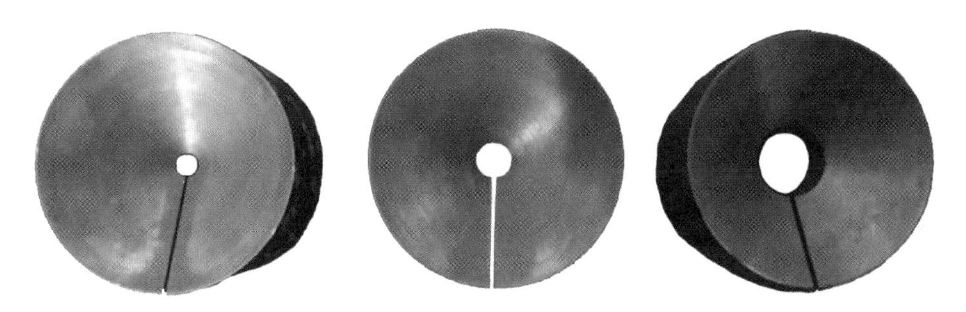

图 4.8　应用于不同尺寸管件的集磁器

装配式单匝线圈如图 4.9（a）所示，其中间部分通孔结构，用于放置集磁器，两者之间保持一定的绝缘距离。通过更换集磁器就可以适用于不同型号的管件。装配式单匝线圈与集磁器组合的驱动器如图 4.9（b）所示，集磁器外表面缠绕一层绝缘胶带进行电气隔离。

(a) 装配式单匝线圈

(b) 装配式单匝线圈与集磁器组合

图 4.9　装配式单匝线圈及其与集磁器组合的驱动器

## 4.3　多匝线圈与集磁器

### 4.3.1　多匝线圈结构及匝数影响

多匝线圈，顾名思义，就是匝数更多的线圈。目前管状工件电磁脉冲焊接装置大多采用螺线管型多匝线圈（见图4.10）以提高电磁能量的利用率。焊接线圈主体均采用线切割工艺制成，可减少因其他连接方式带来的电路杂散参数，但也存在线圈强度不够的问题。线圈截面均为矩形，当放电电流相同时，矩形截面焊接线圈产生的磁感应强度是圆形截面焊接线圈的1.3倍[6]，并且矩形截面焊接线圈的机械强度也更高。

(a) 7匝焊接线圈

(b) 18匝焊接线圈

图 4.10　多匝螺线管型焊接线圈

在多匝线圈研制过程中，线圈匝数是研究者关注的重点。匝数选取涉及放电回路电感与磁感应强度两个重要参数，并最终影响管件的洛伦兹力。线圈匝数对洛伦兹力的影响是一个复杂的动态过程（见图 4.11）。多匝线圈的磁感应强度为

$$B_m = \mu_0 N_m I_m \tag{4.4}$$

式中，$N_m$ 为多匝线圈匝数；$I_m$ 为线圈中的电流。当线圈匝数增多时，可增大磁感应强度，进而增大感应涡流，提高焊接质量。但另一方面，增加线圈匝数的同时，会增加放电回路中的电感，线圈电感 $L_m$ 可表示为

$$L_m = \mu_0 \pi \lambda N_m^2 \left(\frac{d_m}{2}\right)^2 h_m \tag{4.5}$$

式中，$\mu_0$ 为真空磁导率；$\lambda$ 为长冈系数，其值可通过查表获取[7]；$d_m$ 为多匝线圈外直径；$h_m$ 为多匝线圈高度。

可见，当线圈匝数增多，其电感与线圈匝数的平方成正比，电感也会增加，降低放电电流峰值，减缓放电电流上升速度，降低频率等。因此，选取线圈匝数时需要综合考虑各方面因素，以期达到最佳焊接效果。

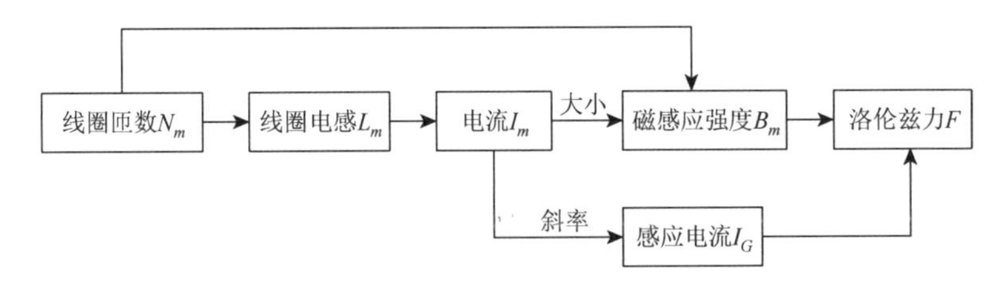


图 4.11　线圈匝数对洛伦兹力的影响

为进一步验证线圈匝数对焊接效果的影响，对比不同匝数焊接线圈作用下，铝合金管的电磁成形效果[8]。当线圈匝数分别为 1、4 和 7 时，放电电流峰值分别约为 105 kA、65 kA、40 kA，半峰周期分别约为 17 μs、27 μs 和 42 μs，表明随着线圈匝数的增加，增大了放电回路电感，降低了放电电流峰值，同时也减缓了储能电容的能量泄放速度，放电周期变长。铝合金管的电磁成形结果见图 4.12，当放电能量相同时，线圈匝数越大，成形效果越好。此外，相较于放电回路的电阻和电感，多匝线圈自身的电阻和电感较高，尽管能量损耗会提高，但可集中更多的电磁能量，如式（4.6）所示。

$$E_{\text{coil}} = E_{\text{total}} \times \frac{Z_{\text{coil}}}{Z_{\text{line}} + Z_{\text{coil}}} \tag{4.6}$$

式中，$E_{\text{coil}}$ 为多匝线圈中的能量；$E_{\text{total}}$ 为储能电容中的能量；$Z_{\text{line}}$ 为放电回路阻抗；$Z_{\text{coil}}$ 为多匝线圈阻抗。可见，$Z_{\text{coil}}$ 越大，$E_{\text{coil}}$ 越大。

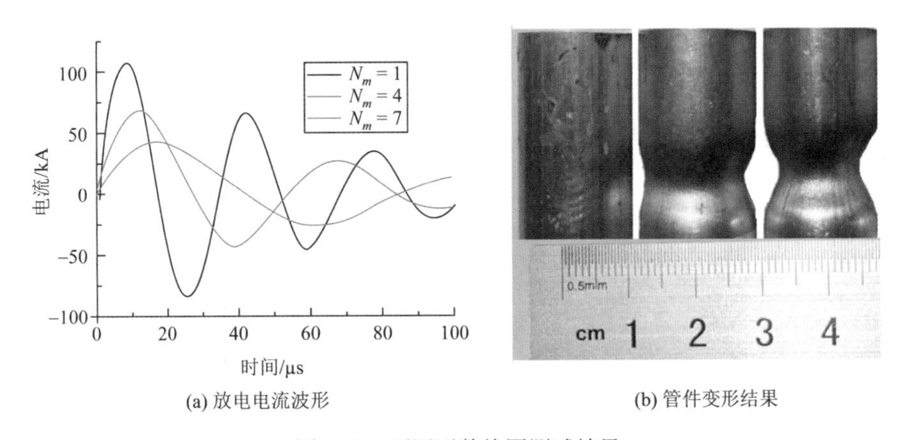


(a) 放电电流波形　(b) 管件变形结果

图 4.12　不同匝数线圈测试结果

当然，电磁成形与电磁脉冲焊接并不完全一样，焊接效果与铝合金管（外管）塑性变形相关，更与铝合金管运动速度及其与基管/棒之间的碰撞速度与碰撞角度相关，因此，在设计多匝线圈时，应综合考虑焊接需求，选择合适匝数，并非匝数越多越好。

绝缘强度也是多匝线圈中需要考虑的问题。对于多匝线圈而言，匝间电压 $U_m$ 可表示为

$$U_m = U_0 / N_m \tag{4.7}$$

多匝线圈匝间距离越大，电磁能量越分散，因此需尽量减少每匝之间的距离。但多匝线圈处于高压工作状态，匝间距离减小易造成绝缘强度不足，发生匝间绝缘击穿，导

致线圈变形，如图 4.13 所示。为确保多匝线圈匝间的电气安全，可通过采用镀膜、涂漆、填充绝缘材料等方式提高其绝缘强度。

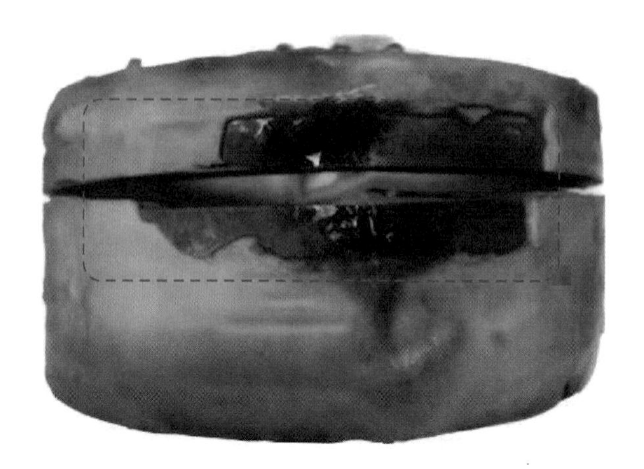

图 4.13　多匝线圈匝间绝缘失效

与单匝多工位线圈一样，多匝线圈也可设计为多工位线圈，双匝多工位线圈结构如图 4.14 所示，整体结构采用平板线圈设计，相较于螺线管型多匝线圈，其具有更大的横截面积，可有效减少放电回路的电感和电阻，且结构更加坚固，不易变形，与固定装置装配方便。同样，中间通孔为焊接工作区，每个通孔对应一个焊接工位。为了提高磁感应强度，采用了双层铜板的双匝电路结构，并通过错位式电路进行连接，使得两层平板线圈在电磁脉冲焊接过程中放电电流的流动方向一致，形成双匝线圈的效果，提高能量利用率。

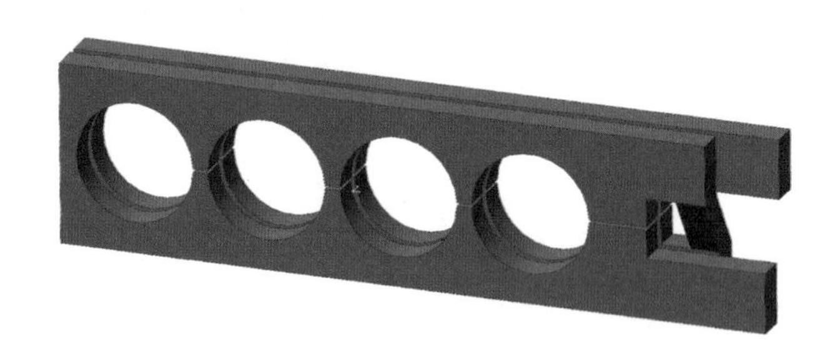

图 4.14　双匝多工位线圈设计

### 4.3.2　集磁器的影响因素

与装配式单匝线圈一样，多匝线圈也常常与集磁器配合使用，可将多匝线圈中产生的磁场集中在集磁器工作区内以提高电磁能量利用率。线圈匝数的增加使其体积更大，与单匝线圈装配的集磁器相比，多匝线圈所装配的集磁器体积更大，但整体结构一样。一体式集磁器如图 4.15（a）所示。电磁脉冲焊接过程中，一体式集磁器缝隙处应力较大，容易发生变形，如图 4.15（b）所示，因而设计了分离式集磁器，如图 4.15（c）所示，即存在两条缝隙的集磁器，当集磁器受到外管变形的反作用力时，可将力传递给多匝线圈及其固定装置，避免集磁器变形。

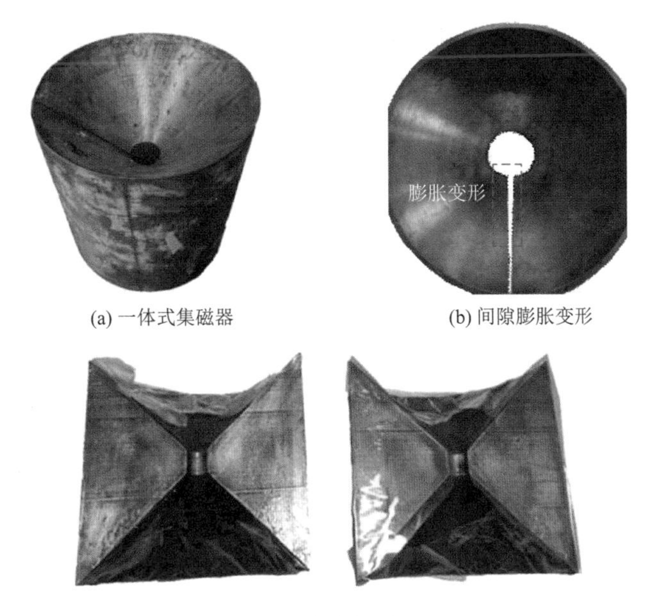


(a) 一体式集磁器　(b) 间隙膨胀变形

(c) 分离式集磁器

图 4.15　多匝线圈集磁器结构

集磁器效果与其本身的结构、材料密切相关，因此在设计集磁器时，需充分考虑集磁器结构与材料等影响因素以获得更优的集磁效果。本节将以电力电缆焊接为例，介绍不同截面结构、不同间隙宽度与不同材料的集磁器的焊接效果。

以常用的分离式梯形截面（图 4.15（c））集磁器的尺寸结构为基础，在保持外部尺寸不变的前提下，又设计了截面分别为单阶、双阶、曲面的三类集磁器，且不同截面集磁器的尺寸、工作区域、缝隙均保持不变，均为分离式集磁器，如图 4.16 和图 4.17 所示。

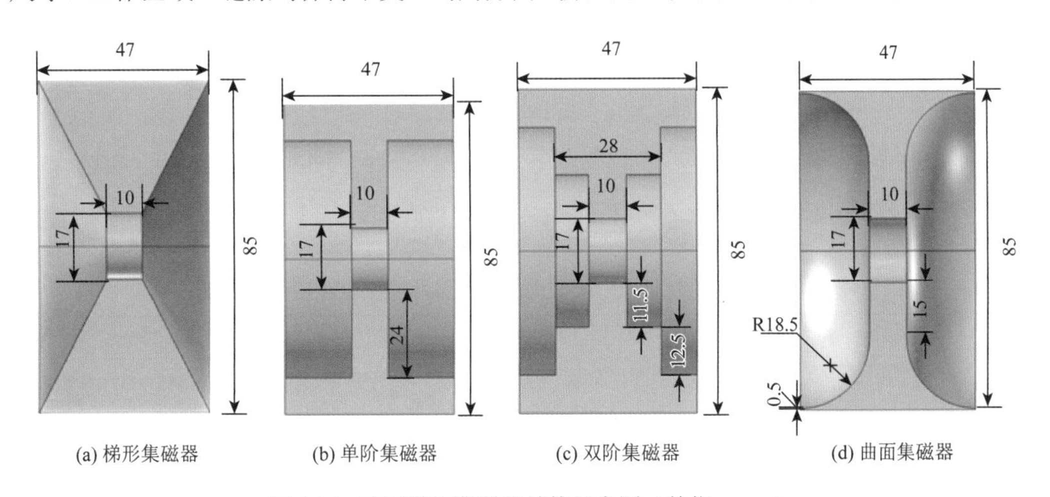


(a) 梯形集磁器　(b) 单阶集磁器　(c) 双阶集磁器　(d) 曲面集磁器

图 4.16　不同截面集磁器结构示意图（单位：mm）

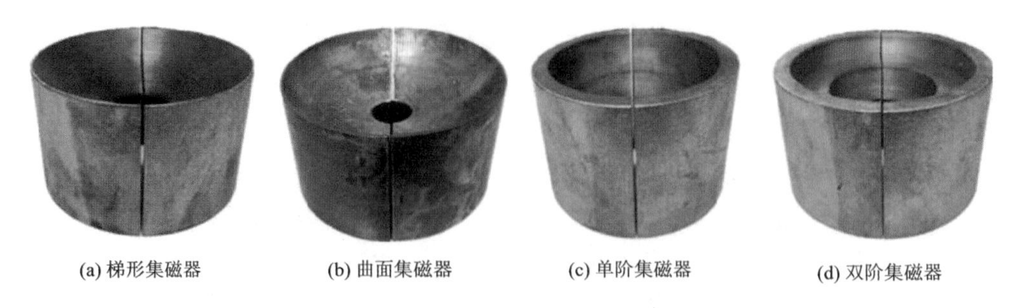

(a) 梯形集磁器　(b) 曲面集磁器　(c) 单阶集磁器　(d) 双阶集磁器

图 4.17　不同截面集磁器实物图

当放电电压为 8 kV 时，开展装配不同截面集磁器的电缆接头电磁脉冲焊接实验与测试。装配不同截面集磁器后放电电流波形如图 4.18（a）所示，当集磁器截面为梯形时，放电电流幅值为 114.5 kA，当集磁器截面为曲面时，放电电流幅值仅为 99.6 kA，单阶、双阶集磁器情况下放电电流幅值介于前两者之间，分别为 109.3 kA 与 104.5 kA。此外，随着集磁器截面的改变，放电电流的周期也会产生变化，表明集磁器截面会直接影响电磁脉冲焊接通用平台的等效电路参数。装配不同截面集磁器获得的电磁脉冲焊接电缆接头样品如图 4.18（b）所示，采用游标卡尺测量电缆接头在焊接后发生的径向变形量及轴向变形长度，结果如表 4.1 所示。从表中可知，当集磁器截面为曲面时，电缆接头电磁脉冲焊接区域产生的轴向变形长度最长，为 8.95 mm，径向变形量也最大，达到了 3.93 mm，表明曲面集磁器作用下的电缆接头电磁脉冲焊接效果最佳。

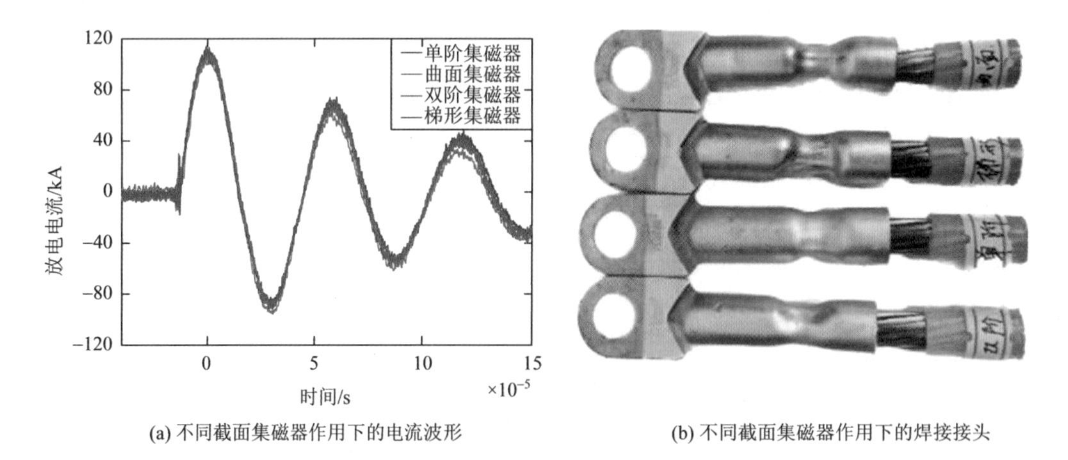


(a) 不同截面集磁器作用下的电流波形　(b) 不同截面集磁器作用下的焊接接头

图 4.18　装配不同截面集磁器的放电电流波形与焊接接头

**表 4.1　装配不同截面集磁器获得的电磁脉冲焊接电缆接头变形量**

| 集磁器结构 | 径向变形量/mm | 轴向变形长度/mm |
|---|---|---|
| 梯形 | 3.57 | 7.85 |
| 单阶 | 3.26 | 7.53 |
| 双阶 | 3.22 | 8.08 |
| 曲面 | 3.93 | 8.95 |

与集磁器截面一样，集磁器材料也是影响其性能的关键因素。一方面，集磁器材料的电导率直接影响集磁器的等效电阻进而影响电磁脉冲通用平台的放电电流；另一方面，集磁器作为电场-磁场能量转换的主要场所，其材料的电导率、磁导率等电气参数将影响磁感应强度。为此，加工制造了材料分别为紫铜、铝合金、铁和黄铜的集磁器，以研究不同材料集磁器的电磁脉冲焊接效果，其中，黄铜集磁器和铝合金集磁器如图4.19所示，均采用一体式集磁器结构，其截面为曲面。

(a) 黄铜集磁器

(b) 铝合金集磁器

图 4.19　不同材料加工制造的集磁器

当放电电压为 8 kV 时，装配不同材料集磁器的电磁脉冲焊接电缆接头样品如图 4.20 所示，采用游标卡尺测量电缆接头在焊接后的径向变形量及轴向变形长度，结果如表 4.2 所示。

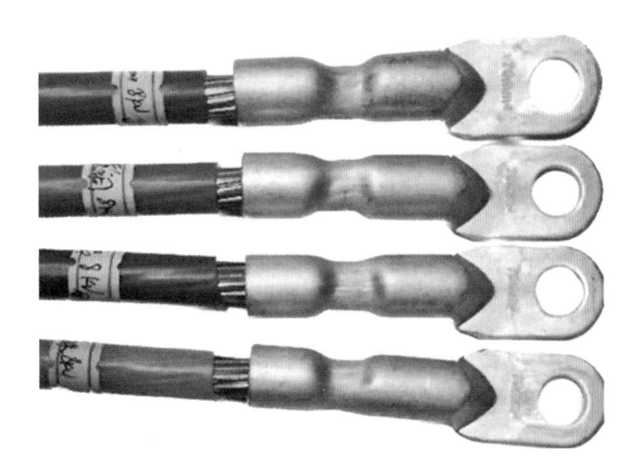

图 4.20　装配不同材料集磁器获得的电磁脉冲焊接电缆接头样品

**表 4.2　装配不同材料集磁器获得的电磁脉冲焊接电缆接头变形量**

| 集磁器材料 | 径向变形量/mm | 轴向变形长度/mm |
| --- | --- | --- |
| 紫铜 | 3.95 | 9.03 |
| 黄铜 | 3.46 | 8.63 |
| 铝合金 | 3.51 | 8.81 |
| 铁 | 3.23 | 7.81 |

由表 4.2 可知，当装配紫铜集磁器时，获得的电磁脉冲焊接电缆接头的轴向变形长度最长，为 9.03 mm，径向变形量最大，达到了 3.95 mm，表明紫铜集磁器的焊接效果最佳。

集磁器缝隙起着将其外表面感应电流引导至内表面工作区的重要作用，但集磁器缝隙的存在使放电过程中的电流分布及流动更加复杂，并且会对集磁器工作区的磁场分布产生巨大影响。因此，需要研究集磁器缝隙宽度对电磁脉冲焊接效果的影响，设计尺寸相同、材料均为紫铜的曲面集磁器，缝隙宽度分别为 1～5 mm，其中，缝隙宽度为 2～5 mm 的集磁器如图 4.21 所示。当放电电压为 8 kV 时，开展装配不同缝宽集磁器的电缆接头电磁脉冲焊接实验与测试，得到的电缆接头焊接样品如图 4.22 所示，其径向变形量及轴向变形长度如表 4.3 所示。由表 4.3 可知，当集磁器缝隙宽度为 1 mm 时，电缆接头径向变形量最大，为 3.88 mm，轴向变形长度最长，为 8.94 mm，且随着集磁器缝隙宽度的增加，电磁脉冲焊接电缆接头的变形量逐渐减小，接头变形越不均匀，表明集磁器缝隙宽度越小，焊接效果越佳。

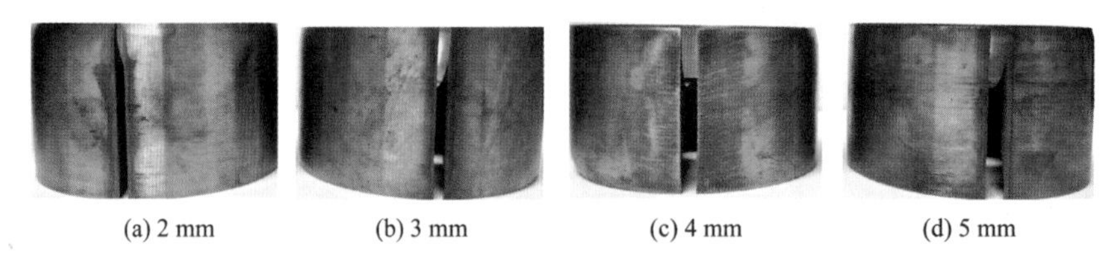

(a) 2 mm　(b) 3 mm　(c) 4 mm　(d) 5 mm

图 4.21　不同缝隙宽度集磁器实物图

图 4.22　装配不同缝宽集磁器获得的电磁脉冲焊接电缆接头样品

**表 4.3　装配不同缝宽集磁器获得的电磁脉冲焊接电缆接头变形量**

| 集磁器缝宽/mm | 径向变形量/mm | 轴向变形长度/mm |
|---|---|---|
| 1 | 3.88 | 8.94 |
| 2 | 3.26 | 8.88 |
| 3 | 2.74 | 8.84 |
| 4 | 2.33 | 8.60 |
| 5 | 2.32 | 8.14 |

# 4.4　开合式线圈

## 4.4.1　线圈开合的构思

尽管电磁脉冲焊接技术在管状工件焊接方面具有巨大优势且极具应用前景，但传统闭合式焊接线圈的工程实用性不足，始终是该技术应用与推广的重大短板。无论单匝线圈还是多匝线圈，在实际的设计与制作过程中，为了保证其电磁能量转化效率达到最佳的焊接效果，都使用了环形闭合的结构，且焊接线圈与管件间的尺寸配合十分紧密以防止额外的电磁能量损耗。然而，在实际的工程应用过程中，传统的闭合式线圈能够加工的对象局限于规则的圆柱工件且长度十分有限，否则会面临工件无法放入或焊接后无法取出的问题。如电力建设领域，电缆接头等工件的接头外形并非规则的圆柱外形，且所需连接的电缆导线往往长达数百米。因此，传统闭合式线圈在电力输电工程应用中存在不足，无法应用推广。

目前，电缆接头连接方法通常为液压压接，参考液压钳能够打开与闭合的灵活加工模式，重庆大学先进电磁制造团队设计了一款用于电磁脉冲焊接的开合式焊接线圈，能够实现自由开合，满足电缆接头等异形工件焊接的工程需求，进一步地，将一体式集磁器也相应地更改结构为分离式集磁器并集成于线圈中，单匝开合式线圈设计思路如图 4.23 所示。将单匝线圈分为两个部分，即线圈 1 与线圈 2，分别连接到电磁脉冲焊接通用平台，但连线的方向相反，使得放电电流分别从不同方向流入，形成与一体式单匝线圈相同的环形电路效果，且由于是两个独立的放电回路并联，可通过铰链结构将两个线圈组合，形成开合式焊接线圈。电磁脉冲焊接时，放电电流 $I_d$ 同时流向线圈 1 和线圈 2 两个支路，放电电流分为两个支路电流 $I_{d1}$ 和 $I_{d2}$，两者幅值一样，但在线圈中的流向不同，可等效为一个完整的环形回路。由电磁感应定律可知，线圈内部将产生时变磁场 $B$ 穿过集磁器 1 与集磁器 2。根据楞次定律，集磁器外表面将感应出与放电电流幅值相同的感应涡流 $I_{f1}$ 和 $I_{f2}$，同样可等效为一个环形回路，该涡流经集磁器外表面与缝隙，到达集磁器工作区。在感应涡流作用下，接头与集磁器间的气隙中产生次级时变磁场 $B_1$，端子表面感应出涡流 $I_{ce}$。

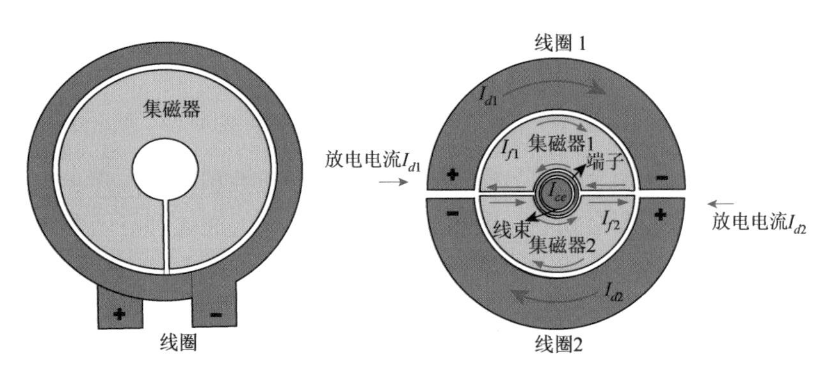


图 4.23　单匝开合式线圈的结构及其原理

单匝开合式线圈可通过上述方法，将一体式线圈切割后并联实现分开与闭合，但多匝开合式线圈不能简单地将其一分为二，涉及线圈电路的构建，须保持放电电流流向的统一，形成完整环形电路，因而结构更加复杂。参考 Golovashchenko 等[9]提出的分体式焊接线圈电路结构，设计了半圆弧回路结构，可保证线圈在靠近集磁器一侧的电流方向一致，形成完整环形电路。

### 4.4.2　电磁分析及开合式线圈设计要素

开合式线圈由两个部分组成，形成完整环形电路时需完成电磁脉冲焊接过程中的电磁能量转换。

根据闭合式线圈的结构特征与电磁过程，可将其简化为半径为 $D$ 的 $n$ 匝圆形通电导体，当通入放电电流 $I(t)$后，闭合线圈中心处产生的磁场 $B$ 可根据毕奥-萨伐尔定律由式（4.8）计算：

$$
\begin{aligned}
B &= \int \mathrm{d}B_x = \int \frac{\mu_0 n I(t)}{4\pi D^2}\sin\theta_r \mathrm{d}l_r \\
&= \frac{\mu_0 n I(t)}{4\pi(D^2+x^2)} g \frac{D}{\sqrt{D^2+x^2}} g 2\pi D \\
&= \frac{\mu_0 n I(t) D^2}{2(D^2+x^2)^{3/2}}\Big|_{x=0} \\
&= \frac{\mu_0 n I(t)}{2D}
\end{aligned}
\tag{4.8}
$$

式中，$x$ 为圆形通电导体轴线与导体圆心的距离；$\mu_0$ 为真空磁导率；$l_r$ 为积分路径；$\theta_r$ 为磁通密度矢量与圆导体平面的夹角。

同理，根据开合式线圈的结构特征与电磁过程，可将其简化为内径为 $D$，外径为 $D_1$ 的两个相同的 $n$ 匝半圆形通电导体环，对于开合式线圈的一部分，当通入放电电流 $I(t)$后，半圆线圈圆心处产生的磁场 $B'$ 同样根据毕奥-萨伐尔定律可得

$$
B' = \frac{\mu_0 n I(t)}{4}\left(\frac{1}{D} - \frac{1}{D_1}\right) \tag{4.9}
$$

理想情况下，开合式线圈的两个分线圈在圆心处产生的磁通密度大小相等且方向相同，所以开合式线圈在圆心处产生的总磁通密度为

$$
B_2 = 2B' = \frac{\mu_0 n I(t)}{2}\left(\frac{1}{D} - \frac{1}{D_1}\right) \tag{4.10}
$$

由式（4.8）和式（4.10）可知，当放电电流与线圈匝数相同时，开合式线圈所能产生的磁通密度较闭合式线圈会减小，因此，若想使开合式线圈达到与闭合式线圈相同电磁转换效果，需要根据闭合式线圈的结构提高流经开合式线圈的放电电流幅值，也意味着开合式线圈较闭合式线圈需要更大的放电能量，才能获得相同的电磁脉冲焊接效果。

根据式（4.10），当放电电流一定时，开合式线圈产生的磁通密度与线圈匝数、线圈内径与外径相关，在考虑成本的情况下，开合式线圈内径与闭合式线圈的半径保持一致。

对于开合式线圈外径，尽管其与线圈产生的磁通密度负相关，但在设计过程中，为减小额外的材料消耗，应使得线圈外径尽量小，但同时需要考虑两点：一是内外径有足够距离以确保在电磁脉冲焊接过程中的高电压大电流环境下线圈之间的绝缘强度；二是线圈内径与外径电流方向相反，需考虑外径磁场对内径磁场的抵消作用。综合考虑取 $D_1 = 2D$，即开合式线圈外径为内径的两倍。

与常规的多匝线圈一样，线圈匝数是开合式线圈设计的重要影响因素。根据电磁感应定律，相同条件下，匝数越大，磁感应强度越高，且线圈分布电容与线圈匝数呈负相关。但线圈电阻与其匝数呈正相关，线圈电感与匝数的平方呈正相关，电阻与电感对放电电流产生影响，降低放电电流幅值，进而影响线圈产生的磁通密度。

对于多匝线圈而言，线圈匝间距不仅关系着匝间绝缘强度，还会对线圈的磁场激发性能产生密切影响。实际上，多匝线圈的磁场是由每匝线圈产生的独立磁场叠加而来的，这种叠加效果在线圈内外部表现为增强，而在线圈匝间气隙中则会表现为相互削弱，因此，线圈匝间距的大小会直接影响到每匝线圈产生磁场相互作用，进而影响多匝线圈产生的总磁场。

根据开合式线圈与分离式集磁器的结构特征与工作原理，其绝缘部分主要包括线圈匝间绝缘、线圈径间绝缘、线圈间绝缘、集磁器间绝缘、集磁器-线圈绝缘几个部分，如图 4.24（a）所示。除保持绝缘强度外，绝缘材料还需起到其他作用。对于线圈匝间绝缘来说，需要同时满足每匝线圈之间的绝缘要求与防止电磁脉冲焊接过程中线圈产生的径向与轴向膨胀变形。对于径间绝缘，需要支撑在半圆线圈的内径与外径之间，起到缓冲与固定作用。线圈间的绝缘主要是将开合式线圈的两部分相互隔离绝缘，同时还应具有带动线圈开合的作用。集磁器间的绝缘与线圈间的绝缘类似，需满足隔离两部分集磁器以及固定集磁器与线圈从而形成配合，同时还需满足开合功能。集磁器与线圈的绝缘的作用则是隔离集磁器线圈并缓冲集磁器对线圈的冲击力。

绝缘材料封装后的开合式线圈如图 4.24（b）所示，选用玛拉胶带作为线圈匝间绝缘，对每匝线圈缠绕多层，选用环氧树脂作为线圈径间绝缘，集磁器与线圈间绝缘使用玛拉胶带与高压硅胶，线圈间与集磁器间的绝缘材料使用聚甲醛板加工成整体绝缘套，同时附加底座便于用螺钉固定。开合式线圈使用时，还需要与固定装置配合使用，进一步防止线圈变形。

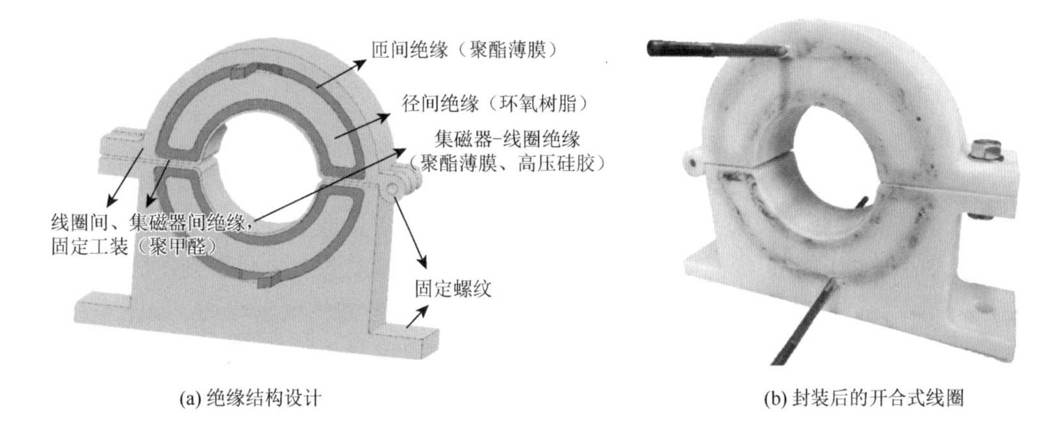


(a) 绝缘结构设计　　(b) 封装后的开合式线圈

图 4.24　开合式线圈绝缘结构设计及封装

### 4.4.3　装配开合式线圈的放电回路及测试

根据开合式线圈的工作原理，线圈的两个部分需要相同的放电电流以形成等效环形电流并产生组合磁场。但通过前面内容分析可知，为产生相同的磁场，开合式线圈所需的放电电流较闭合式线圈更大，多电容并联放电与多放电模块并联的电磁脉冲焊接通用平台均可满足需求。

考虑到开合式线圈需要的是两个完全相同的放电电流，此时，充放电开关的控制系统也需要提供两路同步控制信号，保证开关正常导通。根据不同的电磁脉冲焊接通用平台，开合式线圈接入的方式有两种，如图 4.25 所示。

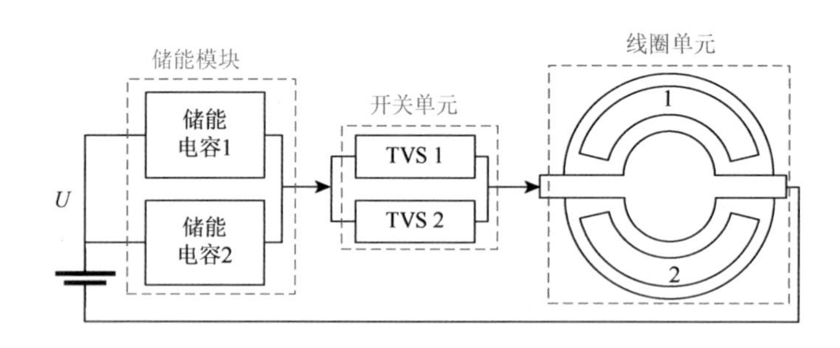


(a) 方式1：接入多电容并联放电电磁脉冲焊接通用平台

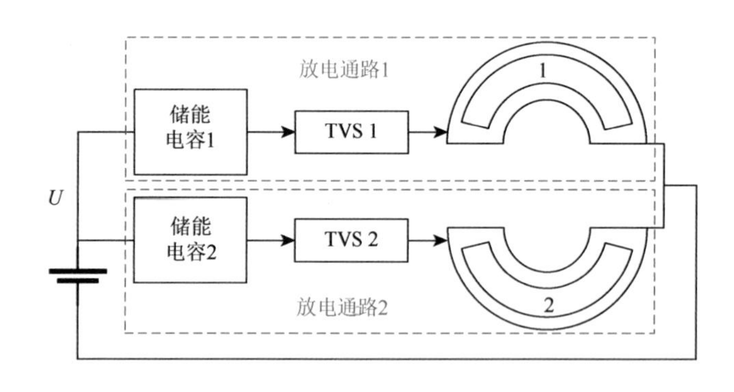


(b) 方式2：接入多放电模块并联电磁脉冲焊接通用平台

图 4.25　开合式线圈接入电路示意图

如图 4.25（a）所示，接入多电容并联放电电磁脉冲焊接通用平台，采用同一高压直流电源对多个储能电容同步充电，待充电完成后，控制触发源产生同步触发信号，实现放电开关同步导通。该方式对开关的同步性、线圈阻抗的一致性要求较高。如图 4.25（b）所示，接入多放电模块并联电磁脉冲焊接通用平台，放电开关同步导通，储能电容独立放电，产生的两个放电电流分别流经开合式线圈的两个部分。当开合式线圈两部分阻抗不一致时，采用多电容并联放电方式将根据其阻抗比例分流，即构成完整回路的两个线圈中电流并不相同，而采用多放电模块并联放电时，可以通过调节放电模块的参数使线圈中电流一致，因而采用多放电模块并联放电的方式更灵活且效果更佳。

采用方式 2 进行测试，两路同步触发信号，如图 4.26（a）所示。触发源信号峰值均达到 5 kV 以上，脉冲宽度约为 30 μs，且两路信号时序一致，同步性较好，满足接入开合式线圈的多放电模块电磁脉冲焊接平台的触发要求。通过触发源控制储能电容的同步放电，储能电容上的电压波形，如图 4.26（b）所示。图中，两组储能电容模块同步放电，且在第一个振荡周期内具有较好的同步性，但由于储能电容容值、回路阻抗参数和线圈阻抗参数等难以保证完全一致，放电周期存在微小差异，在较长时间的累积后，放电后期两波形逐步分离。电磁脉冲焊接持续时间短，通常在第一个振荡周期内，该期间两波形差异较小，对两路电流叠加形成等效完整环路电流影响较小。

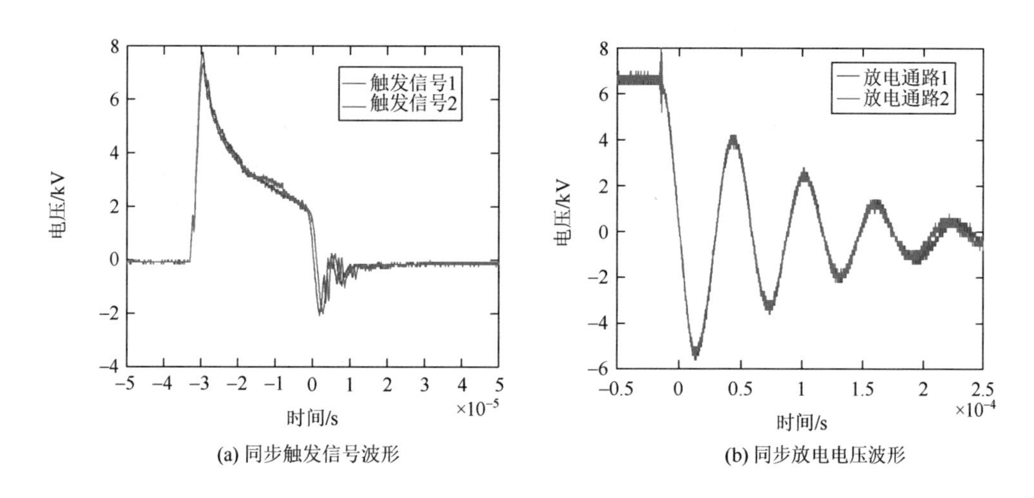


(a) 同步触发信号波形　(b) 同步放电电压波形

图 4.26　多放电模块并联同步触发信号及放电电压波形

## 4.5　管状工件电磁脉冲焊接实例

典型的管状工件有金属管件、电缆端子等。当电磁脉冲焊接管状工件时，需使用集磁器或一体式单匝线圈。两种情况下，驱动器在外管表面所产生的洛伦兹力的分布规律类似（即塑性变形过程基本一致），焊接效果与放电条件、线圈匝数、集磁器结构等相关。本节以电磁脉冲焊接管-棒工件、电缆接头和高压线束端子为例，说明电磁脉冲焊接技术在管状工件焊接中的应用。

电磁脉冲焊接管-棒工件、电缆接头的工装分别如图 4.27（a）和（b）所示。图 4.27（a）为装配式单匝线圈与分离式集磁器组合加工金属管件与金属棒，图 4.27（b）为 3 匝焊接线圈与一体式集磁器组合加工铝电缆端子与铜绞线，选用 70 $mm^2$ 电缆与标准 DT-70 铝接头。

铝合金（6061 铝合金）管和铝合金（6061 铝合金）棒、黄铜管和铝合金（6061 铝合金）棒、铝合金（6061 铝合金）管和铜棒之间电磁脉冲焊接结果如图 4.28 所示，金属管件与棒之间均连接紧密，且表面光滑，无明显褶皱。

(a) 铝合金管-铜棒焊接装配

(b) 电缆接头焊接装配

图 4.27　管状工件电磁脉冲焊接工装

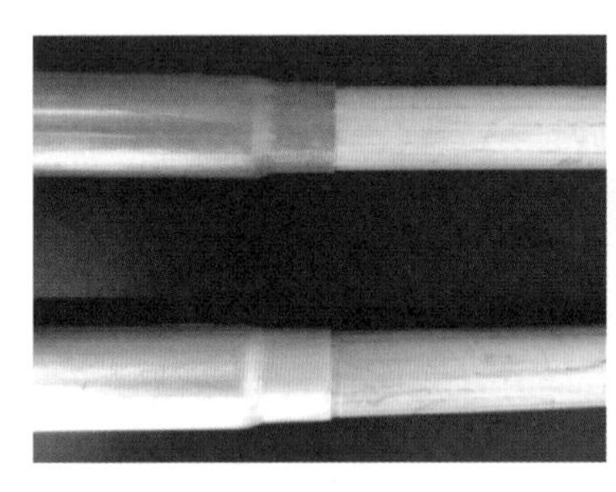

(a) 不同金属管-棒的焊接结果

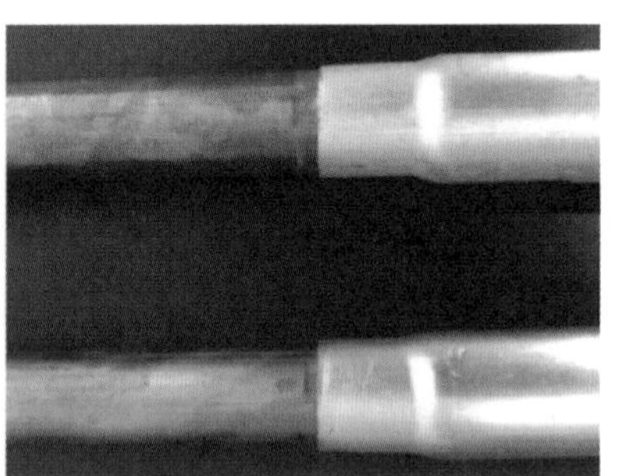

(b) 铝合金管-铜棒的焊接结果

图 4.28　金属管-棒电磁脉冲焊接结果

当放电电压分别为 12 kV 与 13 kV 时，壁厚为 1 mm 的铝合金（6061 铝合金）管和铜（T2 紫铜）棒之间的电磁脉冲焊接结果如图 4.29 所示。放电电压对电磁脉冲焊接管状工件的接头状态存在一定影响。当放电电压为 12 kV 时，如图 4.29（a）所示，铝合金管端部未与铜棒紧密贴合，且接头区域存在褶皱。当放电电压为 13 kV 时，如图 4.29（b）所示，铝合金管端部与铜棒紧密贴合，且接头区域无明显褶皱。放电电压越高，焊接接头表面质量越好。

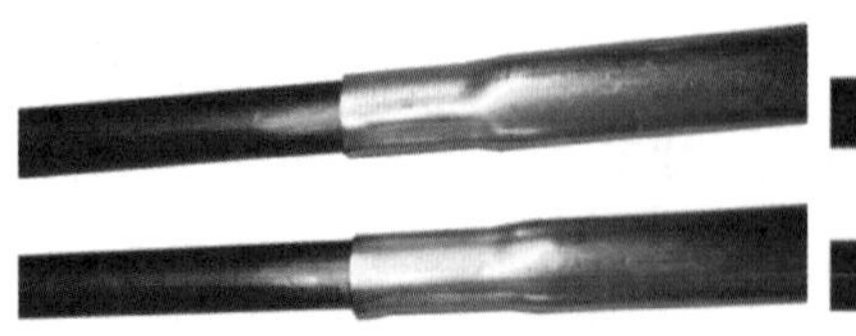

(a) 放电电压为12 kV时的焊接样品

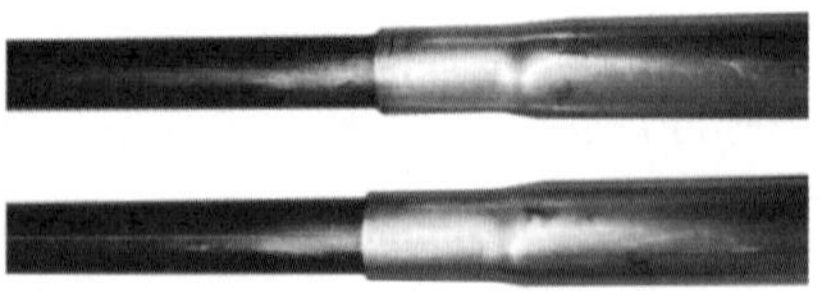

(b) 放电电压为13 kV时的焊接样品

图 4.29　放电电压不同时获得的铝合金管-铜棒电磁脉冲焊接样品

为分析焊接效果，对铝合金管-铜棒电磁脉冲焊接接头开展剥离测试。当铝合金管被切开后，与铜棒分离，表明两者未能实现冶金结合，如图 4.30（a）所示，但在电磁脉冲焊接接头处产生了焊痕，为铝合金管剥离后残留在铜棒表面的金属。当放电电压更高时，所获得的铝合金管-铜棒电磁脉冲焊接接头质量更好，即使大部分铝合金管被剥离，焊接处的铝合金管与铜棒依然结合紧密，难以分开，表明两者实现了冶金结合，如图 4.30（b）所示。

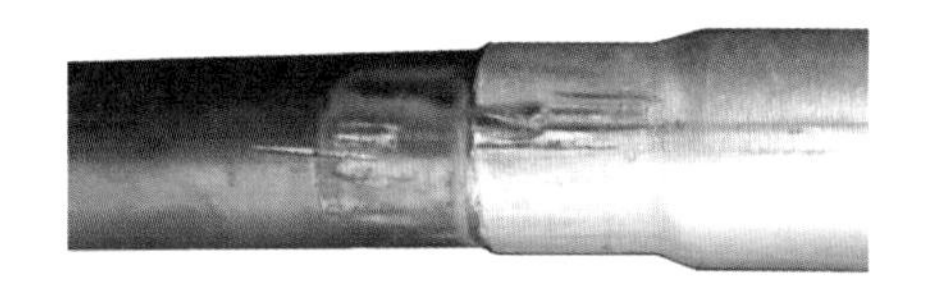

(a) 铝合金管从铜棒剥离后脱落

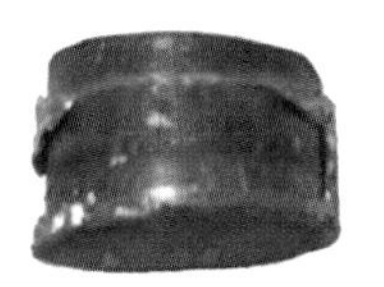

(b) 剥离后残留在铜棒表面的铝

图 4.30　铝合金管-铜棒电磁脉冲焊接接头剥离结果

电磁脉冲焊接电缆及其截面的结果如图 4.31 所示，当放电电压不同时，铝合金端子变形区域长度也发生了变化。放电电压越高，变形区域长度越大，如图 4.31（a）所示。采用线切割的方式对不同放电电压下的电磁脉冲焊接电缆接头进行处理，其截面形貌如图 4.31（b）所示。由图可知，当放电电压不同时，电缆每股铜线之间、铝端子与电缆线之间的紧密程度均存在差异。当放电电压为 12 kV 时，电磁脉冲焊接电缆接头截面形貌十分均匀，截面整体呈圆形，且外部表面光滑，无明显缺陷，电缆铜线嵌入铝端子中，两者实现了十分紧密的贴合。此外，在接头内部，电缆的每股铜线也产生了一定变形，实现了铜线之间的紧密贴合，仅在少数部位留有较小的间隙。电磁脉冲焊接是利用洛伦兹力作为外力，而根据电磁感应原理，洛伦兹力是直接在铝端子上产生并始终沿着其径向方向，且处处相等，使得铝端子表面各处受力均匀，进而产生均匀变形，能够与电缆线实现紧密贴合，接触面积显著增加，极大地提升了电缆接头的电力学性能。此外，在电磁脉冲焊接过程中，受外部时变磁场的影响，电缆的每股铜线上会产生感应电流，进而受到洛伦兹力，且力的方向仍为接头的径向，使得每一根铜线都朝着径向产生变形，从而更加紧密地挤压在一起，也提升了电缆接头的焊接效果。

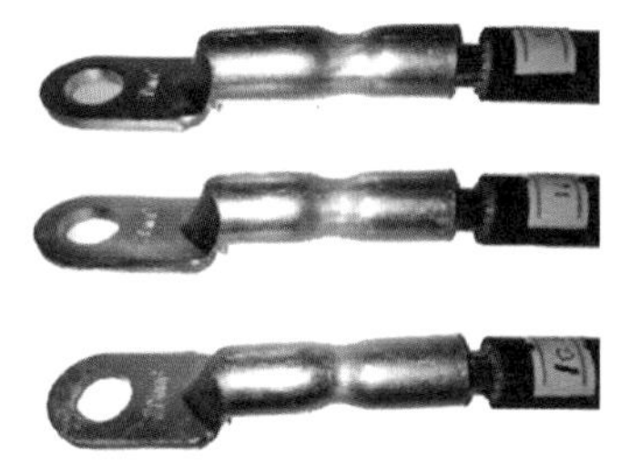

(a) 电缆接头电磁脉冲焊接结果

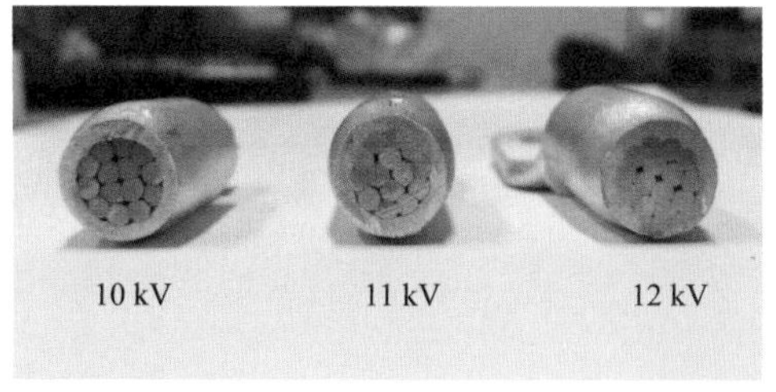


(b) 电磁脉冲焊接电缆接头截面

图 4.31　不同放电电压下得到的电缆接头及其截面形貌

采用铝合金高压线束替代铜高压线束，可节约成本、减轻车身重量。因此，重庆大学先进电磁制造团队对电动汽车高压线束及其端子也开展了研究[10, 11]，对比分析电动汽车常用的 95 mm$^2$ 铜高压线束与铝合金高压线束。高压线束及其对应的接线端子如图 4.32（a）所示。高压线束为同轴结构，由导电层与屏蔽层组成，接线端子主要与导电层相连接。铜高压线束导电层由多股铜芯线制成，铝合金高压线束导电层由多股软质铝合金芯线构成。接线端子的材料为铬铜合金，其表面镀锡、镀银以提高抗氧化能力和优化接触面。当放电电压分别为 12 kV 和 13 kV 时，铜合金端子分别与铝合金线束、铜线束实现焊接，如图 4.32（b）所示。

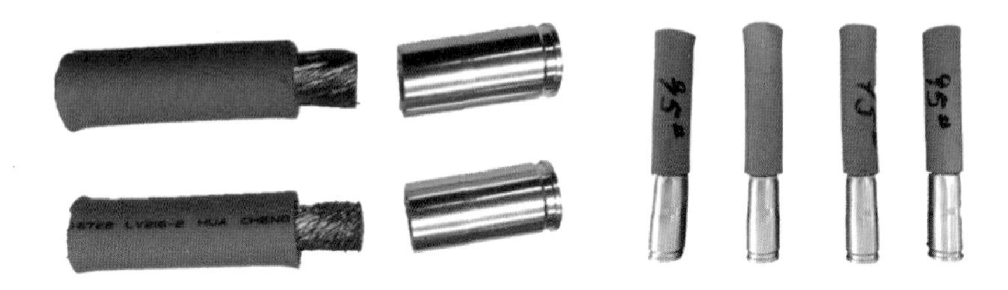


(a) 高压线束及其端子　　(b) 高压线束电磁脉冲焊接样品

图 4.32　高压线束及其电磁脉冲焊接样品

采用线切割方式获得高压线束与端子电磁脉冲焊接接头截面，如图 4.33 所示。铝合金高压线束相互之间已经没有明显的分界，铜合金接线端子与铝合金高压线束之间界限明显，但相互之间紧密结合，没有明显间隙。铜高压线束相互之间也没有明显分界，且铜合金接线端子与铜高压线束也紧密结合，没有明显间隙。

(a) 铜端子-铝线束接头截面　　(b) 铜端子-铜线束接头截面

图 4.33　高压线束电磁脉冲焊接接头截面

## 参 考 文 献

[1] Xiong Q，Gao D，Li Z，et al. Electromagnetic attraction bulging of small aluminum alloy tube based on a field shaper[J]. The International Journal of Advanced Manufacturing Technology，2021，117（1）：511-521.

[2] Shribman V. Magnetic pulse welding for dissimilar and similar materials[C]//3rd International Conference on High Speed Forming，Dortmund，2008.

[3] 赵志学. 基于集磁器线圈的 3A21 铝合金-20 钢管磁脉冲连接研究[D]. 哈尔滨：哈尔滨工业大学，2011.

[4] Batygin Y V，Daehn G S. The Pulse Magnetic Fields for Progressive Technologies[M]. Columbus：Kharkov，1999.

[5] 夏羽. 能量的传递与转换作用对磁脉冲焊接接头性能的影响研究[D]. 北京：北京工业大学，2012.

[6] Mishra S，Sharma S K，Kumar S，et al. 40 kJ magnetic pulse welding system for expansion welding of aluminium 6061 tube[J]. Journal of Materials Processing Technology，2017，240：168-175.

[7] 袁涛. 接地网电气连接故障的诊断方法研究[D]. 重庆：重庆大学，2010.

[8] Wang X，Li C，Zhou Y，et al. Investigation of turn number of the coil on tube forming performance in electromagnetic pulse forming[C]//9th International Conference on High Speed Forming，2021，online.

[9] Golovashchenko S F，Dmitriev V V，Sherman A M. An apparatus for electromagnetic forming，joining and welding：US6875964B2[P]. 2005-04-05.

[10] Zhou Y，Li C，Shen T，et al. Development and experiment of electromagnetic pulse crimping system for terminal-wire of tlectric vehicles[C]//9th International Conference on High Speed Forming，2021，online.

[11] Li C，Shen T，Zhou Y，et al. EMPC of aluminium wire and copper terminal for electric vehicles[J]. Materials and Manufacturing Processes，2023，38（3）：306-313.

# 第 5 章　电磁脉冲焊接的电磁过程

## 5.1　引　　言

电磁脉冲焊接涉及电磁学、固体力学、热力学、材料学等多个领域。其中，电磁学是电磁脉冲焊接的核心理论，也是调控焊接参数与效果的科学依据。在电磁脉冲焊接过程中，电磁参数自身会发生变化，焊接工件的运动也会对其产生影响。由于电磁脉冲焊接持续时间仅为百余微秒、工件运动速度高达数百米每秒，要通过实时监测焊接过程中每个电磁参数及其动态变化来明确焊接的电磁过程是非常困难的，这也给电磁脉冲焊接电磁机理的完整揭示带来了挑战。

为此，重庆大学先进电磁制造团队基于 COMSOL Multiphysics 软件，采用场-路耦合方式来建立电磁脉冲焊接的等效电路及板状/管状工件焊接过程的多物理场耦合仿真模型；考虑焊接过程中电路参数的动态变化，通过电-磁-力物理场的顺序耦合来深入研究电磁脉冲焊接中磁感应强度、感应涡流和洛伦兹力等关键参数的时空分布特征及变化规律。在此基础上，搭建光-电数据采集平台来捕获电磁脉冲焊接瞬态过程的物理现象，以进一步研究焊接接头宏观形貌与电磁参数分布的对应关系，为阐明电磁脉冲焊接机理及调控焊接效果提供理论基础。

## 5.2　电磁脉冲焊接过程的场-路耦合仿真模型

电磁脉冲焊接涉及多个物理过程，仿真模型中需要耦合电路与多个物理场。COMSOL Multiphysics 是研究多物理场耦合问题的常用仿真工具，重庆大学先进电磁制造团队基于该软件研究电磁脉冲焊接的电磁过程。本节以板状/管状工件电磁脉冲焊接的几种典型线圈为例，阐述线圈几何结构、网格剖分及多物理场耦合仿真的相关内容。

### 5.2.1　几何结构及网格剖分

1. I 型线圈电磁脉冲焊接

基于 I 型线圈的板状工件电磁脉冲焊接模型结构简单，其三维几何模型如图 5.1（a）所示，主要由 I 型线圈、焊接工件（以铝合金板为移动工件，铜板为固定工件）组成，形状、尺寸及相对位置与实际情况完全相同。为提高计算效率，建模过程中减少了绝缘垫片、绝缘基座和金属固定板等部件，降低网格规模。在模型中，通过固定铝合金板和铜板端部实现焊接间隙的调节和板件的固定，同时固定铜板的上表面、焊接线圈的下表面以约束其在洛伦兹力作用下发生位移，达到与实际固定装置一样的效果。焊接间隙可根据实验条件进行设置。焊接线圈两端连接用的条孔对焊接效果无明显影响，因而进行了简化处理。焊接线圈、铜板和铝合金板的材料选用材料库中的铜和铝，其物理参数如表 5.1 所示。模型的解析域设置为半径 150 mm 的球形，内部填充空气。根据 Xu 等[1]的研究，在电磁脉冲焊接过程中，空气可被视为具有各向同性的均质介质，其电阻率无限大，而空气的磁导率接近真空，取其相对磁导率为 1。为便于说明仿真结果，对铝合金板表面进行标记，如图 5.1（b）所示，后面内容所述“中心区域”是指焊接线圈正对区域。

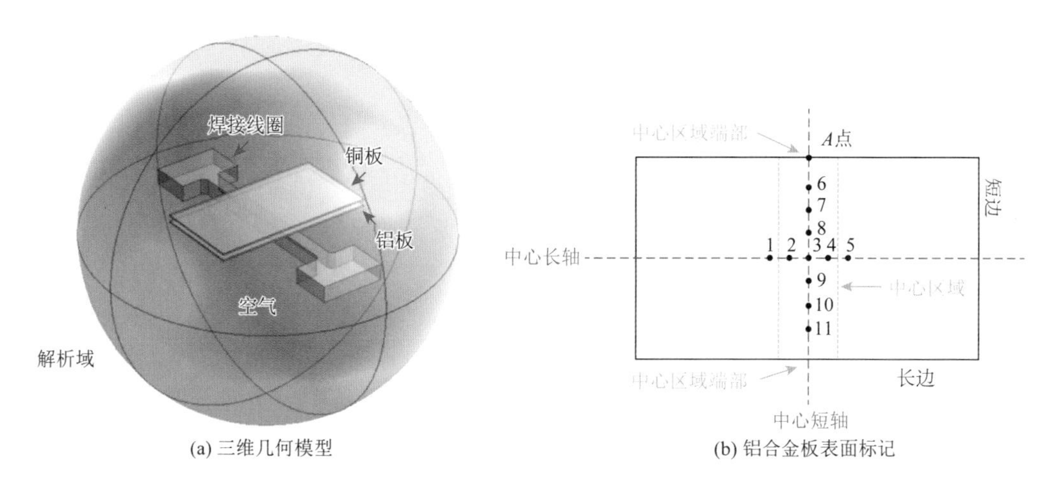


(a) 三维几何模型　(b) 铝合金板表面标记

图 5.1　基于 I 型线圈的电磁脉冲焊接三维几何模型及铝合金板表面标记

**表 5.1　材料的物理参数**

| 物理量 | T2 铜 | 1060 铝 | 单位 |
|---|---|---|---|
| 杨氏模量 | $110\times10^{9}$ | $70\times10^{9}$ | Pa |
| 电导率 | $5.988\times10^{7}$ | $3.774\times10^{7}$ | S/m |
| 比热容 | 385 | 900 | J/(kg·K) |
| 相对磁导率 | 1 | 1 | — |
| 相对介电常数 | 1 | 1 | — |
| 泊松比 | 0.35 | 0.33 | — |
| 热膨胀系数 | $17\times10^{-6}$ | $23\times10^{-6}$ | 1/K |
| 导热系数 | 400 | 238 | W/(m·K) |

网格剖分是有限元仿真的重要步骤，网格大小直接影响仿真精度、速度和求解的收敛性。本书选用“软件自动剖分”模式，预定义为“超细化”，网格剖分结果如图 5.2 所示。最小单元大小为 0.33 mm，最大单元大小为 7.7 mm，最大单元增长率为 1.35，曲率因子为 0.3。完整网格包含 616900 个域单元、55470 个边界元和 2077 个边单元，狭窄区域分辨率为 0.85。仿真时长设置为 20 μs，步长为 0.5 μs。仿真条件可根据实验需求调整。

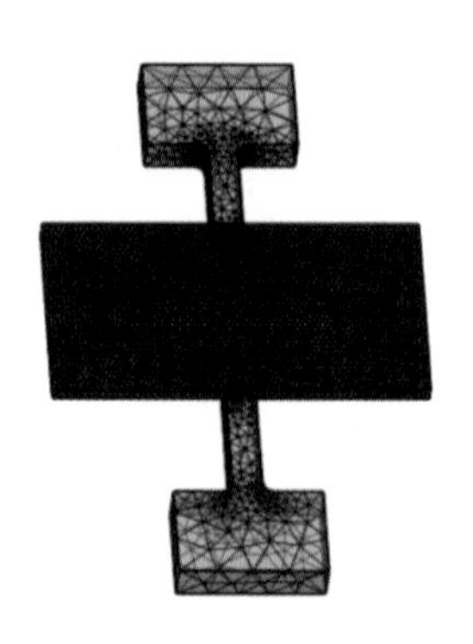

图 5.2　仿真模型的剖分结果

2. 双 H 型线圈电磁脉冲焊接

基于双 H 型线圈的板状工件电磁脉冲焊接仿真模型选用了二维模型。在焊接线圈有效作用区域内，板件上磁感应强度沿焊接线圈长度方向，除了在板件宽度方向边缘区域外，几乎保持不变。因此，可忽略边缘效应的影响，即忽略各物理量沿线圈长度方向的变化，采用建立二维模型替代三维模型仿真研究双 H 型线圈电磁脉冲焊接铜板-铝合金板的焊接过程。二维模型计算所得的结果可近似地反映线圈板件中心位置处截面的情况，如图 5.3 所示，能代表整个板件焊接的情况。相比三维模型，采用二维模型极大地简化了计算，提高了效率。

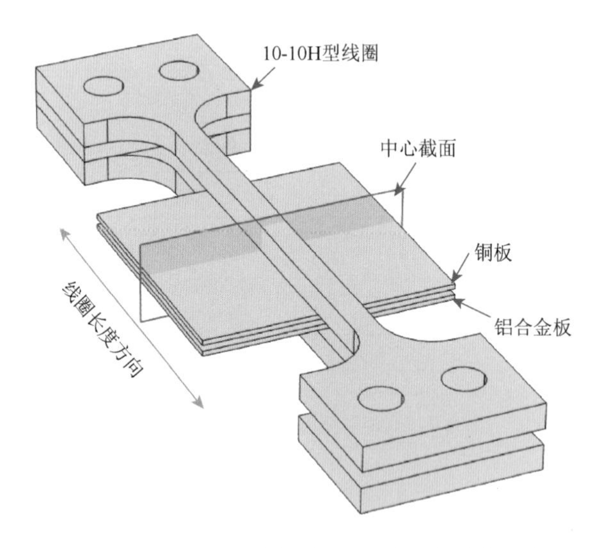


图 5.3　对称双 H 型线圈及铜-铝合金板的结构示意图

基于双 H 型线圈的板状工件电磁脉冲焊接过程二维几何模型如图 5.4 所示，包含双 H 型线圈、焊接工件（铝合金板和铜板）及外围空气域三个部分。模型中，线圈的宽度和厚度分别设置为 10 mm 和 5 mm，铜板和铝合金板沿垂直线圈长度方向的宽度和板件的厚度分别设置为 50 mm 和 1 mm，板件间隙距离设置为 1 mm，线圈与板件间距设置为 0.1 mm，外围空气域外半径设置为 35 mm 的圆形区域。外围空气域采用动网格接口设置为变形域，当板件发生变形时，外围空气域也会随之发生变化。二维模型的面外厚度设置为 50 mm，即磁场模块中耦合入电路模块进行计算的线圈的长度为 50 mm。当脉冲磁场频率约为 20 kHz 时，铜板和铝合金板的趋肤深度分别约为 0.471 mm 和 0.599 mm，可见 1 mm 厚的铜板和铝合金板对磁场具有屏蔽效果，因此可以不对铜板与铝合金板间的空气域进行建模。这种设置可避免板件间空气域网格在碰撞时发生变形的问题。

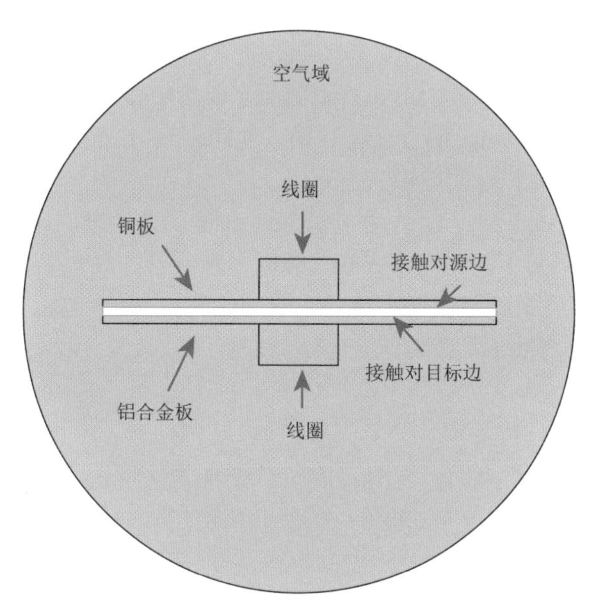


图 5.4　基于双 H 型线圈的电磁脉冲焊接过程二维几何模型

如前所述，网格剖分是有限元仿真的重要步骤，不仅影响仿真精度、速度，也会影响求解的收敛性。此处将铜板及铝合金板均划分为 3 个区域，线圈正对的中段区域长度为 12 mm，采用映射剖分方法，将铜板剖分成 50×5 个单元。由于铝合金板与铜板之间设置了接触对，一般要求目标边网格剖分密度为源边的两倍以上，因此将铝合金板剖分成 100×8 个单元。剩余的求解域剖分采用自由三角形剖分方法，由于线圈及板件间距为 0.1 mm，因此设置最小单元为 0.021 mm，最大单元为 4.69 mm，最大单元增长率为 1.3，曲率因子为 0.3。仿真模型的剖分结果如图 5.5 所示。

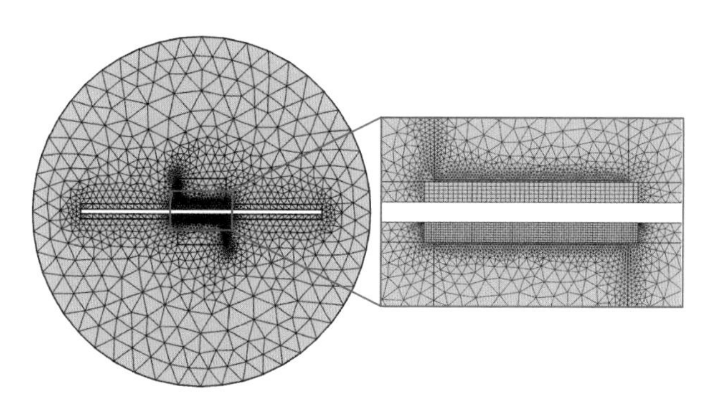

图 5.5　网格剖分结果

3. 多匝盘型线圈电磁脉冲焊接

二维模型通常用于描述轴对称过程，但由于缝隙的存在，多匝盘型线圈及其配套的平板集磁器不是一个轴对称的几何体，难以用二维模型准确描述。因此，基于多匝盘型线圈及其集磁器的板状工件电磁脉冲焊接过程仿真模型应采用三维模型。

基于多匝盘型线圈及其平板集磁器的板状工件电磁脉冲焊接几何模型如图 5.6 所示，主要包括多匝盘型线圈、平板集磁器、焊接板件（铜板和铝合金板）和空气域。焊接板件的规格均为 100 mm×50 mm×1 mm，线圈和平板集磁器的间距为 1 mm，平板集磁器和铝合金板的间距为 0.5 mm，铝合金板和铜板的间距为 1 mm。空气域为仿真的最大求解区域，设置为半径 150 mm 的球形。

对模型采用自由划分网格，为了在仿真精度和运算速度之间取得平衡，自定义单元大小，对不同的部分采用不同的网格大小，线圈和集磁器的最大单元大小为 5 mm，最小单元大小为 0.1 mm，飞板和基板最大单元大小为 2 mm，最小单元大小为 0.1 mm，空气域的最小单元大小为 0.5 mm，最大单元大小为缺省（默认）。

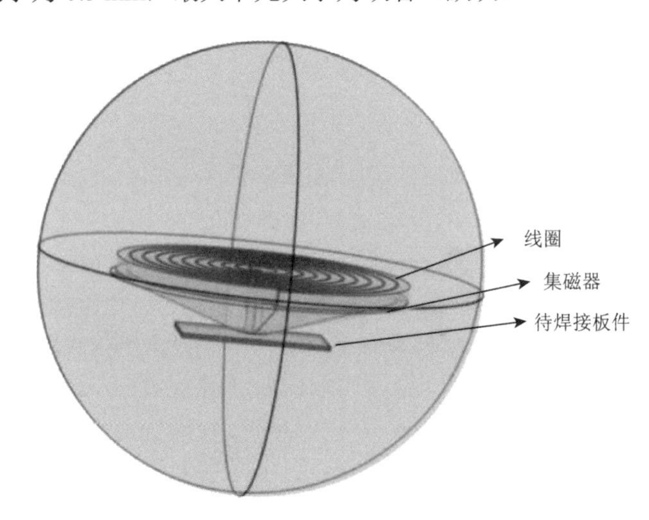


图 5.6　基于多匝盘型线圈及其平板集磁器的电磁脉冲焊接三维几何模型

平板集磁器结构如图 5.7 所示，其缝隙宽度为 2 mm。平板集磁器下表面直径 $D_{f2}$ 和下孔直径 $d_{f2}$ 与待焊接区域的尺寸有关[2]，整体形状由其高度 $H_f$、上表面直径 $D_{f1}$ 和上孔直径 $d_{f1}$ 决定。将平板集磁器下表面直径 $D_{f2}$ 设为 20 mm，下孔直径 $d_{f2}$ 设为 10 mm，仿真中，将 $H_f$、$D_{f1}$、$d_{f1}$ 设置为不同参数，探究平板集磁器结构参数对集磁效果的影响规律。集磁器缝隙面与集磁器下表面的夹角 $\alpha_{f0}$ 按式（5.1）计算：

$$\alpha_{f0}=\begin{cases}180^\circ-\arctan\dfrac{2H_f}{10-d_{f1}}, & d_{f1}<10\\ 90^\circ, & d_{f1}=10\\ \arctan\dfrac{2H_f}{d_{f1}-10}, & d_{f1}>10\end{cases}\tag{5.1}$$

当其他参数都已经确定后，平板集磁器的缝隙面形状就仅仅受上孔直径 $d_{f1}$ 控制。当上孔直径大于下孔直径，即 $d_{f1}$>10 mm 时，平板集磁器的缝隙面与下表面的夹角 $\alpha_{f0}$ 为锐角，集磁器为锐角集磁器；当上孔直径等于下孔直径，即 $d_{f1}$ = 10 mm 时，集磁器为直角集磁器；当上孔直径小于下孔直径，即 $d_{f1}$<10 mm 时，集磁器为钝角集磁器。

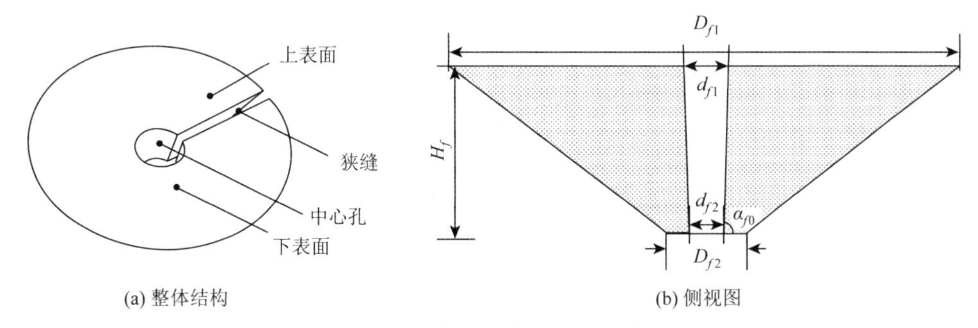


图 5.7　平板集磁器整体结构及其侧视图

4. 开合式线圈电磁脉冲焊接

如前所述，无论平板集磁器还是管状集磁器，二维模型难以模拟其实际的电磁参数分布情况，因而在管状工件电磁脉冲焊接过程仿真中也常常采用三维模型。

基于开合式线圈的管状工件电磁脉冲焊接的几何模型如图 5.8 所示，主要包括开合式线圈、分离式管状集磁器、焊接工件（电缆接头）及限制求解域的空气域四部分。其中，多匝线圈为均匀的圆柱结构且由于集肤效应，放电电流在其表面流动，在仿真模型中直接采用薄壁结构代替，并在其属性栏设置为均匀多匝结构，线圈材料设置为铜。集磁器外形为回转体，截面形状为梯形，且集磁器为分离式结构，其材料同样设置为铜。电缆接头则根据电力工程中常用的 DL-70 接头的结构尺寸在软件中建模，材料设置为铝。为限

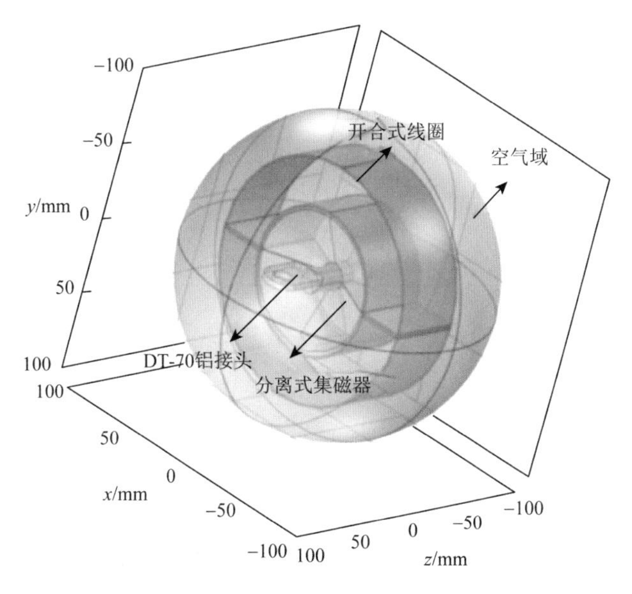


图 5.8　基于开合式线圈的电磁脉冲焊接三维几何模型

定仿真时的求解区域，设置直径为 100 mm 的球体作为求解域，材料设置为空气。几何模型中涉及材料的具体物理参数如表 5.2 所示，电缆接头几何尺寸如表 5.3 所示。

**表 5.2　仿真模型参数设置**

| 材料 | 参数 | 数值 |
|---|---|---|
| 铜（线圈、集磁器） | 密度/(kg/m$^3$) | 8700 |
| | 电导率/(S/m) | $5.998\times10^7$ |
| | 杨氏模量/Pa | $110\times10^9$ |
| | 泊松比 | 0.35 |
| | 热膨胀系数/K$^{-1}$ | $17\times10^{-6}$ |
| | 热容/[J/(kg·K)] | 385 |
| | 导热系数/[W/(m·K)] | 400 |
| 铝（电缆接头） | 密度/(kg/m$^3$) | 2700 |
| | 电导率/(S/m) | $3.774\times10^7$ |
| | 杨氏模量/Pa | $70\times10^9$ |
| | 泊松比 | 0.33 |
| | 热膨胀系数/K$^{-1}$ | $23\times10^{-6}$ |
| | 比热容/[J/(kg·K)] | 900 |
| | 导热系数/[W/(m·K)] | 238 |

**表 5.3　铝接头尺寸参数**

| 型号 | 参数 | 数值 |
|---|---|---|
| DT-70 铝接头 | 内径/mm | 12 |
| | 外径/mm | 15 |
| | 连接区长度/mm | 50 |
| | 横截面积/mm$^2$ | 70 |

同样，几何模型的网格剖分是仿真研究的关键环节，过细的网格剖分必将导致仿真计算量大，计算耗时长，而网格过于粗化，则会导致仿真计算结果的精确度降低，因此，在充分考虑之后，选用软件系统中极细化一栏的网格剖分。此外，考虑到焊接过程中，电缆接头处于不断变形的过程，过程中系统本身的各个物理场耦合情况也随之发生改变，故模型中采用变形网格的形式，即在仿真过程中实时重建模型网格序列，以反映各物理量的实时变化情况，提高模型仿真精度。整体网格剖分结果如图 5.9 所示，网格尺寸参数如表 5.4 所示。

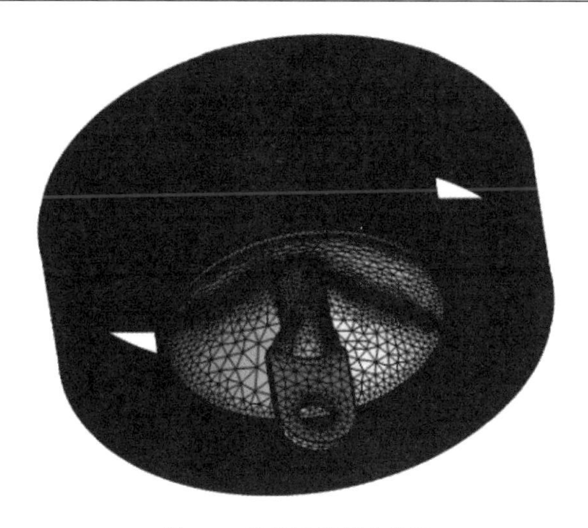

图 5.9　整体网格剖分结果

**表 5.4　模型网格参数**

| 参数 | 数值 |
|---|---|
| 最大单元大小/mm | 14 |
| 最小单元大小/mm | 0.6 |
| 最大单元增长率 | 1.35 |
| 曲率因子 | 0.3 |
| 狭窄区域分辨率 | 0.85 |

### 5.2.2　场-路耦合

1. 物理场的选择

电磁脉冲焊接中，储能电容放电产生脉冲电流，脉冲电流流过焊接线圈产生瞬变磁场，工件在瞬变磁场作用下会产生感应涡流、洛伦兹力和焦耳热。洛伦兹力作用会引起工件变形与加速运动，焦耳热造成的温升也会影响工件的变形。工件变形与加速运动又会影响磁场的分布及其与焊接线圈之间的耦合电感，同时会改变工件上的洛伦兹力大小和方向，并影响放电回路的放电电流。可见，整个电磁脉冲焊接过程伴随着电能-磁能转换、磁能-动能转换、电能-热能转换以及热传导、结构运动变形等物理过程且相互影响，涉及电路与磁场、温度场、结构场等多个物理场，属于典型多物理场耦合问题。研究结果表明，摩擦、塑性变形和焦耳热引起的温升对电磁脉冲焊接过程的影响较小，因此，为简化计算，在电磁脉冲焊接仿真模型中暂不考虑温度场的耦合[3]，更侧重于电路、磁场和结构场的分析。

目前，部分学者直接将测量的放电电流或者通过电路模型仿真得到的放电电流作为磁场的激励源代入电磁脉冲焊接的模型中[4]，实现了电路与磁场之间的松散耦合。但是在实际焊接过程中，移动工件会发生塑性变形，其与焊接线圈的距离也不断增大，工件和焊接线圈之间的耦合电感与两者之间的间距是紧密相关的，间距越大，耦合电感越小。随着电磁脉冲焊接过程的发展，工件不断变形，工件和焊接线圈相互间的耦合电感也会不断变化，即电磁脉冲焊接过程中电路的电磁参数是随着工件的变形而动态变化的。因此，采用以上所述松散耦合方式会带来一定的误差。为了更真实地对焊接过程进行数值模拟，考虑到工件变形对电路造成的影响，采用场-路耦合的分析方法，在仿真模型中通过节点设置建立了等效电路，并将电路模型与磁场进行耦合，两者间的耦合关系如图 5.10 所示。

图 5.10　电磁脉冲焊接中电路-磁场间耦合关系

在电磁脉冲焊接过程仿真中，磁场和结构场之间的耦合方法有三种，分别为直接耦合法、松散耦合法和顺序耦合法。直接耦合法不对物理场进行解耦，而是直接联立磁场和结构场进行计算，一次性求解所有场的结果。此方法求解精度最高，但收敛困难，对仿真设备的要求较高，因此一般较少采用。而后两种耦合方法均会对物理场进行解耦。松散耦合完全解耦磁场和结构场。该方法先对磁场模型进行计算，并储存每个时间步的计算结果，磁场模型计算结束后再依次读取每一时间步的洛伦兹力数据作为结构模型的载荷对结构场进行计算，直到完成所有时间步的计算。可见，松散耦合法是一种单相耦合方法，忽略了工件变形对电路与磁场的影响，因此该方法在计算精度上存在不足。与松散耦合法不同，顺序耦合法采用分步计算，每一步先进行磁场计算然后把结果导入结构模型中进行计算，结构场计算完成又将结构的变形及速度赋予电路与磁场模型，随后开始下一步的计算，循环直至仿真时间结束。顺序耦合法的计算精度远高于松散耦合法。为了提高计算精度，采用顺序耦合法对磁场和结构场进行耦合计算。两模型之间的耦合关系如图 5.11 所示。

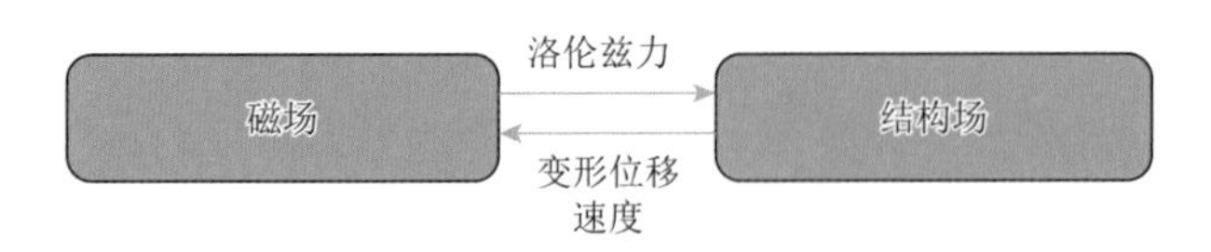


图 5.11　电磁脉冲焊接中磁场-结构场耦合关系

基于上述内容，建立电路-磁场-结构场耦合的电磁脉冲焊接过程有限元仿真模型，模型包含电路模块、磁场模块和固体力学模块三个物理场模块。顺序耦合计算流程如图 5.12 所示，将电路模块中的每一步计算出来的放电电流结果代入磁场模块中，作为磁场模块的激励源；再将磁场模块每一步计算出来的洛伦兹力结果代入固体力学模块，作为固体力学模块中的激励源；然后将每一步计算出的变形结果及其带来的电路参数的变化分别传递到几何模型和电路模块中，使整个计算模型发生相应的改变，同时采用变形网格对几何模型重新剖分，再进入下一次循环计算。如此循环往复，直到计算过程完全结束。

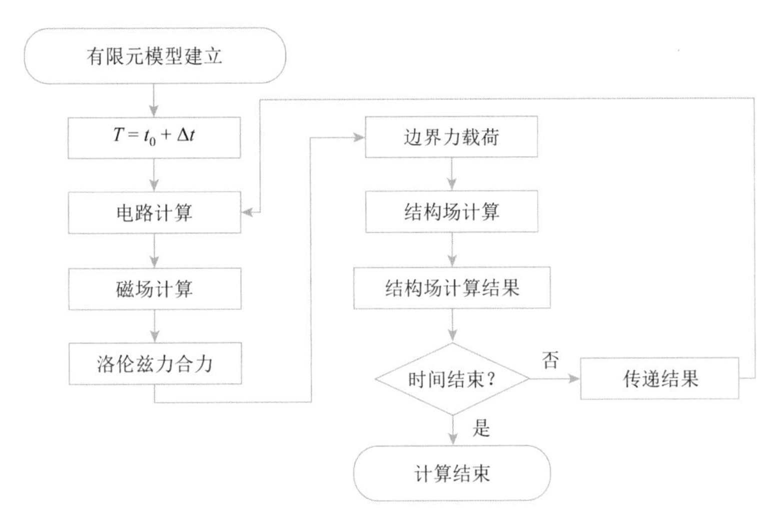


图 5.12 顺序耦合计算流程

2. 物理场控制方程

1）电路模块

电磁脉冲焊接通用平台的等效电路与$RLC$电路稍有不同，即电磁脉冲焊接过程中，焊接线圈会与移动工件通过磁场相互作用，两者之间存在耦合电感$M_{\text{coil-workpiece}}$，其值是动态变化的。考虑该耦合电感及其对放电回路的影响，电磁脉冲焊接过程的等效电路如图5.13所示。图中，$R_{\text{line}}$和$L_{\text{line}}$分别是连接线路的电阻和电感，$R_{\text{workpiece}}$和$L_{\text{workpiece}}$分别是移动工件的电阻和电感，$C$是储能电容。

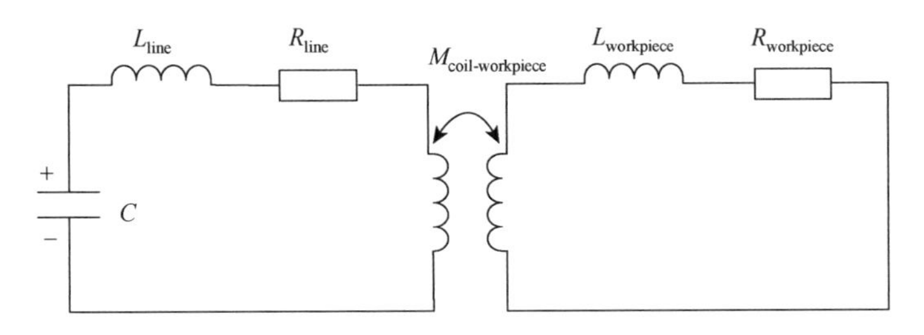


图 5.13 考虑耦合电感影响的电磁脉冲焊接放电过程的等效电路

根据图 5.13，电磁脉冲焊接放电回路的微分方程为

$$L_{\text{line}} \frac{\mathrm{d}^2 i_{\text{line}}}{\mathrm{d}t} + M_{\text{coil-workpiece}} \frac{\mathrm{d}^2 i_{\text{workpiece}}}{\mathrm{d}t} + R_{\text{line}} \frac{\mathrm{d}i_{\text{line}}}{\mathrm{d}t} + \frac{1}{C} i_{\text{line}} = 0 \tag{5.2}$$

$$M_{\text{coil-workpiece}} \frac{\mathrm{d}i_{\text{line}}}{\mathrm{d}t} + L_{\text{workpiece}} \frac{\mathrm{d}i_{\text{workpiece}}}{\mathrm{d}t} + R_{\text{workpiece}} i_{\text{workpiece}} = 0 \tag{5.3}$$

式中，$i_{\text{line}}$为连接线路中的电流，即放电电流；$i_{\text{workpiece}}$为移动工件中的感应涡流。移动工件和焊接线圈之间的耦合电感 $M_{\text{coil-workpiece}}$ 与两者间距密切相关，间距越大，$M_{\text{coil-workpiece}}$ 越小。焊接过程中，移动工件发生塑性变形，与焊接线圈的距离不断增大，移动工件和

焊接线圈相互间的耦合电感 $M_{\text{coil-workpiece}}$ 也随之发生变化。由式（5.2）和式（5.3）可知，$M_{\text{coil-workpiece}}$ 的变化会影响到放电电流 $i_{\text{line}}$，即电磁脉冲焊接放电过程中的电路参数是动态变化的。

当考虑电路及磁场的耦合时，放电主回路的等效电路可简化为如图 5.14 所示的电路。此时，放电电流与放电电压之间的关系满足方程：

$$U_{C0}=\frac{1}{C}\int_0^t i(t)\mathrm{d}t+R_{\text{line}}i(t)+L_{\text{line}}\,\mathrm{d}(i(t))/\mathrm{d}t+U_{\text{coil}}(i(t)) \tag{5.4}$$

式中，$U_{C0}$ 为储能电容的充电电压；$C$ 为储能电容的电容；$R_{\text{line}}$、$L_{\text{line}}$ 分别为焊接线圈外部整个电路的等效电阻和等效电感；$U_{\text{coil}}$ 为焊接线圈两端的电压；$i(t)$为回路电流（即流过线圈的总电流）。

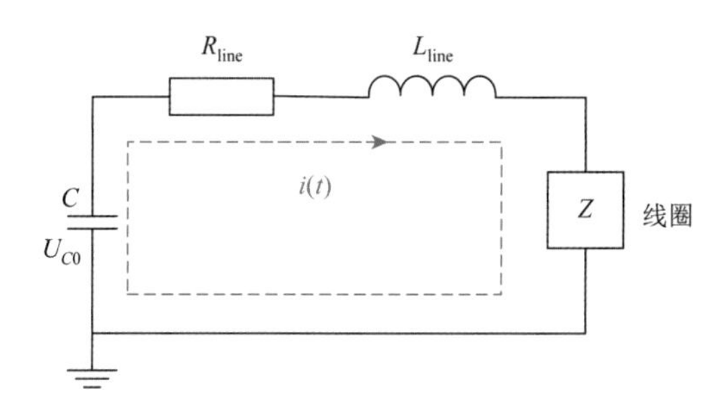


图 5.14　考虑电路-磁场耦合的电磁脉冲焊接放电回路等效电路

2）磁场模块

当放电电流流过线圈时，其周围空间产生瞬态电磁场。瞬态电磁场中各物理量满足麦克斯韦方程组及电流连续性定律，如式（5.5）～式（5.9）所示。由于放电电流频率约为几十 kHz，电磁波波长远大于电磁脉冲焊接通用平台尺寸，因此，电磁脉冲焊接中的电磁场是典型的准静态场，计算中可忽略位移电流的作用。

$$\nabla\times H=J+\partial D/\partial t \tag{5.5}$$

$$\nabla\times E=-\partial B/\partial t \tag{5.6}$$

$$\nabla\cdot B=0 \tag{5.7}$$

$$\nabla\cdot D=\rho \tag{5.8}$$

$$\nabla\cdot J=-\partial\rho/\partial t \tag{5.9}$$

式中，$H$ 为磁场强度；$D$ 为电通量密度；$J$ 为传导电流密度；$E$ 为电场强度；$B$ 为磁感应强度；$\rho$ 为电荷密度。

由于式（5.6）包含式（5.7），式（5.9）包含式（5.8），以上五个方程中只有三个独立方程，常选式（5.5）、式（5.6）和式（5.9）三个方程进行求解。由于未知数多于方程数，因此进行求解时还需要补充材料的本构方程等。对于焊接线圈来说，线圈中的电流由外部激励电流和涡电流共同决定，因此有

$$J=J_e+J_s \tag{5.10}$$

$$J_e=\sigma(E+vB) \tag{5.11}$$

$$J_s = \sigma E_e \tag{5.12}$$

$$E_e = (U / d_{lc}) \cdot e_d \tag{5.13}$$

$$B = \mu H \tag{5.14}$$

式中，$J_s$ 为外部激励电流；$J_e$ 为涡电流；$v$ 为速度；$E_e$ 为外部激励电场；$U$ 为保证流过线圈总电流为 $i(t)$的额外施加电压；$d_{lc}$ 为线圈长度；$e_d$ 为线圈方向单位向量。而板件及空气中则仅存在涡电流，因此无须对外部激励电流进行计算。

此外，洛伦兹力是联系磁场模块与固体力学模块的纽带，各部件在磁场中所受的洛伦兹力可由式（5.15）计算：

$$F = J \times B \tag{5.15}$$

式中，$F$ 为洛伦兹力体积密度矢量；$J$ 为板件涡流的电流密度；$B$ 为板件中的磁感应强度。

3）结构场模块

对于发生变形的结构部件，其控制方程如下：

$$F = \rho_m \partial^2 u / \partial t^2 - \nabla \cdot \sigma \tag{5.16}$$

式中，$\rho_m$ 为板件密度；$u$ 为质元的位移矢量；$\sigma$为板件应力张量。

3. 物理场模块设置

1）电路模块设置

在电路模块中，搭建电磁脉冲焊接通用平台的放电电路，如图 5.14 所示。搭建时，接地节点设置为 0，电容节点设置为 0 和 1，电感节点设置为 2 和 1，电阻节点设置为 3 和 2，线圈部件设置为外部耦合器件。在电路计算中线圈外部耦合器件可视为电压源，其电压值由磁场模块提供，计算所得放电电流将反馈给磁场模块。

将电磁脉冲焊接通用平台的储能电容设置为 140 μF。线圈外部电路的等效电阻 $R_{\text{line}}$、电感 $L_{\text{line}}$ 的值通过拟合实验中实际测量的放电电流平均值数据计算得到。

2）磁场模块设置

磁场模块的作用对象为空气域、焊接线圈域、固定工件域和移动工件域。焊接线圈域的导线模型根据具体情况设置为单导线模型或均匀多匝模型，激励设置为来自电路电流，即耦合入电路模块计算所得放电电流作为磁场计算的激励。

3）固体力学模块设置

固体力学模块的作用对象包括焊接线圈域、固定工件域和移动工件域。在电磁脉冲焊接过程中，工件会发生塑性变形，因而仿真中需要建立工件的塑性模型。对此，可采用经典的双线性各向同性硬化模型来描述板件的塑性变形行为，且不考虑材料的运动硬化，此模型屈服应力 $\sigma_{ys}$ 与有效应变 $\varepsilon_{pe}$ 满足关系：

$$\sigma_{ys} = \sigma_{ys0} + E_{iso} \varepsilon_{pe} \tag{5.17}$$

$$\frac{1}{E_{iso}} = \frac{1}{E_{Tiso}} - \frac{1}{E} \tag{5.18}$$

式中，$\sigma_{ys0}$ 为初始屈服应力；$E$ 为杨氏模量；$E_{Tiso}$ 为切向模量。

此外，固体力学模块也常常采用 Johnson-Cook 高应变率本构模型（J-C 模型）描述材料的高应变率变形[5, 6]，如式（5.19）所示：

$$\sigma=(A+B\varepsilon^{n})\left(1+C\ln\left(\dot{\varepsilon}/\dot{\varepsilon}_{0}\right)\right)(1-(T^{*})^{m}) \tag{5.19}$$

式中，$\sigma$ 为等效流动应力；$A$、$B$、$n$、$C$ 和 $m$ 分别为材料的常数，$A$ 为屈服强度，$B$ 和 $n$ 为材料硬化参数，$C$ 为应变强化参数，$m$ 为材料软化参数；$\varepsilon$ 为等效塑性应变；$\dot{\varepsilon}_0$ 为参考应变率；$\dot{\varepsilon}$ 为实验应变率；$T^*$可以表示为

$$T^{*}=\frac{T-T_{r}}{T_{m}-T_{r}} \tag{5.20}$$

其中，$T$ 为热力学温度；$T_r$ 为参考温度；$T_m$ 为材料的熔点温度。式（5.19）的右边三项分别体现了等效塑性应变、应变率和温度对流动应力的影响。

在结构场的计算中，边界条件的设置非常重要。为模拟实际实验中工件和线圈装配固定方式及受力情况，并适当简化计算，将模型中线圈的所有边界都设置为固定边界，即约束各个方向的位移和速度均为零。同时，工件在发生变形后最终会发生高速碰撞，因此需在工件发生碰撞的边界设置接触对，接触算法为增广拉格朗日法，采用该方法可以通过调整接触压力及位移变量的缩放因子来提高模型的收敛性[7]。载荷加载通过多物理场洛伦兹耦合将磁场计算所得洛伦兹力加载到板件上，并将固体力学场中板件速度的计算值反馈给磁场模块用于电磁计算。

## 5.3　电磁脉冲焊接板状工件的电磁过程

5.2 节介绍了几种典型的电磁脉冲焊接线圈的几何结构及网格剖分的方法，阐明了电磁脉冲焊接过程场-路耦合方式。本节将以上述模型为基础，具体研究 I 型线圈、双 H 型线圈、多匝盘型线圈电磁脉冲焊接铜-铝合金板的电磁过程。

### 5.3.1　放电电流与磁场分布

1. I 型线圈电磁脉冲焊接

当 $t=5\ \mu s$ 时，铝合金板和焊接线圈之间磁感应强度模分布的切面图如图 5.15 所示。可见，铝合金板中心区域有微小凸起，表明铝合金板开始发生塑性变形。受铝合金板影响，焊接线圈产生的空间磁感应强度主要集中在板件与焊接线圈间隙内，边缘处的磁感应强度小于中心区域的磁感应强度。放电电流流经焊接线圈，从而在空间中产生磁感应强度，磁感应强度随着距离的增加而降低，越靠近放电电流，磁感应强度越高，焊接线圈中的磁感应强度高于铝合金板中的磁感应强度。

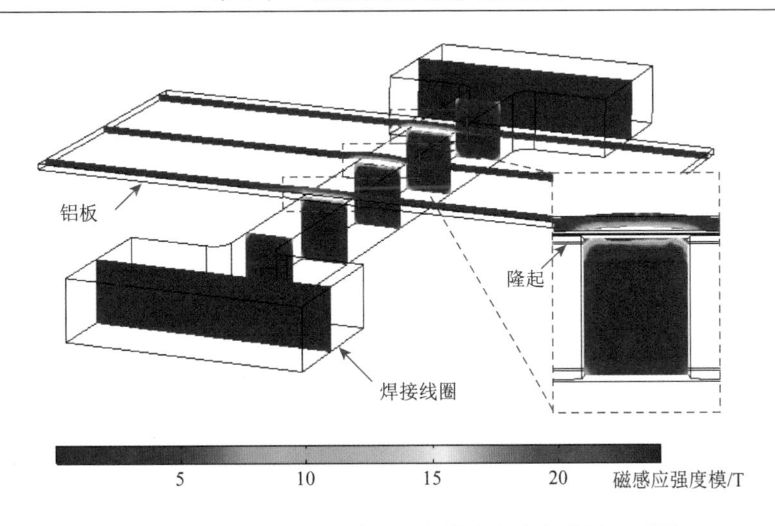


图 5.15　$t = 5$ μs 时的磁感应强度模分布仿真结果切面图

铝合金板和铜板的磁感应强度分布分别如图 5.16 和图 5.17 所示。由图 5.16 可见，铝合金板磁感应强度主要集中在焊接线圈对应的中心区域，中间磁感应强度较强，边缘较弱。铝合金板的存在使焊接线圈产生的时变磁场在空间中非均匀分布：在铝合金板中心区域的中间部分，磁感应强度垂直穿过铝合金板，如图 5.16（a）所示；在铝合金板中心区域的端部，其与焊接线圈的气隙处，边缘效应使部分磁感应强度方向发生改变，形成不规则磁场，导致电磁能量分散，如图 5.16（b）所示。因此，磁感应强度在铝合金板中心区域长边边缘非均匀分布，与中心区域的整体分布趋势形成差异，使整个磁感应强度分布区域近似形成了一个中间大、两端小的扁平椭圆。

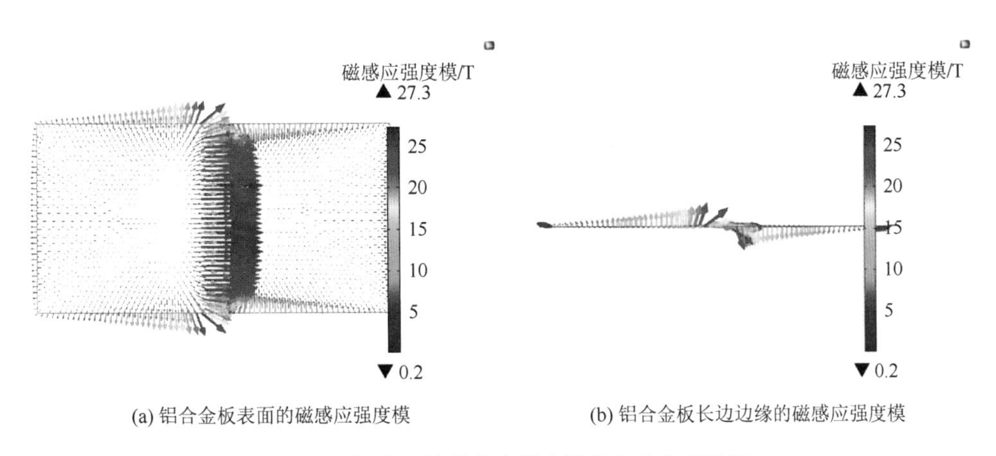


(a) 铝合金板表面的磁感应强度模　　(b) 铝合金板长边边缘的磁感应强度模

图 5.16　铝合金板磁感应强度模分布的仿真结果

由图 5.17 可见，与铝合金板不同，铜板的磁感应强度主要集中在板件边缘。中心区域端部的磁感应强度最强，而中间部分的强度相对较弱；且铜板磁感应强度小于铝合金板磁感应强度，表明铝合金板对铜板产生了屏蔽效应。焊接线圈中产生的时变磁场与铝合金板中心区域涡流产生的时变磁场方向相反，大小接近，两者叠加后的幅值几乎为零。

铜板所处磁场是两者叠加后的时变磁场，因此铜板中心区域的磁感应强度非常小。此外，在电磁脉冲焊接过程中，随着铝合金板塑性变形量不断增加，逐渐远离焊接线圈，放电电流与铝合金板中感应涡流产生的两个时变磁场的叠加结果也会发生变化。

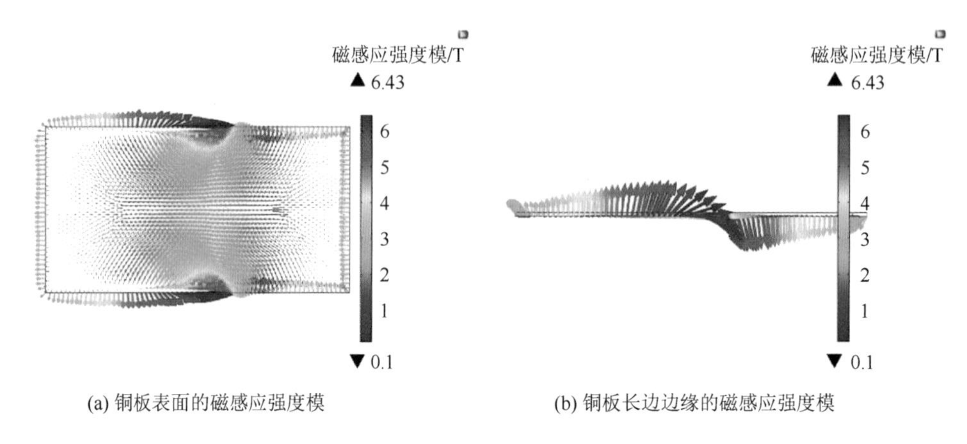


(a) 铜板表面的磁感应强度模　(b) 铜板长边边缘的磁感应强度模

图 5.17　铜板磁感应强度模分布的仿真结果

当放电电压分别设置为 10 kV、12 kV 和 14 kV 时，不同时刻铝合金板表面长边边缘 *A* 点（见图 5.1（b））处磁感应强度模的变化如图 5.18 所示。

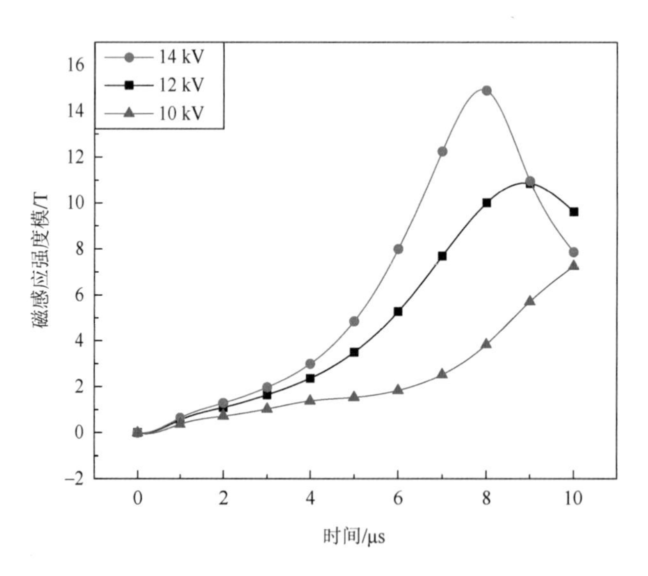


图 5.18　不同放电电压下 *A* 点磁感应强度模的仿真结果

由图 5.18 可知，随着放电电压的提高，铝合金板受到的磁感应强度增强。此外，放电电压也会影响达到磁感应强度最大值所需的时间。放电电压越高，磁感应强度达到其最大值所需时间越短。当放电电压升高后，产生的放电电流和洛伦兹力提高，铝合金板的加速度和速度增加，使铝合金板从静止到与铜板碰撞所需要的时间变得更短，即铝合金板与焊接线圈之间的距离变化更快，使磁感应强度因距离的变化而变化的速度增大。

2. 双 H 型线圈电磁脉冲焊接

1）放电电流

当放电电压分别为 7 kV、8 kV 和 9 kV 时，基于双 H 型线圈的板状工件电磁脉冲焊接过程的放电电流仿真结果如图 5.19 所示，由于电磁脉冲焊接往往发生在放电电流的第一个 1/4 周期内，因此只讨论该时间段内的电磁参数变化规律。

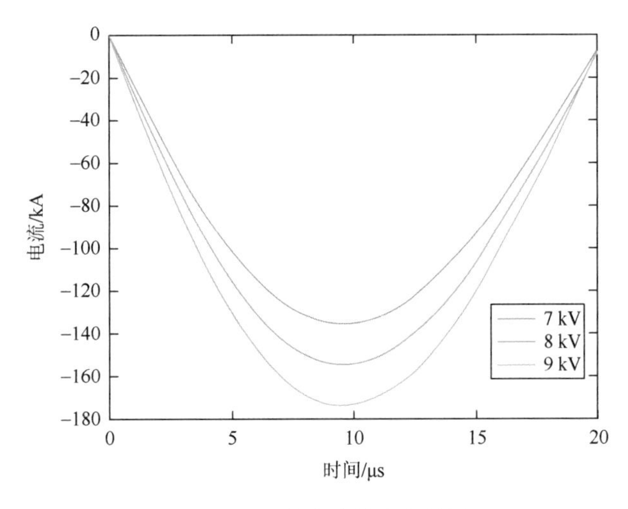


图 5.19　放电电流的仿真结果

从图 5.19 中可知，不同放电电压下放电电流峰值分别为 134.985 kA、154.119 kA 和 173.279 kA。随着放电电压的升高，放电电流的幅值升高，且每升高 1 kV，电流幅值升高约 19 kA。不同放电电压下，放电电流达到最大值的时刻分别为 9.59 μs、9.58 μs 和 9.57 μs，由此可见，考虑电路及磁场的耦合后放电电流的周期略有变化。

2）磁感应强度

为研究板件上磁感应强度分布及其随时间的变化规律，在铜板和铝合金板上各取了 6 点进行观测，取点示意图如图 5.20 所示。

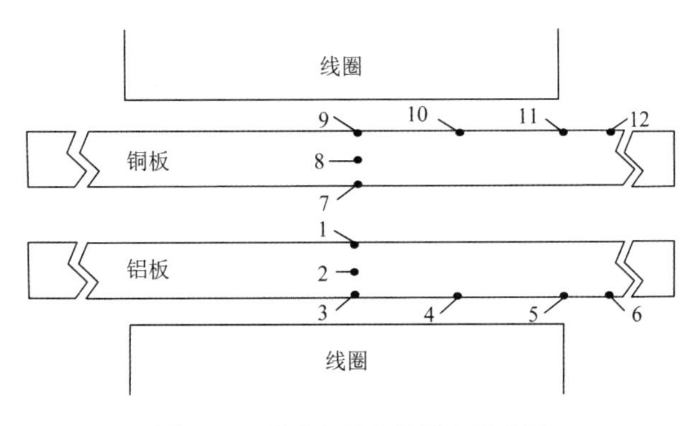


图 5.20　磁感应强度观测点示意图

当放电电压不同时，铜板及铝合金板各点处的磁感应强度随时间变化的曲线如图 5.21 所示。

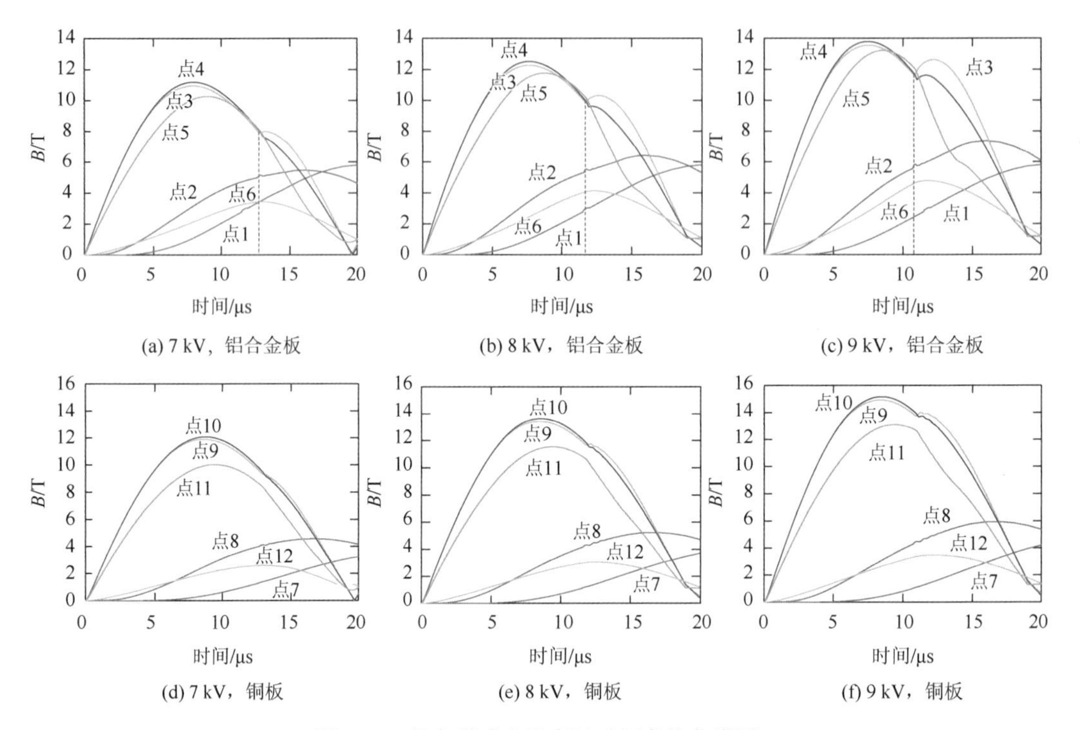


(a) 7 kV，铝合金板　(b) 8 kV，铝合金板　(c) 9 kV，铝合金板

(d) 7 kV，铜板　(e) 8 kV，铜板　(f) 9 kV，铜板

图 5.21　各点磁感应强度随时间变化曲线图

由图 5.21（a）和（d）可知，电磁脉冲焊接过程中，当焊接线圈流过放电电流，放置于双 H 型线圈之间的铜板和铝合金板上的磁感应强度具有相似的分布规律。沿线圈宽度方向，在线圈正对的区域内部（铝合金板：点 3、点 4；铜板：点 9、点 10）磁感应强度几乎不变，并且中心处的磁感应强度在峰值处略低于其周围区域，在线圈边缘处（铝合金板：点 5；铜板：点 11）略有减小，而在超出线圈宽度范围外的区域（铝合金板：点 6；铜板：点 12）则迅速减小；沿板件的厚度方向（铝合金板：点 3、点 2、点 1；铜板：点 9、点 8、点 7）离线圈越远，磁感应强度越小。

由图 5.21（b）、（c）、（e）和（f）可知，铜板与铝合金板的磁感应强度均随放电电压的升高而增大，且在不同放电电压下具有相同的分布变化规律。板件上的磁感应强度由线圈电流及感应涡流共同决定，由于铜的电导率比铝的电导率高，因此铜板的磁感应强度大于铝合金板的磁感应强度。

就各点处磁感应强度随时间的变化而言，在靠近板件表面区域各点处（铝合金板：点 3、点 4、点 5、点 6；铜板：点 9、点 10、点 11、点 12），磁感应强度随着时间的推移先增大后减小，并且越靠近与线圈正对的中心处，磁感应强度达到峰值的时间越早。在线圈正对区域内（铝合金板：点 3、点 4、点 5；铜板：点 9、点 10、点 11），磁感应强度达到峰值的时间较放电电流达到峰值的时间早，这也是由磁场是由线圈电流及板件上的感应涡流共同决定而造成的。

此外，还可以发现，无论放电电压的取值如何，点 3 处的磁感应强度随时间变化曲线均在某时刻发生了一个明显的跃升。这是因为此时板件发生碰撞，板件速度迅速减小，板件与线圈间距不再增加的缘故。

3. 多匝盘型线圈电磁脉冲焊接

当仿真模型中放电电压设置为 7.5 kV 时，基于多匝盘型线圈及其平板集磁器的电磁脉冲焊接过程放电电压和电流仿真结果如图 5.22 所示。两者均为衰减振荡波形。当 $t = 20.8$ μs 时，放电电流达到第一个峰值 63.75 kA，频率约为 12.02 kHz，第一个 1/4 周期内电流变化率约为 3.06 kA/μs。

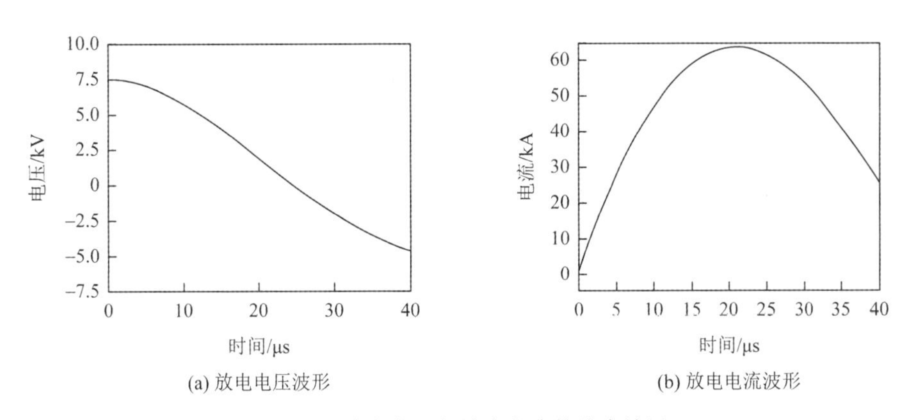

(a) 放电电压波形　(b) 放电电流波形

图 5.22　放电电压与放电电流的仿真结果

当放电电压为 7.5 kV 时，测出带负载时的电流波形，经平滑处理后如图 5.23 所示。当 $t = 22.05$ μs（前 1/4 个周期）时，放电电流达到峰值 68.59 kA，频率约为 11.34 kHz，电流变化率为 3.11 kA/μs。实测波形结果和仿真波形结果的放电周期和峰值存在一定误差，但电流变化率相差较小。

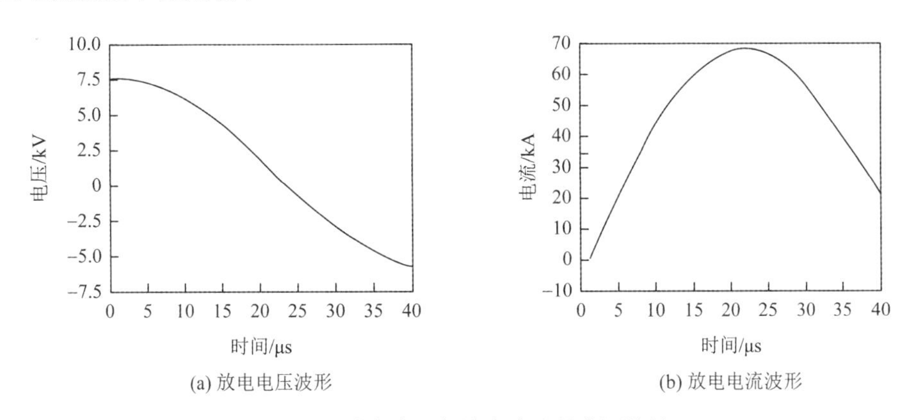

(a) 放电电压波形　(b) 放电电流波形

图 5.23　放电电压与放电电流的实测结果

当 $t = 10$ μs 时，铝合金板磁通密度分布情况如图 5.24（a）所示，铝合金板上最大磁通密度为 28.2 T。由于平板集磁器的集磁效应，铝合金板靠近集磁器下表面的中心处磁通密度明显高于其他区域，磁通密度集中区域与平板集磁器下表面的形状一致，为一带缺口的圆环。根据磁通密度幅值分布，铝合金板中心的磁通密度集中区域成了多层月牙形貌，深红色月牙区域的磁通密度最大，从深红色月牙区域向外磁通密度依次减小，分别为红色、黄色和绿色月牙区域。

图 5.24（b）是当 $t = 10$ μs 时铜板的磁通密度分布情况，从图中可以看到，铜板的磁通密度最大只有 3.97 T，远小于同一时刻铝合金板的磁通密度峰值。这是由于瞬变磁场在铝合金板中快速衰减，铝合金板对铜板起到了磁屏蔽作用。铜板长边边缘均存在着边缘磁场分布，长边中心的磁通密度最大，且正对着集磁器缝隙一侧长边的磁通密度强度大于另一侧，这是由于集磁器缝隙的存在使得该区域存在漏磁。

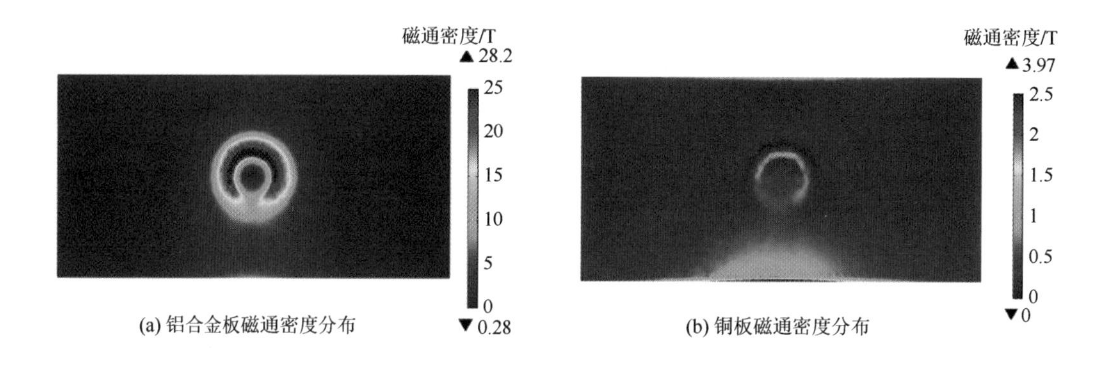


图 5.24　磁通密度分布情况

当 $t = 10$ μs 时，铝合金板沿着 $x$ 轴的磁通密度分布情况如图 5.25 所示，平板集磁器下表面在铝合金板上的投影区域范围为$-10$ mm$<x<$10 mm。磁通密度分布关于 $x = 0$ 轴对称，为了简便起见，仅分析 $x>0$ 时的磁通密度。

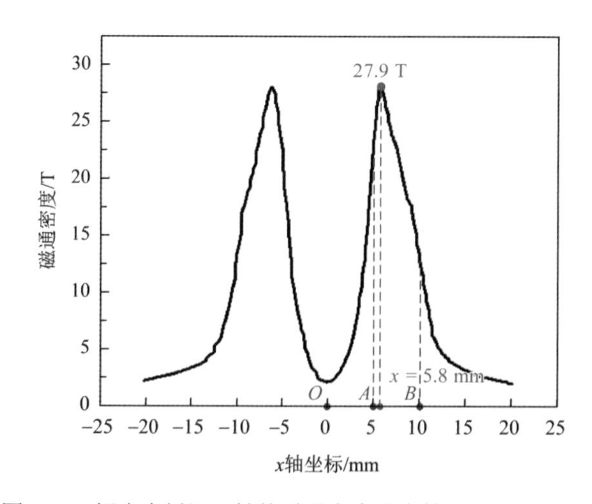


图 5.25　铝合金板沿 $x$ 轴的磁通密度分布情况（$t = 10$ μs）

总体来说，在 $x>0$ 时，铝合金板沿着 $x$ 轴的磁通密度呈现先增后降的走势，并在

$x = 5.8$ mm 时取最大值 27.9 T。0 mm＜$x$＜10 mm 的区域可以分为 $OA$ 和 $AB$ 两段，$OA$ 段为平板集磁器中心孔对应区域（0 mm＜$x$＜5 mm），$AB$ 段为平板集磁器下端面圆环对应区域（5 mm＜$x$＜10 mm），$O$ 点的磁通密度为 2.09 T，$A$ 点的磁通密度为 23.19 T，$B$ 点的磁通密度为 13.32 T，即 $A$ 点的磁通密度明显高于 $B$ 点，且最大值 $M$ 点更靠近 $A$ 点。这都说明平板集磁器下端面圆环对应区域的最大磁场强度区域靠近中心孔。$x$＞10 mm 的区域已经不在集磁器下表面的投影范围内，随着 $x$ 的增长，该区域越来越远离集磁器下表面的投影区域，这部分区域磁场是集磁器外环上电流感应产生的，随着距离的增长急速下降，当 $x = 15$ mm 时，磁通密度下降为 3.11 T。

### 5.3.2　感应涡流与洛伦兹力分布

1. Ⅰ型线圈电磁脉冲焊接

1）感应涡流的分布及变化规律

当 $t = 5$ μs 时，铝合金板感应涡流密度的分布、幅值及流动方向如图 5.26（a）所示。可见，感应涡流分布于整个板件，其分布规律是，铝合金板中心区域的感应涡流密度幅值较大，越靠近轴线幅值越大，越靠近铝合金板边缘感应涡流密度幅值就越小。感应涡流主要集中在中心区域内，方向与焊接线圈中的放电电流方向相反。感应涡流在铝合金板表面中心区域的一端即长边边缘处分为了两路，沿着边缘朝不同方向流动并从另一端交汇回到中心区域，形成两个近似圆环的流动方向。由于不同区域的感应涡流密度幅值的差异，铝合金板中心区域的感应涡流密度分布呈现出了多层椭圆的形貌，即中心椭圆处幅值最大，向外逐渐递减。此外，感应涡流密度在铝合金板长边靠近中心区域端部处的幅值较大。该处是铝合金板表面感应涡流流动时的汇聚区，且面积较小，因而感应涡流密度较高。感应涡流密度的分布规律及流动方向不会随着时间的变化而变化，只是幅值会发生变化。当 $t = 5$ μs 时，铜板中感应涡流密度的幅值、分布及流动方向如图 5.26（b）所示。与铝合金板中感应涡流一样，其分布于整个铜板。铜板中感应涡流的流动规律与铝合金板中感应涡流也相同，都是从中心区域流向边缘，在边缘处分为两路，再从边缘汇集到

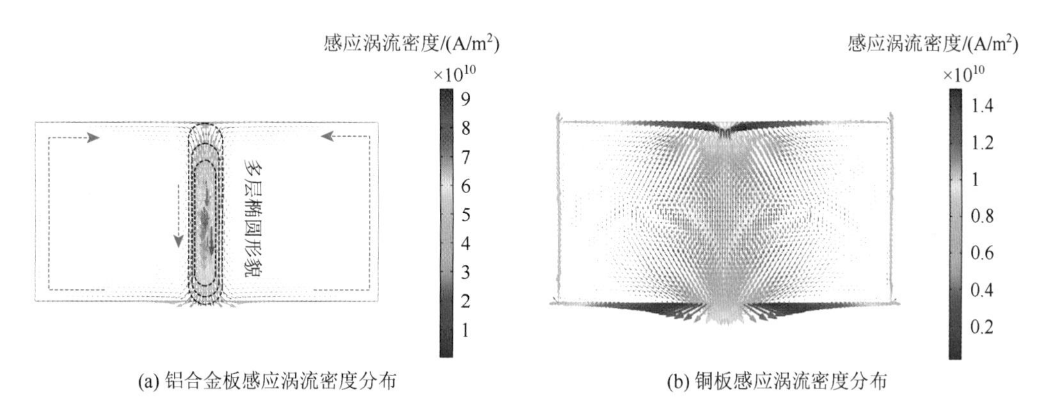


(a) 铝合金板感应涡流密度分布

(b) 铜板感应涡流密度分布

图 5.26　板件感应涡流密度分布的仿真结果

中心区域。但是，两者感应涡流密度幅值分布有着显著差异，铜板中感应涡流密度的幅值在中心区域端部即铜板长边边缘处达到最大，而中心区域的感应电流密度较小。感应涡流的分布与磁感应强度的分布密切相关，铜板边缘处磁感应强度较强，而中心区域较弱，从而导致感应涡流的分布也呈现出相同的趋势。

当放电电压分别为 10 kV、12 kV 和 14 kV 时，铝合金板表面长边边缘 $A$ 点处感应涡流密度模的变化见图 5.27。可见，随着放电电压提高，感应涡流密度也增大，感应涡流的周期相应缩短。与磁感应强度的变化相似，当放电电压升高后，放电电流和洛伦兹力增大，铝合金板的加速度和速度增加，铝合金板从静止到与铜板碰撞所需要的时间变得更短，即铝合金板与焊接线圈之间的距离变化更快，使得感应涡流密度受到距离变化的影响增大。

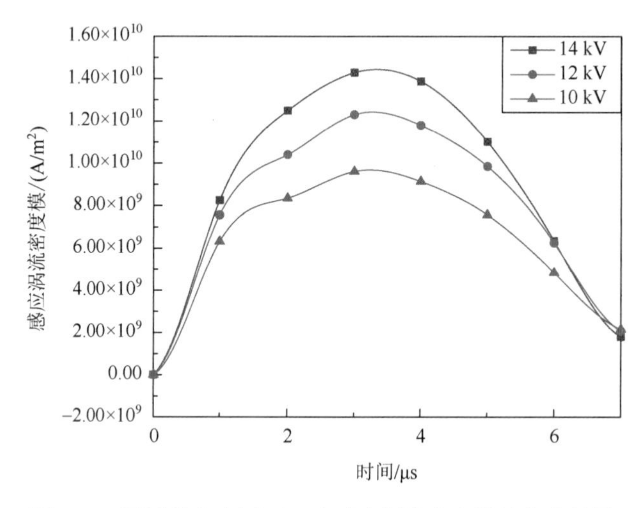


图 5.27　不同放电电压下 $A$ 点感应涡流密度模的仿真结果

2）洛伦兹力的分布及变化规律

由式（5.15）可知，在磁感应强度和感应涡流共同作用下，铝合金板会产生洛伦兹力。铝合金板表面洛伦兹力密度分布的仿真结果如图 5.28 所示，采用面上箭头的方式表征，箭头的长度与洛伦兹力的大小为正比例关系，箭头的方向也是洛伦兹力的方向。当 $t = 5$ μs 时，铝合金板的洛伦兹力分布及幅值仿真结果如图 5.28（a）所示。从图中可知，根据幅值的差异，洛伦兹力密度的分布与感应涡流密度、磁感应强度的分布相同，形成了多层椭圆形貌。洛伦兹力的幅值与放电电流的变化相关，与时间无关，因此时间不会影响洛伦兹力的分布和幅值。与感应涡流密度的分布相似，洛伦兹力密度幅值最大的区域也集中在铝合金板的中心，其沿着中心区域外围的方向逐渐减小，而中心区域的边缘即铝合金板的长边界处的洛伦兹力密度最小。铝合金板洛伦兹力密度分布的侧视图如图 5.28（b）所示，在中心区域，洛伦兹力密度幅值的包络线接近一个半椭圆弧，越靠近板件中心，洛伦兹力密度越大；越向板件边缘，洛伦兹力密度越小。此外，在靠近铝合金板中心区域端部的长边边缘处也产生了洛伦兹力，且该部分洛伦兹力的幅值高于板件表面部分区域。从侧视图可知，此处洛伦兹力的方向未与板件表面垂直，而是朝向板件内侧并有一个倾斜角度。

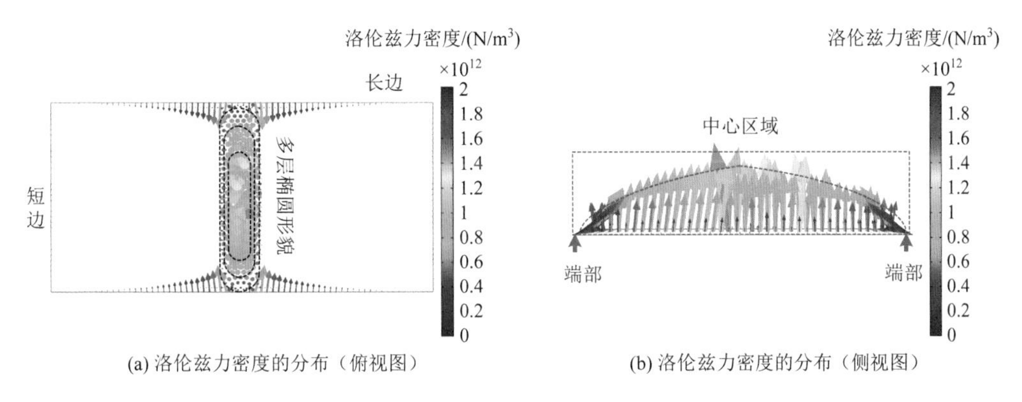


(a) 洛伦兹力密度的分布（俯视图）　　(b) 洛伦兹力密度的分布（侧视图）

图 5.28　铝合金板洛伦兹力密度的仿真结果（$t = 5\ \mu s$）

图 5.29 展示了铝合金板表面不同位置洛伦兹力密度模随时间的变化规律。图 5.29（a）是长中轴线上点 1、2、3、4 和 5 处（见图 5.1（b））单位体积的洛伦兹力随时间的变化规律。从图中可知，洛伦兹力密度的变化趋势是先增大后减小，其变化与放电电流的变化密切相关。根据式（5.15），洛伦兹力与放电电流的关系可表示为

$$F \propto I\frac{\mathrm{d}I}{\mathrm{d}t} \tag{5.21}$$

从正面看，洛伦兹力是轴对称分布的，以短边的中心长轴为对称轴。点 3 处的洛伦兹力密度显著高于其他位置的洛伦兹力密度，点 1 和 5、点 2 和 4 的洛伦兹力密度幅值相同。点 1、2、4、5 与焊接线圈之间的距离较大，而铝合金板某点的洛伦兹力与该点到焊接线圈的距离成反比，因此这些点处的洛伦兹力较小。图 5.29（b）是在短中轴线上点 6、7、8、9、10、11、3 处（见图 5.1（b））单位体积的洛伦兹力。点 3 处的洛伦兹力密度明显高于其他位置，点 6 和 11、点 7 和 10、点 8 和 9 的洛伦兹力密度幅值相同。

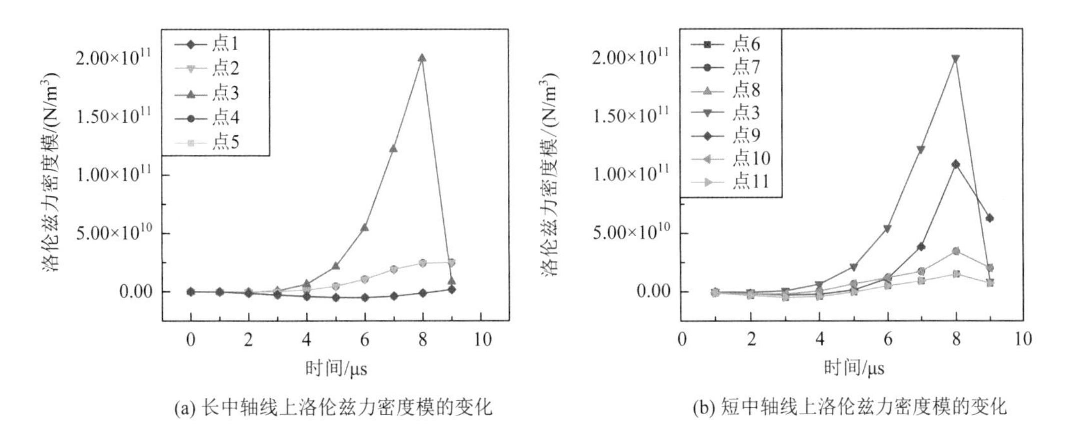


(a) 长中轴线上洛伦兹力密度模的变化　　(b) 短中轴线上洛伦兹力密度模的变化

图 5.29　铝合金板洛伦兹力密度模的仿真结果

铜板中洛伦兹力密度分布的仿真结果如图 5.30 所示。图 5.30（a）是洛伦兹力密度分布的俯视图。从图中可知，与铝合金板的分布不同，铜板的洛伦兹力密度主要分布在板件的边缘。与焊接线圈对应的中心区域处洛伦兹力密度幅值较小，且远小于铝合金板的

洛伦兹力密度。在铜板边缘上的洛伦兹力密度分布也不均匀，从中心区域到边缘幅值逐渐减小。图 5.30（b）是洛伦兹力密度分布的侧视图，从图中可知，铜板边缘的洛伦兹力方向与板件构成锐角。

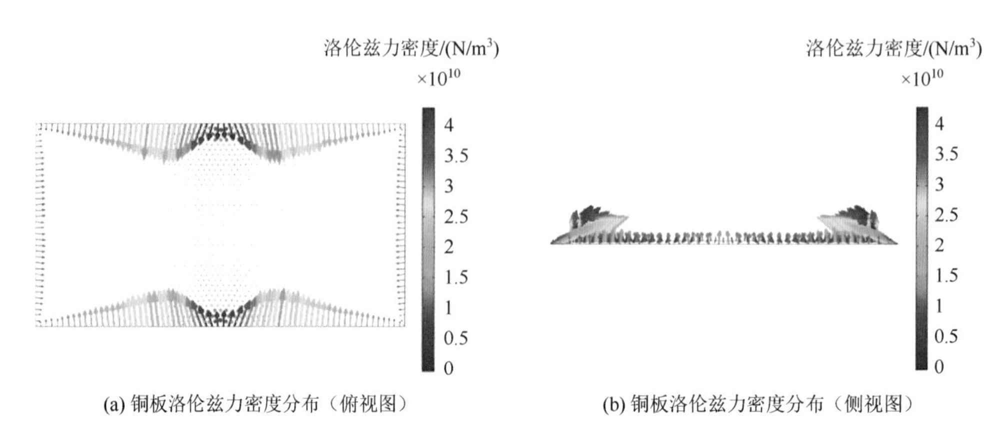


(a) 铜板洛伦兹力密度分布（俯视图）　(b) 铜板洛伦兹力密度分布（侧视图）

图 5.30　铜板洛伦兹力密度分布的仿真结果

图 5.31 是焊接线圈中洛伦兹力密度分布的仿真结果。图 5.31（a）是洛伦兹力密度分布的侧视图，可见，焊接线圈受力处主要集中在铝合金板中心区域对应的位置。洛伦兹力密度在焊接线圈中非均匀分布，中心区域较大，越靠近端部洛伦兹力密度越小。图 5.31（b）是洛伦兹力密度分布的斜视图（45°），从图中可知，焊接线圈中心区域的洛伦兹力的方向垂直于焊接线圈，但在焊接线圈边缘处的洛伦兹力与焊接线圈之间的夹角为锐角，且中心区域大于边缘区域的洛伦兹力密度。因此，为避免焊接线圈受力发生塑性变形，在其材料的选择、固定装置的设计中都需要考虑洛伦兹力及其方向的影响。

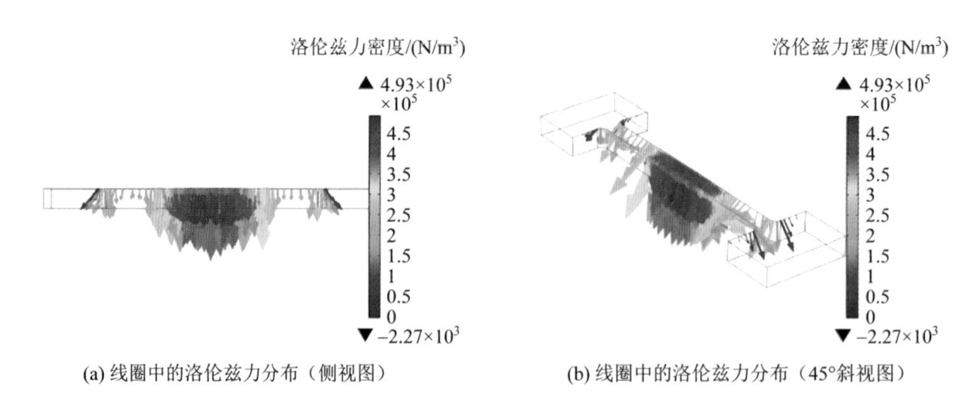


(a) 线圈中的洛伦兹力分布（侧视图）　(b) 线圈中的洛伦兹力分布（45°斜视图）

图 5.31　I 型线圈中洛伦兹力分布的仿真结果

2. 双 H 型线圈电磁脉冲焊接

1）感应涡流的分布及变化规律

当放电电压不同时，板件上各观测点处的感应涡流密度仿真结果如图 5.32 所示。同样，感应涡流也主要集中在靠近线圈的表面附近区域，感应涡流密度也在线圈正对区域内几乎维持不变，但在线圈边缘处有较大幅度的减小，并且在超出线圈宽度外的区域也迅速减小。

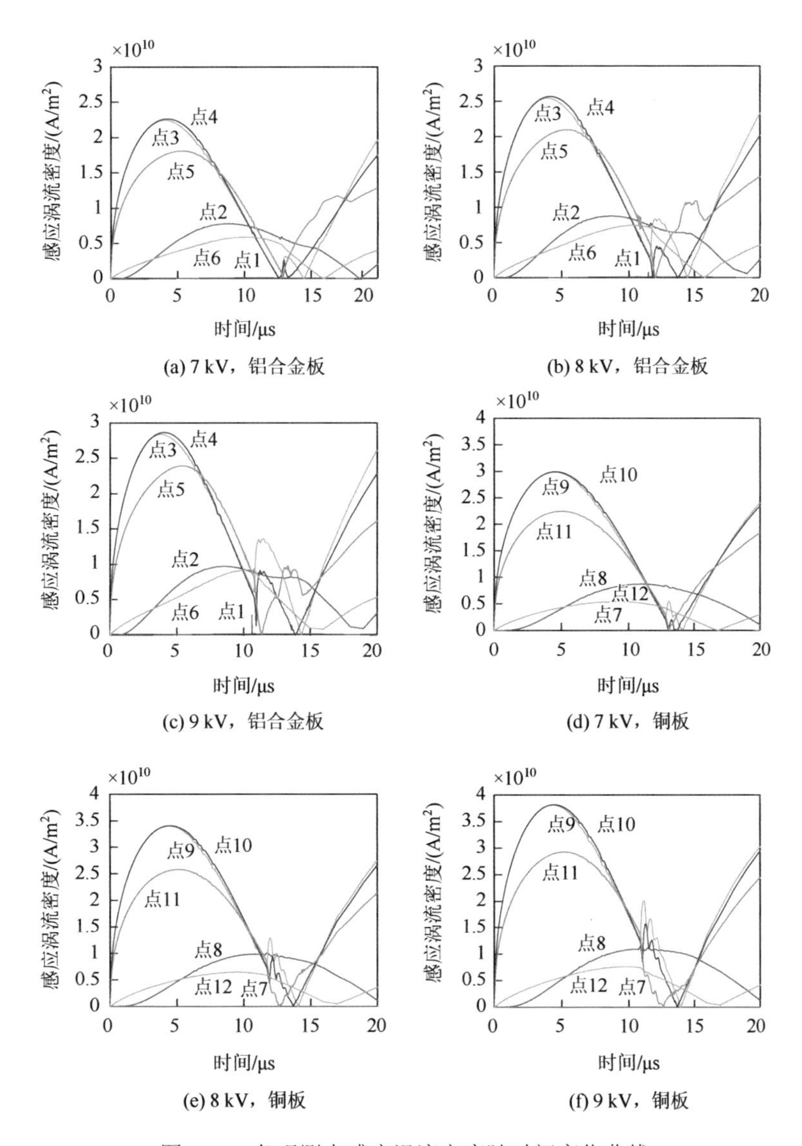


图 5.32　各观测点感应涡流密度随时间变化曲线

由于铜板的电导率较高，铜板上的感应涡流密度较铝合金板上的更大，且同样板件上的感应涡流密度随放电电压的升高而变大。此外，感应涡流的变化周期比放电电流快，其达到峰值的时间约为放电电流达到峰值时间的 1/2，此即磁感应强度达到峰值的时间较放电电流达到峰值时早的原因。

2）洛伦兹力分布及变化规律

当放电电压不同时，板件上各观测点处的洛伦兹力 $y$ 分量密度仿真结果如图 5.33 所示。

可见，铜板和铝合金板受到方向相反的洛伦兹力作用，且铜板上受到的洛伦兹力较铝合金板大。板件上各处受到的洛伦兹力随着放电电压的增大而增大。板件上受到的洛伦兹力与感应电流密度具有相似的变化周期及分布情况。

由图 5.33 可知，板件上受到的洛伦兹力在初始阶段是驱动板件向远离线圈的方向运动的。当时间在 12.5～15 μs 时，洛伦兹力改变了方向，不再驱动板件远离线圈运动而是反向抑制，因此板件间隙的设置不能太宽，使得板件运动时间过长。

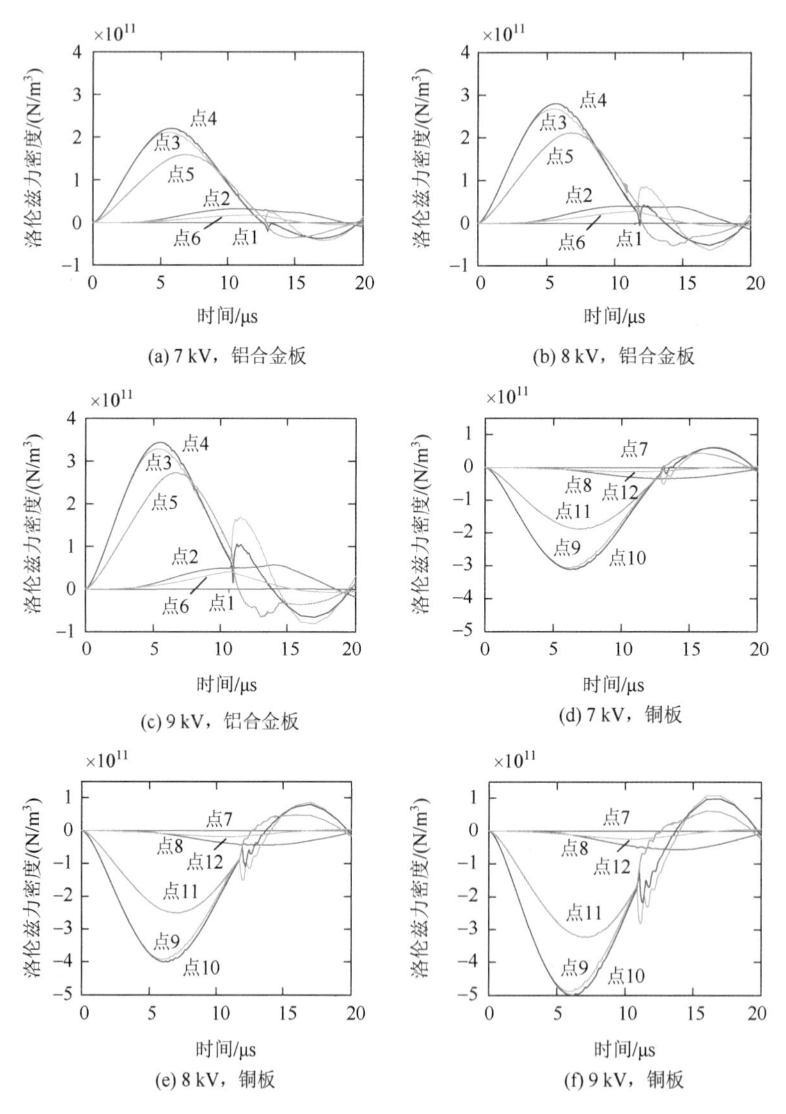


图 5.33　各观测点洛伦兹力密度随时间变化曲线

3. 多匝盘型线圈电磁脉冲焊接

1）感应涡流的分布

当采用多匝盘型线圈及其平板集磁器作为驱动器时，铝合金板表面的感应涡流密度分布仿真结果如图 5.34 所示，感应涡流分布规律和磁通密度分布规律一致。铝合金板表面感应涡流密度模最大值为 $4.15\times10^{10}$ A/m$^2$，感应涡流集中于集磁器下表面投影区域，分布形状为一个带缺口的圆环。

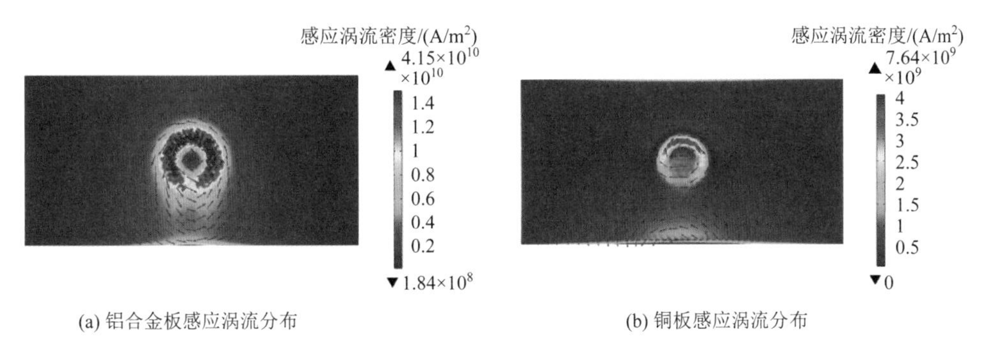


(a) 铝合金板感应涡流分布　(b) 铜板感应涡流分布

图 5.34　板件感应涡流密度分布情况

2）洛伦兹力的分布

当 $t=10$ μs 时，铝合金板洛伦兹力分布情况如图 5.35 所示。从图 5.35（a）可以看出，铝合金板上表面的洛伦兹力分布与磁通密度和感应涡流分布规律一致，为一个带缺口的圆环。铝合金板 $y$ 轴上 $OA$ 和 $AB$ 段的分布情况如图 5.35（b）所示，其中洛伦兹力的大小和箭头长度成正比，洛伦兹力方向为箭头方向。洛伦兹力主要集中于 $AB$ 段，$y$ 轴上最大洛伦兹力出现在集磁器下表面圆环对应区域，且靠近平板集磁器中心区域一侧。

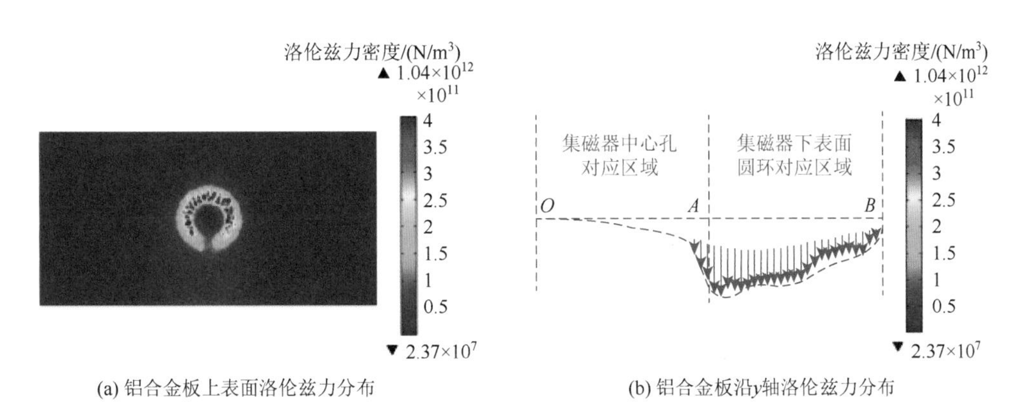


(a) 铝合金板上表面洛伦兹力分布　(b) 铝合金板沿$y$轴洛伦兹力分布

图 5.35　铝合金板洛伦兹力分布情况

3）平板集磁器受力分析

由于缝隙的存在，平板集磁器是一个不完整的回转体，缝隙也因此成为平板集磁器的结构薄弱点。为了分析平板集磁器的结构强度，首先分析了静态时平板集磁器缝隙面在恒定均匀负载下的变形行为。

图 5.36 为平板集磁器缝隙面在均匀恒定载荷（5000 kN）下的变形情况，由图 5.36（a）可知，在 $H=10$ mm 下集磁器最大变形量为 4.35 mm，随着集磁器高度的增加，集磁器缝

隙面积也增长，单位压强下降，集磁器形变量也分别下降为 $H = 20$ mm 和 $H = 30$ mm 的 2.11 mm 和 1.42 mm。由图 5.36（b）可知，当集磁器缝隙为 1～3 mm 时，平板集磁器形变量几乎无变化，表明集磁器缝隙宽度对其结构强度影响不大。

平板集磁器工作过程中，感应涡流从上表面经缝隙面流入下表面，由另一个缝隙面流回上表面。缝隙的距离窄，两缝隙面同时流过方向相反的感应涡流，相互之间会产生排斥力。由于集磁器缝隙面的感应涡流分布不均，且在局部集中，集磁器缝隙面受到的排斥力也并不均匀。图 5.37 为放电电压为 13 kV 时，高度为 20 mm、缝隙宽度为 2 mm 的平板集磁器的缝隙面受力云图。可以看到，平板集磁器最大受力区域集中于下表面，最大的应力约为 279 MPa。

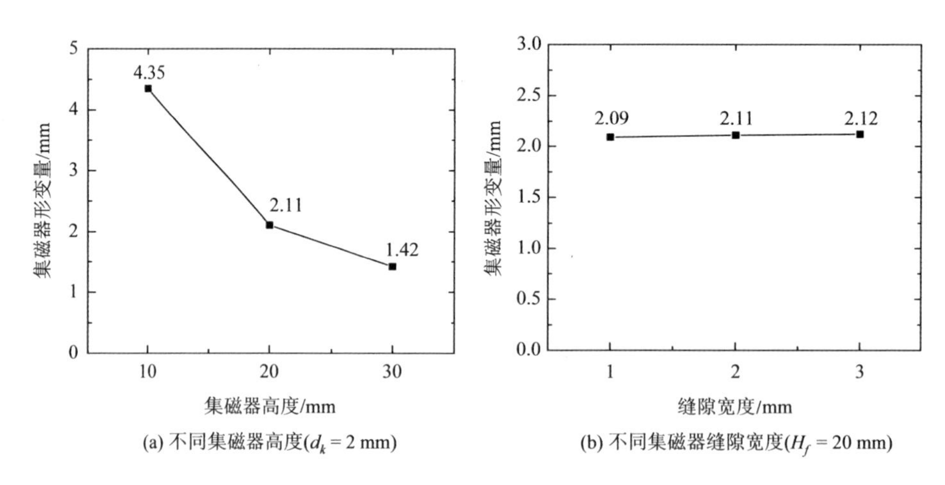


(a) 不同集磁器高度($d_k = 2$ mm)　　(b) 不同集磁器缝隙宽度($H_f = 20$ mm)

图 5.36　平板集磁器在恒定负载下的变形情况

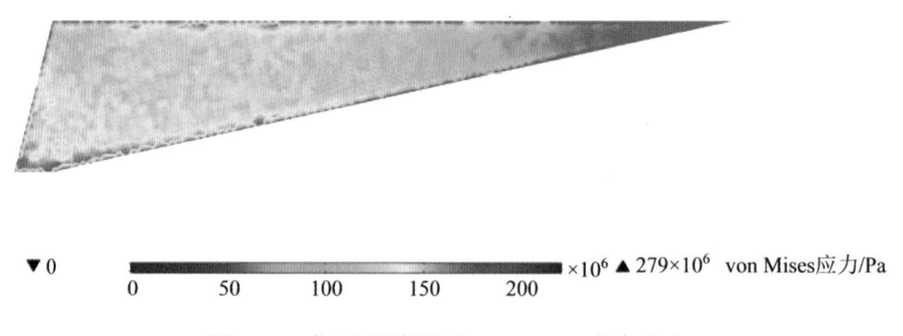


图 5.37　集磁器缝隙面 von Mises 应力分布

如图 5.38（a）所示，当平板集磁器高度从 10 mm 增长到 30 mm 时，集磁器缝隙面受到的 von Mises 应力从 426 MPa 降低到 164 MPa。这是由于随着高度的增长，集磁器缝隙面面积增大，但是总感应涡流不变，因此缝隙面上的感应涡流密度减小，缝隙面应力下降。不同缝隙宽度下的集磁器缝隙面最大 von Mises 应力大小变化如图 5.38（b）所示，最大 von Mises 应力随缝隙宽度的增大而降低，这是因为缝隙宽度提高时，集磁器缝隙面的排斥力也随之降低。图 5.38（b）和图 5.36（b）的区别在于，图 5.38（b）中不同集磁器缝隙宽度下缝隙面所受排斥力是不同的。

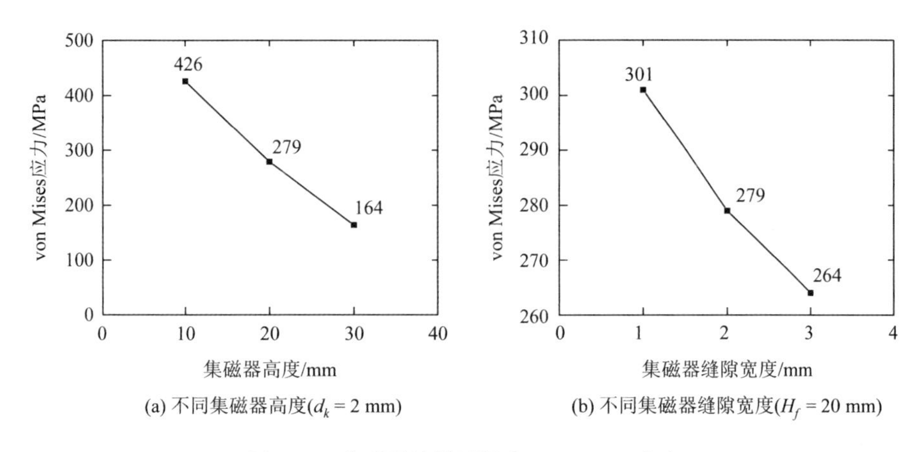


(a) 不同集磁器高度($d_k$ = 2 mm)　　(b) 不同集磁器缝隙宽度($H_f$ = 20 mm)

图 5.38　集磁器缝隙面最大 von Mises 应力

### 5.3.3　板状工件塑性变形及“削顶”现象

1. Ⅰ型线圈电磁脉冲焊接

1）铝合金板的塑性变形过程及“削顶”现象

由式（5.16）可知，当铝合金板的洛伦兹力大于板件自身的变形抗力时，铝合金板会因受力发生变形，并且向铜板加速移动。铝合金板的位移距离及其分布可表征铝合金板的塑性变形及其分布，因而求解铝合金板的位移距离及其分布。当放电电压为 12 kV 时，铝合金板在不同时间对应的位移分布如图 5.39 所示，可反映铝合金板的塑性变形过程。当 $t = 0$ μs 时，铝合金板的位移距离为 0 mm。当 $t = 2.5$ μs 时，铝合金板仍未发生明显的塑性变形。由式（5.15）可知，洛伦兹力的幅值由磁感应强度与铝合金板的感应涡流共同决定。放电初期，尽管放电电流的变化率较大，但放电电流幅值较小，磁感应强度与感应涡流都较弱，此时的洛伦兹力远小于铝合金板的变形抗力，难以驱使铝合金板发生塑性变形。放电电流幅值随着时间不断提高，洛伦兹力不断增加。当洛伦兹力大于铝合金板的变形抗力时，铝合金板在洛伦兹力作用下先发生弹性变形。当洛伦兹力远大于铝合金板变形抗力时才产生塑性变形和加速度。当 $t = 5$ μs 时，铝合金板发生塑性变形，但位移距离较小。塑性变形集中在焊接线圈对应的中心区域，且分布不均匀，越靠近该区域中轴线，变形量越大。中心区域端部并未发生塑性变形，整个变形区域呈现出一个微小的椭圆弧凸起。当 $t = 7.5$ μs 时，凸起的面积和高度都有所增加，位移区域多层椭圆形貌也更加明显。此外，铝合金板的边缘也开始出现塑性变形。

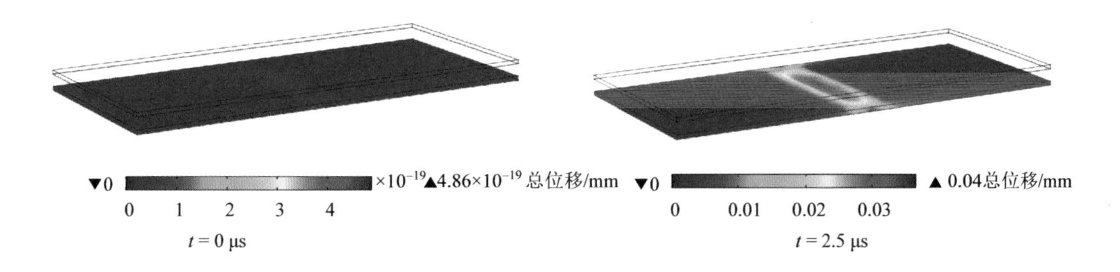

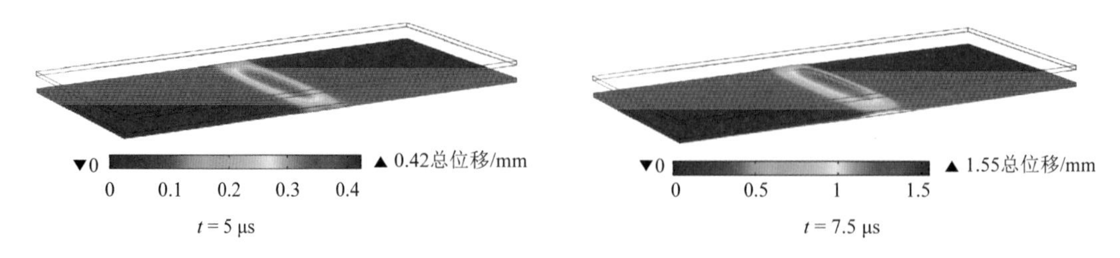


图 5.39　不同时刻铝合金板塑性变形仿真结果

当放电电压分别为 12 kV 和 14 kV 时，不同时刻铝合金板塑性变形过程的正视图如图 5.40 所示。当铝合金板发生塑性变形时，中心区先凸起形成一个圆弧。从图中可知，随着放电电压的提高，在相同时间内，铝合金板塑性变形速度变大，变形程度也随之增大。如当 $t = 7.5$ μs 时，12 kV 放电电压作用下的铝合金板最大位移距离为 1.55 mm，而 14 kV 放电电压作用下的铝合金板最大位移距离已达到 2.04 mm。此时，14 kV 放电电压作用下铝合金板塑性变形的区域也比 12 kV 放电电压作用下铝合金板的塑性变形区域宽约 0.2 mm。当 $t = 10$ μs 时，14 kV 放电电压作用下铝合金板已经与铜板相互挤压，而 12 kV 放电电压作用下铝合金板还未与铜板接触。此外，在铝合金板塑性变形过程中，其最大变形区域由圆弧逐渐变为平顶，产生了“削顶”现象。放电电压为 14 kV 时的“削顶”现象更加明显，“削顶”区域也宽于放电电压为 12 kV 时的区域。

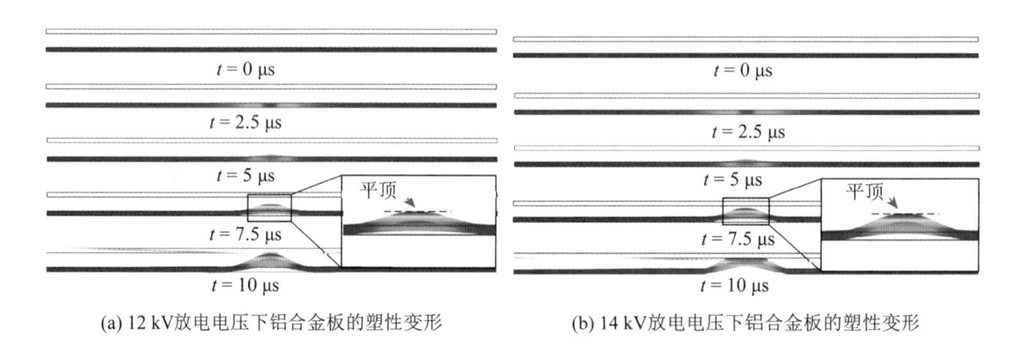


(a) 12 kV放电电压下铝合金板的塑性变形　　(b) 14 kV放电电压下铝合金板的塑性变形

图 5.40　不同放电电压作用下的铝合金板塑性变形过程

在电磁脉冲焊接中，铜板所处环境中的磁感应强度 $B_{Cu}$ 可表示为

$$B_{\mathrm{Cu}} = B + B_{\mathrm{Al}} \tag{5.22}$$

式中，$B$ 为焊接线圈中放电电流 $I$ 所产生的瞬变磁场；$B_{Al}$ 为铝合金板感应涡流在空间中产生的磁场。

如 5.3.1 小节中的仿真结果所示，铝合金板对铜板具有屏蔽效果，且铜板与焊接线圈间距较大，受磁场 $B$ 的影响较小。在铝合金板加速向铜板移动的过程中，两者之间的间距不断减小。铝合金板受到焊接线圈中放电电流产生的磁场 $B$ 的影响不断减小，而铜板受到磁场 $B_{Al}$ 的影响逐渐增强。根据楞次定律，此时铜板将产生相应的感应涡流，阻碍铝合金板靠近。当铝合金板塑性变形最大区域足够靠近铜板，其所受阻力（包括其变形抗力和铜板涡流带来的反向作用力）大于驱使其运动的作用力时，最大变形区域减速，而铝合金板其余部分受到的影响较小。因此，铝合金板变形区域的顶部因铜板涡流磁场的影响而出现“削顶”现象，变得平直。

当放电电压不同时，铝合金板点 3 处的加速度仿真结果如图 5.41 所示。放电电压越高，加速度越大。当 $t = 5$ μs 时，14 kV 放电电压作用下铝合金板的加速度减缓，且比 12 kV 加速度变化程度更大。放电电压越高，铝合金板运动速度越快，越早接近于铜板并受到铜板影响，“削顶”现象越明显，影响区域范围也会更大。焊接间隙越大，距离焊接线圈越远，“削顶”现象也越明显。铝合金板“削顶”的瞬态过程如图 5.42 所示，铝合金板顶部形成了一个平顶。

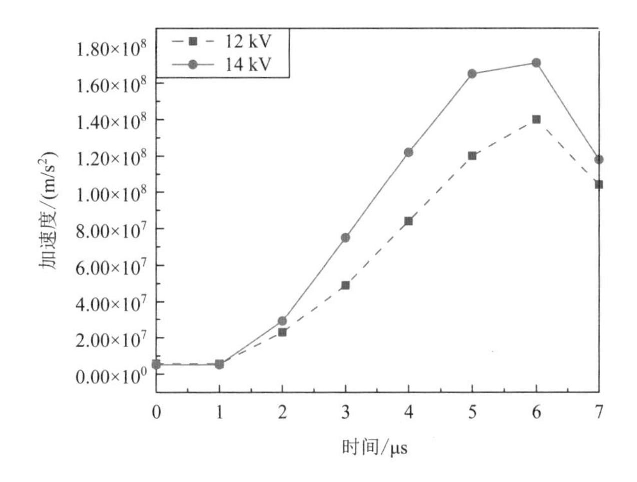


图 5.41　不同放电电压作用下的铝合金板点 3 处的加速度

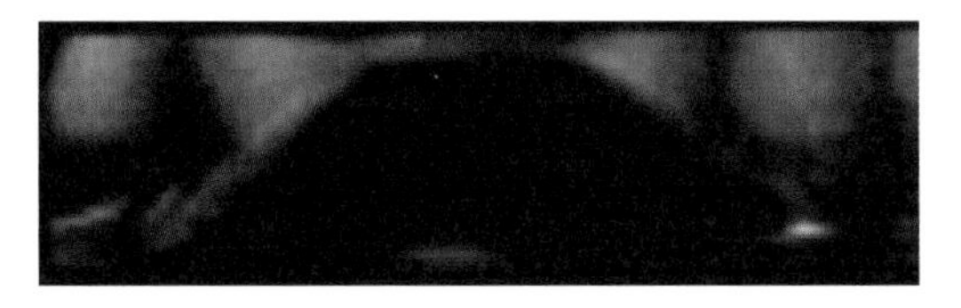

图 5.42　铝合金板变形过程中“削顶”现象

2）铝合金板与铜板的碰撞过程

当 $t = 10.25$ μs 时，铝合金板（12 kV）最大塑性变形处的位移距离已达到 3 mm，与铜板发生碰撞。此时，铝合金板位移分布的仿真结果如图 5.43 所示，采用等值面的方式表征铝合金板不同区域的塑性变形。在铝合金板与铜板刚刚碰触的瞬间，从正面看，铝合金板最大塑性变形处，即两板的初始撞击区，并不是最初开始发生塑性变形时的圆弧，而是被“削顶”后的平顶。根据塑性变形量的差异，铝合金板中心区域形成了多层扁平椭圆形貌，深红色扁平椭圆形为初始撞击区，形状窄小。从中心到四周依次是红色、黄色和绿色的扁平椭圆环，这些区域的塑性变形程度还未达到 3 mm，与铜板存在间距。此外，在铝合金板中心区域两侧及端部也发生了微小的塑性变形。

与铜板碰撞后，铝合金板的运动并没有停止，而是在洛伦兹力和变形抗力共同作用下，初始撞击区域边缘部分继续加速撞向铜板，两板的接触面积不断扩大。随着放电电

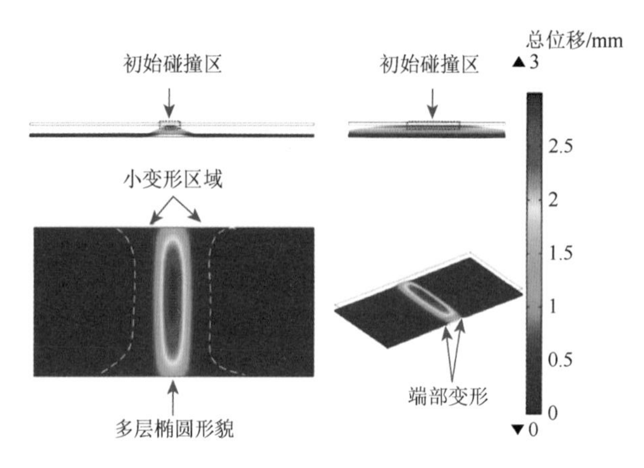


图 5.43　铝合金板与铜板碰撞瞬间的仿真结果

流幅值、电流变化率的减小以及铝合金板与焊接线圈距离的增加，洛伦兹力逐渐减小。当洛伦兹力小于铝合金板的变形抗力后，铝合金板停止运动，焊接接头的形貌不再变化。碰撞后，铝合金板的运动方向可以分解为平行于焊接方向与垂直于焊接方向两个分量，如图 5.44 所示。铝合金板与铜板的接触面积在两个方向上都不断增加。其中，平行于焊接方向碰撞点的速度分量 $V_{sc}$ 可表示为

$$V_{sc}=\frac{\Delta s_c}{\Delta t_c} \tag{5.23}$$

式中，$\Delta s_c$ 为平行于焊接方向上不同时刻碰撞点位移距离之差；$\Delta t_c$ 为对应的时间间隔。垂直于焊接方向碰撞点的速度分量 $V_{lc}$ 可表示为

$$V_{lc}=\frac{\Delta l_c}{\Delta t_c} \tag{5.24}$$

式中，$\Delta l_c$ 为垂直于焊接方向上不同时刻碰撞点位移距离之差；$\Delta t_c$ 为对应的时间间隔。

由图 5.44 可知，相同时间间隔内，铝合金板碰撞点移动的$\Delta s_c$ 和$\Delta l_c$ 逐渐减小。可见，当铝合金板与铜板碰撞后，洛伦兹力小于变形抗力和阻力，两者的碰撞点做减速运动。

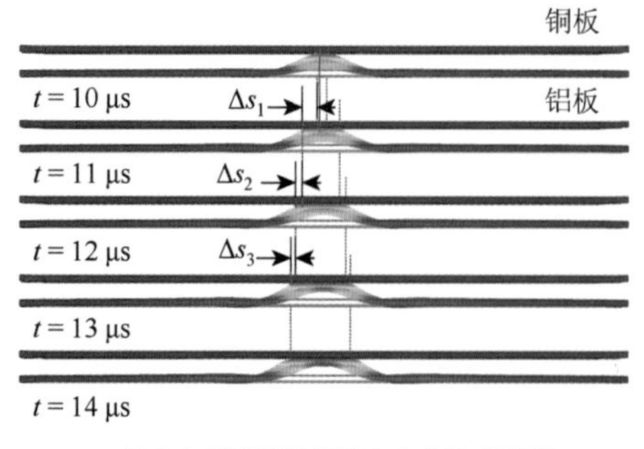


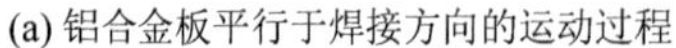
(a) 铝合金板平行于焊接方向的运动过程

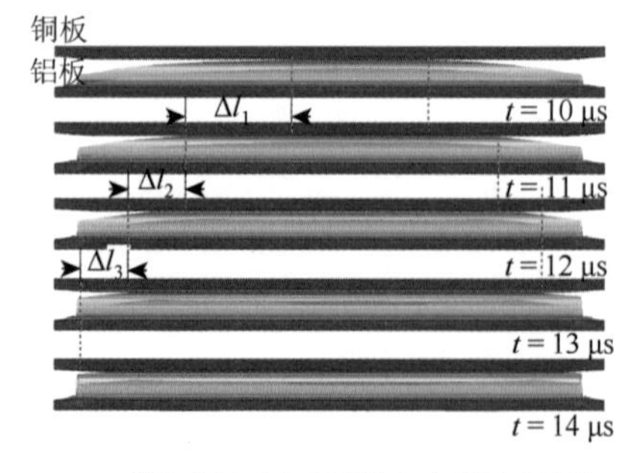


(b) 铝合金板垂直于焊接方向的运动过程

图 5.44　碰撞后铝合金板运动过程的仿真结果

当 $t$ = 11.25 μs 时，铝合金板的位移分布如图 5.45（a）所示。仿真结果表明，铝合金

板初始撞击区的面积逐渐扩大，而初始撞击区附近的红色椭圆环面积变小。铝合金板表面与铜板接触的面积增大，红色椭圆环的塑性变形仅次于中心深红色椭圆区域，因而在后续运动过程中，该区域率先与铜板相撞击。当 $t = 12.25\ \mu s$ 时，铝合金板的位移分布如图 5.45（b）所示。此时，铝合金板位移的最大区域不再是初始撞击区，而是其边缘的椭圆环，初始碰撞区产生了轻微的凹陷，表明铝合金板初始碰撞区产生了负位移，与铜板表面形成了间隙。尽管铝合金板的中心椭圆区域最先与铜板发生撞击，但该区域在铝合金板运动过程中产生了“削顶”现象，其速度方向与铜板的几何关系近乎垂直，在剧烈撞击下会发生反弹并产生负位移。而初始碰撞区附近的椭圆环，未受到“削顶”影响，撞击方向与铜板之间构成了一定的角度，与铜板表面接触更加紧密，逐渐满足焊接条件，形成如图 3.9（a）所示的扁平椭圆焊接环。

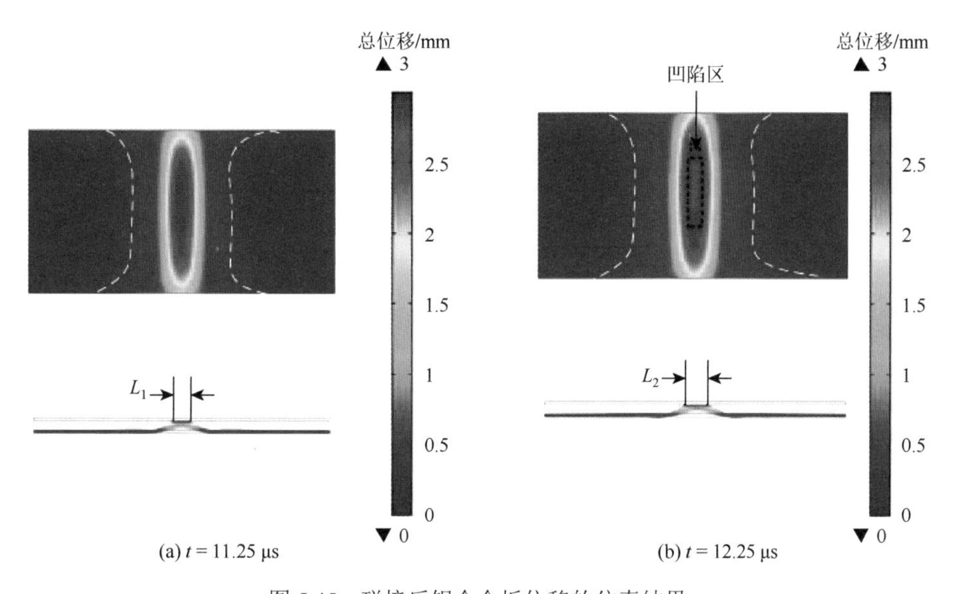


图 5.45　碰撞后铝合金板位移的仿真结果

为进一步验证仿真结果的可靠性，将铜-铝合金板焊接接头的仿真结果与实验结果进行对比。焊接接头（铝合金板）的外表面、内表面形貌与其仿真结果如图 5.46 所示。从图中可以看出，无论实验还是仿真，焊接接头的表面都形成了多层椭圆形貌，变形区域和几何尺寸相近，验证了仿真模型的可靠性。

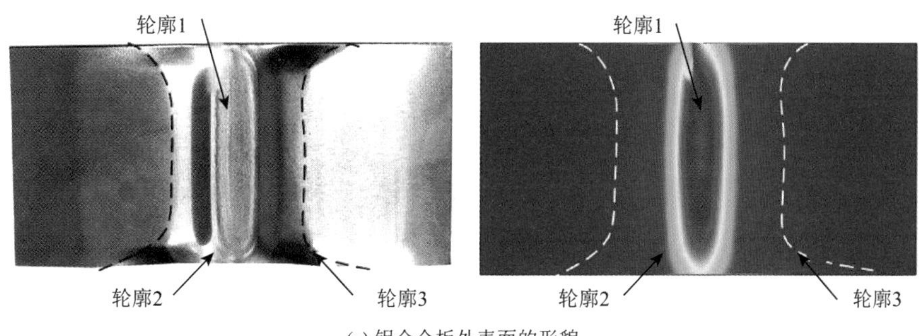


(a) 铝合金板外表面的形貌

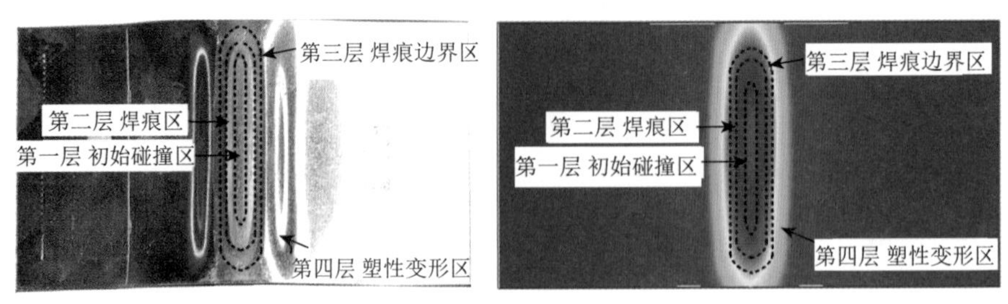


(b) 铝合金板内表面的形貌

图 5.46　铜-铝合金板电磁脉冲焊接接头（铝合金板）形貌的仿真与实验结果

因此，电磁脉冲焊接接头的多层椭圆宏观形貌形成机理是在铝合金板长边与焊接线圈对应的气隙区域内，时变磁场在铝合金板的作用下磁路方向发生了改变，从而使中间区域端部的磁感应强度减小，形成了中间区域较大、边缘较小的椭圆形分布；又由于磁感应强度从中心向四周逐渐递减的等值分布特征，产生了多层椭圆形貌。感应涡流由磁感应强度产生，洛伦兹力是感应涡流与磁感应强度共同作用形成的，铝合金板塑性变形又是洛伦兹力与其自身变形抗力共同作用的结果，导致感应涡流分布、洛伦兹力分布及铝合金板塑性变形分布都呈现出多层椭圆形貌特征。

在工程应用中，电磁脉冲焊接接头的宏观形貌可为工件进一步加工提供参考。例如，在动力电池模块铜-铝汇流排制作过程中，当铜-铝合金板焊接完成后，需要将接头多余部分切割，此时，根据接头宏观形貌沿着椭圆环的边缘切割可避免破坏冶金结合区域，防止导电性能降低。

3）电磁脉冲焊接过程中铝合金板的运动行为

为验证前述仿真中铝合金板的运动行为，搭建铜-铝合金板电磁脉冲焊接综合实验观测平台，如图 5.47 所示。除电磁脉冲焊接通用平台外，增加光-电数据采集平台，包含电气参数测量模块和图像采集模块的测量单元。储能电容两端的放电电压通过高压探头（Tektronix P6015A）测量，其对脉冲电压幅值的测量范围最高可达 40 kV，对直流电压的测量幅值最高可达 20 kV。放电回路中的电流信号由 Rogowski 线圈（Meatrol Electrical H-CT-1）测量，最大测量范围为 1 MA，灵敏度约为 1 V/200 kA。高压探头与 Rogowski 线圈采集的数据由示波器（Tektronix MDO3024）存储。采用高速摄像机（Phantom V710L）捕捉焊接过程中的动态图像，其最大采样率为 1000000 fps，即最小曝光时间为 1 μs，配有 200～500 mm 变焦镜头（Nikon AF-S 200-500mm f5.6E ED VR）。高速摄像机采用示波器触发方式，当示波器接收到电压/电流信号后同步触发高速摄像机。在拍摄铜-铝合金板电磁脉冲焊接过程中，高速摄像机的曝光时间短，且本书采用的焊接间隙窄导致进光量不足，所拍摄出的照片亮度极低，难以分辨拍摄内容，故采用直流无频闪 LED 灯（200 W）作为背光源进行补光，提高拍摄窗口的亮度，同时解决在拍摄过程中由于灯源频闪而造成部分图片因进光量不足而模糊的问题。此外，为避免电磁脉冲焊接装置放电过程所产生的脉冲大电流通过线路影响高速摄像机和背景光源，采用不间断电源对高速摄像机和背景光源分别单独供电，使其与电磁脉冲焊接装置的供电电源隔离，保障装置安全。

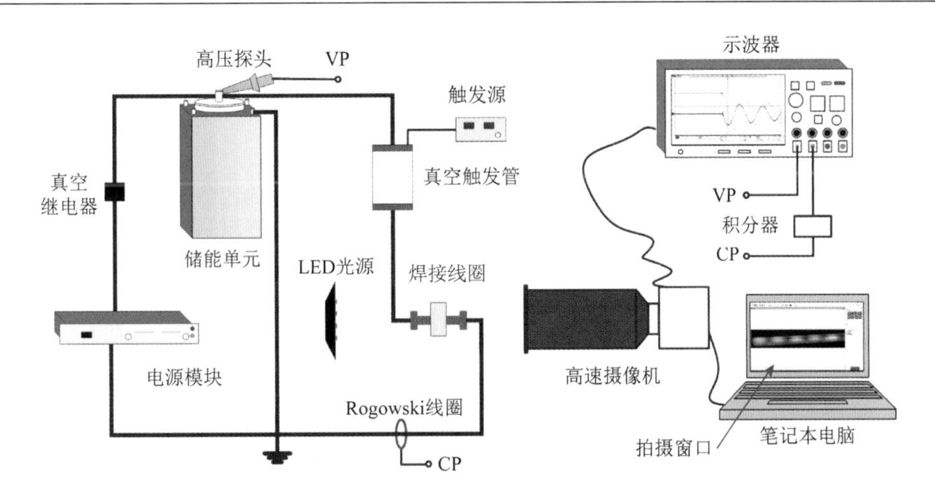


图 5.47　电磁脉冲焊接综合实验观测平台

实验中，焊接间隙间距会影响拍摄窗口的尺寸和进光量，高速摄像机的采样率、采样间隔、分辨率需要根据拍摄窗口画幅和进光量进行动态设置。在铝合金板变形瞬态过程的拍摄中，变形间隙设置为 5 mm，分辨率设置为 192×32，相应的采样率为 510000 fps，每两张图片拍摄时间间隔约为 1.96 μs；在电磁脉冲焊接过程的拍摄中，焊接间隙为 1～3 mm，分辨率设置为 192×24，相应的采样率设置为 610000 fps，每两张图片拍摄时间间隔约为 1.64 μs。

图 5.48 表明当变形间隙为 5 mm、放电电压为 12 kV 时铝合金板的运动过程。从图中可知，铝合金板整个运动时间极短，不足 65 μs。图 5.48（a）是正面方向拍摄的结果，可见，铝合金板塑性变形区域的对称轴是焊接线圈的中心，并且沿铝合金板中心长轴对称分布，与图 5.40 的仿真结果一致。根据铝合金板的不同状态，其整个运动过程可分为 3 个阶段：变形阶段、撞击阶段和扩张阶段。在变形阶段：放电电流幅值在放电刚刚开始时较小，铝合金板感应产生的洛伦兹力还不足以使其发生变形；随着放电电流幅值不断升高，铝合金板的涡流和磁感应强度也增加，进而使洛伦兹力增大，当洛伦兹力大于铝合金板自身的变形抗力时，铝合金板会发生塑性变形并开始加速运动；随着变形过程的发展，铝合金板的变形区域从中心逐渐向两侧扩展，变形区域面积不断扩大，图 5.40 的仿真结果与实验中铝合金板的变形过程基本吻合，但由于铝合金板变形起始时刻难以精准判断、仿真模型更理想等[1]，两者不完全一致，但并不影响铝合金板的变形规律；当 $t$ = 15.68 μs 时，铝合金板的最大变形区域由圆弧变为平顶，发生了“削顶”现象，而此时铝合金板与铜板还未发生碰撞。在撞击阶段：与图 5.40 的仿真结果相同，“削顶”区最先与铜板碰撞，两者的接触表面几乎平行，铝合金板撞击速度的方向垂直于铜板。在扩张阶段：与图 5.44（a）的仿真结果一致，铝合金板与铜板发生碰撞后继续移动并与铜板接触；随着铝合金板与铜板的碰撞点沿焊接方向继续向外扩展，接触区域的长度不断增加；当洛伦兹力小于铝合金板自身的变形抗力时，铝合金板停止扩张，两者接触面积不再发生变化。实验中，由于间隙较大，铜板与铝合金板未能形成有效焊接。

可见，在铝合金板变形初期，变形区域在图中显示为黑色。表明该区域被铝合金板的某些部分遮挡，背景光线无法穿过，形成了黑色区域。随着铝合金板变形量不断增大，在铝合金板底部与固定装置的水平面之间出现了间隙，使背景光源穿过。由此推断，在铝合金板变形过程中，运动速度存在两个分量，即平行于焊接方向的分量和垂直于焊接方向的分量。图 5.48（b）是从侧面拍摄的铝合金板运动的瞬态过程。从图中可知，该方向上铝合金板的变形区域也是轴对称的，对称轴位于铝合金板短边的中心，从中心向长边边缘对称分布，与图 5.44（b）的仿真结果一致。

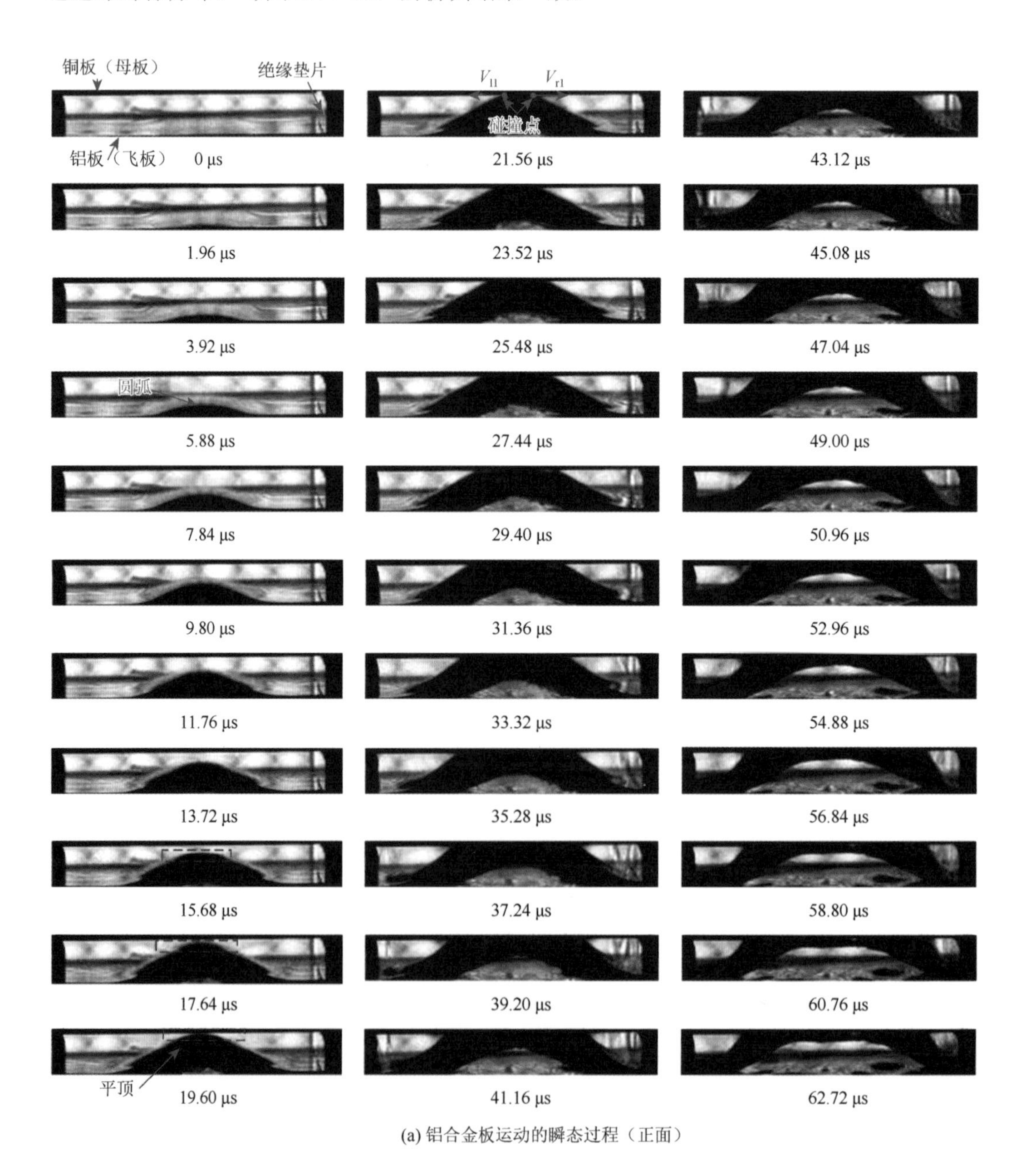


(a) 铝合金板运动的瞬态过程（正面）

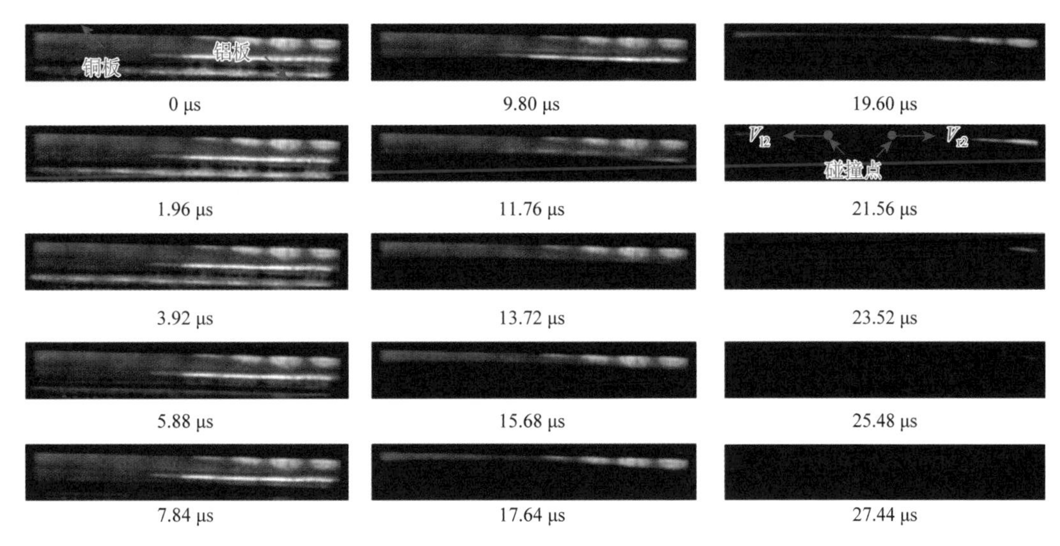


(b) 铝合金板运动的瞬态过程（侧面）

图 5.48　铝合金板运动的瞬态过程

为了更好地研究铝合金板的运动行为，本节对铝合金板运动过程中的角度和速度两个特征量进行了计算和分析。根据图 5.48 的结果可计算出铝合金板变形过程中的速度和角度。在变形阶段，铝合金板在垂直方向的变形速度 $V_{dc}$ 由式（5.25）给出：

$$V_{dc} = \frac{\Delta d_{bc}}{\Delta t_{pc}} \tag{5.25}$$

式中，$\Delta d_{bc}$ 为在相邻时刻拍摄的照片中铝合金板变形量的差异，如图 5.49（a）所示，$\Delta d_{bc} = d_{bc2} - d_{bc1}$；$\Delta t_{pc}$ 为两张照片的采样间隔，为 1.96 μs。

在铝合金板变形过程中，其与水平之间的角度可由式（5.26）计算：

$$\alpha_{bc1} = \arctan \frac{h_{bc}}{l_{bc}} \tag{5.26}$$

式中，$h_{bc}$ 为角度 $\alpha_{bc1}$ 对应的高度；$l_{bc}$ 为角度 $\alpha_{bc1}$ 对应的底部，如图 5.49（a）所示。

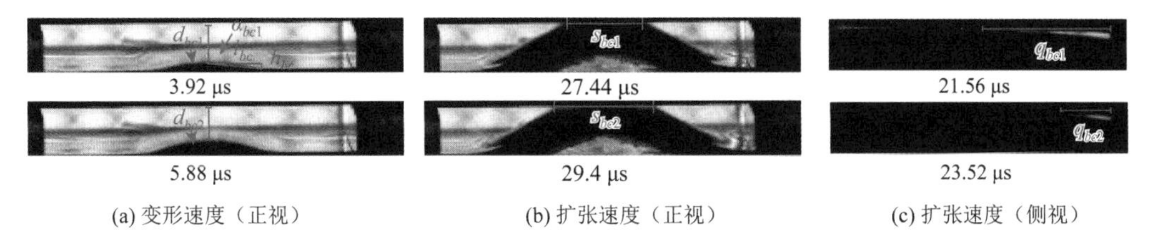

(a) 变形速度（正视）　(b) 扩张速度（正视）　(c) 扩张速度（侧视）

图 5.49　铝合金板的速度和角度计算方式

铝合金板在扩张阶段，在水平方向的移动速度 $V_{ef}$ 为

$$V_{ef} = \frac{\Delta s_{bc}}{2 \cdot \Delta t_{pc}} \tag{5.27}$$

式中，$\Delta s_{bc}$ 为相邻时刻拍摄的图片在水平方向上的差异，即$\Delta s_{bc} = s_{bc2} - s_{bc1}$；$\Delta t_{pc}$ 为两张图片的采样间隔，等于 1.96 μs，如图 5.49（b）所示。

在扩张阶段，从侧面看，铝合金板在水平方向的扩张速度 $V_{es}$ 为

$$V_{es} = \frac{\Delta q_{bc}}{\Delta t_{pc}} \tag{5.28}$$

式中，$\Delta q_{bc}$ 为在相邻时刻拍摄的图片中水平位移的差异（见图 5.49（c）)，而$\Delta q_{bc} = q_{bc1} - q_{bc2}$ 和$\Delta t_{pc}$ 为两张图片的采样间隔，为 1.96 μs。

为提高计算效率，在速度与角度的求解过程中，此处作了三个假设：一是假设在每一段时间间隔内铝合金板都是匀速运动的；二是将铝合金板明显发生塑性变形时刻前一张图片的时间视为 $t = 0$ μs 时刻，即铝合金板运动的初始时刻；三是将铝合金板与铜板明显接触的前一张图片中铝合金板与铜板的间距视为铝合金板碰撞前的运动距离。这些假设会带来计算误差，Xu 等[1]也指出，飞板初始变形时刻难以精准确定以及测量误差都会带来计算误差。尽管高速摄像机的采样频率已经很高，但相对于电磁脉冲焊接过程，其精准度仍不足。因此，速度和角度的计算结果更侧重于定性反映其变化规律和趋势，不是精准的定量结果。

当焊接间隙调整为 5 mm、放电电压设置为 12 kV 时，铝合金板发生了塑性变形，并未与铜板形成冶金结合，其速度和角度的计算结果如图 5.50 所示。

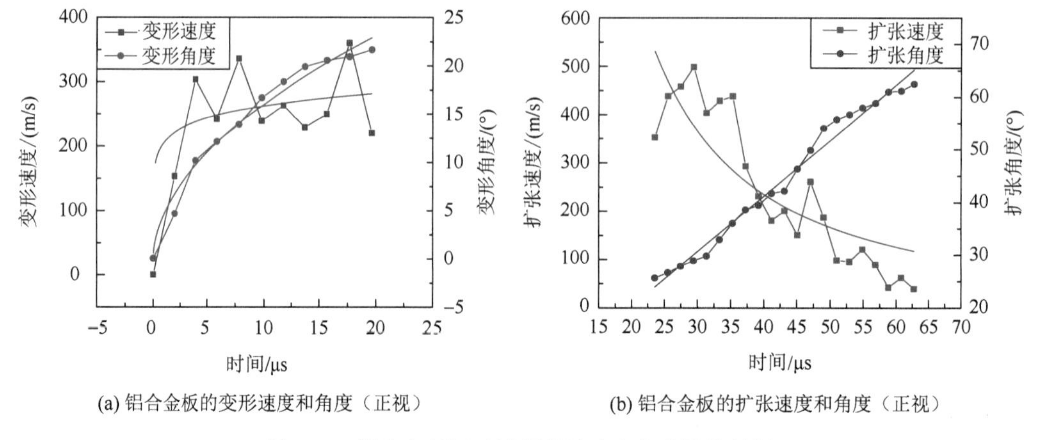


(a) 铝合金板的变形速度和角度（正视）　　(b) 铝合金板的扩张速度和角度（正视）

图 5.50　铝合金板运动过程的速度和角度计算结果

图 5.50（a）是碰撞前铝合金板的变形速度和角度的计算结果。结果表明，碰撞前铝合金板的速度变化趋势是不断增加的。铝合金板的变形角度，即铝合金板的最大变形处与水平线之间的角度也不断增大。在洛伦兹力的作用下，不仅铝合金板的位移发生变化，而且铝合金板的变形面积也增大，其顶端最大变形量与其他区域（底部）变形量之间的差异也在扩大，因此角度不断扩大。图 5.50（b）是碰撞后扩张速度和角度的计算结果。碰撞后，铝合金板的速度不断降低，直至 0 m/s。当铝合金板与铜板碰撞时，最大变形区域与焊接线圈之间的距离达到 5 mm，磁感应强度及感应涡流都会减小。随着扩张距离的增加，洛伦兹力继续减小，因此扩张速度也继续减小。铝合金板与铜板碰撞后，角度的变化并没有停止。铝合金板碰撞点的速度高于非碰撞区域的速度，因此，扩张角度持续增大，直到铝合金板停止变形。

2. 双 H 型线圈电磁脉冲焊接

由式（5.16）可知，当采用双 H 型线圈作为驱动器时，在洛伦兹力的作用下，铜板和铝合金板会发生相向的变形运动，并且当两板件的变形位移之和达到板件间隙距离时就会发生碰撞。

当放电电压为 7 kV 时，铜板和铝合金板发生碰撞前变形过程及过程中不同时刻的板件运动速度模分布云图仿真结果如图 5.51 所示。图中未显示整个板件区域，仅显示了线圈正对的板件区域，即主要变形区和碰撞区。从图中可以看出，不同时刻的板件上的速度均是板件中心位置的速度最大，并且由中心向两侧速度越来越小。在整个过程中，随着时间的推移，板件上的速度逐渐增大。分析板件运动速度仿真结果可得铜板及铝合金板上不同时刻的最大运动速度值及两板件的相对速度值，如表 5.5 所示，其中，铝合金板速度方向向上，铜板速度方向向下。

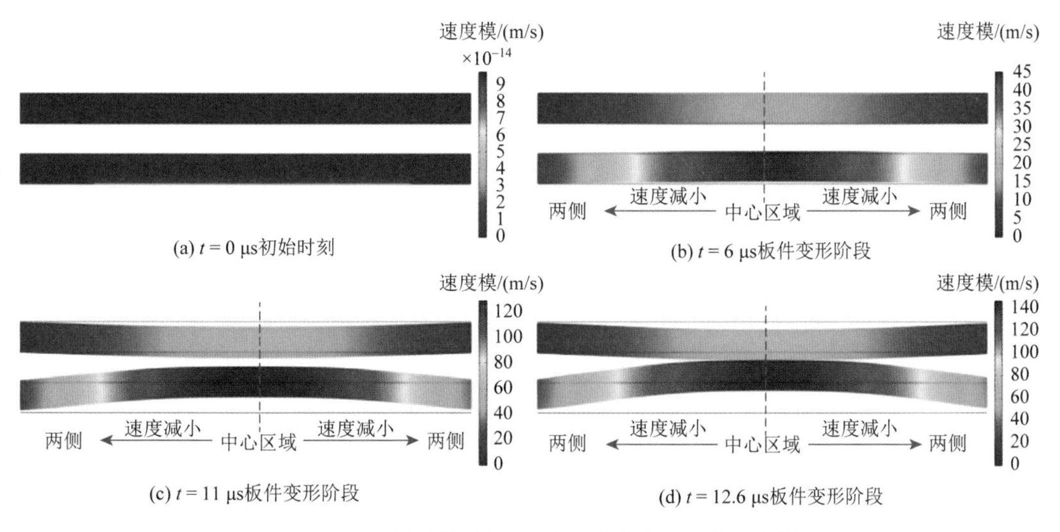


图 5.51　变形过程板件运动速度模分布云图仿真结果

**表 5.5　不同时刻铜板与铝合金板最大运动速度及相对速度表**

| 时刻/μs | 铜板最大运动速度/(m/s) | 铝合金板最大运动速度/(m/s) | 两板相对速度/(m/s) |
|---|---|---|---|
| 6 | 14.6 | 45.3 | 59.9 |
| 11 | 46.0 | 128.4 | 174.4 |
| 12.6 | 53.5 | 145.8 | 199.3 |

图 5.52 显示了铜板和铝合金板相对边界上的位移沿边界的分布情况。由于板件的速度从中心向两侧呈梯度下降分布，从而使板件的变形位移也具有相同分布规律，即板件中心位移最大，从中心向两侧位移越来越小，整体变形呈现一个弧形凸起的形态。

由此可知，铜板和铝合金板最先从板件中心区域开始发生碰撞，并且随着时间的推移，铜板和铝合金板的板件中心两侧的区域会在洛伦兹力和惯性的作用下继续相向运动

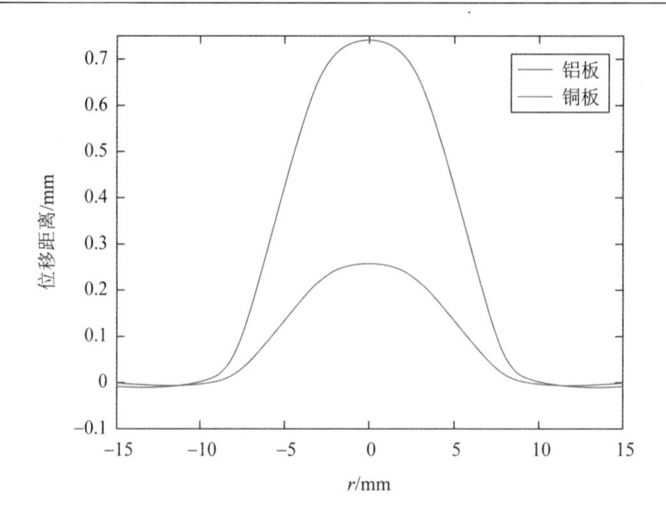


图 5.52　铜板和铝合金板相对边界上的位移沿边界的分布情况

并陆续发生碰撞，使得发生碰撞的区域增大。碰撞区域的边缘点即碰撞前端点，随着碰撞的发展，左右两侧的碰撞前端点就会不断地分别向左右两侧移动，碰撞前端点移动的速度即 $V_c$，以碰撞前端点为顶点，两板件间的夹角即碰撞角度 $\beta$。

当放电电压为 7 kV 时，铜板和铝合金板碰撞过程及过程中不同时刻的板件上的速度模分布云图仿真结果如图 5.53 所示。由图 5.53（a）～（d）可知，铜板和铝合金板在 $t = 12.61$ μs 时开始发生碰撞，此时左右两侧的碰撞前端点之间的距离为 0.4053 mm。当 $t = 12.63$ μs、$t = 12.65$ μs 和 $t = 12.67$ μs 时，两侧的碰撞前端点之间的距离分别为 1.3412 mm、1.8148 mm 和 2.1266 mm。即从 12.61 μs 起每 0.02 μs 内一侧的碰撞前端点移动的距离分别为 0.46795 mm、0.2368 mm 和 0.1559 mm，计算可知碰撞过程中碰撞点的移动速度是变化的。此外，由图 5.53（d）～（f）可知，碰撞角度也是不断变化的。这是由于板件上的运动速度分布不均匀，以及板件的弧形变形造成的。

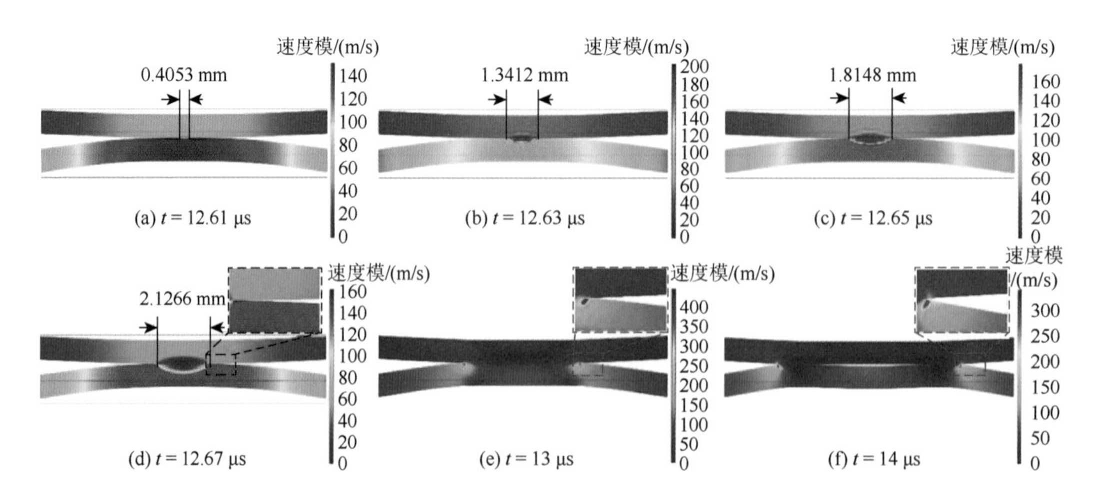


图 5.53　碰撞过程板件运动速度模分布云图仿真结果

当放电电压不同时，板件上受到的洛伦兹力会发生变化，导致板件上的速度的大小及分布发生变化。图 5.54 显示了当放电电压分别为 8 kV 和 9 kV 时，铜板及铝合金板将要发生碰撞前的速度模分布云图仿真结果。由图可见，不同放电电压作用下铜板和铝合金板的速度分布规律与放电电压为 7 kV 时是一致的，均是板件中心速度大，且从板件中心向两侧逐渐减小。但根据图例颜色深浅可知，放电电压为 9 kV 时，板件上对应的各部分的运动速度均大于放电电压为 8 kV 时的运动速度。当放电电压分别为 8 kV 和 9 kV 时，根据碰撞前时刻的板件运动速度仿真结果可得铜板及铝合金板上的最大运动速度值及两板件的相对速度值，如表 5.6 所示。可见随着放电电压的提高，铜板和铝合金板的碰撞速度将提升；并且电压每升高 1 kV，铜板和铝合金板初始碰撞时刻的相对速度增大约 30 m/s。

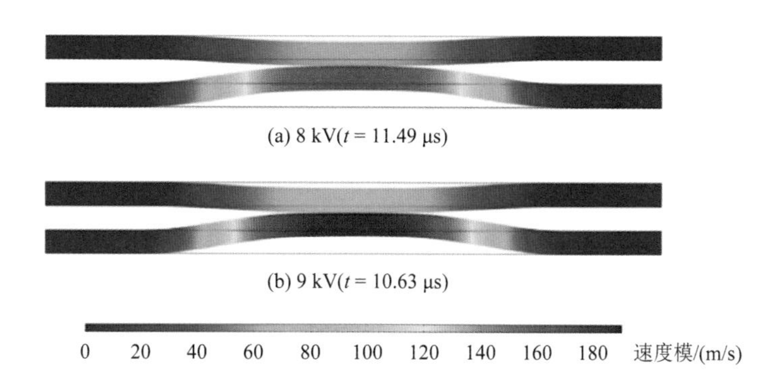


图 5.54　不同放电电压下即将碰撞时刻的板件运动速度模分布云图仿真结果

**表 5.6　不同放电电压下碰撞前铜板与铝合金板最大运动速度及相对速度**

| 电压/kV | 铜板最大运动速度/(m/s) | 铝合金板最大运动速度/(m/s) | 两板相对速度/(m/s) |
|---|---|---|---|
| 8 | 62.1 | 169.0 | 231.1 |
| 9 | 69.0 | 189.3 | 258.3 |

3. 多匝盘型线圈电磁脉冲焊接

当采用多匝盘型线圈及其平板集磁器作为驱动器时，铝合金板塑性变形的仿真结果如图 5.55 所示。平板集磁器下表面的圆环处变形量较大，集磁器缝隙所在方向变形量较小，铝合金板上集磁器中心孔对应处无变形。可以看到，变形区域和磁通密度分布、铝合金板涡流分布一致，且与平板集磁器下表面形状保持一致。

由于磁通密度和感应涡流在铝合金板中心区域并不均匀，平板集磁器下表面在铝合金板的投影区域的变形并不均匀，变形区域形成了多层月牙形貌，深红色月牙区域的变形量最大，从深红色月牙区域向外分别为红色、黄色和绿色月牙环，这些区域的变形量依次减小。

电磁脉冲焊接过程中，铝合金板在洛伦兹力的作用下发生塑性变形，和固定的铜板发生高速碰撞。板件沿着 $x$ 轴的变形情况如图 5.56 所示，其中上板为铝合金板，下板为

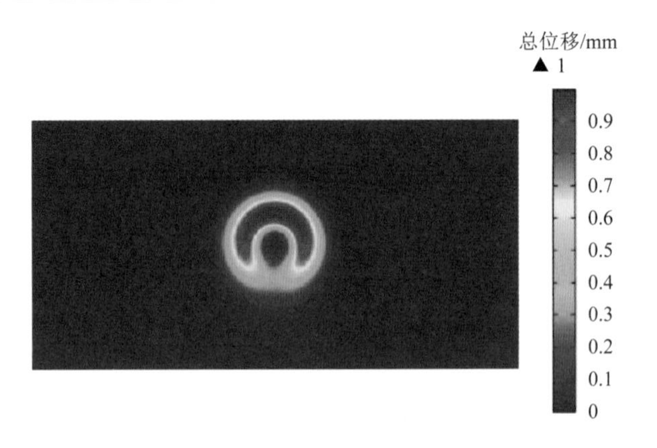


图 5.55　铝合金板塑性变形的仿真结果

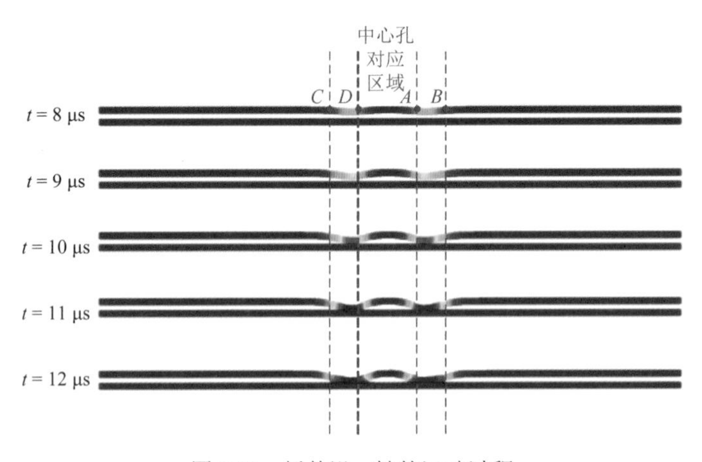


图 5.56　板件沿 $x$ 轴的运动过程

铜板，中间相距 1 mm，集磁器下表面在 $x$ 轴上的投影为 $AB$ 和 $CD$。由于平板集磁器结构的对称性，铝合金板的变形情况沿着 $y$ 轴对称分布，即铝合金板在 $AB$ 和 $CD$ 上的变形情况相同。在放电初期，放电电流较小，在空间中产生的磁通密度较低，铝合金板的洛伦兹力不足以克服铝合金板的变形抗力。随着放电电流幅值的增加，洛伦兹力逐渐大于变形抗力，铝合金板开始发生形变。当 $t = 8$ μs 时，平板集磁器下表面圆环对应区域在洛伦兹力的作用下发生塑性变形，且最大变形区域发生在线段 $AB$ 和线段 $CD$ 靠近板件中心的一侧。平板集磁器中心孔对应区域，即铝合金板的中心区域基本不变形，仅仅在靠近线段 $AB$ 和线段 $CD$ 的边缘部分两侧的带动下发生轻微变形。当 $t = 9$ μs 和 $t = 10$ μs 时，铝合金板变形程度进一步加大。当 $t = 11$ μs 时，铝合金板和铜板已经发生碰撞后形成的接触区域扩大。当 $t = 12$ μs 时，碰撞后铜、铝合金板接触区域不断扩大，线段 $AB$ 和线段 $CD$ 区域内铝合金板几乎都已经与铜板发生碰撞，铝合金板中心孔对应区域在两侧的带动下不断发生变形，并有部分已经和铜板发生碰撞。

当 $t = 10$ μs 时，铝合金板沿着 $x$ 轴的变形量如图 5.57 所示，从图中可以看出，铝合金板的变形情况呈轴对称分布，当 $x = 6.32$ mm 和 $x = -6.34$ mm 处，变形程度最大，为

0.918 mm，最大变形区域在平板集磁器下端面圆环对应区域且靠近平板集磁器中心，这和磁通密度的分布规律是一致的。铝合金板中心的位移量仅为0.06 mm，几乎无变形，在铝合金板的中心区域会出现一个鼓包。结合磁通密度、感应涡流分布的仿真结果可知，铝合金板中心洛伦兹力较小，无法克服铝合金板的变形抗力。

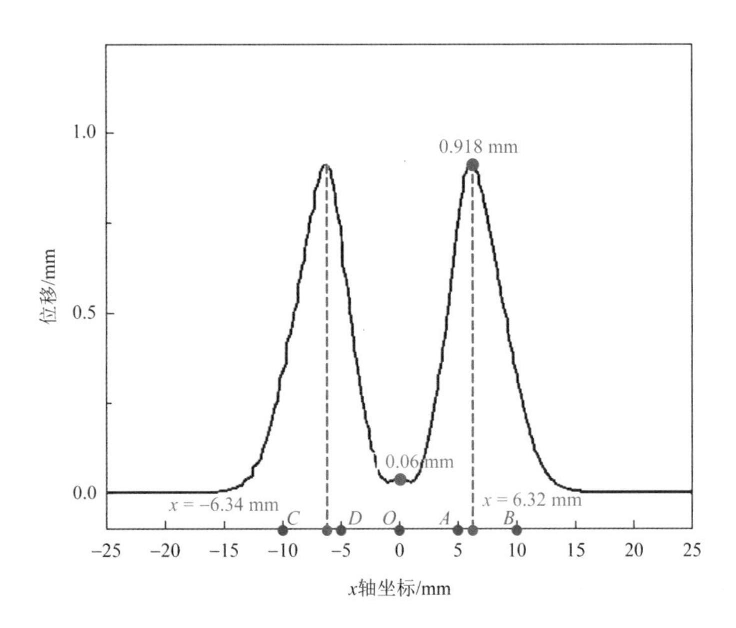


图5.57　铝合金板沿 $x$ 轴位移量（$t$ = 10 μs）

板件沿着 $y$ 轴的变形情况如图5.58所示，当 $t$ = 10 μs时，铝合金板沿着 $y$ 轴的变形量如图5.59所示，集磁器下表面在板件 $y$ 轴上的投影为线段 $EF$。$t$ = 8 μs和 $t$ = 9 μs时，铝合金板在洛伦兹力的作用下发生塑性变形，加速向铜板运动，当 $t$ = 10 μs时，铝合金板的最大位移超过板件间隙，和铜板发生碰撞。当 $t$ = 11 μs时，$EF$ 区域的铝合金板与铜板的碰撞区域进一步扩大，当 $t$ = 12 μs时，铝合金板与铜板的碰撞区域出现铝合金板的反弹现象。

由于平板集磁器缝隙无电流流过，缝隙在铝合金板上投影区域的磁通密度和感应涡流密度小于集磁器下表面圆环在铝合金板上的投影区域，但是由于圆环靠近缝隙处电流的边缘效应，缝隙在铝合金板上的投影区域的磁通密度和感应涡流密度大于中心孔在铝合金板上的投影区域，该区域难以形成有效连接。从图5.58的变形过程可以看出，平板集磁器缝隙投影区域的变形程度明显小于 $EF$，但是大于中心孔对应区域。特别地，当 $t$ = 10 μs 时，平板集磁器缝隙投影区域的最大位移为 0.323 mm，$EF$ 区域的最大位移为1.07 mm（板件在变形、撞击的过程中铝合金板的厚度变薄，因此铝合金板的位移会大于板件间隙），而铝合金板中心区域（$O$）点的最大位移仅为0.06 mm。

此外，对比图5.57和图5.59可知，同一时刻 $EF$ 段的位移明显大于 $AB$ 段和 $CD$ 段，这表明 $EF$ 段的磁通密度和感应涡流密度也大于 $AB$ 段和 $CD$ 段，在焊接过程中，$EF$ 段首先撞击铜板。

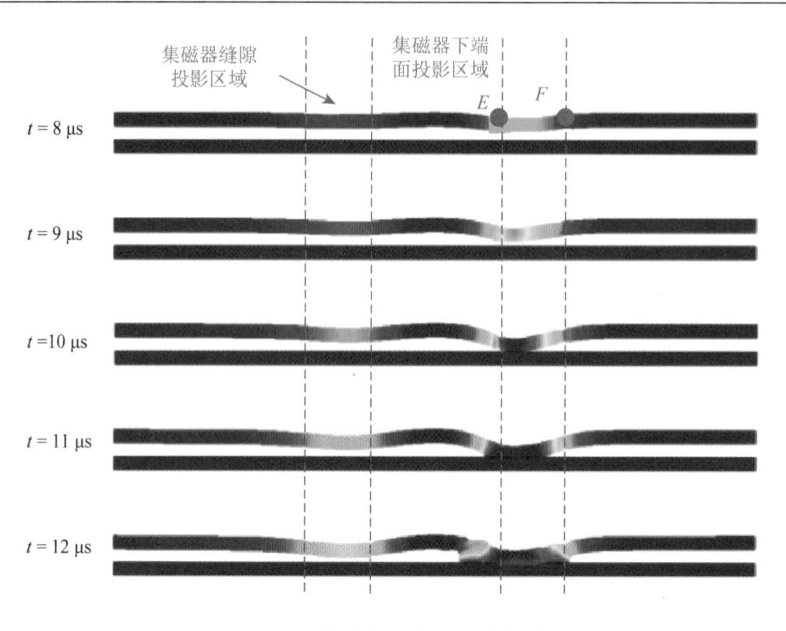


图 5.58　板件沿 y 轴的运动过程

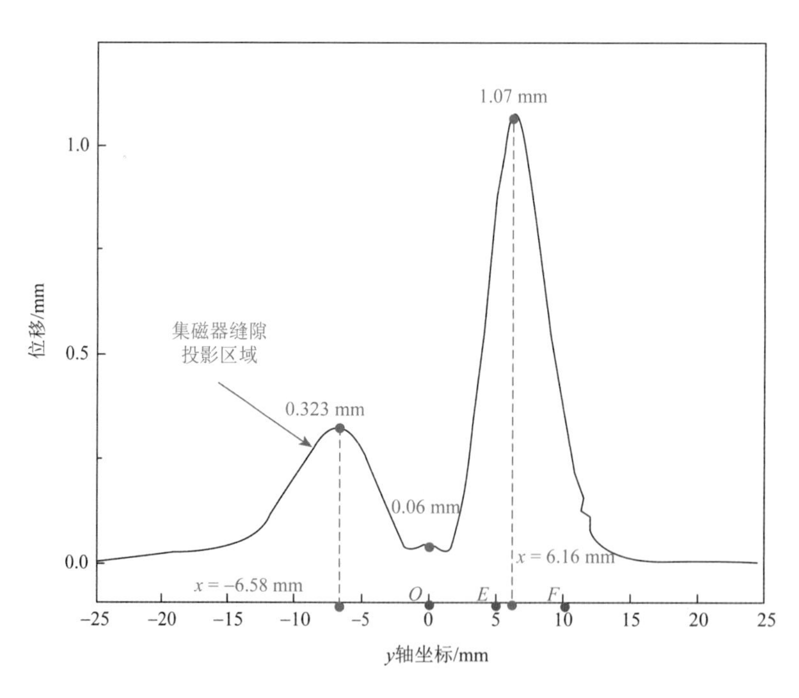


图 5.59　铝合金板沿 y 轴位移量（$t = 10$ μs）

## 5.4　电磁脉冲焊接管状工件的电磁过程

电力电缆端子是典型的管状结构，本节以开合式线圈焊接电力电缆绞线及其端子为例，介绍电磁脉冲焊接管状工件的电磁过程。

### 5.4.1 放电电流及磁场分布仿真结果

根据前期实验结果[8]，设定模型电路接口的输入电压为 12 kV，经过仿真计算，得到焊接线圈中的放电电流波形，如图 5.60 所示。由图可知，焊接线圈中的放电电流先增大后减小，放电电流幅值最大为 179.7 kA。此外，放电电流半周期为 28 μs，第一个波峰的上升时间约为 14 μs，在这个时间内，电缆绞线与电缆端子已经完成变形与焊接[9]。

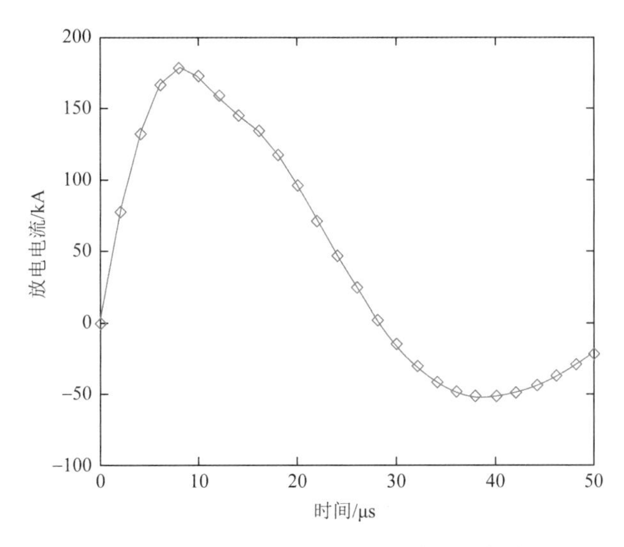


图 5.60 电路接口放电电流激励波形仿真结果

在放电电流激励作用下，焊接线圈产生瞬变磁场，集磁器感应产生涡流并集中于其工作区，同时产生次级瞬变磁场，瞬变磁场与次级瞬变磁场随时间的变化与放电电流波形类似，也呈衰减振荡形式，而在磁感应强度最大的时刻，电缆端子上的磁通密度模分布如图 5.61 所示。由图可知，作用于电缆端子的磁感应强度幅值最高可达 49.5 T。

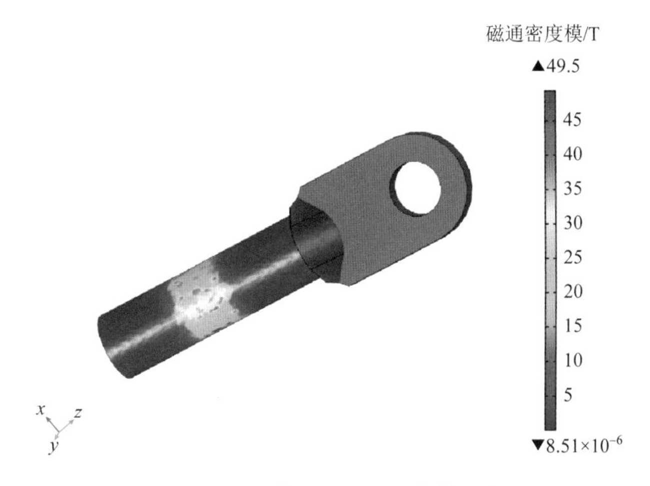


图 5.61 电缆端子磁通密度模分布

### 5.4.2　感应涡流及洛伦兹力分布

对于含有集磁器的驱动器而言，存在两个感应涡流，一是集磁器的感应涡流，二是外管（此处为电缆端子）的感应涡流。在空间瞬态磁场作用下，集磁器上出现感应涡流，由于集肤效应，感应涡流始终在集磁器外表面流动。感应涡流会经由集磁器缝隙，流到集磁器内部工作区表面。集磁器内外表面的表面积存在较大差异，因此感应涡流在从集磁器外部流向内表面工作区时，流经面积发生骤降，感应涡流密度幅值提高，集磁器内表面涡流密度幅值提升后将产生次级瞬态磁场，并在电缆端子上形成次级感应涡流，如图 5.62 所示。

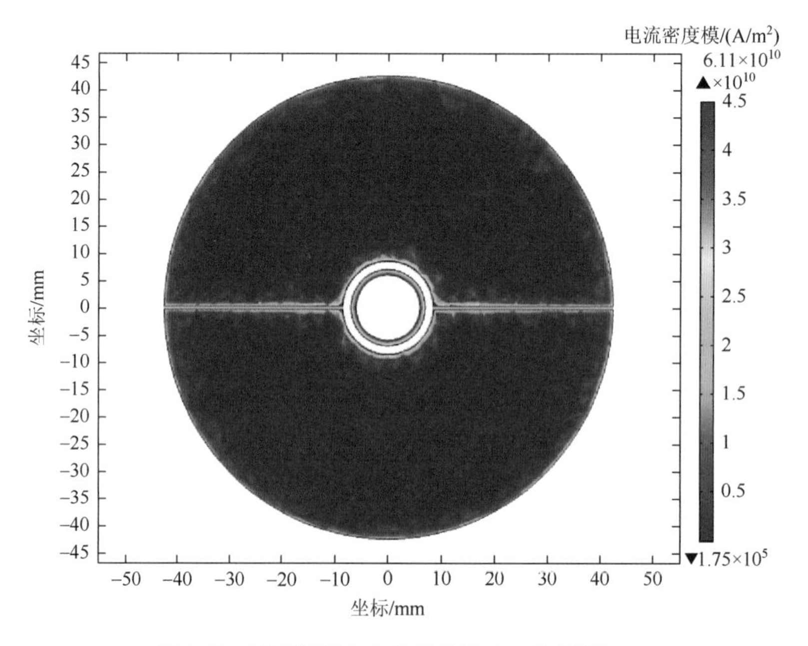


图 5.62　感应涡流分布仿真结果（二维截面）

电缆端子上的次级感应涡流，与次级瞬态磁场共同作用，使得电缆端子受到径向向内的洛伦兹力，如图 5.63 所示，其幅值最高可达 $6.26\times10^{12}$ N/m$^3$。由图可知，磁感应强度最大值与洛伦兹力分布最大值均位于焊接线圈与电缆端子的正对区域。

### 5.4.3　管状工件塑性变形与碰撞过程

在洛伦兹力的作用下，电缆端子产生缩径变形，直至与电缆绞线高速碰撞。电缆端子塑性变形的仿真结果如图 5.64 所示，当 $t = 14$ μs 时，电缆端子变形量达到最大，为 4.27 mm。当 $t = 0$ μs、5 μs、10 μs 和 14 μs 时，电缆端子位移（塑性变形量）分布图分别如图 5.64（a）～（d）所示。由图 5.65 可知，整个变形过程中速度最高可达 665 m/s，在如此高的应变速率下，金属的成形性能与延展性能将提升，同时可避免金属回弹。

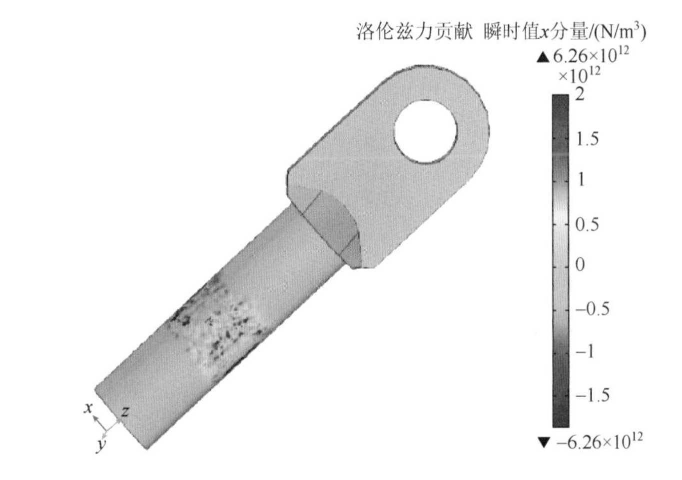


图 5.63　电缆端子洛伦兹力分布仿真结果

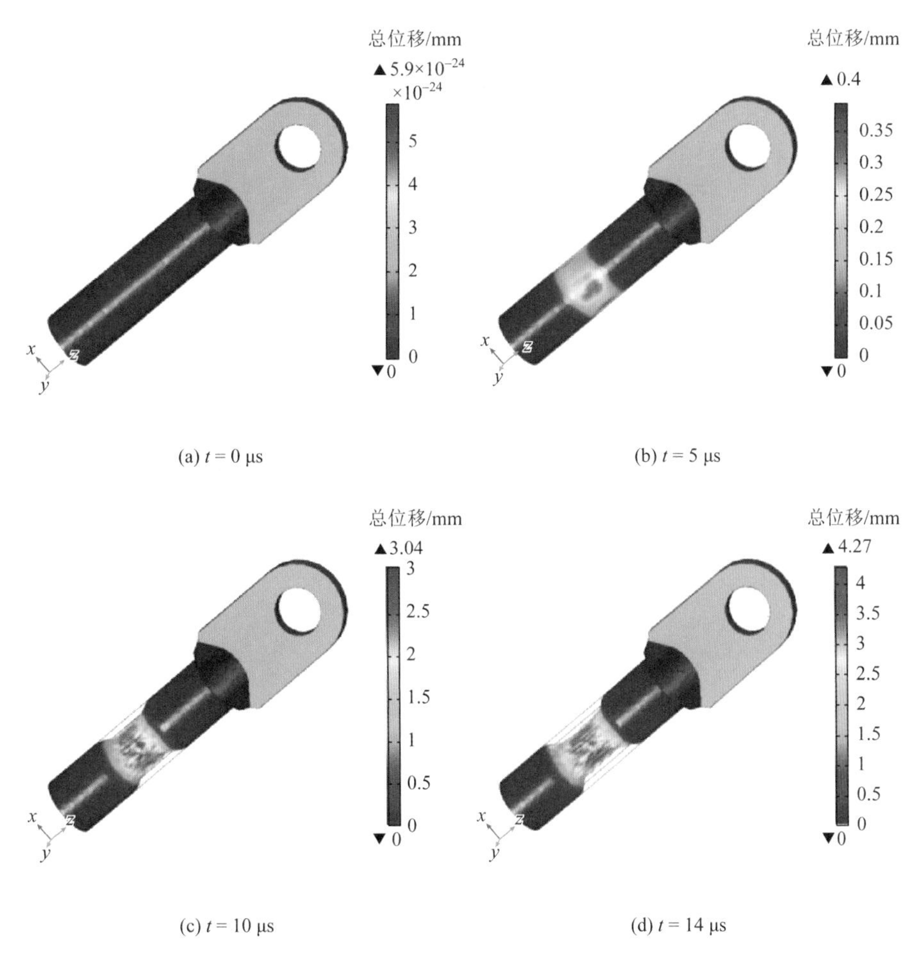


图 5.64　电缆端子塑性变形量分布仿真结果

塑性变形仿真结果反映了电磁脉冲焊接前电缆端子的运动状态与变形量，但塑性变

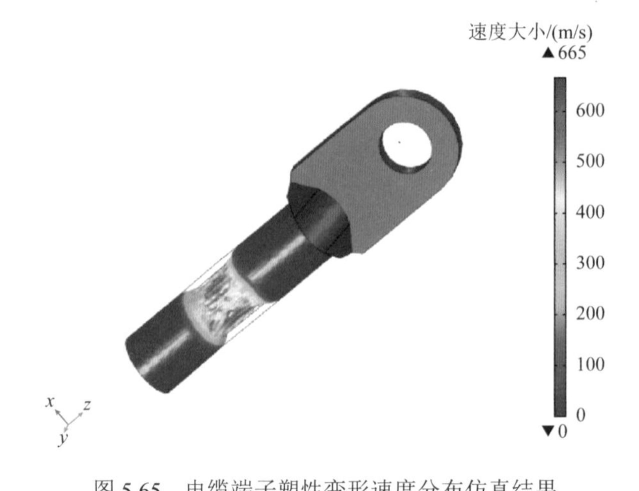


图 5.65　电缆端子塑性变形速度分布仿真结果

形（电磁成形）与电磁脉冲焊接并不完全相同，电磁脉冲焊接过程中的碰撞参数（碰撞速度与碰撞角度）对其能否实现冶金结合至关重要。以铜管（飞管）与不锈钢棒的电磁脉冲焊接仿真模型为例，当放电电压为 13 kV 时，铜管-不锈钢棒电磁脉冲焊接过程仿真结果如图 5.66 所示。

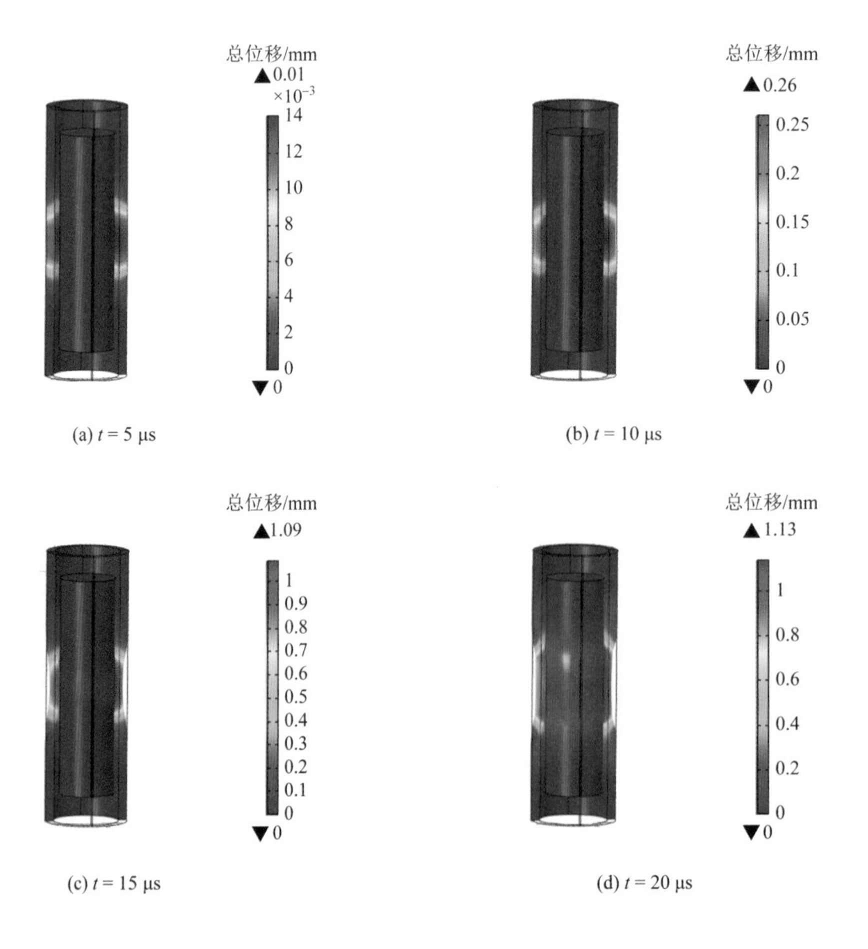

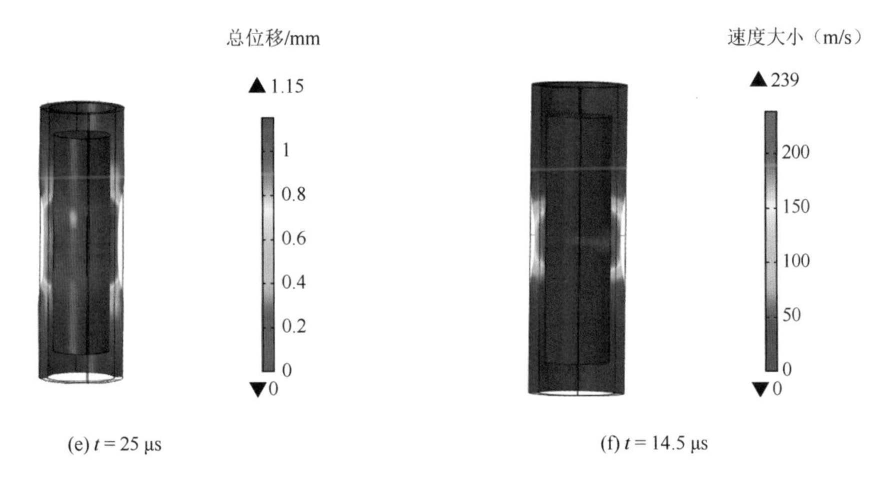


图 5.66　铜管-不锈钢棒电磁脉冲焊接过程仿真结果

铜管的塑性变形主要集中在集磁器工作区域对应的位置，呈现出中心变形量大并向两端逐渐减小的分布规律。当 $t = 14.5$ μs 时，铜管与不锈钢棒发生碰撞，初始碰撞速度为 239 m/s，如图 5.66（f）所示，碰撞后铜管继续运动，并与不锈钢棒紧密贴合，贴合长度不断增加。

## 5.5　电磁过程的影响因素

当焊接间隙一定时，电磁脉冲焊接中电磁过程的影响因素主要有放电电压、放电电流频率、线圈结构和集磁器结构。特别地，对于板状工件电磁脉冲焊接而言，主要影响因素还有绝缘垫片间距。本节将结合仿真模拟、高速摄像机观测和实验分析等方式探究电磁脉冲焊接电磁过程的影响因素，可为电磁过程的调控提供科学依据。

### 5.5.1　放电电压对电磁过程的影响

电磁脉冲焊接过程中，放电电压是非常重要的工艺参数，也是常用的焊接效果调控参数。放电电压的改变将引起回路放电电流改变，进而影响焊接过程中焊接工件所受洛伦兹力及其运动行为。为探究放电电压对移动工件运动行为的影响，将放电电压设置为 12～15 kV，绝缘垫片间距设置为 30 mm，绝缘垫片厚度选择 5 mm，开展铝合金板电磁成形实验（只变形，不焊接），分析其速度与角度的变化规律。

在铝合金板运动过程中，结合式（5.25），计算分析其上表面变形量最大处的变形速度如图 5.67 所示。

由图 5.67 可知，放电电压越高，铝合金板的变形速度越大。铝合金板变形并不是匀加速运动，而是一个非常复杂的变速运动过程。铝合金板变形过程中，处于不同形变程度的铝合金板的形变角度也不同。当放电电压不同时，铝合金板变形角度的测量计算结果如图 5.68 所示。

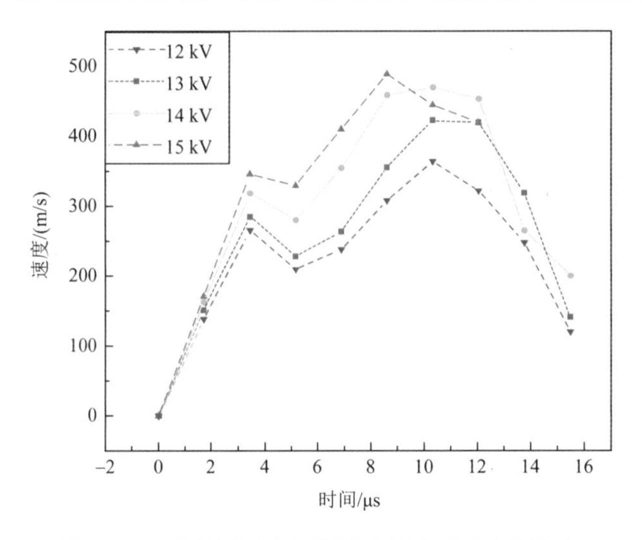


图 5.67　不同放电电压下铝合金板变形速度的影响

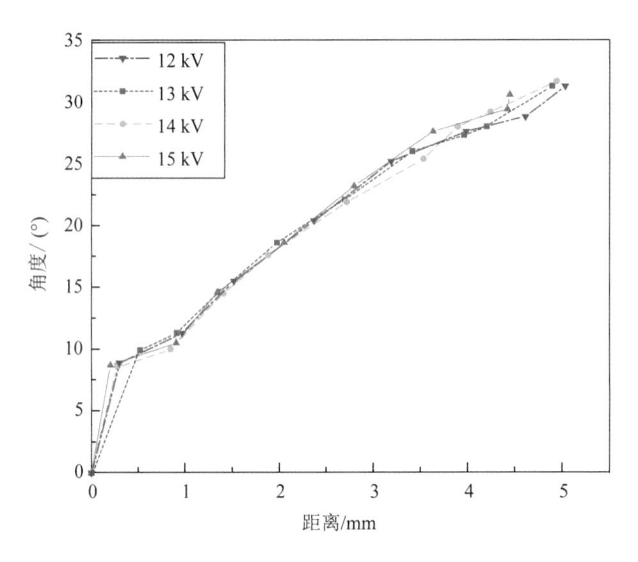


图 5.68　放电电压对铝合金板变形角度的影响

由图 5.68 可知，随着铝合金板变形量的增加，变形角度不断增大。对比不同放电电压下变形角度的变化曲线可知，放电电压对铝合金板的变形角度无明显影响。铝合金板在洛伦兹力作用下发生变形，其变形规律仅与板件受力分布相关，提高放电电压，仅会提高铝合金板所受洛伦兹力的幅值，对其受力分布规律无明显影响。当铝合金板变形形状相同时，其变形角度无明显差别，因此，放电电压对铝合金板的变形角度无显著影响。

对于管状工件而言，当设置放电电压为 8～12 kV 时，采用 70 $mm^2$ 电缆与标准电缆铝端子 DT-70 开展电磁脉冲焊接实验，不同放电电压下得到的电缆接头焊接样品如图 5.69 所示，利用游标卡尺测量电缆接头在焊接后发生的径向变形量及轴向变形长度，如表 5.7 所示。结果显示，随着放电电压的升高，接头焊接区域的轴向变形长度越长，径向变形量越大，说明焊接效果更佳。

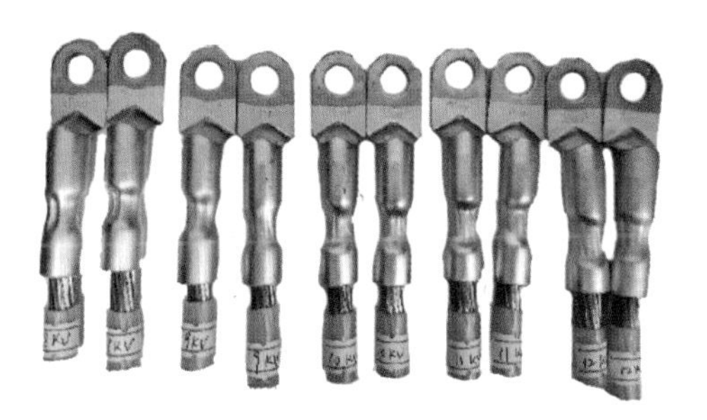

图 5.69　不同放电电压获得的焊接接头

**表 5.7　不同放电电压下接头变形量**

| 电压/kV | 径向变形量/mm | 轴向变形长度/mm |
|---|---|---|
| 8 | 3.57 | 7.85 |
| 9 | 3.6 | 8.75 |
| 10 | 4.07 | 10.14 |
| 11 | 4.19 | 10.86 |
| 12 | 4.5 | 11.64 |

### 5.5.2　放电电流频率对电磁过程的影响

在电磁脉冲焊接过程中，放电电流频率可反映放电电流的变化，是重要的电气参数之一，尤其是放电电流在第一个 1/4 周期内的变化速率，直接影响着洛伦兹力的幅值，进而会影响工件的塑性变形及加速运动。为探究放电电流频率对移动工件运动行为的影响，开展了铝合金板的电磁成形实验。实验中，放电电流频率分别约为 23.1 kHz、17.8 kHz 和 15.2 kHz，绝缘垫片间距设置为 30 mm，放电能量为 10 kJ。放电电流频率对铝合金板变形速度和变形角度的影响如图 5.70 所示。

根据拍摄结果，测量计算得到不同放电电流频率下，铝合金板的速度变化规律如图 5.70（a）所示。此时的绝缘垫片厚度为 2.5 mm。从图中可知，无论加速过程还是

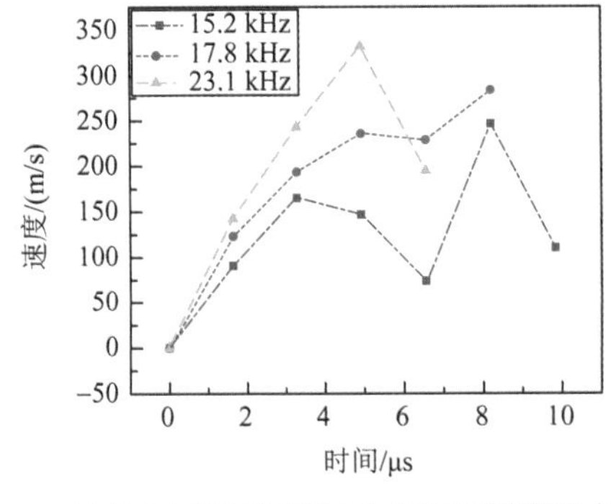


(a) 放电电流频率对铝合金板变形速度的影响

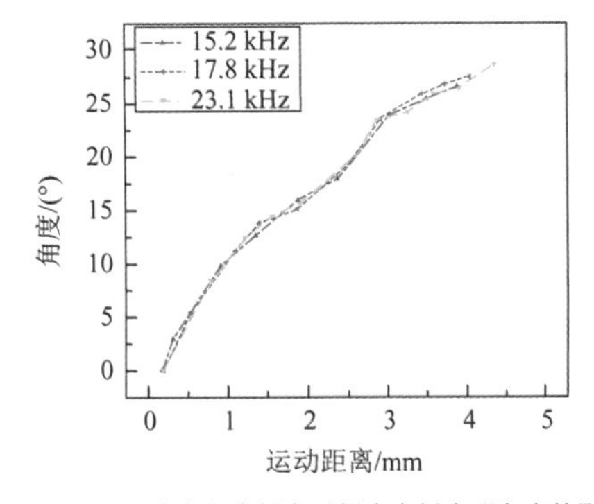


(b) 放电电流频率对铝合金板变形角度的影响

图 5.70　放电电流频率对铝合金板运动行为的影响

减速过程，放电电流频率越高，铝合金板的变形速度越快。根据铝合金板所受洛伦兹力与放电电流之间的关系，放电电流频率越高，电流变化速率越大，从而使放电电流产生的时变磁场变化速率增加，铝合金板中的感应涡流幅值也随之增加，增大铝合金板的洛伦兹力，从而使其在一定范围内变形速度最大。当放电电流频率不同时，铝合金板运动过程中变形角度的测量计算结果如图 5.70（b）所示。此时变形距离设置为 5 mm，从图中可知，放电电流频率对铝合金板运动过程中的变形角度无明显影响。放电电流频率改变，只能改变铝合金板中的洛伦兹力幅值，但对其分布规律无明显的影响，因此，铝合金板在运动过程中的角度变化与放电电流频率之间无明显联系。

### 5.5.3　垫片间距对电磁过程的影响

在电磁脉冲焊接中，绝缘垫片常用来调节装配的几何参数，包括焊接间隙和垫片间距，都会影响移动工件的运动行为。在其他的条件相同时，焊接间隙的变化会同时影响碰撞速度和碰撞角度，但是在相同时刻，焊接间隙的变化对移动工件的变形速度和变形角度无显著影响。因此，本节只针对绝缘垫片间距开展研究。为探究绝缘垫片间距对铝合金板运动行为的影响，在铝合金板塑性变形实验中，放电电压设置为 13 kV，绝缘垫片间距分别设置为 20 mm、25 mm、30 mm 和 35 mm。绝缘垫片间距对铝合金板变形速度和变形角度的影响如图 5.71 所示。

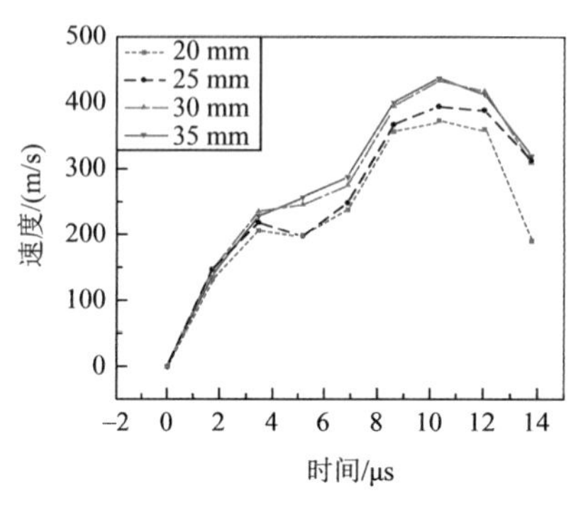

(a) 绝缘垫片间距对铝合金板变形速度的影响

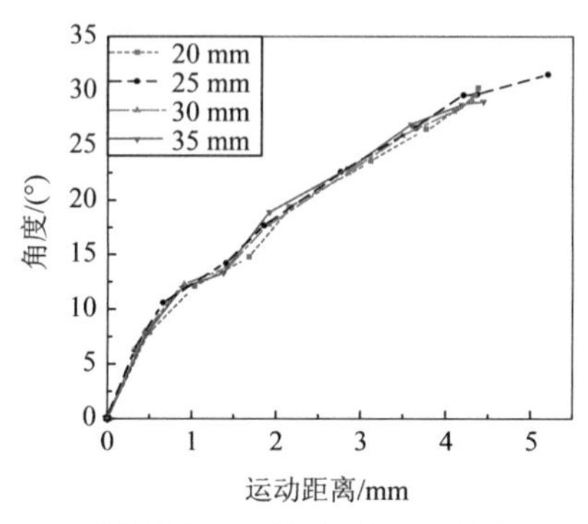


(b) 绝缘垫片间距对铝合金板变形角度的影响

图 5.71　绝缘垫片间距对铝合金板运动行为的影响

经测量与计算，不同绝缘垫片间距下铝合金板的速度变化规律如图 5.71（a）所示。在铝合金板运动初期，绝缘垫片间距对铝合金板速度无明显影响，但在铝合金板运动的后期，绝缘垫片间距越宽，铝合金板运动越大。这是因为绝缘垫片间距越宽，洛伦兹力的有效作用面积越大，且该面积内受到绝缘垫片的阻力越小。如图 5.31 中的仿真结果所示，在一定范围内，铝合金板所受的洛伦兹力分布由中间向两边逐渐减小。在铝合金板运动初期，洛伦兹力较小，铝合金板刚刚开始塑性变形，变形区域远小于绝缘垫片间距，如图 5.39 中的仿真结果所示。因而在此阶段，绝缘垫片间距对铝合金板的运动行为影响较小。但随着放电电流的增加，洛伦兹力不断提高，使得铝合金板中的洛伦兹力高于其变形抗力的区域面积增大。当绝缘垫片间距较小时，铝合金板由于被垫片固定无法变形，且垫片的压力会阻碍铝合金板的运动，降低铝合金板的运动速度。当绝缘垫片间距大于铝合金板自由变形最大区域面积的边长（如 30 mm 以上）时，区域外的洛伦兹力较小，继续增加绝缘垫片间距对铝合金板的运动行为无明显影响。当绝缘垫片间距不同时，铝合金板运动过程中变形角度的变化如图 5.71（b）所示。从图中可知，垫片间距对铝合金板运动过程中的变形角度无明显影响。铝合金板的变形角度主要与其变形程度相关，铝合金板的塑性变形由中部开始，逐渐向两边拓展，而不是整个板件同步变形。因此，绝缘垫片间距对其变形角度几乎没有影响。

### 5.5.4　集磁器结构与电磁调控

前述放电电压、放电电流频率和垫片间距都是电磁脉冲焊接通用平台的电气参数与装配方式调节，而集磁器结构可改变电磁参数及其分布，本节主要讨论通过集磁器结构变化调控电磁过程，同时阐明集磁器结构优化的科学依据。

1. 感应涡流分叉及平板集磁器优化

目前，评估集磁器效果的指标主要为工件变形效果[10, 11]、洛伦兹力[12]和磁通密度[13]。其中，洛伦兹力的分布及大小由磁通密度的分布及大小决定，而洛伦兹力的分布及大小决定了工件的变形效果。因此，本节以磁通密度为集磁器的评价指标，探究集磁器结构对平板集磁器集磁性能的影响，并据此反映集磁器结构对电磁脉冲焊接电磁过程的影响。

平板集磁器（$H_f = 10$ mm、$D_{f1} = 200$ mm、$d_{f1} = 10$ mm）作用下，铝合金板上表面的磁场分布情况如图 5.72 所示，磁通密度集中区域形状类似于平板集磁器下表面，为一带缺口的圆环。图 5.73 展示了在第一个 1/4 周期内铝合金板上表面不同时刻的最大瞬时磁通密度。当 $t = 16$ μs 时，最大瞬时磁通密度峰值达到 34.5 T。

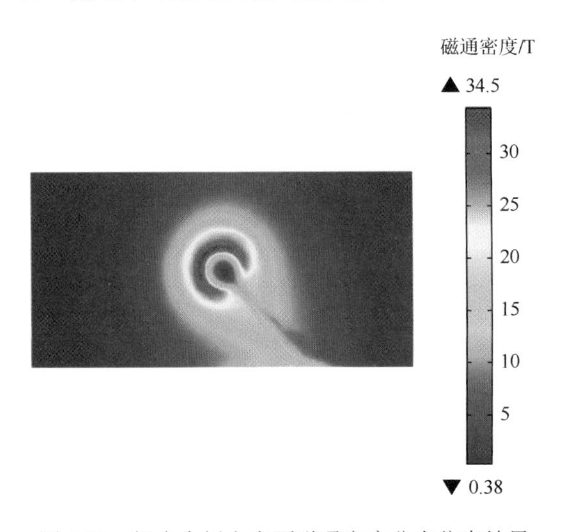


图 5.72　铝合金板上表面磁通密度分布仿真结果

当平板集磁器下表面直径和下孔直径保持不变时，铝合金板上表面磁通密度集中区域形状不变。因此，可以通过对比不同平板集磁器下的铝合金板上表面磁场最大瞬时磁通密度峰值来比较平板集磁器的集磁性能。

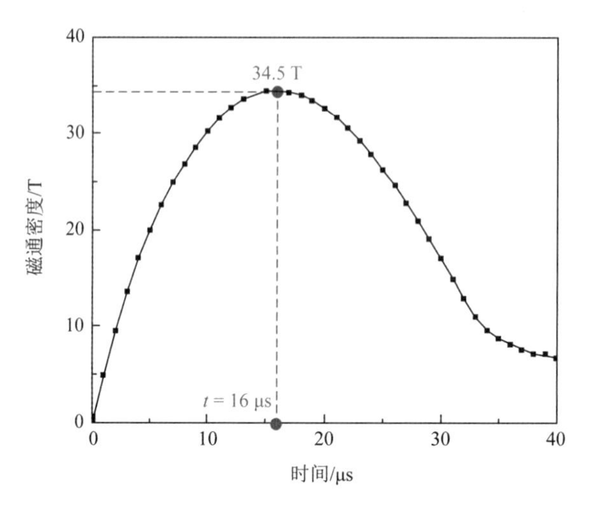


图 5.73　铝合金板上表面最大瞬时磁通密度

设置平板集磁器的上表面直径 $D_{f1}$ = 200 mm，上孔直径 $d_{f1}$ = 10 mm，不同集磁器高度下最大瞬时磁通密度如图 5.74 所示。随着平板集磁器高度的增加，铝合金板上表面的最大瞬时磁通密度先增大、后减小，当 $H_f$ = 10 mm 时，铝合金板上表面的最大瞬时磁通密度达到峰值，为 34.5 T。

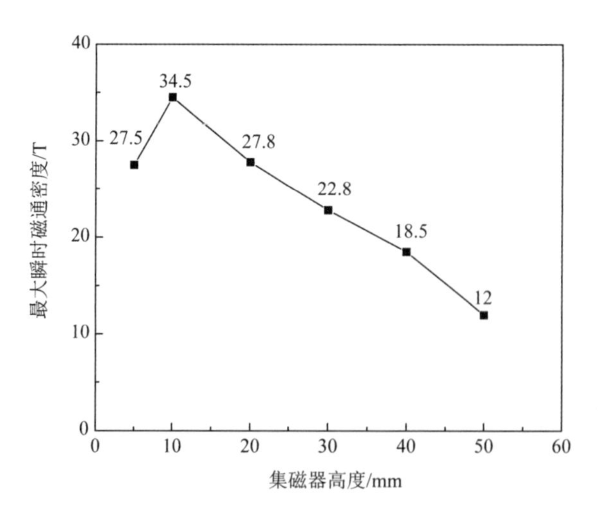


图 5.74　不同集磁器高度 $H_f$ 下铝合金板上表面最大瞬时磁通密度

当平板集磁器高度从 5 mm 增加到 10 mm 时，其下表面的磁通密度最大值由 27.5 T 增长到 34.5 T。当平板集磁器高度较低时，其上、下表面距离较近，两者涡流产生的磁场会相互抵消，造成叠加磁通密度下降[14]。但随着平板集磁器高度的进一步增加，集磁器产生的磁通密度在铝合金板上表面处逐渐降低。当平板集磁器高度 $H_f = 50$ mm 时，磁通密度最大值为 $H_f = 10$ mm 时的 34.8%，仅为 12.0 T。随着集磁器高度的进一步增加，上、下表面感应涡流产生的磁场的抵消效应可忽略不计，此时集磁器的集磁效果主要受功率损耗影响，而非铁磁性材料集磁器的损耗主要为涡流损耗[15, 16]，李春峰等[17]推导发现集磁器的涡流损耗和集磁器体积成正比。在其他条件不变的情况下，高度的增加会导致集磁器体积增加，从而增大损耗，降低集磁器的集磁效果。

如式（5.29）所示，空间磁场由焊接线圈中放电电流产生的磁场 $B_c$、集磁器上表面感应涡流产生的磁场 $B_{f1}$ 和集磁器下表面感应涡流产生的磁场 $B_{f2}$ 叠加而成，$B_c$ 和 $B_{f1}$ 大小相近、方向相反，由于集磁器下表面涡流密度 $J_{f2}$ 高于上表面涡流密度 $J_{f1}$，磁场 $B_{f1}$ 小于磁场 $B_{f2}$。集磁器下表面的观察平面磁通密度 $B_o$ 可表示为

$$B_o = B_c + B_{f1} + B_{f2} \tag{5.29}$$

$B_c$ 和 $B_{f1}$ 叠加后对 $B_o$ 产生的影响取决于平板集磁器的高度。仿真结果也表明：随着平板集磁器高度的增长，铝合金板上表面最大瞬时磁通密度 $B_o$ 逐渐下降。

仿真中设置集磁器高度 $H_f$ 为 10 mm，集磁器上孔直径 $d_{f1}$ 为 10 mm。图 5.75 展示了平板集磁器集磁效果与集磁器上表面直径 $D_{f1}$ 的关系，随着上表面直径 $D_{f1}$ 的增长，观察平面的最大瞬时磁通密度先增大、后减小，并在 $D_{f1} = 200$ mm 时取最大值，为 34.5 T。当保持下表面直径 $D_{f2}$ 不变时，平板集磁器上表面直径 $D_{f1}$ 从 180 mm 提高到 200 mm，上表面面积增加，可感应空间磁场产生涡流的区域面积增大，从而使集磁器上表面涡流增大，流入下表面的电流密度也随之增大。因此，随着上表面直径 $D_{f1}$ 的增加，集磁器集磁效果增强。然而，当平板集磁器上表面直径 $D_{f1}$ 超过 200 mm 时，其直径 $D_{f1}$ 已大于多匝盘型线圈的直径，继续增加平板集磁器上表面尺寸不会增大感应涡流，反而会由于面积增加降低感应涡流密度，并增大集磁器涡流损耗，降低集磁器效果。因此，设置平板集磁器上表面直径 $D_{f1} = 200$ mm。

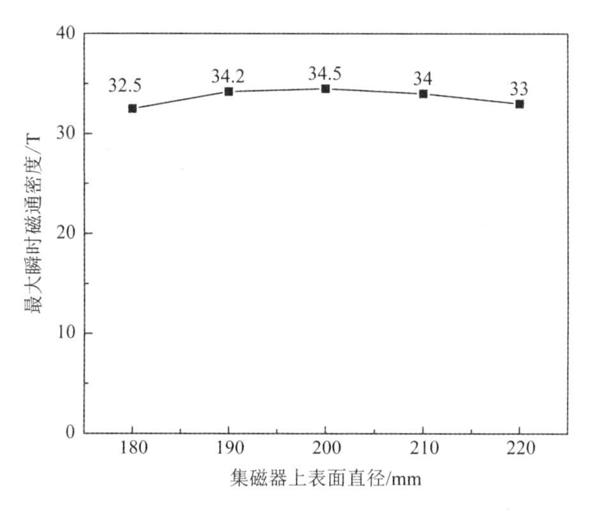


图 5.75　不同集磁器上表面直径 $D_{f1}$ 下观察平面最大瞬时磁通密度

不同上孔直径集磁器的铝合金板上表面最大瞬时磁通密度如图 5.76 所示。结合平板集磁器夹角$\alpha_{f0}$和最大瞬时磁通密度变化情况，可以将图 5.76 分为 3 个区域。区域Ⅰ中有 2 mm＜$d_{f1}$＜10 mm，平板集磁器夹角大于 90°，其为钝角集磁器。此时随着上孔直径的增大，最大瞬时磁通密度快速增长。区域Ⅱ中有 10 mm＜$d_{f1}$＜30 mm，平板集磁器夹角为 45°～90°，其为锐角集磁器，随着上孔直径的增大，平板集磁器夹角较小，在$d_{f1}$ = 30 mm，即当$\alpha$ = 45°时达到最大值，为 40.9 T。区域Ⅲ中有 $d_{f1}$＞30 mm，此时平板集磁器夹角小于 45°，其也为锐角集磁器，最大瞬时磁通密度缓慢降低。区域Ⅱ和区域Ⅲ的磁通密度远大于区域Ⅰ，即锐角集磁器的集磁效果远高于钝角集磁器，且在$\alpha_{f0}$ = 45°时平板集磁器的集磁效果最好。

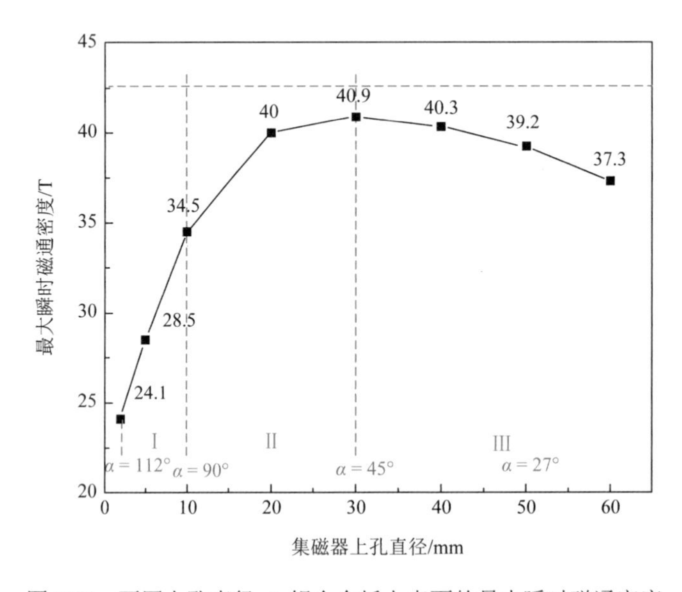


图 5.76　不同上孔直径 $d_{f1}$ 铝合金板上表面的最大瞬时磁通密度

为进一步分析集磁器夹角影响集磁效果的原因，研究了集磁器缝隙面的电流分布情况，结果如图 5.77 所示。由于缝隙的存在，平板集磁器上孔直径最小为 2 mm（与缝隙宽度相同），此时集磁器上表面面积最大，产生的感应涡流最大，但最大瞬时磁通密度却最小，仅为 24.1 T。当 $d_{f1}$ = 2 mm 时，平板集磁器缝隙面电流分布如图 5.77（a）所示。从图中可以看到，缝隙面的感应涡流流向存在分叉现象，除了流经下表面的电流外，还有部分电流流向缝隙内侧面。流向缝隙侧面的电流从平板集磁器中心孔处流回集磁器上表面，而没有流过集磁器下表面，未产生集磁效果，将这部分电流称为漏电流。流入集磁器下表面、具有集磁效果的电流称为有效电流。当 $d_{f1}$ = 2 mm 时，平板集磁器缝隙面左上角的锐角区域的电流密度最高，漏电流大，有效电流占比小，因此，平板集磁器下表面涡流产生的磁通密度较低。当上孔直径 $d_{f1}$ 为 10 mm 时，夹角$\alpha_{f0}$ = 90°，此时，平板集磁器为直角集磁器。由图 5.77（b）可知，平板集磁器中心孔为一圆柱。缝隙侧面和平板集磁器上下底面呈直角，有效电流增加。相比于 $d_{f1}$ = 2 mm 时，观察平面最大瞬时磁通密度提高 43.2%，达到 34.5 T。当上孔直径 $d_{f1}$ 为 30 mm 时，夹角$\alpha_{f0}$ = 45°，此时，平板集磁器为锐角集磁器。由图5.77（c）可知，电流主要由平板集磁器上表面流向其下表面，并集中于下表面锐角区域。漏电流较小，有效电流进一步增大，观察平面的最大瞬时磁通密度较 $d_{f1}$ = 2 mm时提高69.7%，可达40.9 T。

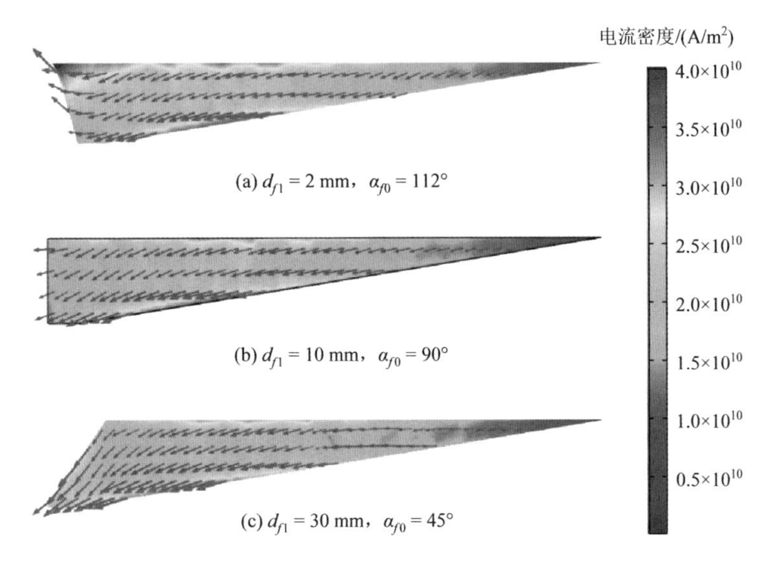


图5.77　平板集磁器缝隙面感应电流分布及流向

由此可见，平板集磁器缝隙面夹角 $\alpha_{f0}$ 对于缝隙侧面的感应涡流流向具有重要影响，缝隙面上的电流会流向锐角区域。由图5.76和图5.77可知，当平板集磁器上孔直径大于下孔直径的时候，夹角 $\alpha_{f0}$ 为锐角，漏电流小，有效电流为缝隙侧面电流的主要部分，此时，平板集磁器的集磁效果较好，且当缝隙面夹角 $\alpha_{f0}$ = 45°时，平板集磁器效果最佳。

2. 管状集磁器

为研究常与螺线管型线圈搭配使用的管状集磁器的结构与材料对电磁脉冲焊接管状工件电磁过程的影响，基于5.2节中构建的电缆接头电磁脉冲焊接三维仿真模型，探究集磁器截面、材料及缝隙宽度对电缆端子变形效果的影响规律，同时阐明4.3.2小节中实验结果的科学依据。

当集磁器横截面分别为梯形、单阶、双阶和曲面时，放电电流仿真结果如图5.78所示。由图可知，尽管电路接口的初始参数设置完全一致，集磁器截面结构也会对整个仿真模型的等效参数造成影响，进而对放电电流波形造成影响。当集磁器截面为梯形时，放电电流幅值最大，为179.7 kA；当集磁器截面为曲面时，放电电流幅值最低，为166.6 kA；单阶、双阶截面集磁器情况下的放电电流幅值介于前两者之间。分析可知，当集磁器的外部尺寸、工作区域、缝隙等参数保持不变时，其结构的改变主要体现在横截面的面积变化，进而影响到集磁器的等效电阻参数。通过测算发现，对于集磁器横截面面积，其关系为梯形集磁器＞双阶集磁器＞单阶集磁器＞曲面集磁器，反映在等效电阻上则为曲面集磁器＞单阶集磁器＞双阶集磁器＞梯形集磁器。集磁器横截面面积差异带来的等效电阻区别，最终在储能电容放电时，造成放电电流幅值发生变化。

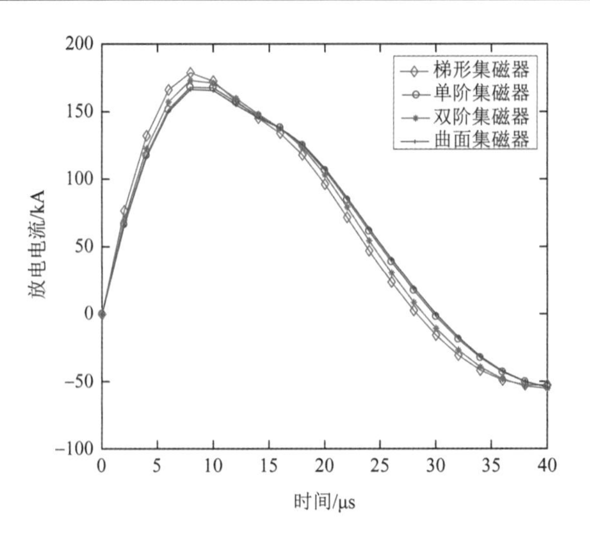


图 5.78　集磁器截面对放电电流波形的影响

图 5.79 展示了不同截面结构集磁器作用下产生的磁通密度分布情况。当集磁器截面为曲面时，产生磁通密度最大，为 56.6 T。当集磁器截面为双阶时，产生的磁通密度最小，为 47.6 T。单阶集磁器与梯形集磁器产生的磁通密度介于前两者之间，分别为 54.4 T 和 49.1 T。这是因为，集磁器的缝隙，作为感应涡流从集磁器外部流向工作区域的路径，

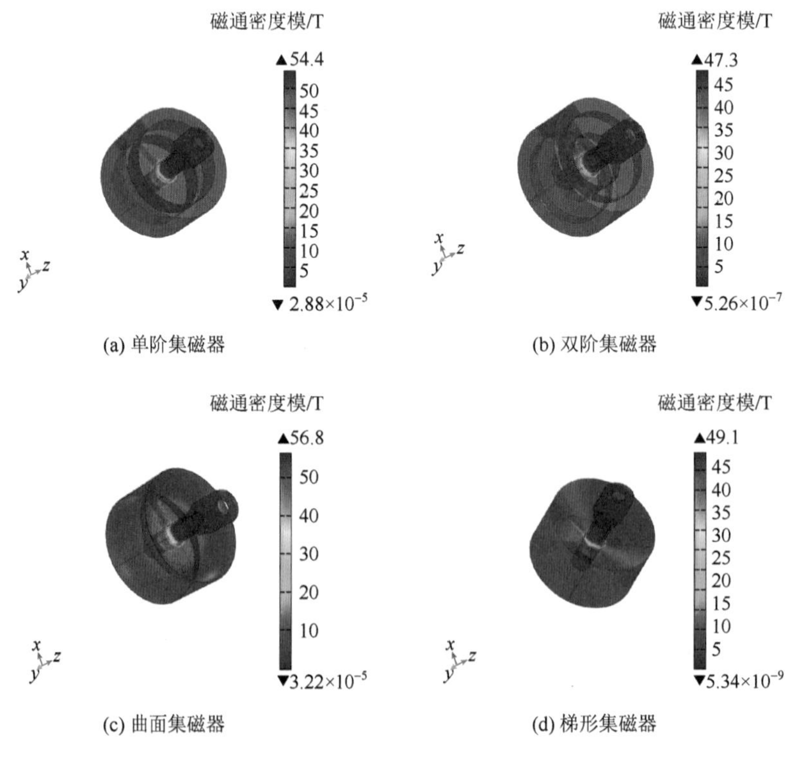


图 5.79　不同截面集磁器产生的磁通密度分布对比

会损耗线圈产生的磁通量，进而造成集磁器工作区域内的磁通密度减小，而且，磁通的损耗量与集磁器结构存在密切联系。

为了更好地观察电缆端子上的感应涡流变化情况，对比分析不同结构集磁器对端子上感应电流的影响，取端子表面中心位置 $P$ 为观测点，得到了不同集磁器结构下感应涡流变化曲线，如图 5.80 所示。由图可知，当集磁器截面为曲面时，电缆端子上的感应涡流密度最大，其最大值为 $5.82\times10^{10}$ A/m$^2$，双阶集磁器情况下的感应涡流密度最小，其最大值为 $4.72\times10^{10}$ A/m$^2$，单阶、梯形集磁器的感应涡流密度介于前两者之间，呈现与磁通密度相同的规律。

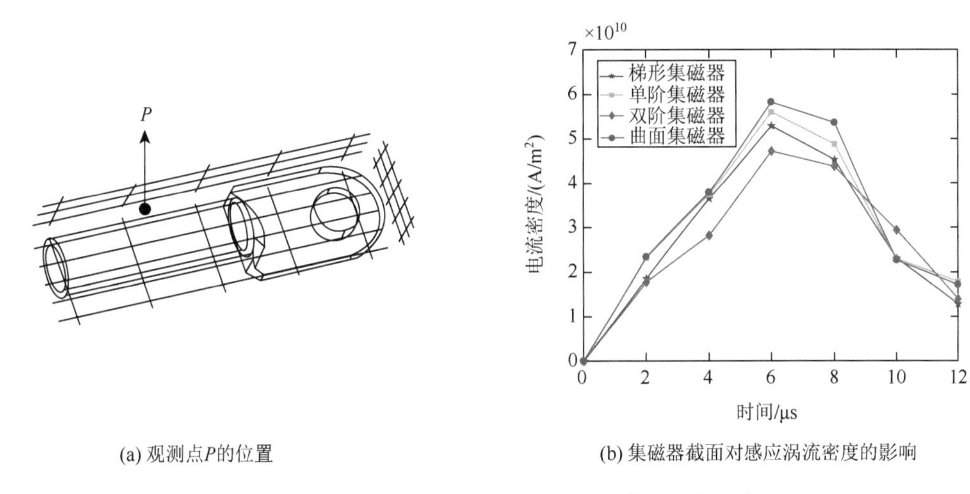


(a) 观测点P的位置　　(b) 集磁器截面对感应涡流密度的影响

图 5.80　不同结构集磁器情况下电缆端子感应涡流密度对比

当电缆端子上产生感应涡流时，处于磁场中的电缆端子将受到洛伦兹力作用，进而发生缩径变形。为了更好地观察电缆端子上的洛伦兹力变化情况，对比分析不同结构集磁器对接头上洛伦兹力的影响，取端子中心位置的截面 $S$ 为观察面，得到了不同集磁器结构情况下接头端子的变化情况，如图 5.81 所示。由图可知，当集磁器截面为曲面时，

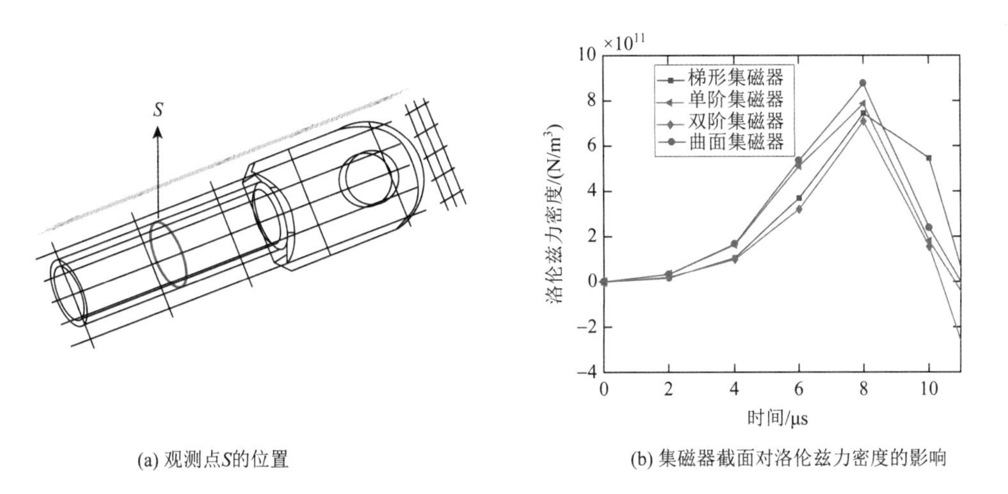


(a) 观测点S的位置　　(b) 集磁器截面对洛伦兹力密度的影响

图 5.81　不同结构集磁器情况下铝接头洛伦兹力对比

电缆端子受到的洛伦兹力最大，其密度最大值为 $8.76\times10^{11}$ N/m$^3$，当集磁器截面为双阶时，感应涡流密度最小，其密度最大值为 $7.11\times10^{11}$ N/m$^3$，单阶、梯形集磁器受到的洛伦兹力介于前两者之间，呈现与磁通密度、感应电流相同的规律。通过对比发现，洛伦兹力的最大值点滞后于感应电流的最大值点 2 μs，符合前面内容所分析的电磁脉冲焊接的电磁过程。

当集磁器结构不同时，电缆端子受洛伦兹力作用而产生塑性形变，其分布如图 5.82 所示。由图 5.82 可知，当集磁器截面为曲面时，电缆端子的最大变形量为 4.46 mm，当集磁器截面为双阶时，电缆端子的最大变形量为 4.14 mm，当集磁器截面分别为单阶与梯形时，电缆端子的最大变形量分别为 4.39 mm 与 4.27 mm。

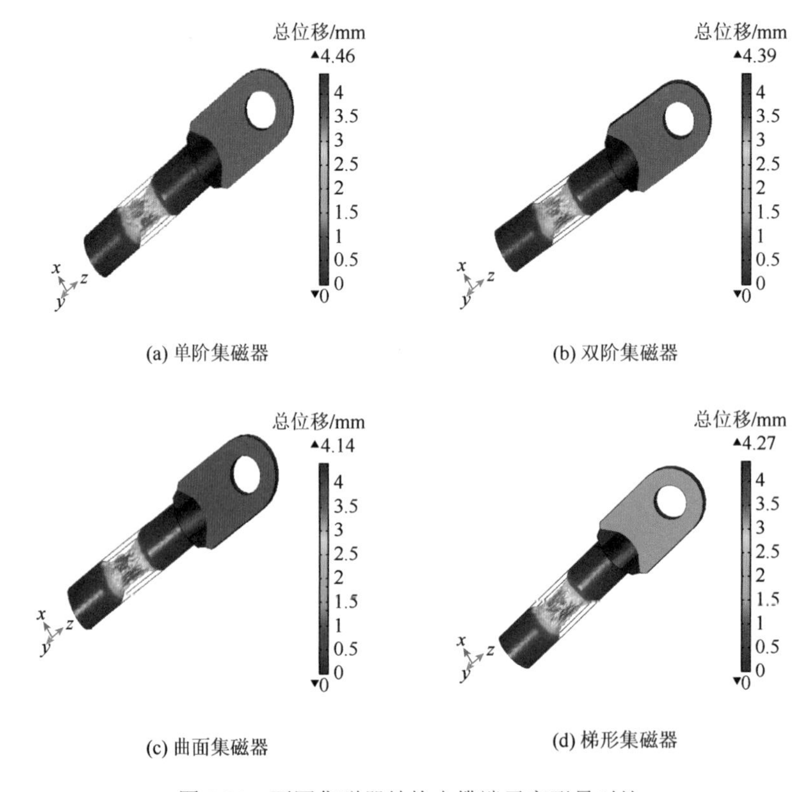


(a) 单阶集磁器　　(b) 双阶集磁器

(c) 曲面集磁器　　(d) 梯形集磁器

图 5.82　不同集磁器结构电缆端子变形量对比

综合以上仿真结果，可以发现，尽管集磁器结构的改变会造成集磁器本身的电阻参数发生变化，进而造成电磁脉冲焊接通用平台的放电电流幅值产生变化，在这方面，曲面集磁器相较于其他三种结构的集磁器处于劣势，但曲面集磁器的缝隙面积较其他三种集磁器最小，因此磁通损耗更小，产生的磁通密度、感应电流密度和洛伦兹力更大，使得电缆端子产生了更大的塑性变形，曲面集磁器较常用的梯形集磁器以及横截面呈单阶梯与双阶梯形状的集磁器具有更加优良的性能。

当集磁器材料分别为紫铜、铝合金、铁和黄铜时，其产生的最大磁通密度与电缆端子最大变形量如图 5.83 所示。

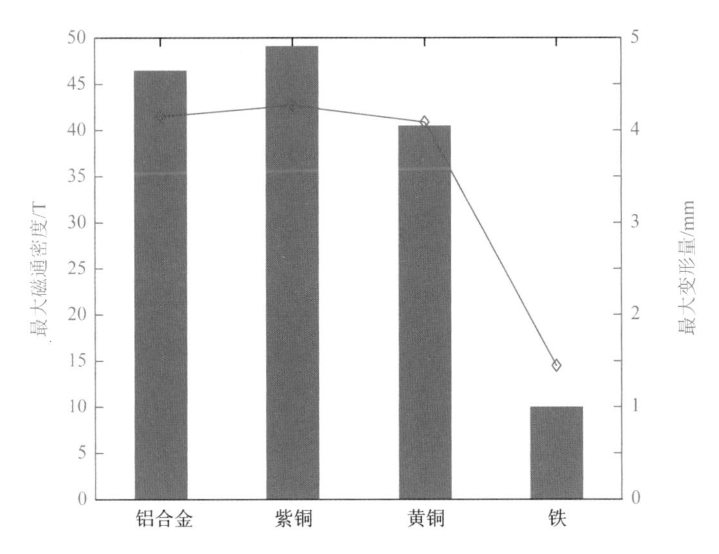


图 5.83 不同材料集磁器情况下电缆端子最大磁通密度与最大变形量对比

由图 5.83 可知，当采用紫铜作为集磁器材料时，其产生的磁通密度以及电缆端子的变形量明显优于其他材料的集磁器。分析可知，产生此种差异的原因与材料本身的电导率与磁导率有关。表 5.8 展示了四种材料的相对磁导率与电阻率参数。由表可知，对于紫铜、铝合金和黄铜这类非铁磁性材料，其相对磁导率相差不大，而铁作为铁磁性材料，其相对磁导率远大于前三者，这就意味着在铁的磁化过程中，会消耗大量的磁场能量，使得用于接头变形的能量显著减少，因此，铁质集磁器的效果最差。此外，材料电阻率也是影响集磁器在电磁过程中能量损耗的主要因素，随着材料电阻率的增大，集磁器在感应涡流作用下会产生更多的焦耳热，使得更多磁场能量损失，因而降低电缆端子的变形效果。分析材料的电阻率可知，铁的电阻率最高，黄铜的电阻率次之，而紫铜的电阻率最低，因此紫铜集磁器的效果最优。

**表 5.8 四种材料的相对磁导率与电阻率**[18]

| 材料 | 相对磁导率 $\mu_r$ | 电阻率 $\rho/(\Omega\cdot m)$ |
| --- | --- | --- |
| 紫铜 | 0.9999 | $1.72\times10^{-8}$ |
| 铝合金 | 1.0002 | $2.78\times10^{-8}$ |
| 铁（硅钢） | 7000 | $4.0\times10^{-7}$ |
| 黄铜 | 1 | $6.8\times10^{-8}$ |

综上，采用电阻率小的非铁磁材料作为集磁器的材料更有利于提高集磁器性能，使得电缆端子在相同条件下获得更大的变形量。

当集磁器缝隙宽度设置为 1～5 mm 时，取图 5.81 中所示横截面 $S$ 为观察横截面，仿真研究得到了不同缝隙宽度下，所产生的磁通密度在横截面上的分布与电缆端子变形量在横截面上的分布，分别如图 5.84 和图 5.85 所示。

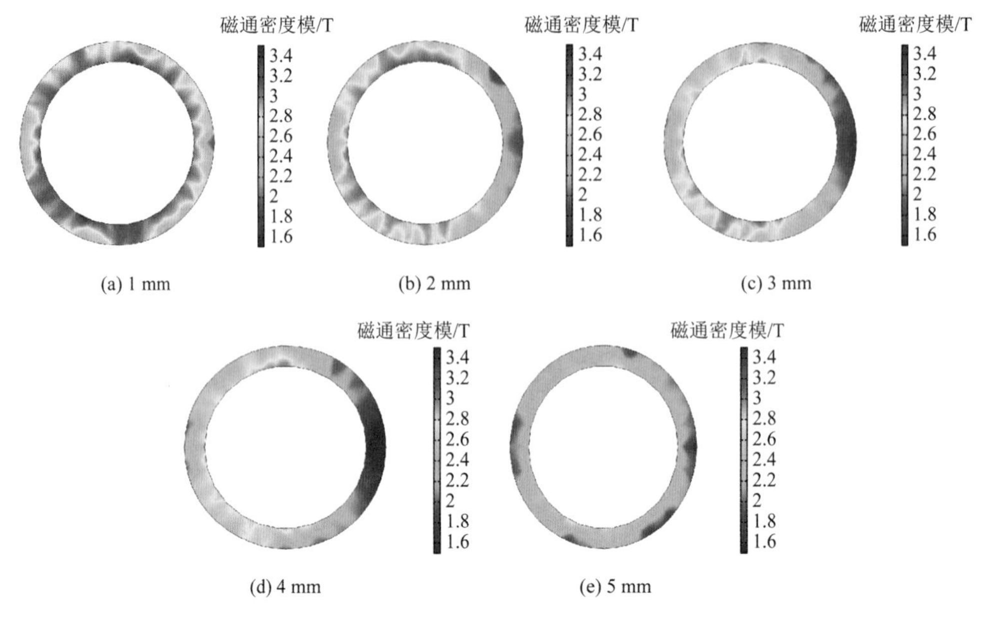


(a) 1 mm　(b) 2 mm　(c) 3 mm

(d) 4 mm　(e) 5 mm

图 5.84　磁通密度在横截面上的分布对比图

由图 5.84 和图 5.85 可知，电缆端子变形过程中，当集磁器缝隙宽度不变时，端子上大部分区域都有较大的磁通密度与径向变形量，但在集磁器缝隙附近，可以看到磁通密度明显减小，电缆端子的径向变形量也明显小于其他部位，因此造成空间磁通密度与端子变形量在横截面上的分布并不均匀。随着集磁器缝隙宽度的增大，磁通密度与电缆端子变形量的分布更不均匀，一方面在缝隙附近造成磁通密度与端子变形量明显减小；另一方面，缝隙宽度增加导致的漏磁增加，使得磁场能量耗散增加，随之造成了除缝隙附

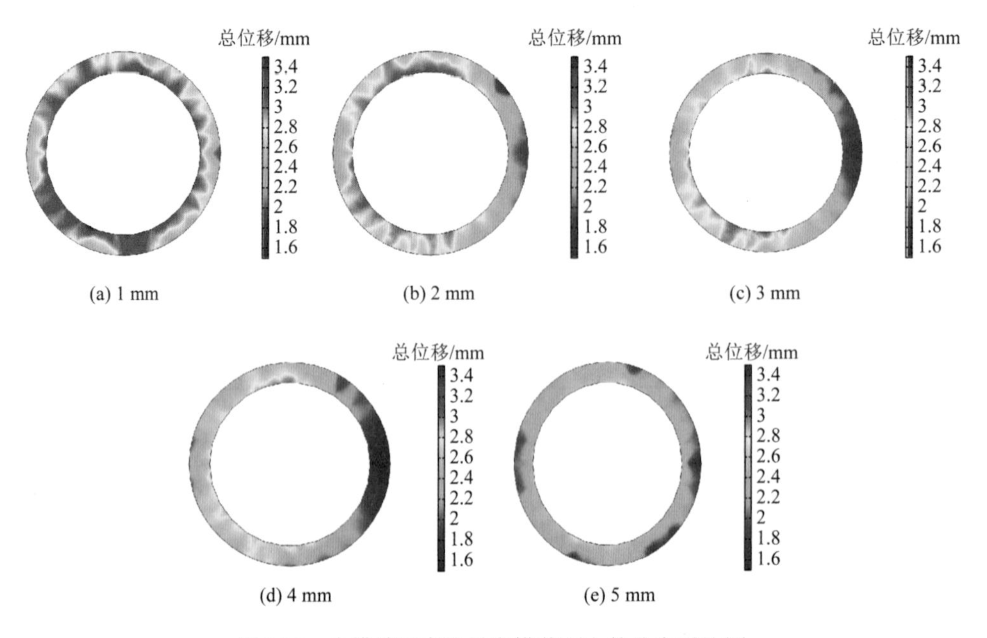


(a) 1 mm　(b) 2 mm　(c) 3 mm

(d) 4 mm　(e) 5 mm

图 5.85　电缆端子变形量在横截面上的分布对比图

近外的区域的磁通密度与端子变形量也有小幅减小。综合可知，集磁器缝隙宽度的增加，不仅造成磁通密度与电缆端子变形量在其横截面上的分布更不均匀，还会提高磁场能量的损耗，进而降低电缆端子的变形效果，降低焊接效果。

## 参 考 文 献


[1] Xu Z D，Cui J，Yu H P，et al. Research on the impact velocity of magnetic impulse welding of pipe fitting[J]. Materials & Design，2013，49：736-745.

[2] Deng F X，Cao Q L，Han X T，et al. Electromagnetic pulse spot welding of aluminum to stainless steel sheets with a field shaper[J]. The International Journal of Advanced Manufacturing Technology，2018，98（5）：1903-1911.

[3] Uhlmann E，Ziefle A. Modelling pulse magnetic welding processes–an empirical approach[C]//4th International Conference on High Speed Forming，Columbus，2010：108-116.

[4] Sofi K，Hamzaoui M，El Idriss H，et al. Electromagnetic pulse generator：An analytical and numerical study of the Lorentz force in tube crimping processes[J]. CIRP Journal of Manufacturing Science and Technology，2020，31：108-118.

[5] Li J D，Muraishi S，Kumai S. Experimental and numerical analyses of wavy interface formation and local melting phenomena at the magnetic pulse welded Al/Fe joint interface[J]. Materials Transactions，2021，62（8）：1184-1193.

[6] Li Z，Peng W X，Chen Y，et al. Simulation and experimental analysis of Al/Ti plate magnetic pulse welding based on multi-seams coil[J]. Journal of Manufacturing Processes，2022，83：290-299.

[7] Akbari Mousavi S A A，Al-Hassani S T S. Finite element simulation of explosively-driven plate impact with application to explosive welding[J]. Materials and Design，2008，29（1）：1-19.

[8] 李成祥，杜建，陈丹，等. 基于电磁脉冲成形技术的电缆接头压接装置的研制及实验研究[J]. 高电压技术，2020，46（8）：2941-2950.

[9] Faes K，Kwee I，Waele W D. Electromagnetic pulse welding of tubular products：Influence of process parameters and workpiece geometry on the joint characteristics and investigation of suitable support systems for the target tube[J]. Metal，2019，9：514-537.

[10] Kumar R，Kore S D. Experimental studies on the effect of different field shaper geometries on magnetic pulse crimping in cylindrical configuration[J]. The International Journal of Advanced Manufacturing Technology，2019，105（11）：4677-4690.

[11] Rajak A K，Kumar R，Basumatary H，et al. Numerical and experimental study on effect of different types of field-shaper on electromagnetic terminal-wire crimping process[J]. International Journal of Precision Engineering and Manufacturing，2018，19（3）：453-459.

[12] Yan Z Q，Xiao A，Cui X H，et al. Magnetic pulse welding of aluminum to steel tubes using a field-shaper with multiple seams[J]. Journal of Manufacturing Processes，2021，65：214-227.

[13] 杨勇. 基于集磁器的脉冲粉末压制的机理研究[D]. 宁波：宁波大学，2013.

[14] Groche P，Becker M，Pabst C. Process window acquisition for impact welding processes[J]. Materials & Design，2017，118：286-293.

[15] 聂鹏，朱树峰，王哲峰. 小直径管件电磁缩径集磁器特性研究[J]. 机械设计与制造，2019（9）：38-41.

[16] 王哲峰，姜孔明，高铁军. 用于管件电磁缩径的螺旋槽集磁器结构参数研究[J]. 锻压技术，2018，43（12）：44-49.

[17] 李春峰，张景辉，赵志衡，等. 胀形用集磁器的实验研究[J]. 哈尔滨工业大学学报，2000，32（4）：107-109.

[18] 赵志衡，李春峰，王永志，等. 缩径用集磁器研究[J]. 电子工艺技术，1998，19（6）：15-17.

# 第 6 章　电磁脉冲焊接的结合机理

## 6.1　引　　言

电磁脉冲焊接机理与结合界面的演变过程及其间产生的金属射流、元素扩散等瞬态过程密切相关。目前，关于电磁脉冲焊接瞬态过程的实验研究非常有限，现有研究一般通过理论计算、模拟仿真或者残余物检测来分析和研究焊接过程中的金属射流。这些研究未能捕捉完整的金属射流轨迹，对金属射流的理论计算和仿真结果缺乏实验验证，导致电磁脉冲焊接的结合机理并不明确。

为揭示电磁脉冲焊接的结合机理，本章根据铜-铝合金板、镁合金-铝合金板焊接的样品测试结果，以铜-铝合金板碰撞过程为例，建立光滑粒子流体动力学微观模型与分子动力学仿真模型，进一步研究电磁脉冲焊接过程结合界面的演变、元素扩散及金属射流形成机理，以此来明确金属射流的运动特征和元素扩散行为，并通过扩散层厚度的理论计算来明确非晶相的形成机制。

值得一提的是，重庆大学先进电磁制造团队在金属射流研究中发现一种“特殊光斑”，推断其为微间隙放电火花所致。该团队通过理论分析、仿真模拟和实验研究，对“特殊光斑”形成机理与“微间隙放电”设想进行验证，并进一步研究微间隙放电与焊件表面缺陷的关系，从而提出微间隙放电的抑制方法。

## 6.2　结合界面的微观形貌与组织结构

电磁脉冲焊接工件结合界面的微观形貌与所采用的线圈类型无关。因此，本节将以铜-铝合金板、镁合金-铝合金板及电缆接头电磁脉冲焊接样品为例，分析板状工件和管状工件电磁脉冲焊接结合界面的微观形貌与组织结构。

### 6.2.1　板状工件电磁脉冲焊接结合界面

通过线切割方式将铜-铝合金板电磁脉冲焊接接头制成金相样品开展研究。如图 6.1（a）所示，沿接头中轴线切割获得样品，并对样品位于中轴线一侧的截面进行砂纸打磨和抛光处理。处理后的样品截面宏观形貌如图 6.1（b）所示，从图中可知，该截面为轴对称结构，对称轴为焊接区域的中心。从左往右可分为五个区域，依次是边缘未焊接区 1、焊接区 1、中心未焊接区（图 5.45 中的反弹区）、焊接区 2 和边缘未焊接区 2。采用相同方法和步骤制备镁合金-铝合金板电磁脉冲焊接接头的金相样品，其截面宏观形貌如图 6.2 所示。

可见，镁合金-铝合金板电磁脉冲焊接接头截面宏观形貌与铜-铝合金板接头基本一致，也可分为 5 个区域。

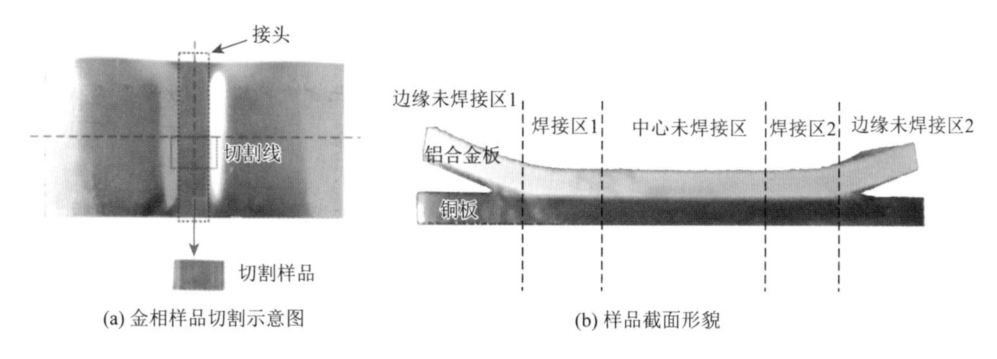

(a) 金相样品切割示意图　　　　(b) 样品截面形貌

图 6.1　铜-铝合金板电磁脉冲焊接接头测试样品制作及其截面形貌

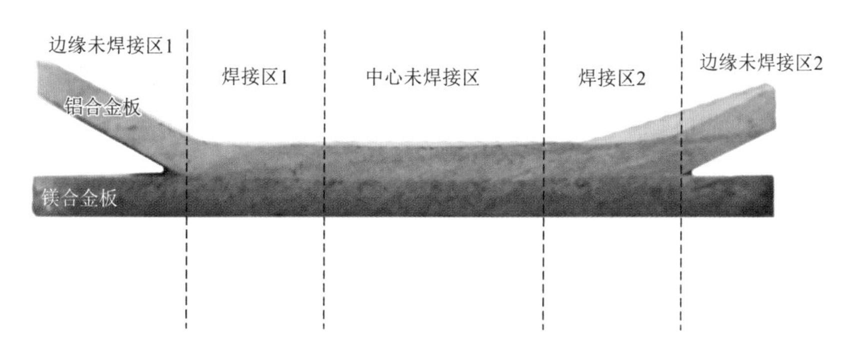

图 6.2　镁合金-铝合金板电磁脉冲焊接接头测试样品截面形貌

为探究铜-铝合金板电磁脉冲焊接结合界面的微观形貌与组织结构，采用扫描电子显微镜（scanning electron microscope，SEM）对焊接接头（放电电压为 15 kV、焊接间隙为 2 mm）结合界面开展分析测试，其结果如图 6.3 所示。铜-铝合金板电磁脉冲焊接接头结合界面存在三种典型结构：平直界面、波纹界面和涡旋界面。其中，平直界面是指结合界面波纹的波幅较小，可近似为一条直线；波纹界面是指结合界面呈现金属机械互锁的典型形貌，材料边界轮廓呈现出较为规则的正弦波纹；涡旋界面也是波纹界面的一种，但波幅和波长都较大，且涡旋中会卷入对侧材料，形状不规则。当放电电压为 15 kV、焊接间隙为 2 mm 时，结合界面同时出现了平直、波纹和涡旋三种形貌特征。平直界面如图 6.3（a）所示，忽略两处微小的半圆形凸起，铜板与铝合金板之间的边界可视为一条平坦的直线。波纹界面如图 6.3（b）所示，波幅较小，但材料边界轮廓比较规则。涡旋界面如图 6.3（c）所示，材料边界呈涡旋状，波幅较高且不规则，铜与铝之间相互嵌入形成机械互锁结构。

当放电电压为 13 kV、焊接间隙为 2 mm 时，铜-铝合金板结合界面微观形貌如图 6.4 所示。从图中可知，在焊接区内，结合界面形貌并非只有一种特征结构，而是多种典型结构组合出现，既能观察到平直界面，也存在波纹界面。在区域 A（中心未焊接区到焊

(a) 平直界面

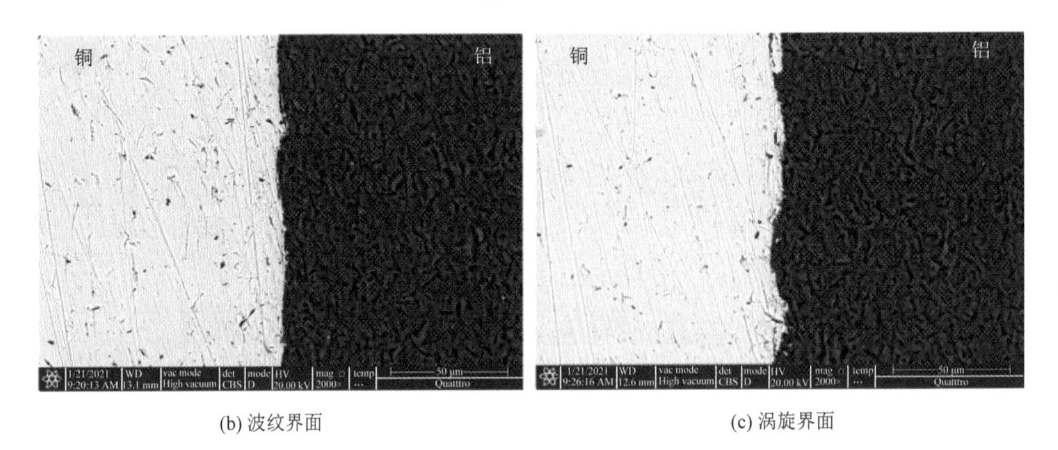


(b) 波纹界面　　(c) 涡旋界面

图 6.3　铜-铝合金板接头结合界面不同的微观形貌特征

接区的过渡区域）内，结合界面几近平直，没有波纹形貌。在区域 B 内，有微小的波纹出现并逐渐变大。在区域 C（焊接区到外部非焊接区的过渡区域）内，结合界面又变得平直，直到焊接区消失、出现缝隙。

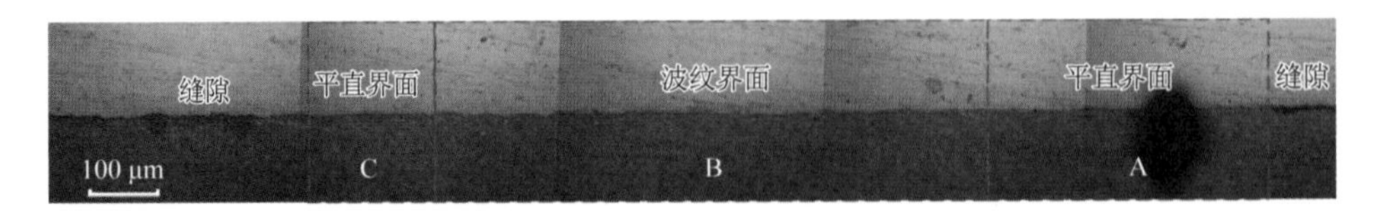


图 6.4　铜-铝合金板接头结合界面的微观形貌

铜-铝合金板结合界面微观形貌与铝合金板的运动行为、铝合金板与铜板的碰撞过程密切相关。图 6.5 描述了铝合金板与铜板碰撞及结合界面产生过程的四个不同阶段。在第一阶段，根据第 5 章的仿真和实验结果可知，铝合金板在运动过程中存在“削顶”现象，因此在碰撞的初始时刻，铜板与铝合金板之间的夹角，即两者的初始碰撞角 $\alpha_1$ 几乎为 0°。剧烈撞击下，两块板件初始碰撞区域近似平行状态，使其易产生反弹并形成负位移，如图 5.45 的仿真结果所示，此阶段铜板与铝合金板难以形成冶金结合。在第二阶段，碰撞角度随着碰撞点不断向外移动而逐渐增大，当达到金属射流形成临界条件（碰撞角度达到 $\alpha_2$）时，夹角处便会产生金属射流，此时刚刚满足冶金结合条件，在结合界面中形成平直的焊接区。当铝合金板与铜板碰撞后，由图 5.50 的计算结果可知，铝合金板碰撞角（扩张角）仍会不断增大。根据 Cui 等的研究报道[1]，随着碰撞角的增大，波纹的波长和波幅先增大后减小。当碰撞角达到 $\alpha_3$ 时，其波长和波幅达到最大值。当碰撞角增大到不再满足波纹的形成条件时，结合界面的波纹不再产生，逐渐变得平直直至不能形成可靠焊接。

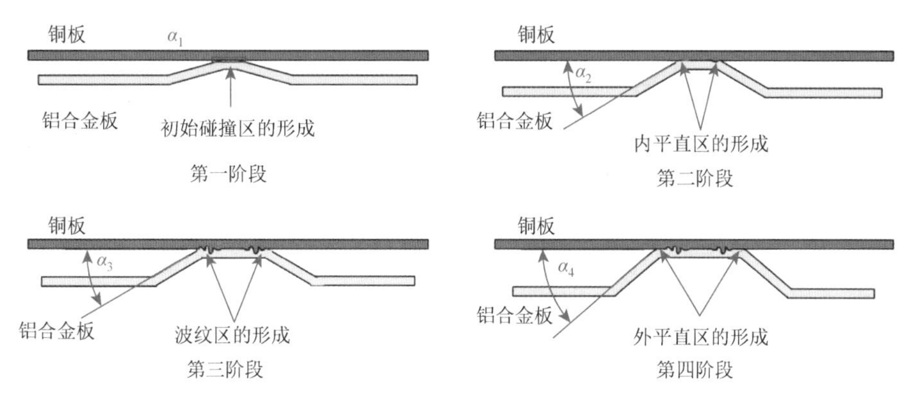


图 6.5　铜-铝合金板结合界面形成过程的示意图

对图 6.3（a）和（c）中铜-铝合金板电磁脉冲焊接接头结合界面采用能量色散 X 射线谱（X-ray energy dispersive spectrum，EDS）线扫描分析，结果分别如图 6.6（a）和（b）所示。通过线扫描结果可以看出，元素含量曲线在波纹处突然变得陡峭，表明两种元素的含量在铜-铝合金板结合界面发生了迅速的改变，存在元素扩散行为。由线扫描结果中元素扩散距离的测量结果可知，图 6.3（a）中线段 1 处元素扩散区域的宽度约为 2.61 μm，图 6.3（c）线段 2 处元素扩散区域的宽度约为 4.13 μm，两处扩散区域都非常狭窄。铝合金板与铜板嵌入过程中，涡旋界面的冲击压力和剪切应力更大，且在相互嵌入时会摩擦产生温升，进一步促进了元素扩散，因此，涡旋界面的元素扩散区域更宽。

通过对铜-铝合金板结合界面不同位置的线扫描结果进行观察发现，未出现明显的铜、铝两种元素含量相互平行区域，表明在该焊接条件下，扫描的结合界面区域内未生成金属间化合物，或者由于金属间化合物的含量相对较少，导致线扫描难以进行鉴别和区分。

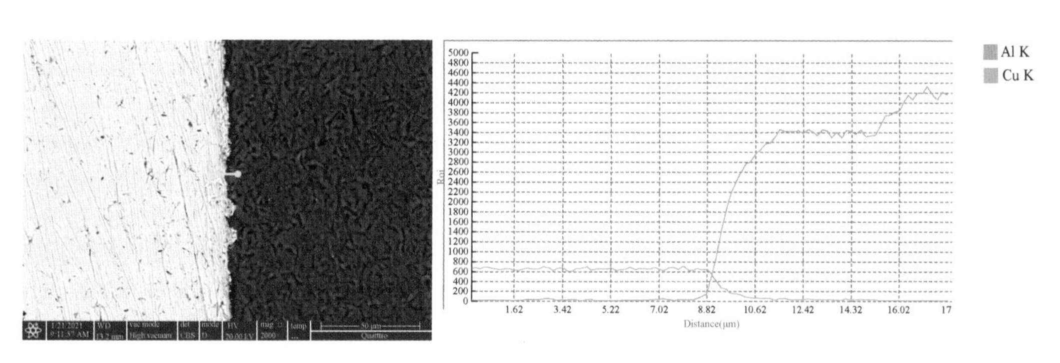


(a) 线段1及其线扫描结果

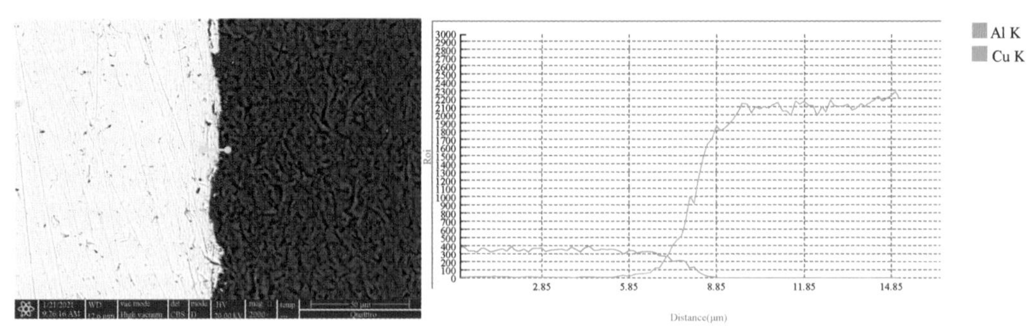


(b) 线段2及其线扫描结果

图 6.6　铜-铝合金板结合界面 EDS 线扫描结果

重庆大学先进电磁制造团队还研究了镁合金轧制方向与焊接方向间的夹角 $\alpha_{mw}$ 对镁合金-铝合金板电磁脉冲焊接结合界面的影响[2]。图 6.7 显示了在不同夹角下镁合金-铝合金板电磁脉冲焊接接头结合界面的扫描电子显微镜分析结果，表明在镁合金-铝合金板电磁脉冲焊接结合界面产生了波纹形貌，但不同夹角下的波纹幅度不同。当 $\alpha_{mw} = 0°$时，结合界面波纹的高度与宽度均大于 $\alpha_{mw} = 45°$时的结合界面。采用 EDS 分析结合界面波纹波峰（$a$ 线与 $b$ 线）处的元素成分。图 6.8 显示了图 6.7 中 $a$ 线和 $b$ 线的线扫描分析结果。从图中可知，当放电电压为 16 kV、间隙为 1.5 mm 时，无论 $\alpha_{mw} = 0°$还是 $\alpha_{mw} = 45°$，在镁合金-铝合金结合界面都发生了元素扩散现象。元素之间没有明显的过渡梯度，但是在结合界面处形成了一定的斜率。结果表明，在电磁脉冲焊接镁合金-铝合金板过程中，结合界面元素在塑性变形和高速碰撞引起的高温高压作用下发生扩散，这些元素的扩散导致结合界面的冶金结合。由于镁与铝的熔点相差不大，两种元素的互相扩散程度基本一致。当 $\alpha_{mw} = 0°$时，扩散区域宽度约为 1.59 μm；当 $\alpha_{mw} = 45°$时，扩散区域宽度约为 1.48 μm。当 $\alpha_{mw} = 0°$时，镁合金-铝合金板电磁脉冲焊接结合界面中的元素相互扩散程度比 $\alpha_{mw} = 45°$时更高。

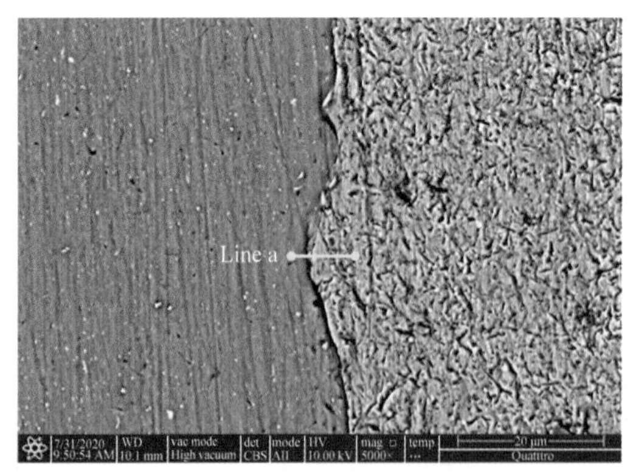


(a) 夹角为0°时的镁合金-铝合金板结合界面

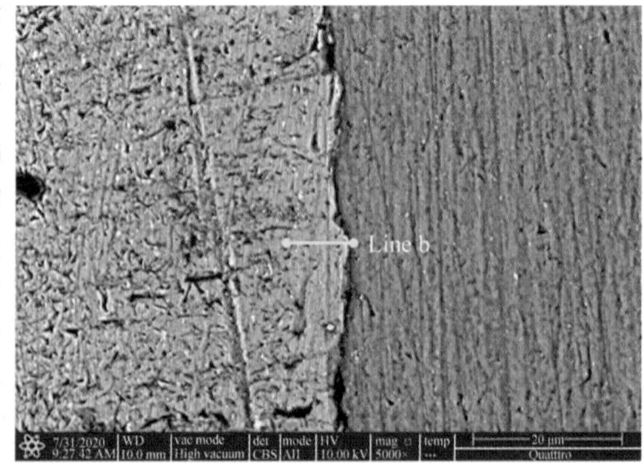


(b) 夹角为45°时的镁合金-铝合金板结合界面

图 6.7　镁合金-铝合金板电磁脉冲焊接结合界面微观形貌

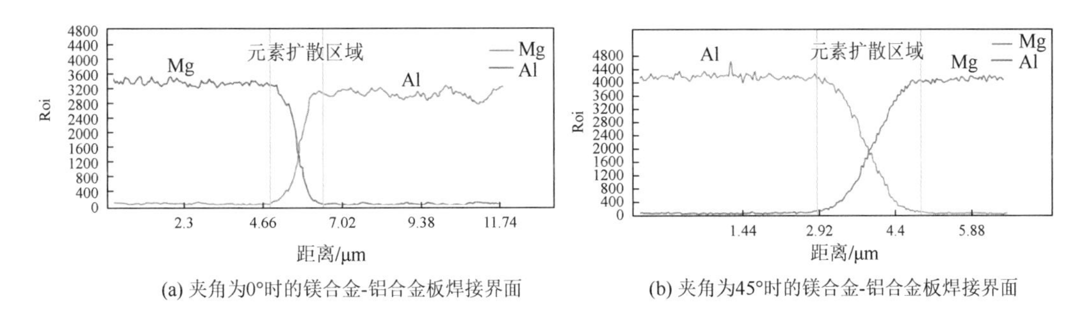


(a) 夹角为0°时的镁合金-铝合金板焊接界面　(b) 夹角为45°时的镁合金-铝合金板焊接界面

图 6.8　镁合金-铝合金板电磁脉冲焊接结合界面 EDS 线扫描结果

### 6.2.2　管状工件电磁脉冲焊接结合界面

对电磁脉冲焊接得到的电缆接头样品进行线切割，得到接头横截面，并进一步在横截面上进行取样，得到铝合金端子与铜绞线结合界面观测样品。具体制样方式如图 6.9 所示，首先利用线切割将电缆接头沿连接区域中心线切开，得到横截面，再以横截面为基准，切下厚度为 5 mm 的圆柱块。

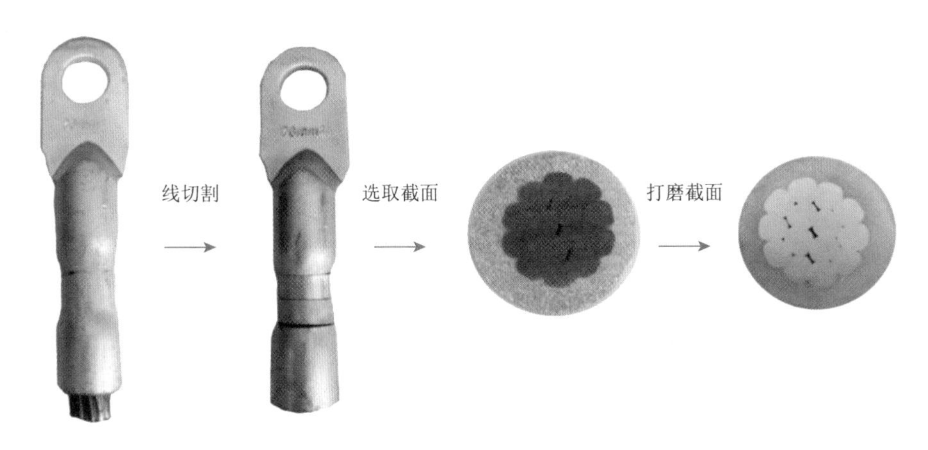


图 6.9　电缆接头电磁脉冲焊接结合界面分析样品制备示意图

为满足分析测试设备对样品截面的要求，利用砂纸对样品截面逐步打磨，且在打磨的同时以及打磨完成后，使用酒精溶剂对样品表面进行冲洗，防止摩擦造成的粉末干扰分析结果，清洗后自然晾干。利用扫描电子显微镜对电磁脉冲焊接电缆接头样品截面A、B和C三个区域进行观测（见图6.10（a）），得到其结合界面的微观形貌如图6.10（b）～（d）所示。由图6.10（b）可知，铝合金端子内表面与铜绞线紧密结合，间隙较小，部分区域甚至无间隙，且铜绞线之间也紧密结合，无明显界限。此外，铝合金端子内表面已嵌入铜绞线间的间隙，使得结合界面整体呈弧形，两者结合更为紧密。铝合金端子内表面与铜绞线外表面的结合界面存在平直界面与涡旋界面，分别如图6.10（c）和（d）所示。图6.10（d）表明铝合金端子内表面与铜绞线间存在相互嵌入的机械互锁结构，可提高其拉伸强度，降低接触电阻。

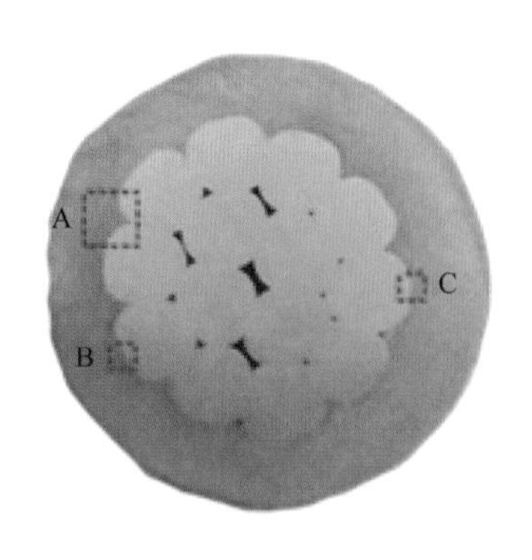


(a) 样品截面分析区域

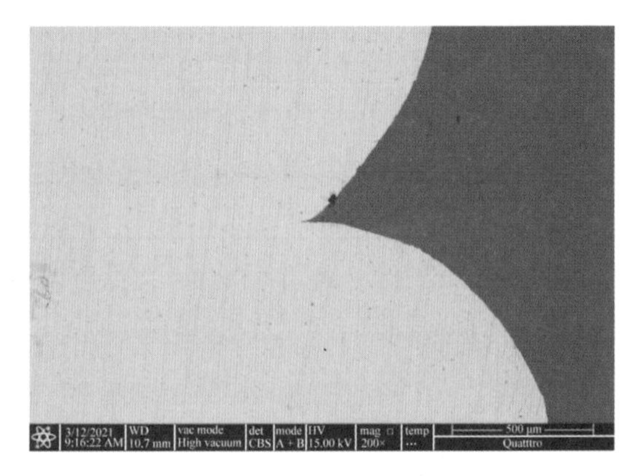


(b) 区域A处的微观形貌

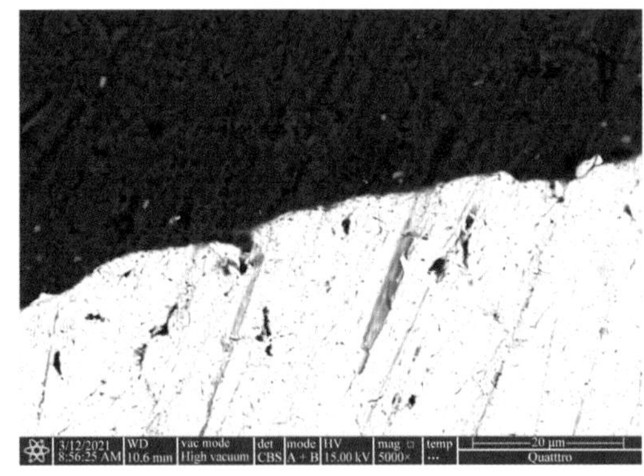


(c) 区域B处的微观形貌

(d) 区域C处的微观形貌

图 6.10　电缆接头电磁脉冲焊接结合界面的微观形貌

为深入分析电动汽车铝合金高压线束与铜合金端子的电磁脉冲焊接效果，将图 4.32 中的焊接样品多次打磨后，采用光学显微镜（Carl Zeiss Microscopy GmbH 37018）对焊接截面 *A* 点、*B* 点及铝合金线束区域 *C* 点开展测试分析，结果如图 6.11 所示。铝合金高压线束相互之间已经没有明显的分界，铜合金端子与铝合金高压线束之间界限明显，但相互之间紧密结合，没有明显间隙。图 6.11（b）是焊接样品截面 *A* 点处的微观结构，铜与铝之间存在明显的界限，但两者相互嵌入，边界轮廓呈现波纹形貌，该处波峰最高约为 26 μm，波长约为 95 μm。图 6.11（c）是焊接样品截面 *B* 点处的微观结构，铜与铝的边界轮廓也是波纹形貌，但其形状并不规则，还出现了较为复杂的涡旋结构。由于相互嵌入的程度更深，涡旋结构的连接效果强于波纹结构。图 6.11（d）是铝合金高压线束区域 *C* 点处的微观结构，铝线与铝线之间不存在明显界限。由此判断，铝合金高压线束芯线之间形成了冶金结合。铝合金芯线之间的结合的铜合金端子与铝合金芯线之间的结合不同，铝合金芯线受到两个驱动力作用：一是铜合金端子在塑性变形过程中挤压铝合金芯线，使其具有向内挤压的速度；二是铝合金芯线在时变磁场中也会感应产生洛伦兹力，在洛伦兹力驱动下向内挤压、运动。在这两种驱动力共同作用下，铝合金芯线之间高速碰撞，形成冶金结合。

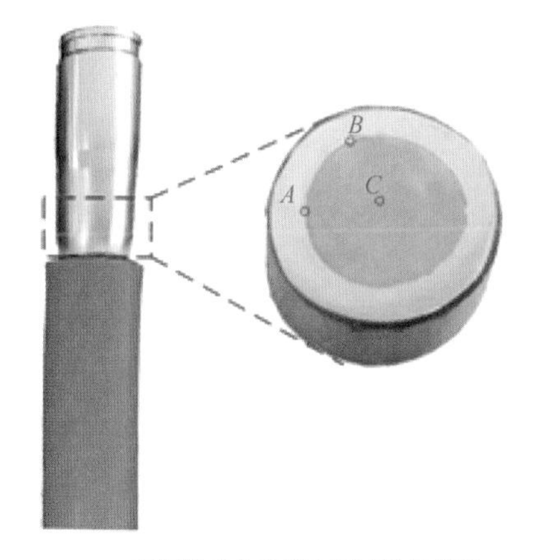


(a) 高压线束电磁脉冲焊接样品截面

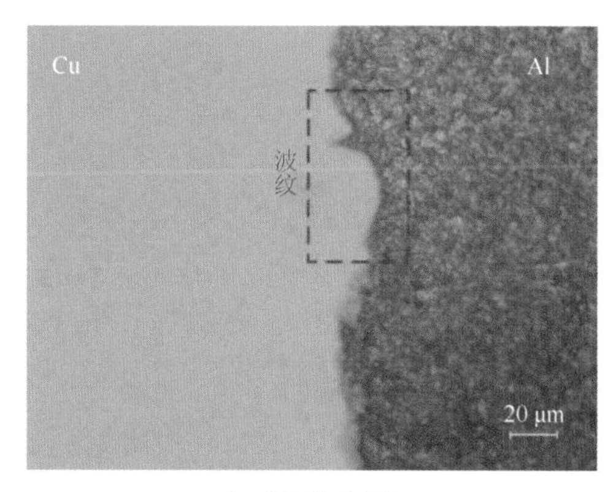


(b) 点A处的微观形貌

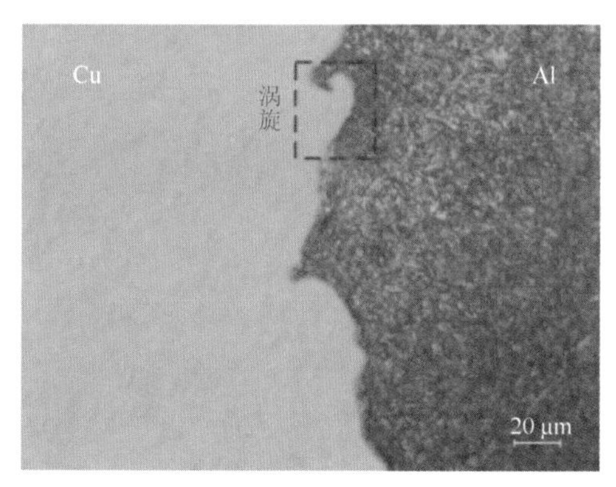


(c) 点B处的微观形貌

(d) 点C处的微观形貌

图 6.11 铜合金端子与铝合金高压线束电磁脉冲焊接结合界面的微观结构

为了分析电磁脉冲焊接对铜合金端子镀层完整性的影响和结合界面组织结构，对图6.11中高压线束与铜合金端子电磁脉冲焊接结合界面进行微观形貌和EDS线扫描分析，结果如图6.12所示。图6.12（a）是平直界面的线扫描结果，铜和铝之间没有平台区，表明电磁脉冲焊接过程中没有产生金属间化合物，或者金属化合物很少，导致没有检测到。此外，铜合金端子与铝合金线束结合界面存在过渡区，长度约为2 μm，过渡区中除了铜和铝，还存在银和锡，两者是铜合金端子镀层的主要元素。图6.12（a）为波纹界面的线扫描结果。铜和铝之间没有平台区，表明金属在相互嵌入的过程中没有产生金属间化合物。此外，铜合金端子和铝合金线束的过渡区中除了存在铜和铝，还存在银、锡和氧。过渡区长度约为2 μm。铝合金线束部分出现了氧元素，说明产生了一定量的氧化铝。与平面界面相比，波纹界面中含有更多的氧元素，这是因为碰撞过程更剧烈，温度更高，更容易与氧形成氧化物。结果表明，在此实验条件下，金属冶金结合是通过机械互锁结构与元素扩散实现的。铜合金端子镀层中含有少量氧化物，不含金属间化合物，表明镀层相对完整，电磁脉冲焊接对铜合金端子表面的镀层无明显影响。

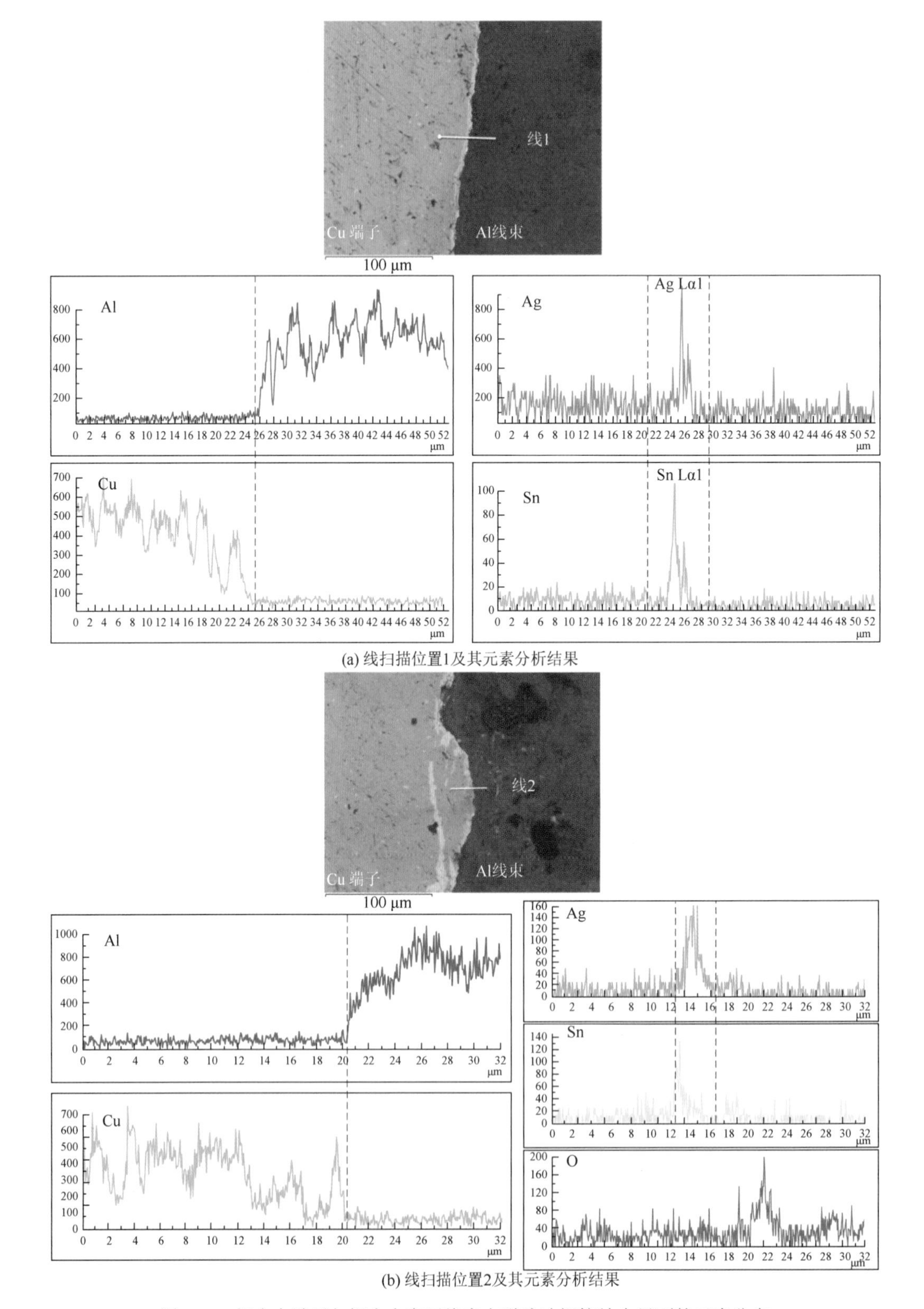


(a) 线扫描位置1及其元素分析结果

(b) 线扫描位置2及其元素分析结果

图 6.12 铜合金端子与铝合金高压线束电磁脉冲焊接结合界面的元素分布

### 6.2.3　过渡区域及其物质组成

在上述条件下，电磁脉冲焊接结合界面并未发现明显的过渡区域（过渡层）。为进一步研究电磁脉冲焊接结合界面的组织形貌与结合机理，重庆大学先进电磁制造团队采用 FEI Talos F200S G2 透射电子显微镜（transmission electron microscope，TEM）对不同样品开展分析，TEM 试样采用 FEI Quanta 3D FEG 聚焦离子束（focused-ion-beam，FIB）系统制备，在叠层工件焊接样品与单层工件焊接样品中发现了明显的过渡区域。当焊接条件不同时，过渡区域的组织成分与微观形貌也不尽相同。

当放电电压为 15 kV、焊接间隙为 1 mm 时，铝合金板与铜板实现了焊接，沿着其接头中轴线方向在焊痕处制作 FIB 样品，如图 6.13 所示。铜-铝合金板电磁脉冲焊接结合界面过渡区域的亮场横截面 TEM 图像如图 6.14 所示。

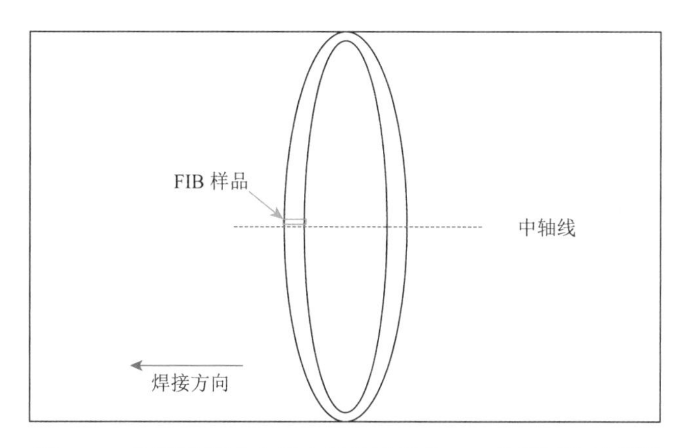


图 6.13　单层铜-铝合金板电磁脉冲焊接 FIB 样品制作示意图

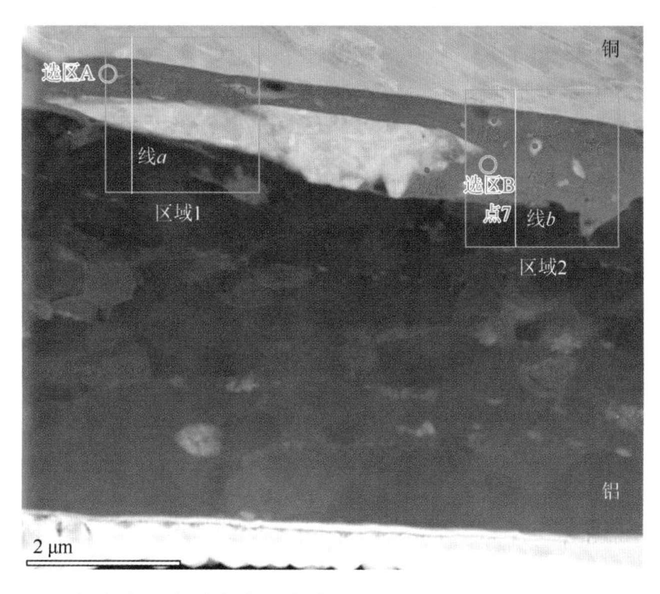


图 6.14　铜-铝合金板电磁脉冲焊接结合界面过渡层的亮场横截面 TEM 图像

从图 6.14 中可知，此处结合界面过渡区域宽度范围为 0.5～1.5 μm。过渡层微观形貌较为复杂，包含着与过渡层区别明显的约 5 μm 长条形大颗粒与部分面积不足 100 $nm^2$ 的不规则小颗粒。通过 EDS 面扫描过渡层中的左侧区域 1 和右侧区域 2，结果如图 6.15（a）和（b）所示，结果表明，过渡层金属间化合物主要是铝和铜的化合物，但两个区域的元素比例存在区别，区域 1 中过渡层铝元素比例比铜元素大，区域 2 中过渡层铜元素比例与铝元素相近。为精确分析，采用线扫描分析两个区域的过渡层，结果分别如图 6.15（c）和（d）所示。图 6.15（c）存在明显的平台区，平台区过后的物质又是铜以及铜铝之间的过渡层，单独铜元素区域约为 0.5 μm，表明长条形大颗粒的主要物质为铜，但其与铜板主体脱离，紧接铝合金板，三面被包裹在过渡层中。图 6.15（d）中同样存在明显的平台区，但铜、铝的原子百分数比例与图 6.15（c）中的比例存在明显区别。图 6.15（d）中的平台区相对稳定、平直，图 6.15（c）中的平台区仍在变化，存在一定的斜率。上述结果表明过渡层并非只由一种物质组成，存在不同的金属间化合物和夹杂在过渡层中的金属颗粒。

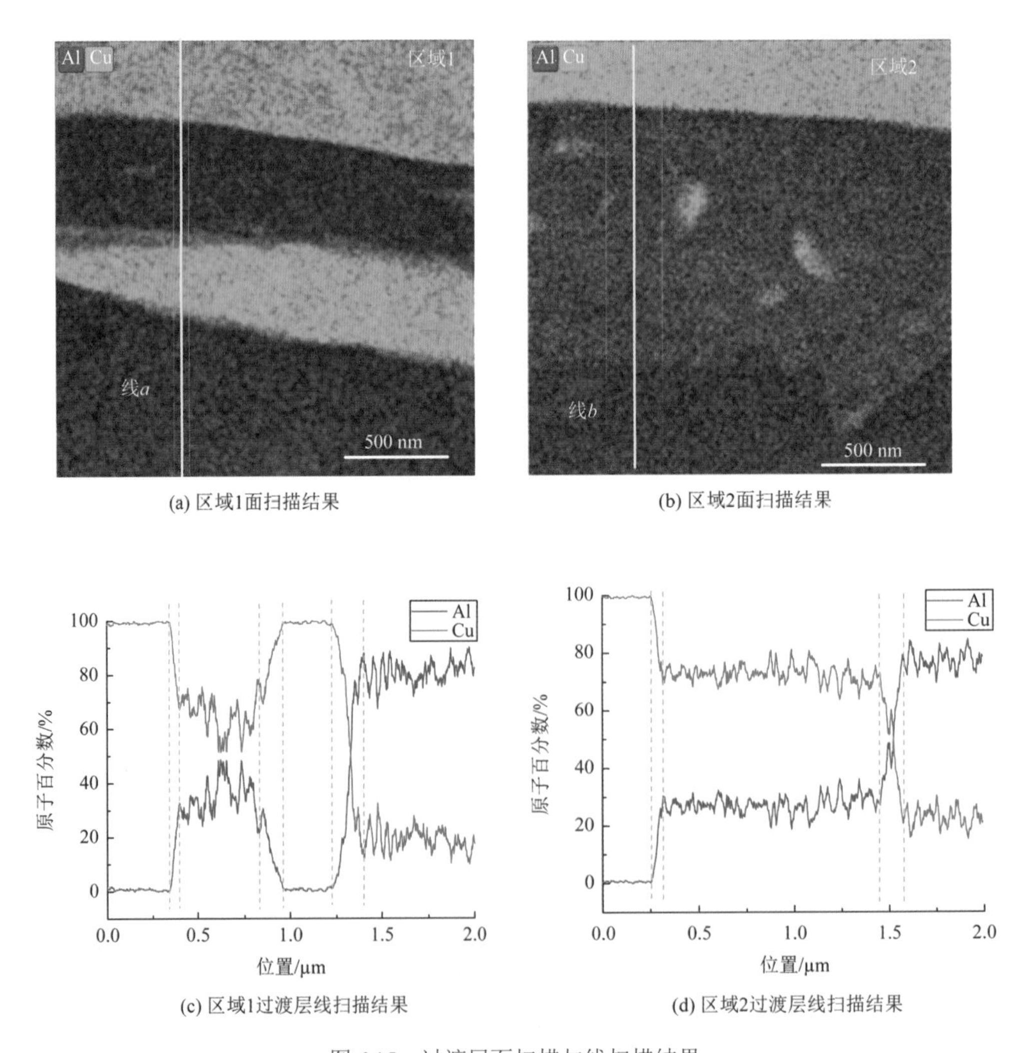


(a) 区域1面扫描结果　　(b) 区域2面扫描结果

(c) 区域1过渡层线扫描结果　　(d) 区域2过渡层线扫描结果

图 6.15　过渡层面扫描与线扫描结果

为进一步分析过渡层中的组织成分，对图 6.14 中的点 1～8 进行点扫描分析，结果如表 6.1 所示。由原子百分数可知，过渡层中主要的金属间化合物为 $Al_2Cu$，且还存在 $Al_4Cu_9$ 和 $AlCu_4$。

**表 6.1　点 1～8 点扫描结果**

| 点 | 原子百分数/% | | 对应物相 |
|---|---|---|---|
| | Al | Cu | |
| 1 | 61.66 | 38.34 | $Al_2Cu$ |
| 2 | 34.98 | 65.02 | $Al_4Cu_9$ |
| 3 | 30.19 | 69.81 | $Al_4Cu_9$ |
| 4 | 14.84 | 85.16 | $AlCu_4$ |
| 5 | 60.01 | 39.99 | $Al_2Cu$ |
| 6 | 59.55 | 40.45 | $Al_2Cu$ |
| 7 | 68.34 | 31.66 | $Al_2Cu$ |
| 8 | 30.65 | 69.35 | $Al_4Cu_9$ |

为了深入分析过渡层特征，对图 6.14 中的选区 A 和选区 B 进行选区电子衍射（selected area electron diffraction，SAED），结果如图 6.16 所示，衍射图像为典型的多晶衍射环，表明过渡层中的金属间化合物为多晶相。

当放电电压为 15 kV 时，3 层 0.1 mm 铝合金板与 1 mm 铜板实现了电磁脉冲焊接，采用 TEM 对最底层铝合金板与铜板的结合界面开展分析，沿着垂直于其接头中轴线方向在焊痕处制作 FIB 样品，如图 6.17 所示。

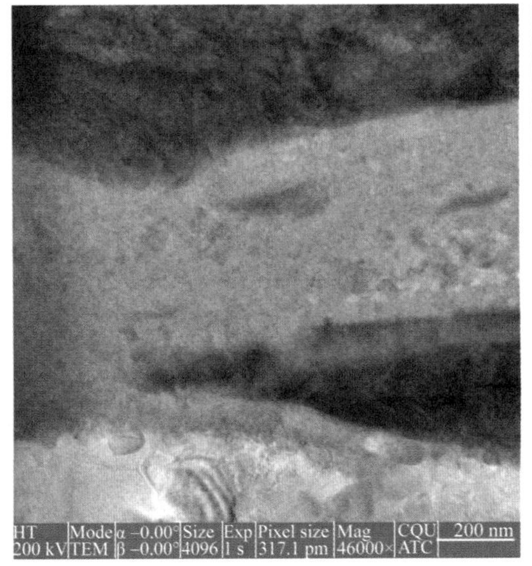


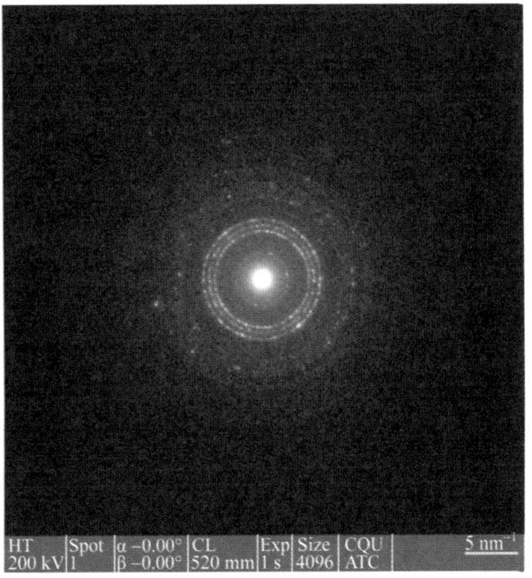


(a) 区域A SAED结果

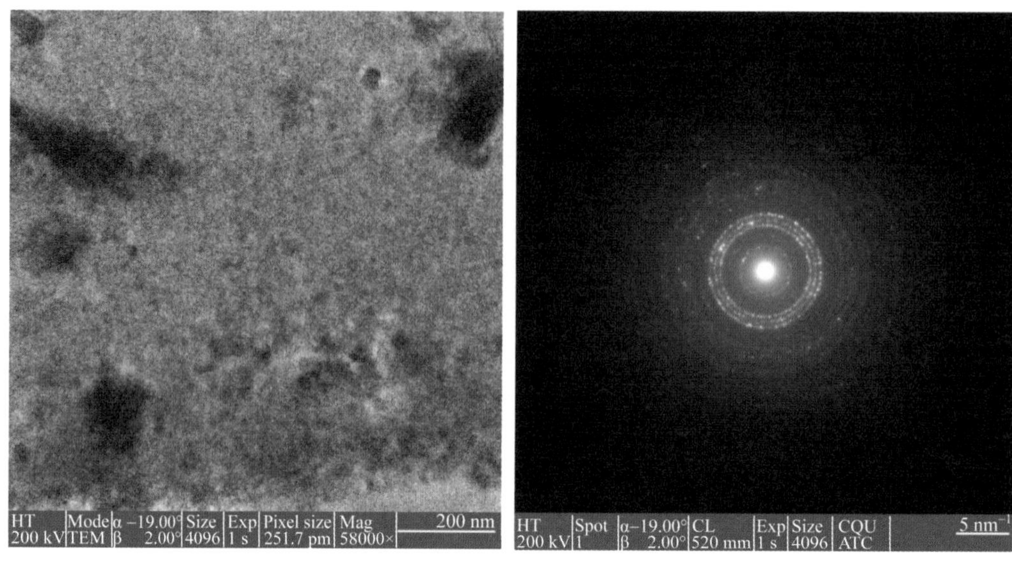


(b) 区域B SAED结果

图 6.16　过渡层金属间化合物相

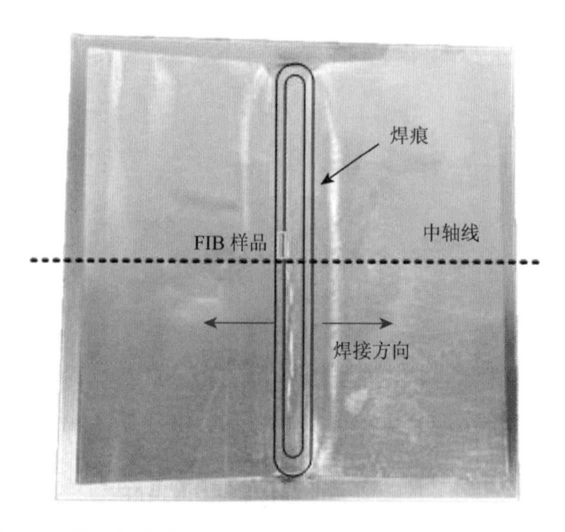


图 6.17　叠层铝合金-铜板电磁脉冲焊接 FIB 样品制作示意图

叠层铝合金-铜板电磁脉冲焊接结合界面过渡区域的亮场横截面 TEM 图像如图 6.18 所示。晶粒在铝-铜结合界面发生的明显细化，主要是由焊接过程中剧烈碰撞塑性变形引起的。越靠近中轴线位置的区域，晶粒细化越明显。在电磁脉冲焊接中，根据洛伦兹力的分布规律，板件中心横截面最先发生碰撞（初始碰撞区域）且碰撞速度最高，因此该区域内的晶粒细化程度最大。在靠近端部附近，出现了一条颜色与铜板、铝合金板完全不同的带状区域。

采用线扫描对叠层铝合金-铜板结合界面进行线扫描，结果分别如图 6.19（a）和（b）所示。图 6.19（a）表明，在靠近中心横截面区域，铜和铝之间没有形成金属间化合物，

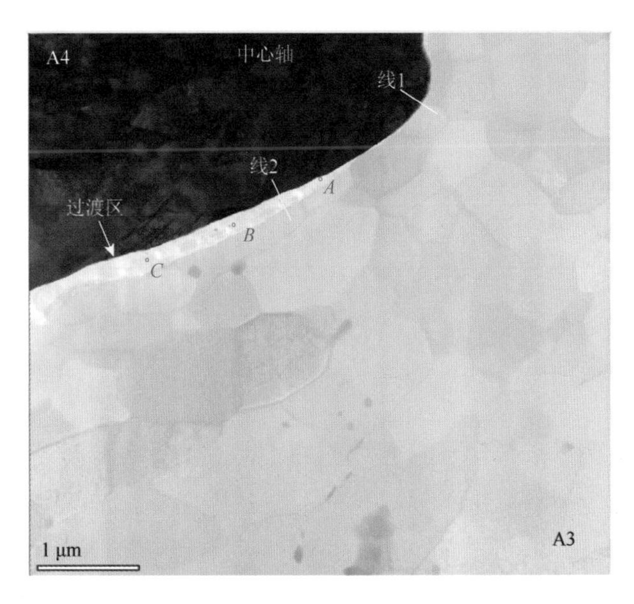


图 6.18　叠层铝合金-铜板电磁脉冲焊接界面 TEM 分析及线扫描取样示意图

但两者存在元素扩散行为，扩散区宽度约为 50 nm。在电磁脉冲焊接瞬间，结合界面处于高压与高温状态，将促进元素扩散。图 6.19（b）中，铝元素与铜元素之间存在一个平台区域，平台区宽度约为 165 nm，表明远离中心横截面区域存在一个过渡层。由此可知，垂直于焊接方向的各处结合界面微观结构并不完全一致，靠近初始碰撞区域（中心横截面）结合机理与远离该区域存在区别。

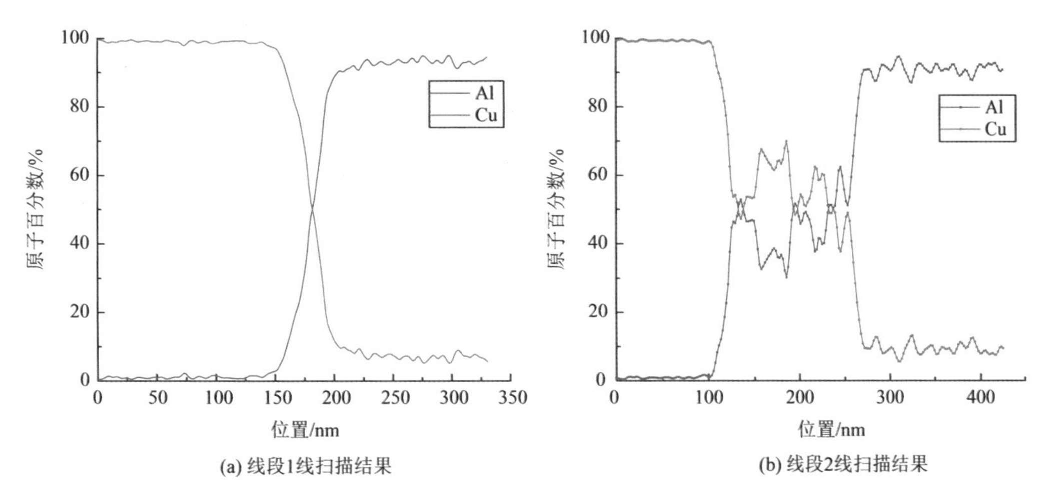


图 6.19　叠层铝合金-铜板电磁脉冲焊接样品过渡区域线扫描结果

图 6.18 过渡层中点 $A$～$C$ 的扫描结果如表 6.2 所示，根据原子百分数推断过渡层中的金属间化合物可能是 AlCu。由文献[3]可知，当放电能量较低时，由于铜在铝基体中的快速扩散，可形成 AlCu。

**表 6.2　图 6.18 中点 *A*、*B* 和 *C* 的扫描结果**

| 点 | 原子百分数/% | | 对应物相 |
|---|---|---|---|
| | Al | Cu | |
| *A* | 47.39 | 52.61 | AlCu |
| *B* | 44.58 | 55.42 | AlCu |
| *C* | 43.76 | 56.24 | AlCu |

过渡层选区电子衍射分析结果如图 6.20 所示。可见，不仅存在由晶体衍射斑组成的衍射环，还有一个散射晕环，表明铜-铝合金结合界面过渡层存在非晶相。

图 6.20　过渡区 SAED 结果

过渡层高分辨率透射电镜（high resolution transmission electron microscope，HRTEM）拍摄结果如图6.21所示。由图可知，非晶相是过渡层的基体相。图6.21（b）是铝侧和过渡层交界处HRTEM拍摄结果，表明铝和过渡层的交界处是晶相和非晶相的混合物。根据前面内容分析可知，应该是铝和AlCu的混合区域。

上述结果表明，随着电磁脉冲焊接参数的变化，其结合界面的组织结构与微观形貌也不同，过渡区域的存在与否、非晶相的存在与否、多晶相的存在与否都需要结合具体的条件分析，由此可知，相同材料在不同焊接条件下，电磁脉冲焊接机理并不完全相同，且相同材料在相同焊接条件下，不同结合区域的电磁脉冲焊接机理也并不完全相同。

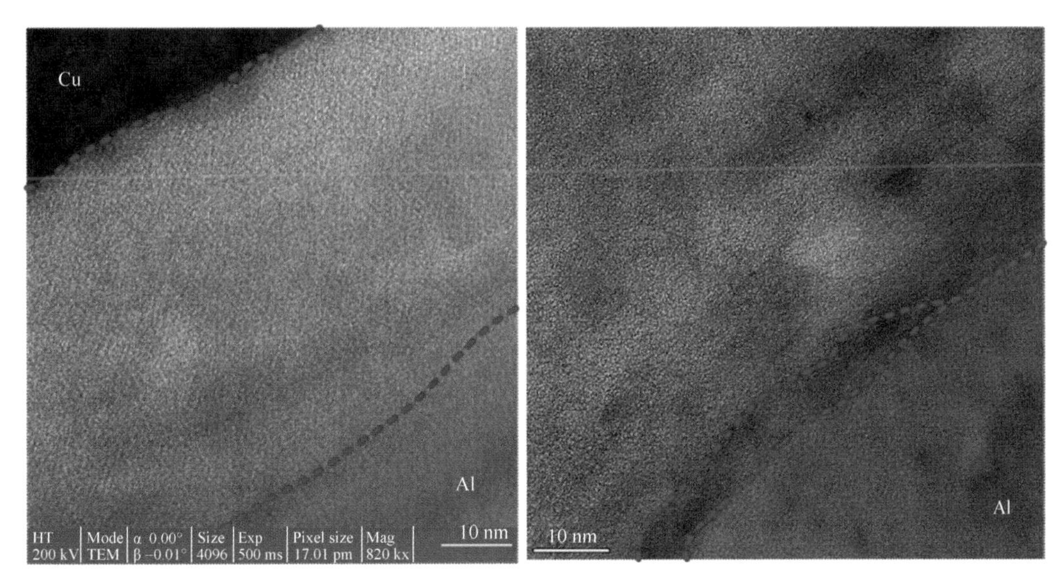


(a) 过渡区的HRTEM图像　(b) 铝侧和过渡区交界处的HRTEM图像

图 6.21　过渡层 HRTEM 拍摄结果

## 6.3　结合界面的演变过程

### 6.3.1　碰撞过程的 SPH 模型

电磁脉冲焊接所需时间极短，结合界面局部塑性应变高且网格变形量大，难以采用 COMSOL Multiphysics 软件对焊接工件碰撞过程中接触界面的塑性变形进行数值模拟。光滑粒子流体动力学仿真是一种通过求解质点动力学行为从而得到整个系统运动过程的方法。它利用无网格剖分技术，无须对模型进行剖分，在材料高速率-大范围应变情况下，可以避免网格畸变或重构等影响计算结果精度的因素。电磁脉冲焊接过程中，铝合金板的运动过程及其与铜板的碰撞过程，都属于高速率-大范围应变的情况。本节以电磁脉冲焊接铜-铝合金板为例，在 ANSYS 软件中建立 SPH 模型，模拟铜板和铝合金板的碰撞过程，探究两者结合界面的演变过程。

根据电磁脉冲焊接过程中，铝合金板与铜板碰撞时的典型位置，构建如图 6.22 所示的二维几何模型。铜板为水平方向放置，铝合金板倾斜放置并与铜板形成一定的夹角 $\alpha_{SPH}$，即碰撞角度，点 $P_{SPH}$ 处设置为两块板件的初始碰撞点。从实验结果可知，铜板与铝合金板碰撞区域的单边长度通常不足 5 mm，因此在仿真模型中，将板件的长度均设置为 10 mm，足以模拟两者接触碰撞界面。板件厚度都设置为 1 mm。金属颗粒直径对捕获结合界面形态和金属射流现象的时间有重要影响，为提高计算效率，参照文献[4]、[5]的研究，将两块板件中都填充直径为 5 μm 的金属颗粒。

仿真中，考虑到计算与实际速度的误差，将铝合金板与铜板的碰撞速度设置为

400 m/s，碰撞角度 $\alpha_{SPH}$ 设置为 17°，铝合金板与铜板的碰撞速度、碰撞角度与放电电压、焊接间隙相关，都可根据不同的实验条件进行调整。

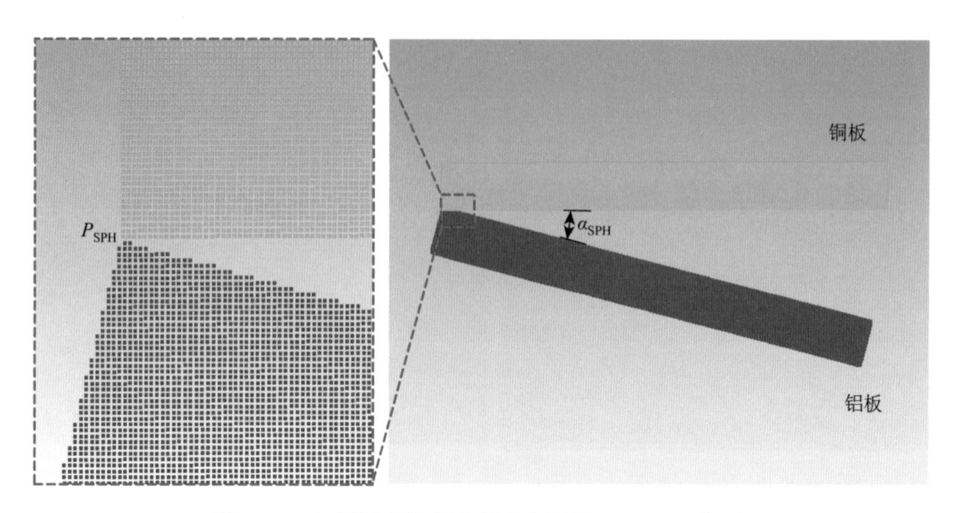


图 6.22　电磁脉冲焊接铜-铝合金板的 SPH 几何模型

如文献[5]中提到的，所建立的铜-铝合金板电磁脉冲焊接 SPH 仿真模型，是简化了实际实验条件和过程后的模型，简化过程包含以下三点假设：第一，该仿真模型是二维模型，忽略了垂直于焊接方向（平行于板件短边的方向）上洛伦兹力分量的作用及影响；第二，SPH 模型忽略了感应涡流作用下材料焦耳热的产生、传导及散热过程，结合界面处的温度分布仅可表征冲击动能和粒子摩擦产生的能量，并忽略电磁环境中金属的物性变化；第三，该模型忽略了铜、铝两种金属在电磁脉冲焊接过程中的物理反应和化学反应，不能反映结合界面金属间化合物的形成。

1. 材料的状态方程

ANSYS 材料库中的材料包括 Shock 方程在内的十多种状态方程。由高帅的研究[6]可知，Shock 状态方程适用于高速变形情况下材料的动力学行为模拟[7]，广泛应用于固体冲击波高压物态领域，因此本节也采用该状态方程。该方程基于 Mie-Gruneisen 模型，将冲击压力 $P_s$、比容 $V_s$ 和内能 $E_s$ 的关系描述如下[8]：

$$P_s - P_{s0} = \frac{\gamma}{V_s}(E_s - E_{s0}) \tag{6.1}$$

式中，$P_{s0}$ 和 $E_{s0}$ 分别为 $T = 0$ K 时的冲击压力和内能；$\gamma$ 为 Gruneisen 参数。以固体的冲击 Hugoniot 线为参考线，代入式（6.1）可得

$$P_{sH} - P_{s0} = \frac{\gamma}{V_s}(E_{sH} - E_{s0}) \tag{6.2}$$

式中，$P_{sH}$ 和 $E_{sH}$ 可以由冲击 Hugoniot 线计算得到。对常用的金属材料而言，高压状态下的冲击波速度 $D$ 可表示为

$$D = c_0 + \lambda\mu_p \tag{6.3}$$

式中，$c_0$ 和 $\mu_p$ 为线性拟合参数。

由冲击 Hugoniot 关系：

$$\begin{cases} P_{sH} = \rho_0 D \mu_p \\ E_{sH} = \dfrac{P_{sH}}{2}(V_{s0} - V_s) \end{cases} \tag{6.4}$$

可获得冲击 Hugoniot 的压力和内能。

由冲击速度和粒子速度之间的基本关系[9]：

$$P_s = P_{sH} + \Gamma \rho_p (e_s - e_{sH}) \tag{6.5}$$

假设 $\Gamma\rho_p = \Gamma_0\rho_0$ 为常数，联解式（6.4）和式（6.5），可得到冲击波关系式：

$$P_{sH} = \frac{\rho_0 c_0 \mu_p (1+\mu_p)}{(1-(s-1)\mu_p)^2} \tag{6.6}$$

$$e_{sH} = \frac{1}{2}\frac{P_{sH}}{\rho_0}\left(\frac{\mu_p}{1+\mu_p}\right) \tag{6.7}$$

$$\mu_p = \left(\frac{\rho_p}{\rho_0}\right) - 1 \tag{6.8}$$

式中，$\rho_p$ 为当前密度；$\rho_0$ 为初始密度；$\Gamma_0$ 为 Gruneisen 参数；$\mu_p$ 为压缩比；$c_0$ 为体积声速，相关参数都从 ANSYS 的模型库中给出。

2. 材料的强度模型

电磁脉冲焊接过程中，材料自身存在变形抗力。J-C 模型能够反映材料在大变形和高应变率等条件下的动态响应，适用于电磁脉冲焊接过程，如式（5.19）所示。1060 铝合金和 T2 铜的 J-C 模型参数如表 6.3 所示[10, 11]。

**表 6.3　1060 铝合金和 T2 铜的 J-C 模型参数**

| 材料 | $A$/MPa | $B$/MPa | $n$ | $C$ | $m$ | $T_r$/K | $T_m$/K |
|---|---|---|---|---|---|---|---|
| 1060 铝合金 | 120 | 200 | 0.3 | 0.01 | 0.895 | 293 | 660 |
| T2 铜 | 89.63 | 291.64 | 0.310 | 0.025 | 1.09 | 293 | 1356 |

## 6.3.2　结合界面的形貌与物相演变

图 6.23 是不同条件下铜-铝合金板电磁脉冲焊接结合界面形貌的 SPH 仿真结果。可见，SPH 模型可完整再现电磁脉冲焊接得到的铜-铝合金板结合界面形貌特征，包括平直界面、波纹界面和涡旋界面。如图 6.23（a）所示的结合界面形貌是平直界面和波纹界面。图 6.23（b）则出现了实验结果中的波纹结构和涡旋结构，随着焊接方向，波纹界面逐渐向涡旋界面过渡，变化趋势与如图 6.4 所示一致。

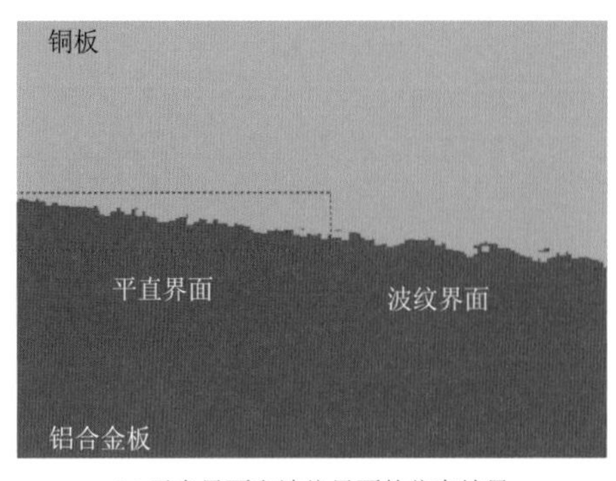


(a) 平直界面和波纹界面的仿真结果

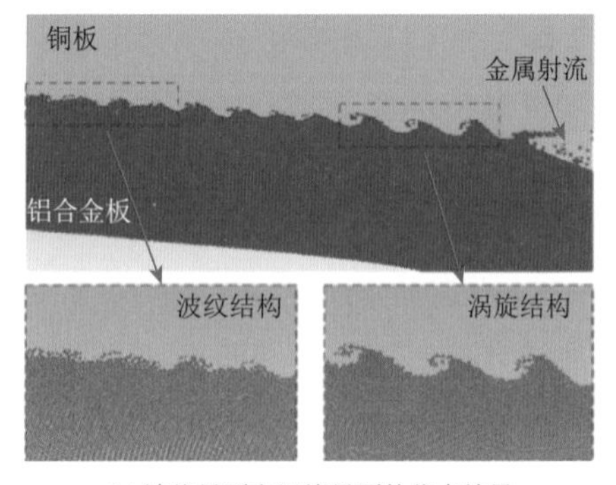


(b) 波纹界面和涡旋界面的仿真结果

图 6.23　铜-铝合金板电磁脉冲焊接的 SPH 仿真结果

如图 6.24 所示，SPH 仿真结果（碰撞速度为 700 m/s，碰撞角度为 17°）与图 6.3（c）中的实验结果相比，两者结合界面涡旋的形成方向及其形貌都非常相似，表明仿真结果与实验结果的结合界面形貌具有一致性。仿真结果中得到的结合界面尺寸与实验中实际尺寸不同，且仿真时间短于放电电流周期的 1/4；另外，结合界面形貌与工艺参数之间的对应关系存在差异。这是因为在 SPH 建模时忽略了实际焊接过程中的一些影响因素，采用了较为简单的计算方式，且金属颗粒的尺寸与实际情况也存在差别，碰撞速度的计算方式也会带来误差。尽管如此，基于仿真结果与实验结果中结合界面形貌的一致性，可认为仿真结果有助于揭示铜-铝合金板结合界面的形成机理及演变过程。

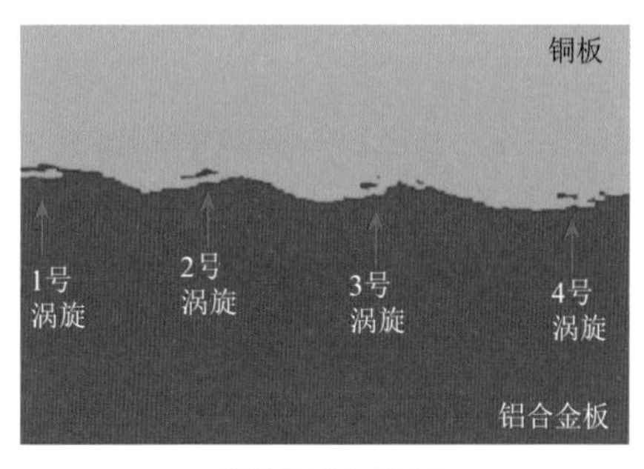


(a) 涡旋界面仿真结果

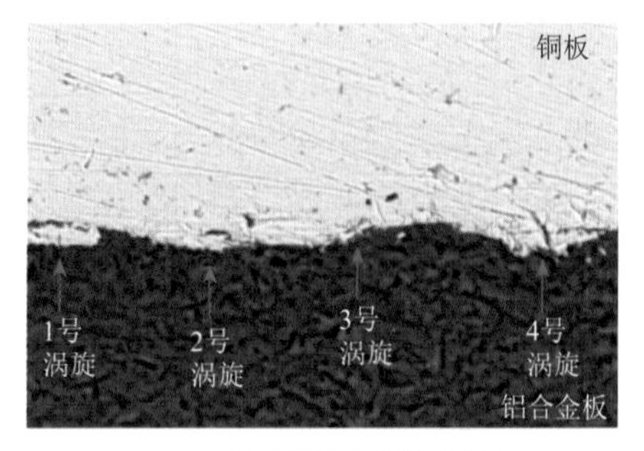


(b) 涡旋界面微观测试结果

图 6.24　铜-铝合金电磁脉冲焊接涡旋界面仿真结果与实验结果

图 6.25 是涡旋结构结合界面的演变过程中，不同时刻（时间间隔为 0.029 μs）铜-铝合金板结合界面塑性流动的仿真结果，阐明了涡旋结构界面的演化过程和形成机理。当铝合金板“削顶”区与铜板碰撞未形成冶金结合时，铝合金板其余部分继续加速与铜板碰撞。如图 6.25（a）所示，当 $t = 1.635$ μs 时，在碰撞点处，铝合金板被铜板挤压向外形成一个尖状凸起。此时，还伴随着高密度的金属粒子从碰撞点处喷射而出，形成金属射流。在铝合金板与铜板的不断相互挤压下，铝合金板塑性变形量逐渐增大，凸起的面积（二维）不断增大，如图 6.25（b）和（c）所示。当 $t = 1.720$ μs 时，铝合金板的凸起与铜板表面接触，铜板表面被铝合金板的凸起破坏，不再平直，如图 6.25（d）所示。当铜板

表面被破坏后，铝合金通过被破坏处不断向铜板内部嵌入。铜板中的铝不断增加，并与凸起的挤压方向形成了一定的角度，使铜板中的铜在铝合金板的挤压下向铝合金板嵌入方向运动，形成了互相嵌入的机械互锁结构，如图 6.25（e）和（f）所示。铝合金板中的铜与铜板中的铝不断相互挤压运动，同时受到的阻力逐渐增大。当嵌入部分运动方向在阻力的作用下发生改变时，形成了涡旋结构。涡旋结构中，铝嵌进铜板一侧的波纹中。此时，铝合金板碰撞点处又产生一个新的凸起，并开始向铜板表面移动，形成周期性的运动。

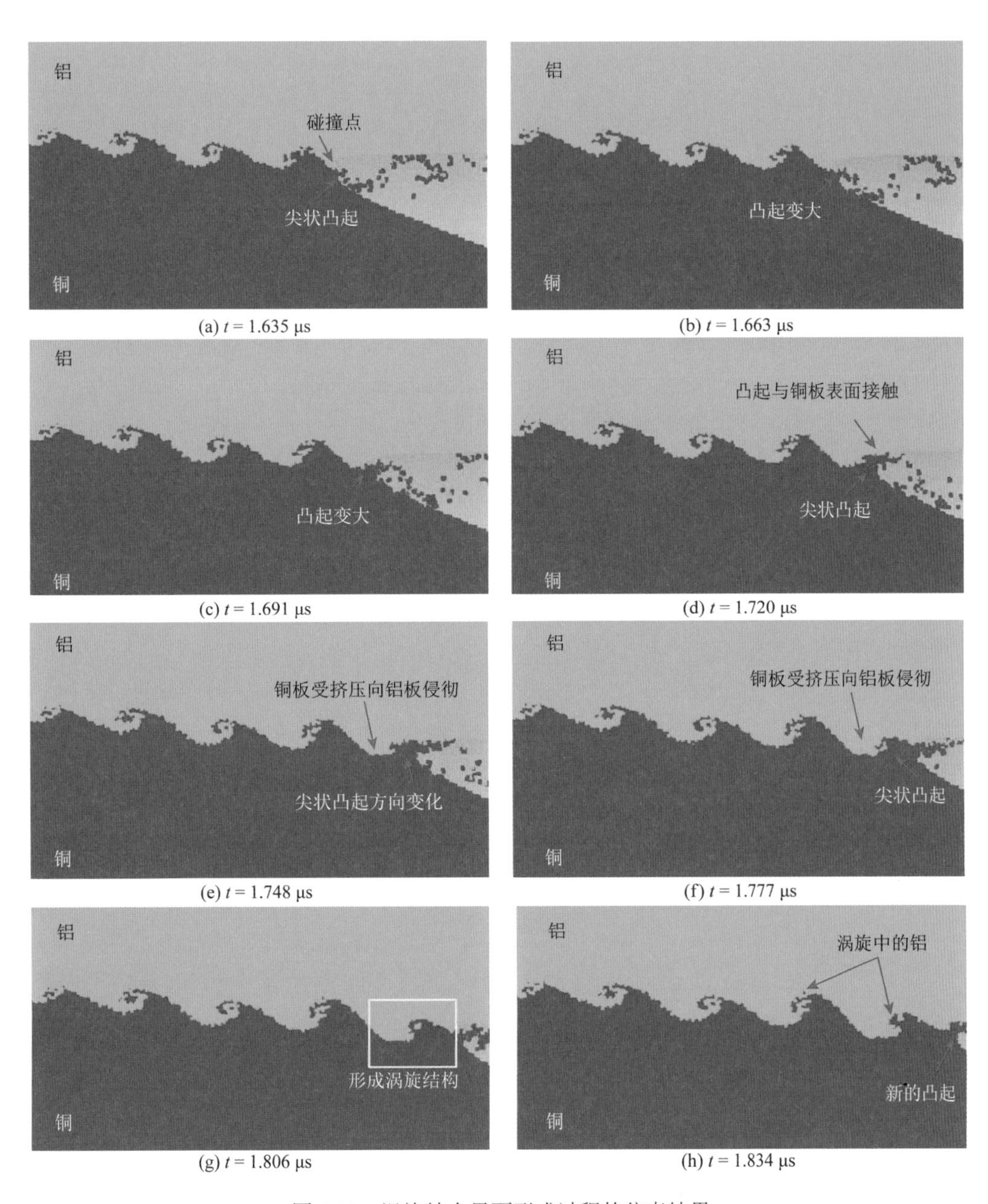


图 6.25　涡旋结合界面形成过程的仿真结果

如图 6.25 所示的结合界面形成过程可分解为以下三个关键阶段。

第一阶段：铝合金板对铜板的撞击使得两者表面均产生了塑性变形（图6.25（a）和（b））。铝合金板撞击铜板过程中，当碰撞点压力远大于材料屈服的临界应力值时，碰撞区域内板件表面发生明显的塑性变形，铝合金板碰撞点区域在冲击载荷作用下表面被破坏并形成小的凸起。随着冲击载荷的持续作用，铝合金板与铜板持续挤压，塑性变形不断增大，凸起也会不断增大。

第二阶段：铝合金板与铜板相互嵌入（图 6.25（c）～（f））。铝合金板的凸起部分体积增大并与铜板表面接触，破坏铜板表面并继续向铜板内挤压，随着冲击载荷的持续施加，铜板中的铜也开始向铝合金板方向挤压，铝合金板凸起在多个挤压力作用下改变方向，材料之间互相嵌入，且嵌入区域面积不断扩大，逐渐形成波纹结构/涡旋结构，该过程中，也有部分未及时逃逸的金属射流被卷入波纹结构/涡旋结构。

第三阶段：铝合金板碰撞点区域凸起的周期性运动（图 6.25（g）和（h））。当铝合金板与铜板某一部分的相互嵌入结束时，碰撞点继续沿着焊接方向向前运动，形成新的凸起，并不断地对铜板产生冲击载荷使得结合界面发生下一周期的塑性变形和相互嵌入。

### 6.3.3　结合界面的塑性变形

由图 6.25 可知，铜板与铝合金板焊接过程中，结合界面发生了塑性变形。图 6.26（a）是铜-铝合金板结合界面的塑性变形仿真结果。由图可知，在铜板与铝合金板的结合界面出现了一条塑性变形带。为验证结合界面的塑性变形过程，对铜-铝合金板电磁脉冲焊接接头结合界面进行显微硬度测试。采用型号为 Leeb MVS-1000DE 的维氏硬度计对结合界面的硬度分布进行测试，加载力设置为 200 gf，加载时间设置为 10 s。测试过程中，硬度计的压头、加载力及加载时间都保持一致，压痕的大小可直接反映出所测试位置的硬度。压痕小的位置硬度大，反之硬度小。为防止相邻压痕之间对材料硬度值的影响，测试位置如图 6.26（b）所示，对铜-铝合金板电磁脉冲焊接接头（放电电压为 15 kV、焊接间隙为 2 mm）结合界面进行硬度测试，结果如图 6.26（b）所示，无论铜板侧还是铝合金板侧，靠近结合界面位置的硬度都比远离结合界面位置的硬度高。在铝合金板

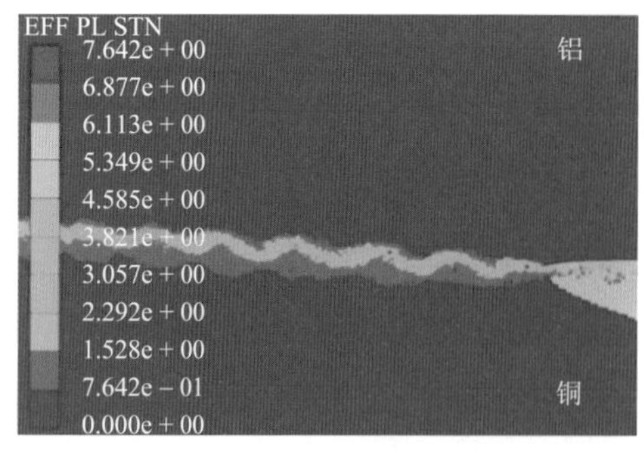


(a) 结合界面塑性变形的仿真结果

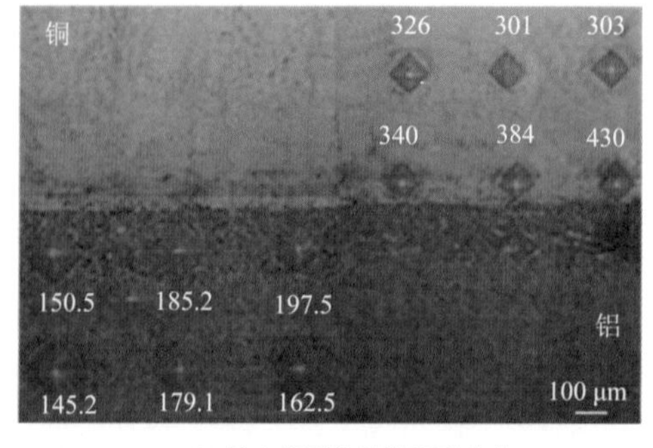


(b) 结合界面的显微硬度分布

图 6.26　铜-铝合金板结合界面的塑性变形

与铜板猛烈撞击的过程中，结合界面及其附近区域的材料发生了塑性变形，加工硬化程度大。此外，剧烈撞击使材料原晶粒破碎、拉长及细化。这些因素都使结合界面附近的硬度增大。仿真与测试结果表明，在铜-铝合金板电磁脉冲焊接过程中，结合界面发生了塑性变形。

当铝合金板撞向铜板时会产生冲击压力。图 6.27（a）是结合界面形成过程中冲击压力的分布。可见，冲击压力主要分布在碰撞点及其周边区域。冲击压力和塑性变形产生的能量会提高结合界面的温度。结合界面温度的仿真结果如图 6.27（b）所示，结合界面温度显著提升，远高于其余区域的温度。结合界面的高温可增强表面原子的活性，促进结合界面两侧的元素扩散[12]。

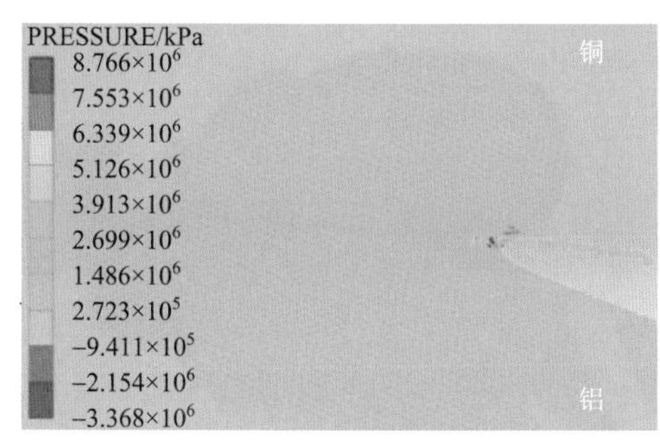


(a) 结合界面的冲击压力仿真结果

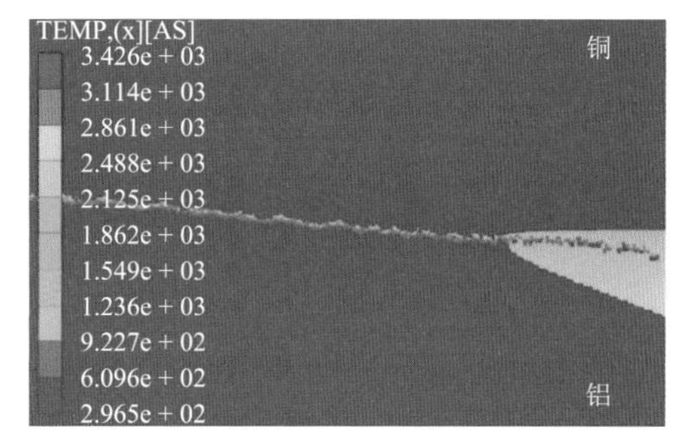


(b) 结合界面的温度仿真结果

图 6.27　铜-铝合金板结合界面的冲击压力和温度

## 6.4　元素扩散行为

为深入探究电磁脉冲焊接过程中的元素扩散行为，采用大规模原子/分子并行模拟器（large-scale atomic/molecular massively parallel simulator，LAMMPS）软件构建电磁脉冲焊接铜-铝合金板碰撞过程的分子动力学仿真模型[13]，并综合利用 TEM、EDS 等分析测试方法验证仿真结果的准确性。

### 6.4.1　碰撞过程的分子动力学模型

在分子动力学中，通过对牛顿运动方程积分，可获得单个原子的运动状态。牛顿第二定律的微分方程为

$$m_i \frac{\mathrm{d}^2 r_i}{\mathrm{d}t^2} = -\nabla V_i(r_1, r_2, \cdots, r_N) \tag{6.9}$$

式中，$m_i$ 为原子的相对原子质量；$r_i$ 为原子的空间位置矢量；$t$ 为仿真时间；$V_i(r_1, r_2, \cdots, r_N)$ 为原子的势函数，用于描述原子间的相互作用。

嵌入原子势通常被用于金属体系当中，其函数形式为[14]

$$U_{\text{total}}=\frac{1}{2}\sum_{\substack{i,j\\ i\neq j}}\phi(r_{ij})+\sum_{i}F(\rho_i(r_{ij}))\tag{6.10}$$

式中，$\phi$为冲击势，为原子间的排斥作用；$F$为吸引势，为嵌入电子气中的原子所受到的力；$\rho$为原子所处位置$r_i$处的电子密度函数。

仿真模型中，原子间的相互作用代入Cai和Ye研究得出的铜和铝的嵌入原子合金势[15]，仿真步长设置为1 fs，模拟加载、卸载和冷却三个阶段。仿真模型所构建的铜板和铝合金板区域如图6.28所示，其中，铜板范围为(0～3.5)nm×(0～3.5)nm×(–27.5～–1.5)nm，包含了28800个原子，铝合金板范围为(0～3.5)nm×(0～3.5)nm×(1.5～27.5)nm，包含了20736个原子。将两块板件的$X$-$Y$表面设置为周期性边界条件，用于模拟无限表面以消除$X$-$Y$方向的尺度效应，并将$Z$方向设置为自由边界条件。铜板和铝合金板之间用3 nm真空隔开，其间距远大于势函数的相互作用范围，相互不会造成影响。两板边缘分别固定五层原子，模拟碰撞时固定板件的作用。初始阶段，整个系统采用Nose-Hoover恒温器在25℃、零外压的定温定压（constant-pressure-temperature，NPT）系综下给予服从麦克斯韦速率分布的初速度进行弛豫。随后，给予铝合金板（飞板）初速度使其与基板发生碰撞，原子的牛顿运动过程采用蛙跳法进行积分，在铝合金板固定层速度达到零时停止运动。再使该系统在微正则（micro-canonical，NVE）系综下弛豫1000 ps完成加载阶段。保持NVE系综的平衡温度不变，在该温度、零外压的NPT系综下弛豫1000 ps完成卸载阶段。最后在NPT系综下冷却到25℃室温，完成冷却阶段。

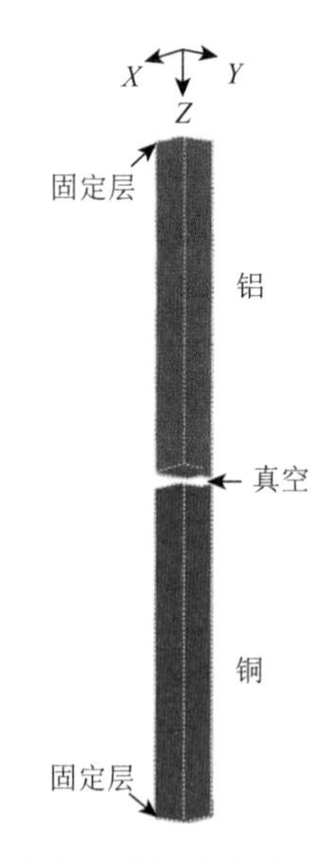


图6.28　铜-铝合金板碰撞过程分子动力学仿真模型

### 6.4.2　扩散层计算及测试

1. 扩散层的计算

扩散系数与位移有一定的相关性。可以根据爱因斯坦扩散定律，将扩散系数表示为

$$D = \lim_{t\to\infty}\frac{1}{2\mathbb{N}t}\left\langle \left| r(t) - r(0) \right|^2 \right\rangle \tag{6.11}$$

式中，$\mathbb{N}$ 为系统的维数。此处，仅考虑 $Z$ 方向上的扩散，因此取 $\mathbb{N}=1$，即均方根位移（mean square displacement，MSD）曲线斜率的一半为扩散系数。

为了更深入地理解电磁脉冲焊接过程中的原子扩散过程，重庆大学先进电磁制造团队提出一种混合方法计算扩散层厚度[16, 17]。在等温条件下，当系统达到平衡时，铜和铝的规律扩散过程符合经典扩散方程，可以表示为

$$\partial n / \partial t = D\nabla^2 n \tag{6.12}$$

式中，$n$ 为原子浓度；$t$ 为扩散时间；$D$ 为扩散系数。

式（6.12）的一个常规解是

$$n(x,t) = \frac{N}{2\sqrt{\pi D t}}\mathrm{e}^{-\frac{x^2}{4Dt}} \tag{6.13}$$

式中，$N$ 为扩散物质量；$x$ 为扩散距离。

该解与高斯密度分布函数的形式相似，相应的平均值 $\mu=0$，方差 $\delta=\sqrt{2Dt}$ 。在扩散层厚度的计算中，通常将浓度超过 5%的区域定义为扩散层。对于高斯密度分布函数，其均值前后两倍方差的面积为 95%，即

$$\int_{\mu-2\delta}^{\mu+2\delta}\frac{1}{\delta\sqrt{2\pi}}\mathrm{e}^{\frac{-(x-\mu)^2}{2\delta^2}}\mathrm{d}x \approx 95\% \tag{6.14}$$

由此可得扩散层厚度（扩散距离）的计算公式为

$$x = \sum_{i=\mathrm{Al,\,Cu}} 2\sqrt{2D_i t} \tag{6.15}$$

在本节焊接条件下，铜与铝之间的扩散现象并不明显，因而在模型中提高了碰撞速度，分析其元素扩散过程以验证式（6.15）的准确性。

仿真模型中，设置纵向速度 $v_z = 1800$ m/s，横向速度 $v_x = 800$ m/s，绘制均方根位移曲线如图 6.29（a）所示。均方根位移曲线能够表征原子的位移程度，当曲线上升时，表明原子产生了位置移动，在宏观上表现为元素扩散；当曲线保持在一定数值或产生震荡时，则表明原子在自身位置震动。如图 6.28（a）所示，扩散几乎发生在卸载阶段。可以计算得出铝和铜的扩散系数分别为 $D_{\mathrm{Al}} = 6.2000\ \mathrm{nm^2/ns}$，$D_{\mathrm{Cu}} = 0.1204\ \mathrm{nm^2/ns}$。根据式（6.15）可以计算得到扩散层的厚度 $x = 8.0244$ nm。

从 LAMMPS 输出文件中提取原子的坐标信息也可计算出扩散层的厚度，其原子分布曲线如图 6.29（b）所示。将浓度超过 5%的区域作为扩散层，其扩散层厚度为 8.24 nm，与计算结果基本一致，从而验证了式（6.15）的准确性。

2. *原子扩散的仿真结果*

当放电电压为 15 kV 时，将计算得到的碰撞速度代入仿真模型，模拟加载、卸载、冷却三个阶段。加载阶段整个系统的温度和压强仿真结果如图 6.30 所示，随着系统动能转化为内能，涡旋界面温度在接近 5 ps 的时间内急剧上升至 220℃，经过撞击后，涡旋界面的温度产生一定范围的波动，约 500 ps 后基本平稳，维持在 185℃左右。涡旋界面

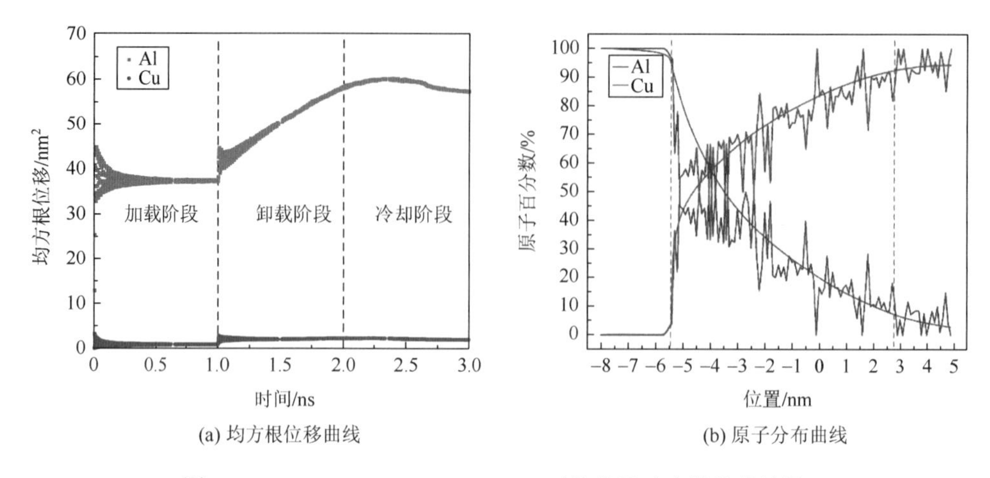


(a) 均方根位移曲线　(b) 原子分布曲线

图 6.29　$v_z = 1800$ m/s，$v_x = 800$ m/s 时的分子动力学仿真结果

的压强在最初阶段急剧上升至 9.7 GPa，然后稳定在 8.8 GPa 左右。无论波动阶段还是稳定阶段，平直界面的温度和压强较涡旋界面稍低，分别维持在 145℃和 6.3 GPa 左右。部分局部区域的原子所获得的温度可能更高，这些原子能够在高温与压力的作用下获得足够的能量，使得内能得到提升，足以在下一卸载阶段克服势垒而发生扩散。在高温与高压共同作用下，异种金属原子间能够很好地接触从而形成键合，实现冶金结合。

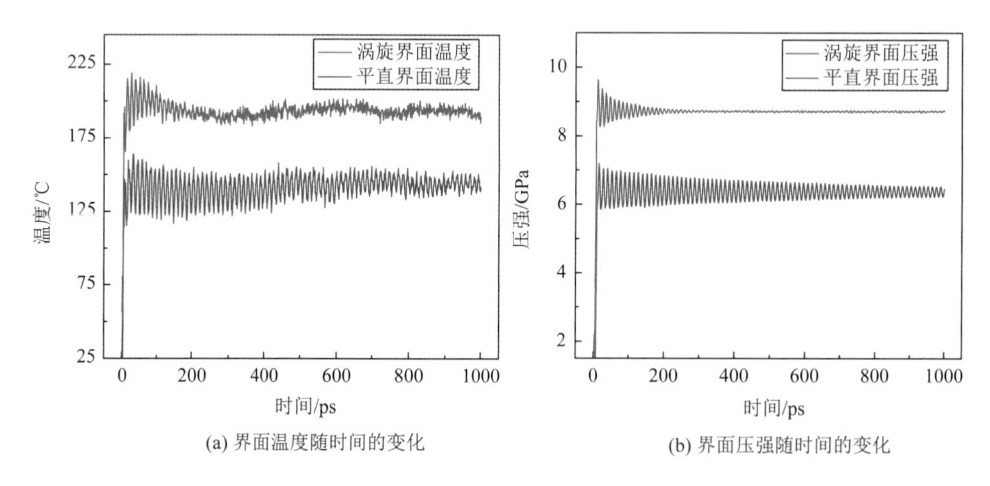


(a) 界面温度随时间的变化　(b) 界面压强随时间的变化

图 6.30　加载阶段系统温度和压强

扩散是物质中原子或分子的迁移现象。当部分原子获得足够能量而克服势垒迁移到其他位置时，在宏观上表现为物质的扩散。从扩散的微观机制上来看，大部分学者认为磁场对于铜-铝这样的顺磁-抗磁合金系扩散起抑制作用，但上述观点都是基于高温（500～1000℃）和大时间尺度（h）条件，相对而言，电磁脉冲焊接属于低温（低于 250℃）短时（小于 100 μs）过程，磁场并不会对分子间作用产生显著影响，因此本模型忽略了磁场对势函数的影响[18, 19]。

为了更好地对原子的扩散行为进行分析，描绘了各阶段铜、铝的均方根位移曲线，如图 6.31 所示。

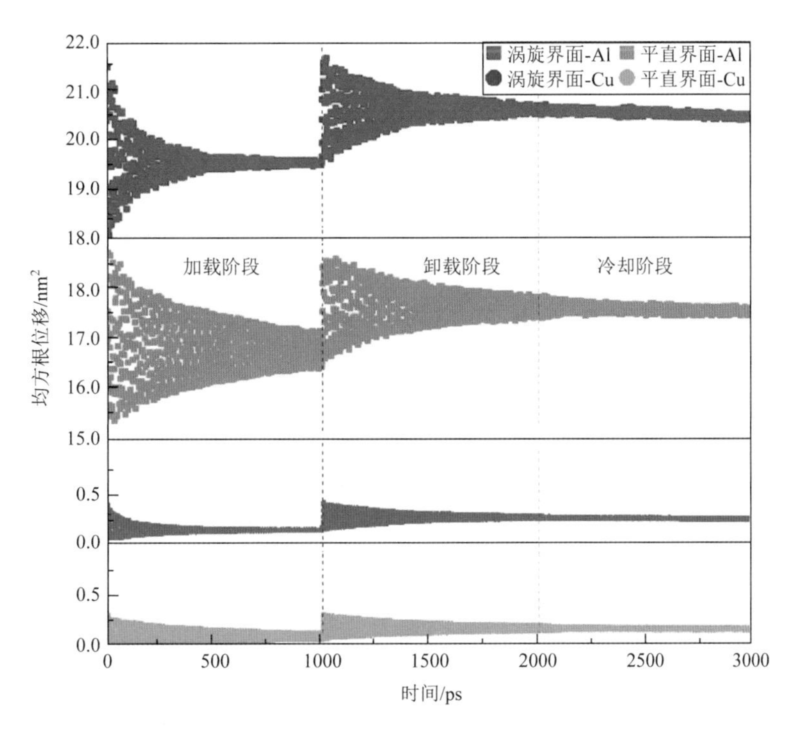


图 6.31　碰撞过程的均方根位移曲线

如图 6.31 所示，涡旋界面仿真得到的 MSD 数值以及上升程度均大于平直界面仿真结果。在加载阶段，铝合金板经过碰撞后，原子位置产生了一定程度的振荡，随后趋于平稳，涡旋界面和平直界面的铝合金板 MSD 值分别保持在 19.4 $nm^2$ 和 16.5 $nm^2$；铜板 MSD 值在该阶段只有小幅度振荡。卸载阶段仿真结果表明，铝合金板和铜板的 MSD 值均有一定程度的增加。冷却阶段的均方根位移曲线几乎保持原数值不变，原子没有发生扩散运动。由该结果分析可知，原子在加载阶段由于撞击能量转化为原子内力，在位置上发生剧烈振荡；进入卸载阶段后，铜和铝原子开始从界面两侧扩散，在给定速度条件下，铝的扩散率大于铜的扩散率。这些现象主要是由于铜的熔点（1083℃）远远高于铝的熔点（660℃），在相同温度下，铝原子的扩散速度更快。扩散运动持续时间极短并迅速进入冷却阶段，在此实验条件下电磁脉冲焊接过程的扩散程度并不明显。

对图 6.31 的均方根位移曲线进行线性拟合，计算得出平直界面铝合金板的扩散系数为 3.0798～7.6648 $nm^2/\mu s$，铜板的扩散系数为 0～0.3086 $nm^2/\mu s$；涡旋界面铝合金板的扩散系数为 7.6821～14.4511 $nm^2/\mu s$，铜板的扩散系数为 0.1873～1.0684 $nm^2/\mu s$。电磁脉冲焊接的卸载阶段大概可以持续 5～10 μs[20]，将扩散系数代入式（6.15）中，可计算出平直界面和涡旋界面对应的扩散厚度分别为 11.10～29.73 nm 和 20.27～43.25 nm。

当加载阶段结束后，平直界面仿真结果如图 6.32（a）所示，其中，红色为铝原子、蓝色为铜原子，其结果与涡旋界面仿真结果相似。在加载过程中，系统温度始终低于铝、铜的熔点，此阶段无明显扩散。在卸载阶段，扩散行为更加明显，图 6.32（b）和（c）为卸载阶段结束后的仿真结果，铜和铝的扩散深度较小，但仍可看出涡旋界面的扩散程度相对更大，这是由于产生涡旋界面所需的碰撞速度更快及其产生的界面温度更高。结合界面出现了铜原子向铝原子中扩散的现象，这是因为随着系统温度的升高，铝中的键更容易断裂形成空位，铜原子容易向铝侧扩散。右图为与之对应的结构分析结果，绿色表示面心立方（face-centered cubic，FCC）结构，红色表示六方最密堆积（hexagonal close packed，HCP）结构，灰色为非晶态结构。由平直界面的结构分析结果可知，铜板仍保持原有的 FCC 结构，但铝合金板由于横向速度的剪切应力作用，出现了 HCP 结构与 FCC 结构的共存结构，而界面位置呈非晶相结构，该结构更多地存在于铝合金板一侧的区域（图 6.21）。对于涡旋界面，铝合金板由于横向速度更高，所受剪切应力更大并作用于铜板，因而铜板也产生了 HCP 结构与 FCC 结构的共存结构，且涡旋界面铜板侧出现了更多的非晶相。非晶相大多存在于铝合金板的原因在于其屈服强度低于铜板，在压力作用下更易塑性变形，而铜板的屈服强度较高，所以在压力较大时，其涡旋界面（形成需更大压力作用）才出现了较多的非晶相。

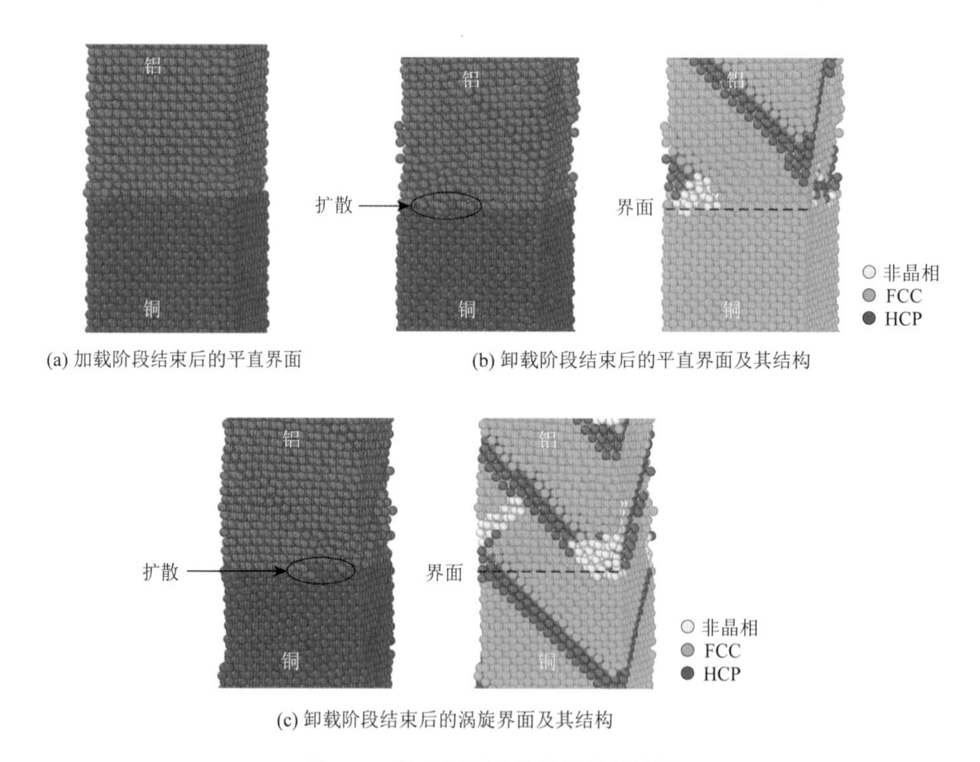


图 6.32　结合界面及其结构仿真结果

3. *元素扩散行为分析测试*

为验证上述仿真结果，对铜-铝合金板平直界面开展更高倍率的观测分析，结果如图 6.33（a）所示，平直界面部分区域存在非晶扩散层，但未发现明显的金属间化合物。其线扫描分析结果如图 6.33（b）所示，以大于 5%原子浓度（点 $A$、$B$）分布区域作为扩散层，其扩散厚度为 13.78 nm，与计算得出的扩散层厚度一致。就结果而言，铜-铝合金板之间扩散程度相对较小，不足以使其可靠结合，表明在此条件下，该区域内元素扩散不是界面结合的主要机制[21]。图 6.33（c）为结合界面的非晶层区域，其厚度约为 6.64 nm，比扩散层略窄，且在铝侧形成过饱和固溶体，与仿真结果一致。由此前压强和温度的仿真结果（图 6.30）可知，在碰撞过程中，结合界面温度迅速上升到 165℃，升温速率达到 $10^{12}$℃/s，且未超过铝的熔点，表明非晶化过程是固态转变的。此时，压力达到最大值 7.1 GPa，冲击压力的提升将增加结合界面塑性应变，并且其产生的相对较高的表面自由能可通过结构缺陷得到调节。换言之，当塑性应变超过临界值时，晶体结构可能会坍塌并转变为非晶态结构，从而降低表面自由能。因此，温度的急剧变化以及界面较大的冲击压力为非晶层的形成提供了有利条件。

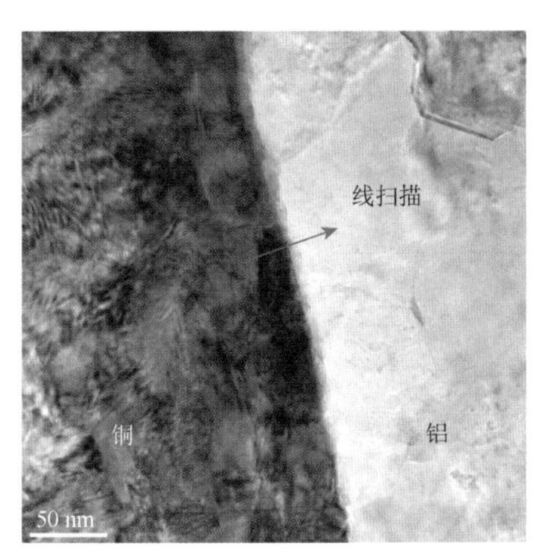


(a) 平直界面形貌及线扫描位置

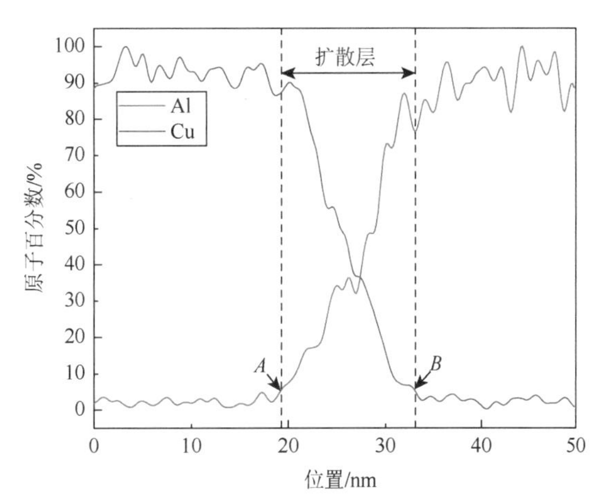


(b) 结合界面线扫描结果

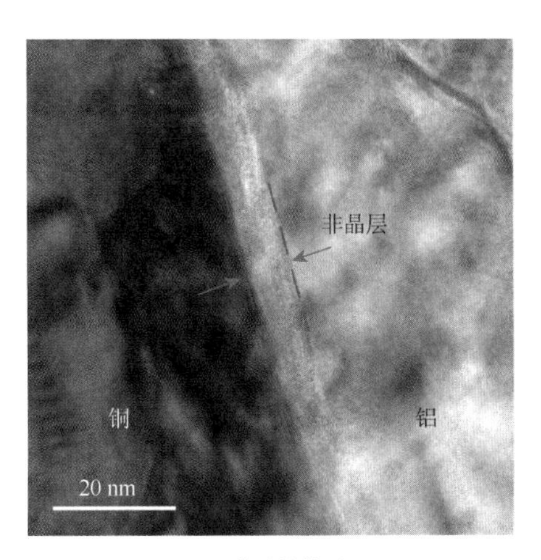


(c) 非晶扩散层

图 6.33　平直界面微观形貌与线扫描结果

铜-铝合金板电磁脉冲焊接接头涡旋界面中部的微观形貌如图 6.34（a）所示，在涡旋结构的中间区域存在长约 100 nm，最宽处约为 23.31 nm 的非晶区域。涡旋界面受到的冲击压力更大，使得其非晶区域宽度大于平直界面非晶层。对该区域以及涡旋结构的背部进行线扫描分析，结果如图 6.34（b）所示，非晶区域只有极少量铝元素扩散，为富铜非晶相。此外，涡旋结构的背部扩散厚度为 41.5 nm，扩散程度高于平直界面，与仿真结果一致。

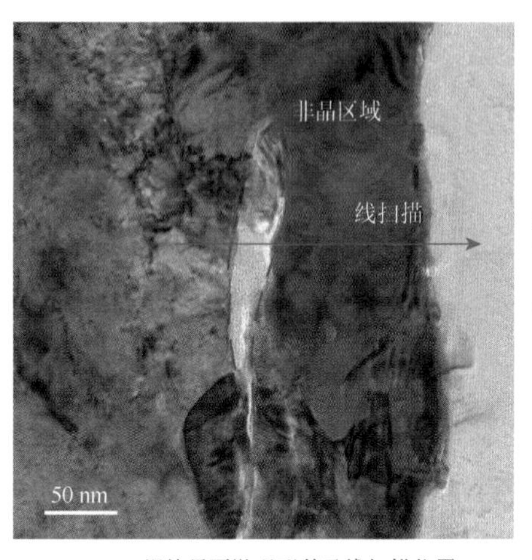


(a) 涡旋界面微观形貌及线扫描位置

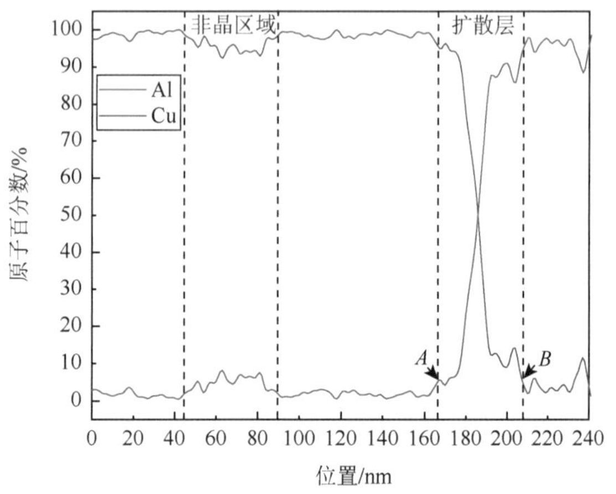


(b) 涡旋界面线扫描结果

图 6.34　涡旋界面中部区域微观形貌及线扫描分析

为进一步探究涡旋界面，对其尾部开展分析测试，涡旋结构尾部的微观形貌如图 6.35（a）所示，其线扫描结果如图 6.35（b）所示。可以看出，线扫描分析结果中并无元素平行区域，即无金属间化合物生成。结合界面元素扩散层厚度为 35.4935 nm，处于计算的扩散厚度范围内，表明仿真模型能够较为准确地预测出电磁脉冲焊接过程中的元素扩散程度。此外，涡旋结构尾部有明显的细小晶粒结构，如图 6.35（c）所示。细小晶粒结构主要集中

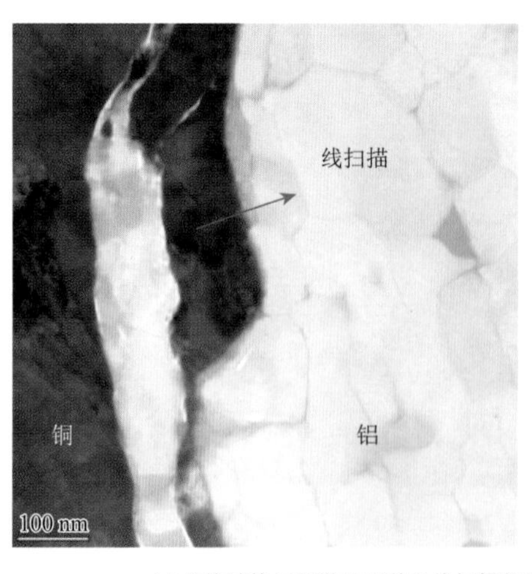


(a) 涡旋结构尾部微观形貌及线扫描位置

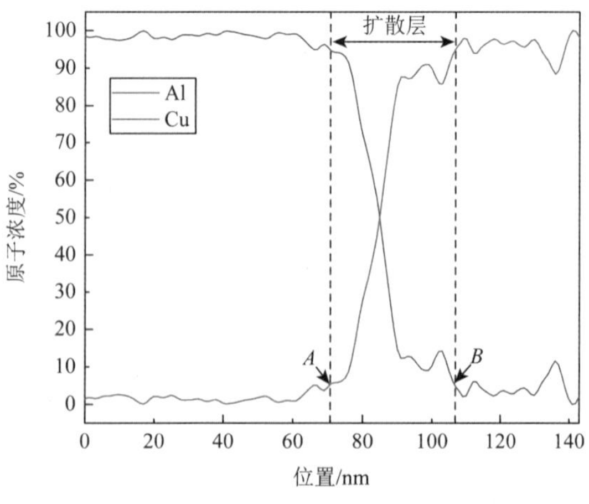


(b) 线扫描分析结果

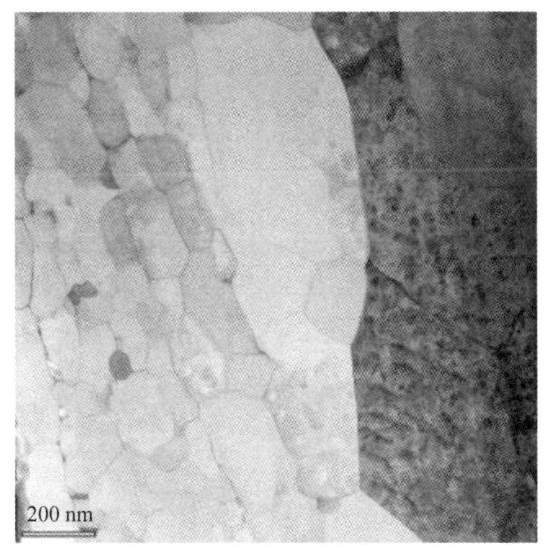


(c) 铝合金板侧晶粒形貌

图 6.35 涡旋界面尾部的微观形貌及线扫描结果

在涡旋界面尾部的铝侧区域，且左边越靠近结合界面的区域，晶粒细化程度越高。晶粒的大小可以决定位错塞积群应力场到晶内位错源的距离。晶粒越小，这个距离就越短，滑移就越容易从一个晶粒转移到另一个晶粒。因而，当体积一定时，晶粒越细，晶粒数目越多，塑性变形时位向有利的晶粒也越多，变形能较均匀地分散到各个晶粒上，金属的塑性也就越好。电磁脉冲焊接过程中的猛烈撞击细化了界面处晶粒，有利于金属材料发生塑性变形，而塑性变形产生的涡旋界面是一种典型的机械互锁结构，可实现铜、铝之间的可靠连接。上述分析表明，在本节实验条件下，该区域内板件塑性变形产生的机械互锁结构为电磁脉冲焊接接头的主要结合机制。

### 6.4.3 元素扩散行为的影响因素

电磁脉冲焊接是在脉冲电流（放电电流）作用下产生极快的初速度完成碰撞与冶金结合，放电电流与板件中的感应涡流幅值较大，因此，在碰撞前，感应涡流在板件中产生的焦耳热及其导致的板件初始温度上升不可忽视。为了分析初始温升对电磁脉冲焊接过程中元素扩散行为的影响，通过分子动力学仿真模拟了放电电压为 15 kV（代入该条件下的碰撞速度）、温升为 100℃时的电磁脉冲焊接过程。通过各温升下的均方根位移曲线，拟合得出扩散系数的范围。当初始温度不同时，铜、铝扩散系数平均值的变化曲线如图 6.36 所示。随着初始温度的升高，铝原子及铜原子的扩散系数相应增大，表明板件感应涡流引起的初始温升对铝原子和铜原子的扩散行为均有一定程度的促进作用。

当放电电压不同时，将获得的平直界面形成区的纵向速度和横向速度代入分子动力学模型中进行仿真求解，通过绘制出对应的均方根位移曲线拟合得到扩散系数，并根据式（6.15）计算得出扩散厚度，结果如表 6.4 所示。随着放电电压升高，铝原子扩散系数有一定程度的增大，而铜原子扩散系数几乎没有变化。这表明飞板（铝合金板）的碰撞速度提升能够有效地促进其扩散行为，而基板（铜板）的扩散行为受飞板碰撞速度的影响较小。随着放电电压升高，根据公式计算得出的扩散厚度也相应变宽，但变化量均为纳米级，增幅较小，表明放电电压升高产生的速度增量仅能在较小范围内促进电磁脉冲焊接过程的元素扩散行为。

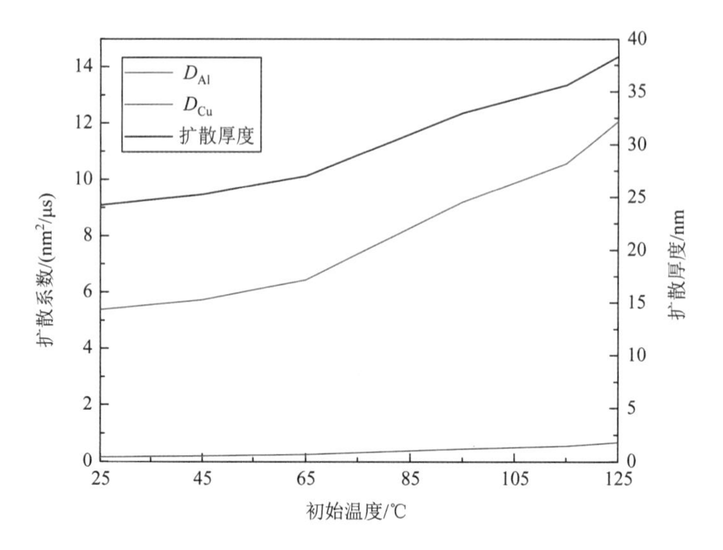


图 6.36　初始温度对元素扩散行为的影响

**表 6.4　不同放电电压下的扩散系数及扩散厚度**

| 放电电压/kV | $D_{Al}$/(nm²/μs) | $D_{Cu}$/(nm²/μs) | $x$/nm |
|---|---|---|---|
| 12 | 1.9024～4.1567 | 0～0.3264 | 8.72～23.35 |
| 13 | 2.4316～5.2365 | 0～0.3036 | 9.86～25.40 |
| 14 | 2.7668～6.4542 | 0～0.3233 | 10.52～27.81 |
| 15 | 3.0798～7.6648 | 0～0.3086 | 11.10～29.73 |

# 6.5　金属射流形成机理与运动行为

金属射流是电磁脉冲焊接过程中的关键物理现象，有利于去除待焊接工件表面的污染物和氧化膜，暴露新鲜的表面，促进工件间的冶金结合，被认为是实现电磁脉冲焊接的重要前提条件。本节以 6.3 节构建的电磁脉冲焊接铜-铝合金板碰撞过程的 SPH 模型为基础，研究金属射流的形成机理与运动行为。

## 6.5.1　金属射流的形成机理及特征

由图 6.25 的仿真结果可知，伴随着铜-铝合金板电磁脉冲焊接结合界面的演变，从板件的碰撞点喷射出颗粒状或层片状的金属粒子，例如，当 $t = 2.26$ μs 时，仿真结果如图 6.37 所示。

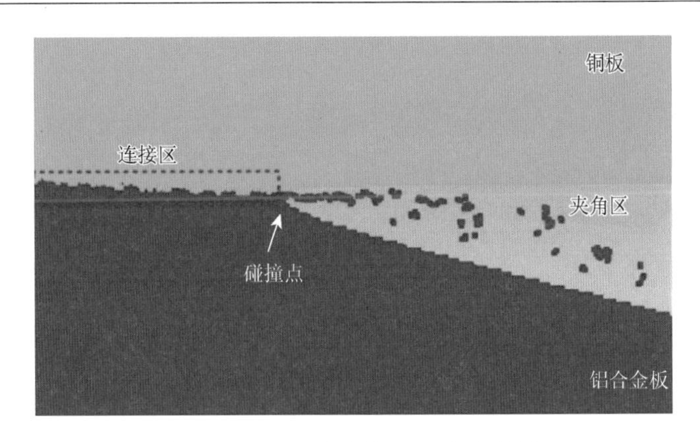


图 6.37　金属射流的 SPH 仿真结果

根据仿真结果中界面的形貌特征，整个区域可分为连接区、碰撞点和夹角区三个部分。连接区是铝合金板与铜板接触并已形成结合界面的区域；碰撞点是结合界面边缘金属之间接触点；夹角区是铝合金板与铜板还未发生碰撞的区域。在铜-铝合金板电磁脉冲焊接结合界面的演变过程中，碰撞点处有层片状金属粒子喷射，并在运动过程中形成金属颗粒群。金属颗粒群从碰撞点向夹角区运动，形成射流现象。由此推知，仿真结果中碰撞点喷射的金属粒子即金属射流。在该条件下，金属射流的主要成分是金属铝颗粒。

图 6.38 是上述模型中金属射流温度和速度的仿真结果（$t = 2.08$ μs）。图 6.38（a）是电磁脉冲焊接过程中温度的分布，结合界面和金属颗粒群的温度远高于金属的熔点，此时的金属射流应是熔融态的金属颗粒组成的。距离碰撞点较远的金属颗粒温度略低于碰撞点附近的金属颗粒温度，表明金属射流在运动过程中，其温度逐渐下降。由此可知，金属射流具有高温的特征。图 6.38（b）是电磁脉冲焊接过程中速度的分布。从图中可知，金属颗粒群具有较高的运动速度，形成了高速金属射流，可清洁板件表面，促进两者的冶金结合。但随着金属射流持续运动，其速度不断降低，因而距离碰撞点较远的金属颗粒速度较低。

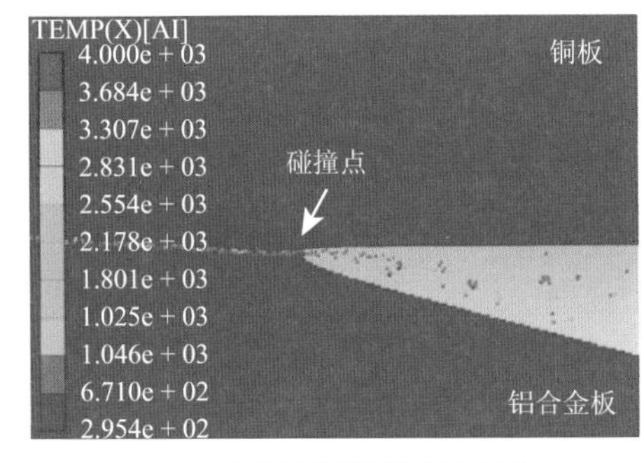


(a) 金属射流温度的仿真结果

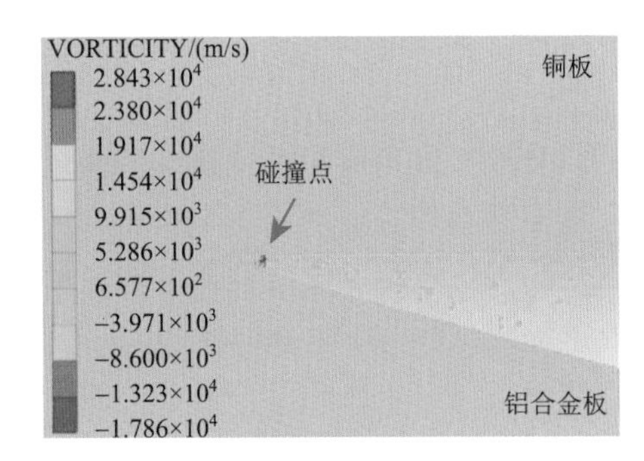


(b) 金属射流速度的仿真结果

图 6.38　金属射流温度与速度的仿真结果

随着碰撞点的移动，从碰撞点喷射出的金属射流初始状态也不一样。图 6.39 是电磁脉冲焊接过程中不同时刻金属射流从碰撞点喷射时的初始速度的仿真结果。

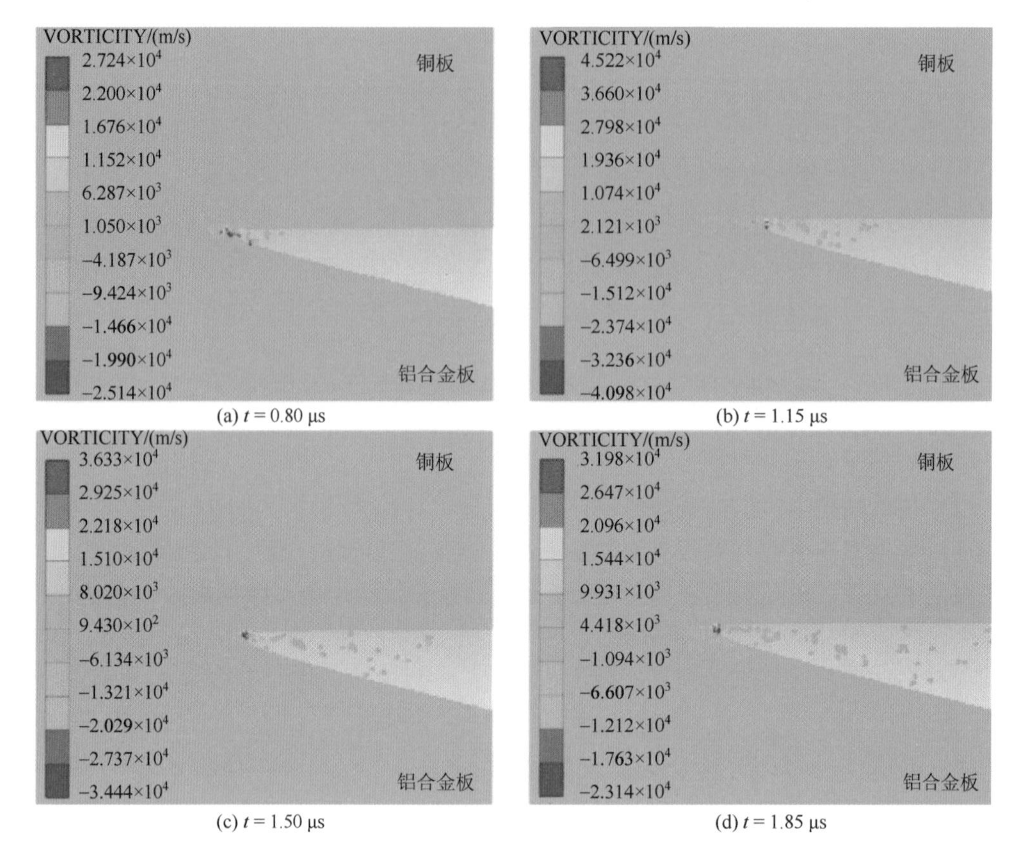


(a) $t = 0.80$ μs　(b) $t = 1.15$ μs　(c) $t = 1.50$ μs　(d) $t = 1.85$ μs

图 6.39　金属射流初始速度变化的仿真结果

由仿真结果可知，无论碰撞点运动到何处，金属射流从碰撞点处喷出瞬间的速度最大。当金属射流从碰撞点喷射出来后，由于空气阻力等的影响，其速度会逐渐降低。此外，金属射流的初始速度随着时间（碰撞点移动）的变化规律为先提高后降低。当金属射流开始产生时，铝合金板和铜板之间的扩张速度与扩张角度刚刚达到金属颗粒群形成的临界条件，此阶段产生的金属颗粒数量较少且运动速度较低，金属射流强度和速度相对较低。由 5.3.3 小节可知，铝合金板运动过程中，其扩张角度和扩张速度是不断变化的。随着铝合金板扩张角度和扩张速度的变化，逐渐达到更易于形成金属射流的条件，金属颗粒数量不断增加且运动速度不断提高，金属射流的强度与速度不断提高。当铝合金板的扩张角度和扩张速度变化到不再适合形成金属颗粒时，其数量减少且运动速度降低，金属射流的强度与速度又逐渐降低。

## 6.5.2　金属射流的运动行为

1. 金属射流的运动过程

为了验证 SPH 模型的仿真结果，进一步研究金属射流的动态规律，本节捕获了铜-铝合金板电磁脉冲焊接完整瞬态过程。

当焊接间隙为 2 mm、放电电压为 12 kV 时，通过高速摄像机捕获的铜-铝合金板电磁脉冲焊接完整瞬态过程如图 6.40 所示。拍摄窗口的画面主要由铝合金板、铜板和绝缘垫片组成，背景是 LED 光源（灯泡状）。从图中可知，当 $t = 1.64$ μs 时，铝合金板中心区域（中轴线）开始塑性变形，变形区域加速朝铜板移动。当 $t = 8.20$ μs 时，铝合金板与铜板发生碰撞。碰撞后，铝合金板其他区域继续塑性变形，增加与铜板的接触面积。经过 3.28 μs 后，画面中出现了两块明亮的光斑，分别位于铝合金板与铜板左右两侧的夹角处，光斑明显区别于背景灯光。不仅是板件的两个夹角，绝缘垫片也“发出”了亮光。但是，绝缘垫片不具备主动发光的性能，可以推知它是被动发光的。此外，当 $t = 11.48$ μs、$t = 13.12$ μs 和 $t = 14.76$ μs 时，碰撞点和绝缘垫片之间有明显的微小光点在移动。根据上述现象以及 SPH 模型的仿真结果推断，光斑由金属射流产生。金属射流具有高温的特征，其热量主要来源于四个方面：一是电磁脉冲焊接时铝合金板在极短时间（10 μs）内的塑性变形，板件间隙的空气被快速压缩产生热量；二是铝合金板与铜板猛烈碰撞过程中，动能与内能的转换；三是结合界面塑性变形过程中材料的相互挤压与摩擦；四是感应涡流产生的焦耳热。高温会使金属产生亮光。当高速移动的高温金属射流被绝缘垫片挡住

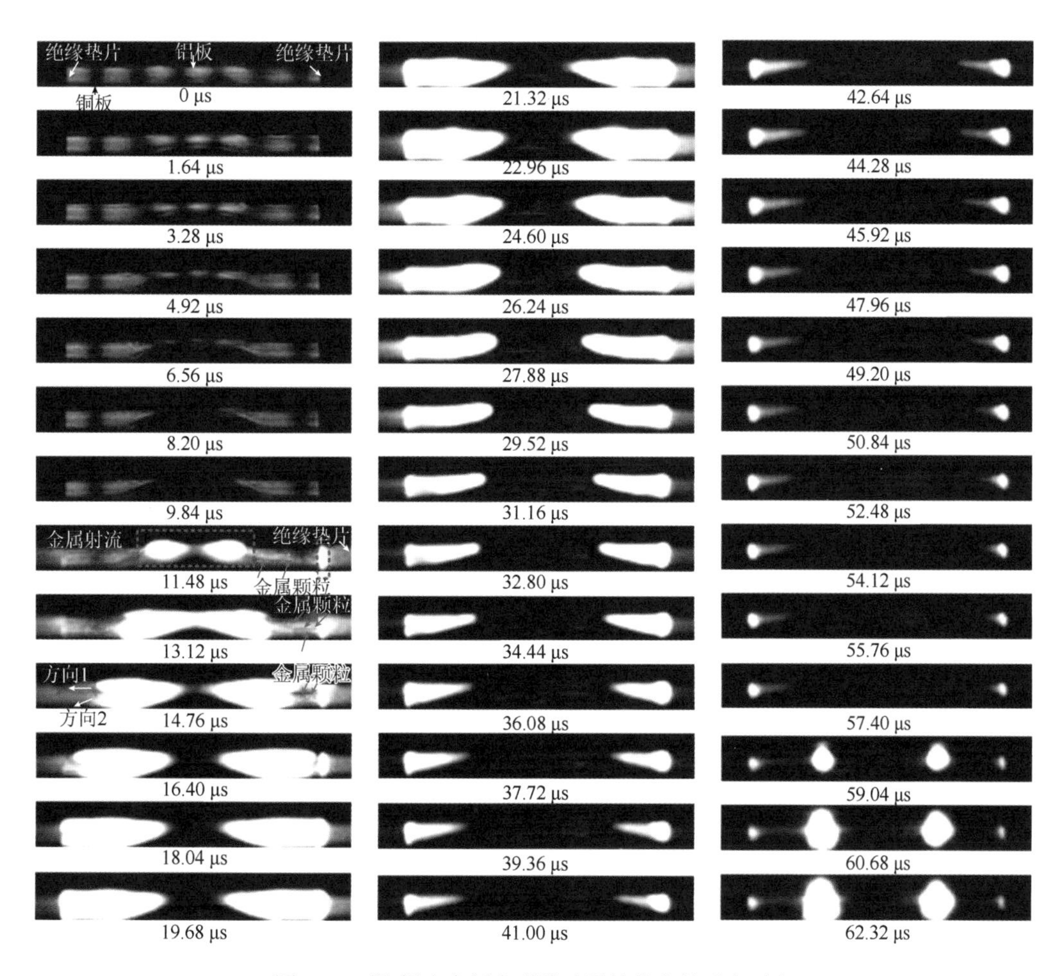


图 6.40　铜-铝合金板电磁脉冲焊接的完整瞬态过程

其通路时，将聚集在绝缘垫片边缘的表面，使绝缘垫片出现了“发光”现象。因此，该光斑由金属射流产生且可反映金属射流的状态与运动过程。从图中可知，金属射流并不是在碰撞瞬间产生的。当铝合金板与铜板碰撞时，铝合金板初始碰撞区由于“削顶”机制，与铜板几近是平行关系，碰撞角度近 90°，剧烈碰撞会使铝合金板反弹，难以立刻产生金属射流。当铝合金板与铜板碰撞后，在洛伦兹力作用下，铝合金板继续向铜板高速挤压，铝合金板的速度、铝合金板与铜板间的夹角在挤压过程中不断变化。当 $t = 11.48\ \mu s$ 时，板件状态满足了金属射流产生条件，高温金属颗粒从碰撞点喷射而出，并伴随着强烈的亮光。当 $t = 14.76\ \mu s$ 时，从图中可以清晰地看到，金属射流产生的光斑存在两个运动方向，紧贴铜板表面方向 1 和紧贴铝合金板表面方向 2，验证了金属射流可清理板件表面，促进两者结合的推论。随着时间的变化，金属射流产生的光斑强度及其覆盖面积逐渐增大。在金属射流产生与发展过程中，铝合金板仍不断塑性变形，持续挤压与铜板的接触界面。接触界面的长度不断增加，板件夹角向外部不断扩展，因此接触区域左右两侧产生金属射流的夹角间距也在增大。当 $t = 26.24\ \mu s$ 时，金属射流产生的光斑强度开始出现衰减，其覆盖面积逐渐减小，反映出金属射流强度也开始降低。当 $t = 36.08\ \mu s$ 时，板件间的夹角区已无明显光斑，其亮度低于绝缘垫片金属颗粒聚集区的亮度。与此同时，铝合金板停止向铜板移动，两者的接触面积不再发生变化。随后，板件夹角区的亮光逐渐暗淡。运动中的金属颗粒的温度不会立刻下降，且绝缘垫片边缘金属颗粒较多，其亮光持续时间较长，这也表明金属射流具有高温特性，验证了 SPH 模型的仿真结果。

根据金属射流产生光斑的状态和铝合金板的形貌，可将金属射流过程分为起始阶段、持续阶段和消失阶段。起始阶段（$11.48\ \mu s < t < 16.40\ \mu s$）：金属颗粒群刚刚产生，从板件夹角区向绝缘垫片方向高速运动，形成金属射流，被绝缘垫片阻挡后聚集在其边缘。持续阶段（$18.04\ \mu s < t < 26.24\ \mu s$）：铝合金板在洛伦兹力的作用下继续塑性变形，随着变形区域不断扩大，铝合金板与铜板的接触面积逐渐增大，两者的碰撞点朝绝缘垫片方向移动，在此阶段，金属射流产生的光斑覆盖了整个夹角区，其亮光透过绝缘垫片的区域增大，表明金属颗粒数量增加，金属射流强度升高。消失阶段（$27.88\ \mu s < t < 34.44\ \mu s$）：铝合金板仍在继续变形，但金属射流产生的光斑覆盖区域面积逐渐减小，强度明显减弱，透过绝缘垫片的亮光明显减弱，直至板件夹角区无明显光斑特征。

### 2. 金属射流的运动特征

金属射流产生的光斑可反映其运动特征与状态，根据如图 6.40 所示的金属射流完整过程计算其运动速度，并分析其变化规律。当 $t = 18.04\ \mu s$ 时，金属射流产生的光斑前端已与绝缘垫片接触，无法精准测量。当 $t = 11.48\ \mu s$ 时，金属射流产生，但该阶段铝合金板和铜板的状态刚刚满足金属射流产生的临界条件，根据图 6.39 中的仿真结果，此时产生的金属射流速度较低，该阶段的金属射流速度不具代表性。因此，选取 $t = 13.12 \sim 16.40\ \mu s$ 时所拍摄的结果开展计算和分析，该时间段内金属射流的运动过程如图 6.41（a）所示。

将 $t = 13.12\ \mu s$ 时金属射流产生的水平光斑（方向 1）前端作为初始位置，假设在 $1.64\ \mu s$ 的时间间隔内金属射流为匀速运动，其速度的计算公式如下：

$$V_{ji} = \frac{S_{ji}}{\Delta t_{ji}} \tag{6.16}$$

式中，$V_{ji}(i = 1, 2)$为不同时间段对应的金属射流速度；$S_{ji}(i = 1, 2)$为不同时间段内金属射流光斑水平方向前端的位移距离；$\Delta t_{ji}$为对应的时间间隔，此处为 1.64 μs。

金属射流速度的计算结果（方向 1）如图 6.41（b）所示。图中，将金属射流速度的计算结果作为该时间段内中间时刻的速度。从计算结果可知，在该焊接条件下，金属射流在运动过程中，因受到空气阻力等影响，金属射流的速度不断减小。当 $t = 13.94$ μs 时，金属射流的最大速度可达到 $2.13\times10^3$ m/s。计算结果验证了仿真结果，即金属射流的速度很快，具有高速运动的特征，且运动过程中金属射流的速度不断减小。同理，可计算出金属射流在方向 2（紧贴铝合金板侧的运动方向）的速度，结果如图 6.41（b）所示。贴近铝合金板运动的金属射流的速度也在逐渐减小，且与方向 1 的金属射流相比，其速度较小。

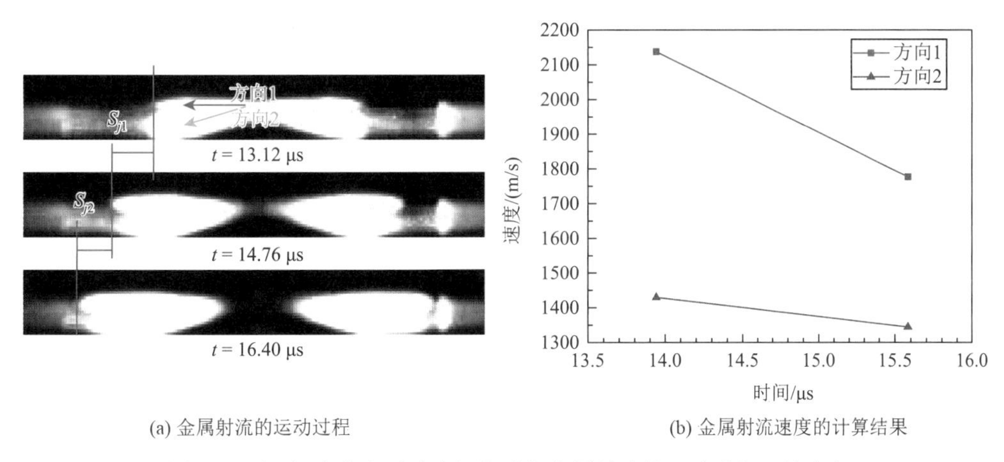


(a) 金属射流的运动过程　　(b) 金属射流速度的计算结果

图 6.41　铜-铝合金电磁脉冲焊接过程金属射流的运动过程及其速度

采用 SEM 对铜-铝合金板电磁脉冲焊接接头最边缘处的夹角区域（碰撞点停止移动的区域）进行分析，结果如图 6.42 所示。当焊接间隙为 1.5 mm、放电电压为 15 kV 时，观测区域内发现了金属射流的残留物，其微观形貌如图 6.42（a）所示。可见，板件夹角区域残留着球状金属颗粒与块状金属（非规则碎屑）。球状金属颗粒表面光滑，块状金属碎屑较为粗糙且体积较大，分析认为，该部分残留物是由于金属射流末期，因碰撞点处产生的金属颗粒动能不足，未能从碰撞点喷射出去，残留在碰撞点停止位移的区域。采用 EDS 对两种不同形貌的金属射流残留物进行测试，点 1 处铜的质量百分数为 81.02%，铝的质量百分数为 0.62%，氧的质量百分数为 3.35%，碳的质量百分数为 11.67%。电磁脉冲焊接过程并不涉及碳类物质，碳是在样品处理过程中引入的，由此表明球状金属色颗粒为铜板表面脱落的金属粒子形成的。点 2 处铝的质量百分数为 69.32%，氧的质量百分数为 30.68%，结果表明块状金属粒子由铝合金板表面脱落形成。在该实验条件下，金属射流由铜板和铝合金板脱落的金属粒子混合组成。此外，铜粒子在高温下熔化成液体，并由于液体的表面张力形成了球状颗粒。铝易与空气中的氧反应形成氧化铝，氧化铝的熔点（2054℃）高于铜的熔点（1083℃），因此铝粒子未能形成球状颗粒。这一结果也验证了 6.5.1 小节中的仿真结果，即金属射流由板件碰撞后脱落的金属粒子（液态或固态）组成，且具有高温的特征。当放电电压为 11 kV、焊接间隙为 2 mm 时，铜板与铝合金板之间的夹角区域仅有少量的残留物，并未有明显的球状颗粒残留物，见图 6.42（b）。通过 EDS 测试可知，点 1 处铝的质量百分数为 70.05%，氧的质量百分数为 29.95%。可见，该处残留物主要物质是氧化铝。因此，当电磁脉冲焊接条件不同时，金属射流的组成成分不同。

(a) 铜、铝混合的金属射流残留物

(b) 仅有铝的金属射流残留物

图 6.42　铜-铝合金板电磁脉冲焊接中的金属射流残留物

当电磁脉冲焊接条件不同时，金属射流速度的计算结果（紧贴铜板的运动方向）如图 6.43 所示。实验中，焊接间隙设置为 2 mm，放电电压从 10 kV 提升至 15 kV。当放电电压为 10 kV 时，金属射流的动能较小，其运动过程太短；当放电电压为 14 kV 和 15 kV 时，金属射流强度太高，产生的光斑瞬间覆盖整个焊接间隙，难以准确分辨金属射流的位移距离。当放电电压为 11～13 kV 时，金属射流速度如图 6.43（a）所示，从图中可以看出，放电电压越高，金属射流的速度越快，且运动过程中金属射流的速度逐渐减小。当放电电压为 12 kV，焊接间隙为 1.5～3 mm 时，金属射流速度计算结果如图 6.43（b）所示，从图中可以看出，随着焊接间隙的增加，金属射流的速度先增加后减小，且运动过程中金属射流的速度不断减小。

从图 6.39 的仿真结果可知，刚刚达到金属射流形成的临界条件时，其初始移动速度较小，受到重力和空气阻力的干扰相对较大，因此该部分金属射流做抛物线运动，更靠近铝合金板侧。后续形成的金属射流速度快，受到的影响小，因而沿着喷射方向紧贴着铜板移动，如同金属射流产生了“分岔”，形成了两个运动方向。紧贴铝合金板的金属射流移动速度与紧贴铜板的金属射流移动速度相比较慢，且强度较弱，如图 6.44 所示。由 5.5.3 小节中的计算结果可知，当焊接间隙为 2.5 mm、3 mm 时的碰撞速度比焊接间隙为

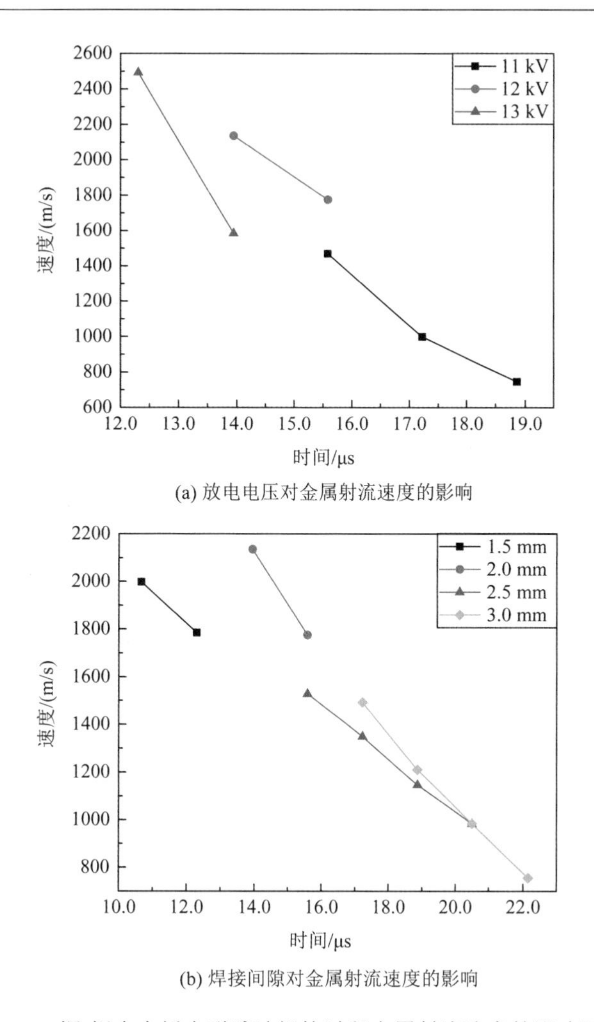


(a) 放电电压对金属射流速度的影响

(b) 焊接间隙对金属射流速度的影响

图 6.43　铜-铝合金板电磁脉冲焊接过程金属射流速度的影响因素

2 mm 时的要小，最初产生的金属射流强度和速度较低，“分岔”现象更明显。当放电电压为 12 kV、焊接间隙为 2.5 mm 时，金属射流产生光斑的形貌如图 6.44（a）所示。从图中可知，当 $t = 14.76$ μs 时，金属射流在铝合金板与铜板之间的夹角区域碰撞点处产生。此时是刚刚达到临界条件的初始金属射流，其强度与速度相对较低，由于空气阻力和重力作用，其运动方向贴近铝合金板。当 $t = 16.40$ μs 时，靠近铜板一侧出现了水平方向移动的光斑。根据图 6.39 中的仿真结果，此时金属射流的强度和速度都远高于最初的金属射流，受重力和空气阻力的影响较小，其运动方向无明显变化，贴近铜板侧的水平方向（喷射方向）。从图 6.39 中也可看出，贴近铝合金板侧金属射流的速度远低于贴近铜板侧金属射流的速度。当放电电压为 12 kV、焊接间隙为 3 mm 时，金属射流形貌如图 6.44（b）所示。图中更清晰地显示出，最初产生的金属射流紧贴着铝合金板运动，但其速度和强度远低于贴近铜板侧金属射流。当贴近铜板侧的金属射流已经达到绝缘垫片边缘时，由于最初的金属射流强度较小，难以运动到绝缘垫片边缘。可见，紧贴铜板与紧贴铝合金板的金属射流是在不同时间段产生的，其速度与强度差异明显。电磁脉冲焊接中，金属射流可清理铝合金板和铜板表面。由于贴近铜板侧的金属射流强度更高、速度更快，铝合金板表面被清洁的程度低于铜板表面被清洁的程度。

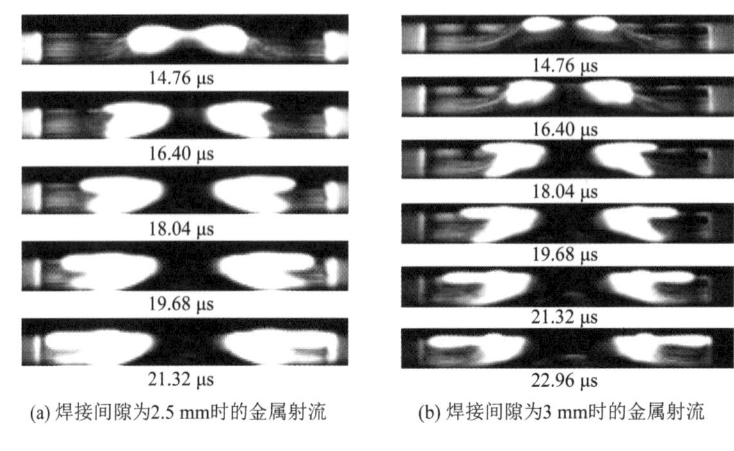


(a) 焊接间隙为2.5 mm时的金属射流　　(b) 焊接间隙为3 mm时的金属射流

图 6.44　不同焊接间隙的铜-铝合金板电磁脉冲焊接过程金属射流形貌

当放电电压为 13 kV、焊接间隙为 1.5 mm 时，高速摄像机捕获的镁合金-铝合金板电磁脉冲焊接过程金属射流的完整瞬态过程如图 6.45 所示。与铜-铝合金板电磁脉冲焊接中的金属射流发展相同，经历了起始阶段、持续阶段和消失阶段。当 $t = 1.41$ μs 时，金属射流产生的光斑同样可分为两个方向，即紧贴镁合金板的运动方向和紧贴铝合金板的运动方向，但两者区别并不明显，表明电磁脉冲焊接过程中金属射流状态与金属材料相关。镁合金板与铜板的屈服强度、熔点、硬度等物理参数不同，因而产生金属颗粒的临界条件与数量均有差异，但其整体特征与运动行为是一致的。

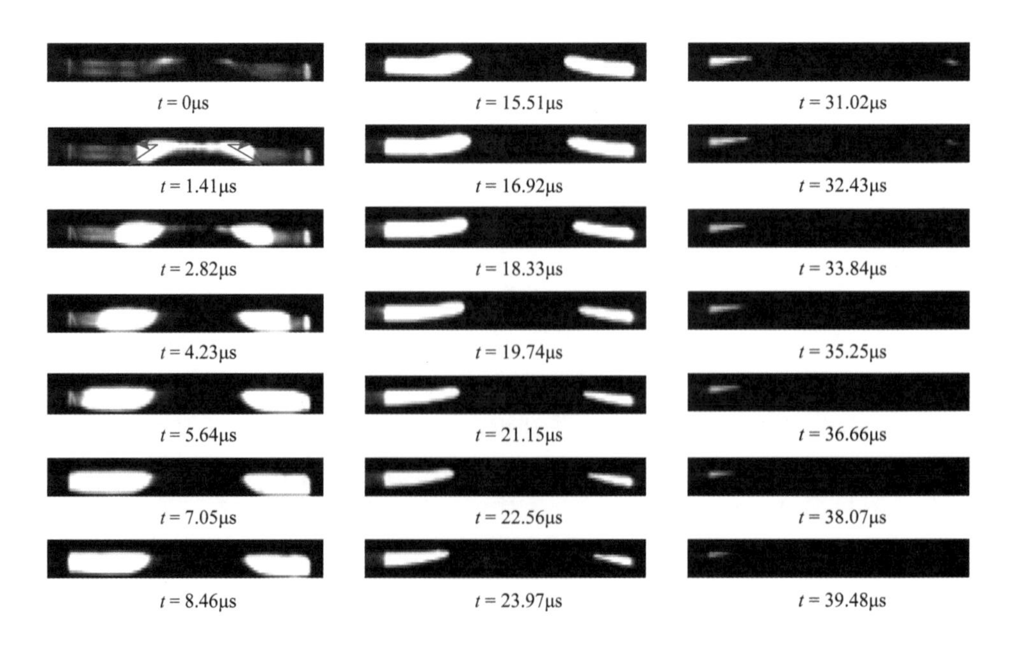

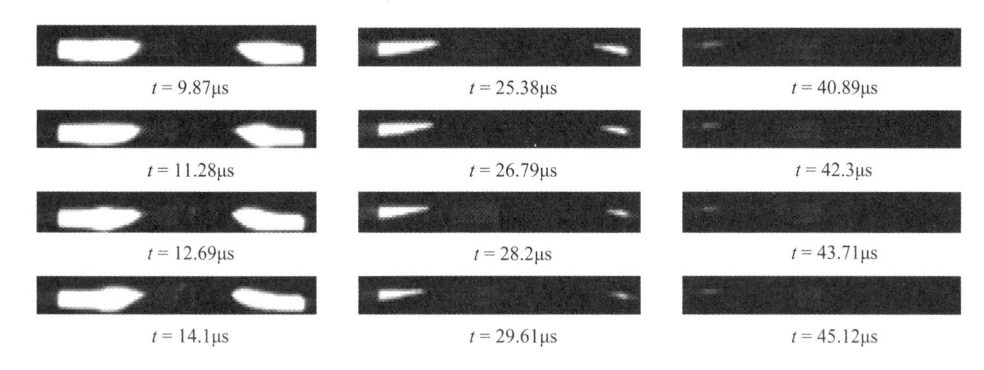


图 6.45　镁合金-铝合金板电磁脉冲焊接过程金属射流完整瞬态过程

## 6.6　板件表面缺陷形成机理与微间隙放电

在电磁脉冲焊接瞬态过程与金属射流的研究中，综合实验观测平台不仅捕获到金属射流的完整过程，还发现了一种不同于金属射流光斑形貌的特殊光斑。目前，尚未见到有关这种特殊光斑形成机理及其影响的研究报道。

在电磁脉冲焊接实验中，伴随着特殊光斑的出现，研究人员在铝合金板和铜板碰撞前及碰撞后均观察到肉眼可见的零星火花，由此推断该特殊光斑系微间隙放电火花所致。进一步地，重庆大学先进电磁制造团队结合微间隙放电机制，开展理论分析、仿真模拟和实验测试，深入探究电磁脉冲焊接过程中特殊光斑的形成机理与板件表面缺陷的形成机理，同时提出并验证抑制微间隙放电的方法[22-24]。

### 6.6.1　微间隙放电及其时空特征

1. 微间隙放电现象

当放电电压为 14 kV、焊接间隙为 2.5 mm 时，高速摄像机捕获的铜-铝合金板电磁脉冲焊接瞬态过程如图 6.46 所示。当 $t = 13.72$ μs 时，在拍摄窗口中发现铜板与金属固定板之间出现了两个近似于椭圆形的特殊光斑，并快速消散。当 $t = 45.08$ μs 时，铝合金板下表面与拍摄窗口的气隙中出现了明显区别于金属射流所产光斑的特殊光斑。

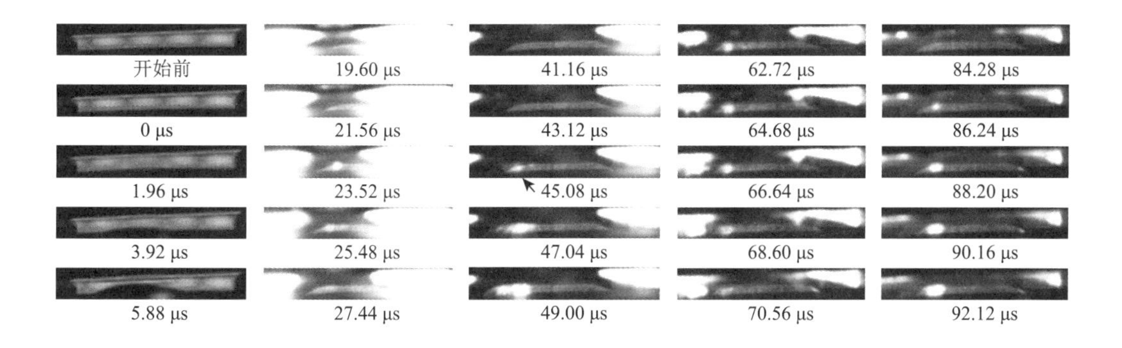

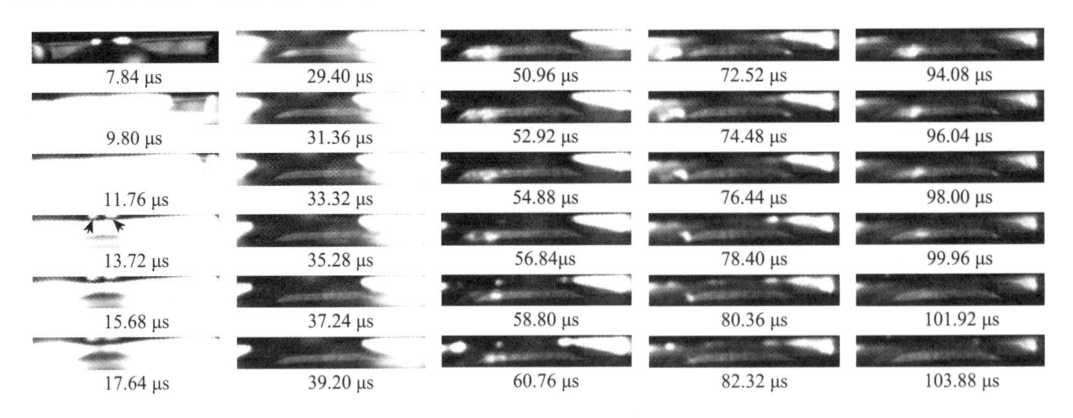


图 6.46　铜-铝合金板电磁脉冲焊接瞬态过程（14 kV，2.5 mm）

对比特殊光斑与金属射流所产生的光斑，两者差异明显：①当电磁脉冲焊接条件相同时，该光斑的持续时间没有金属射流的持续时间长，且与金属射流同时存在，两者互不影响；②该光斑的明亮程度、剧烈程度和覆盖面积均小于金属射流所产生的光斑；③该光斑的分布区域位于铝合金板和固定装置平面的夹角、铜板与金属固定板之间，而金属射流产生的光斑则集中在铜板与铝合金板间的夹角处；④该光斑的形貌呈团状向四周辐射，其轮廓形状不规则，金属射流的形貌呈三角状沿着铝合金板和铜板的表面向外辐射，其轮廓较规则。因此，可推断该特殊光斑并非金属射流产生的光斑，而是一种不同于金属射流的物理现象。此外，在镁合金-铝合金板电磁脉冲焊接中也发现了区别于金属射流的特殊光斑，如图 6.47 所示[25]，表明特殊光斑的产生与材料无关。

图 6.47　镁合金-铝合金板电磁脉冲焊接过程中的特殊光斑

根据光斑的形貌和状态，将其从出现到消失的整个过程分为三个阶段：一是初始阶段，光斑刚刚产生，覆盖面积较小，近似于一个光点，强度较弱；二是发展阶段，光斑覆盖面积逐渐增大，但与金属射流不一样，未发现单独的发光颗粒移动，光照区域面积较小，未能照亮附近区域；三是消退阶段，光斑面积逐渐减小，直到完全消失。

在铜-铝合金板电磁脉冲焊接中，研究人员同时观察发现有肉眼可见的零星火花产生，由于火花温度较高，有能量释放，在拍摄界面中呈现出光斑，进一步推断特殊光斑是由火花引起的。

2. 微间隙放电的时空特征

实验结果表明，不仅是当焊接参数为放电电压为 14 kV、焊接间隙为 2.5 mm 时会产生特殊光斑，在其他参数条件下，电磁脉冲焊接过程中也会出现本节所述的光斑现象。

此外，根据电磁脉冲焊接条件的变化，特殊光斑呈现出一些规律性的特征。当放电电压为 10 kV、焊接间隙为 2 mm 时，铝合金板和铜板并未实现焊接，此时特殊光斑产生过程如图 6.48（a）所示。在该焊接条件下，金属射流的持续时间较短且强度较低，消散速度较快。当金属射流消失约 29.4 μs 后，在铝合金板和铜板的左右夹角附近均产生了特殊光斑。在初始阶段，光斑近似为两个圆点，逐渐向四周扩大，其面积也逐渐增大，随后逐渐变得暗淡直至消失，整个过程持续时间约为 15.68 μs。与放电电压为 14 kV、焊接间隙为 2.5 mm 时的情况不同，在该焊接条件下特殊光斑仅出现了 1 次，且与金属射流产生时刻有较长的时间间隔，此时电磁脉冲焊接已经基本结束且铝合金板的塑性变形也不再明显。在该条件下，铝合金板和铜板没有实现有效焊接，由此可见，特殊光斑的产生与板件焊接结果没有直接联系。

当放电电压为 15 kV、焊接间隙为 1 mm 时，电磁脉冲焊接过程如图 6.48（b）所示。可见，在铝合金板发生塑性变形之前，铜板与金属固定板间隙中就出现了光斑。此外，在该条件下，整个焊接过程中产生光斑数量及其强度、覆盖面积明显高于放电电压为 10 kV、14 kV 时的情况。图 6.40 中也显示，当 $t = 59.04$ μs 时，铜板与铝合金板之间出现了明显的特殊光斑。这些现象都证明了特殊光斑并非偶然出现，而是电磁脉冲焊接过程中一种固有的物理现象，且与铜板、铝合金板之间是否实现可靠焊接没有直接联系。

通过改变焊接条件并开展多次实验测试的结果可知，特殊光斑具有以下特征：①光斑出现的时间可以是铝合金板塑性变形前、电磁脉冲焊接过程中或者板件冶金结合后；②光斑出现的区域可以是铜板与金属固定板之间的夹缝、铝合金板与铜板焊接后的夹角区域或者铝合金板与固定装置间的间隙区域；③光斑的特征与电磁脉冲焊接参数相关，放电电压越高、焊接间隙越小，越容易产生特殊光斑，且光斑强度和影响范围更大。

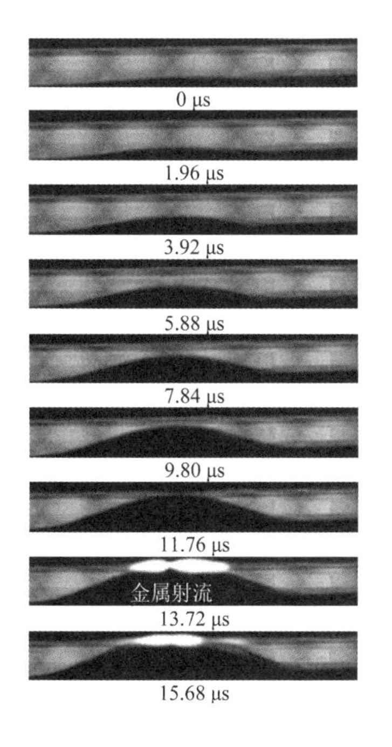


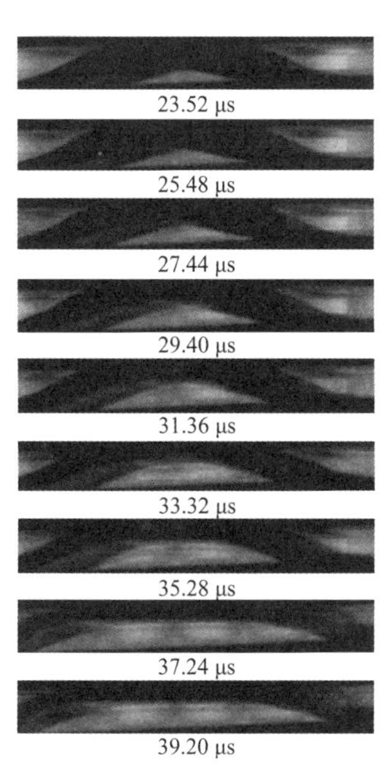


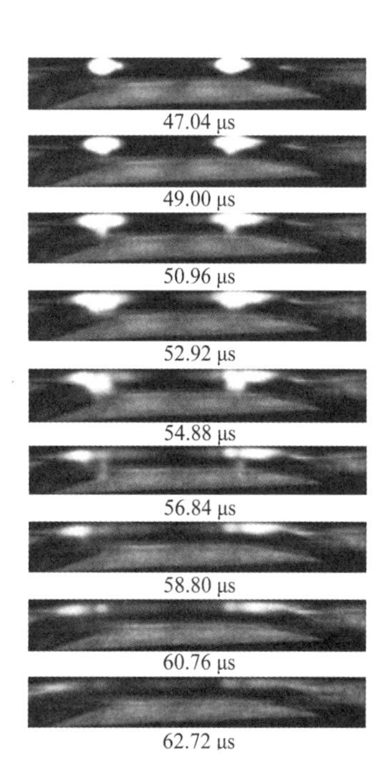

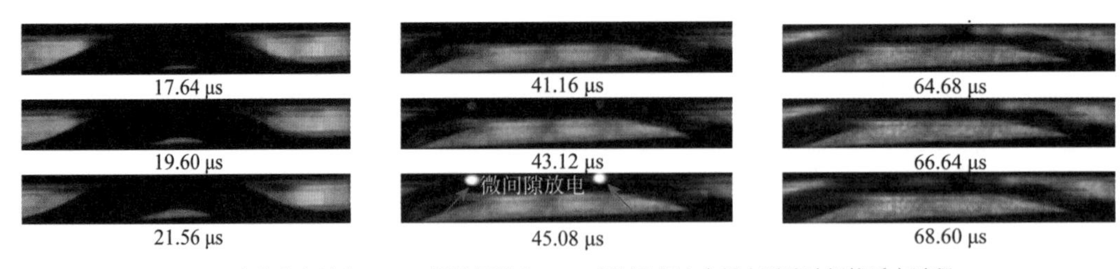


(a) 当放电电压为10 kV、焊接间隙为2 mm时的铜-铝合金板电磁脉冲焊接瞬态过程

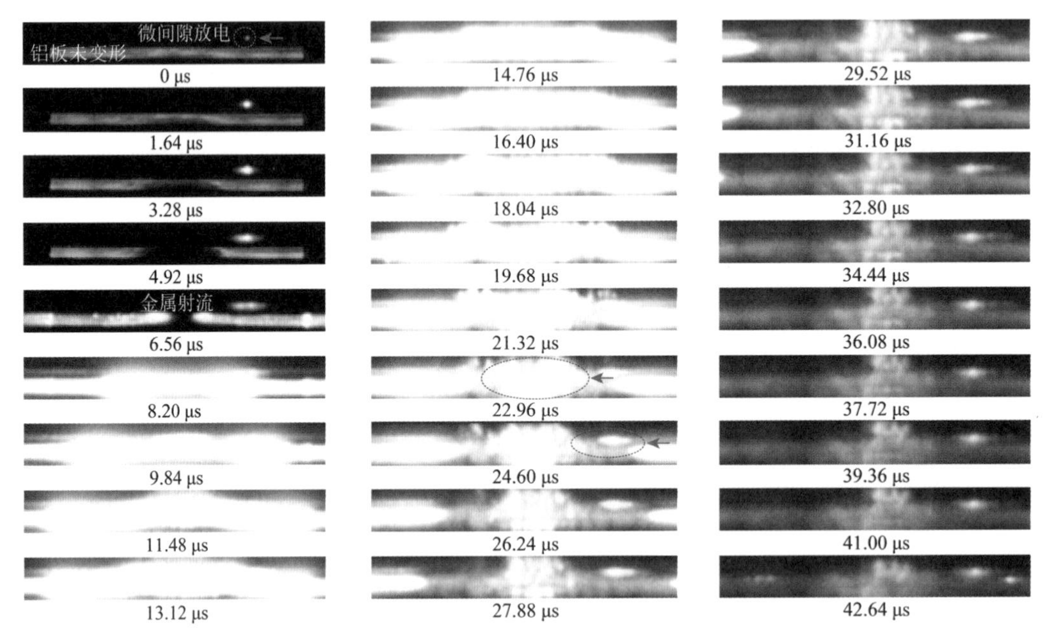


(b) 当放电电压为15 kV、焊接间隙为1 mm时的铜-铝合金板电磁脉冲焊接瞬态过程

图 6.48　特殊光斑的时空特征

以上特征表明，该特殊光斑与文献[26]～[28]描述的金属射流产生或碰撞等离子体产生的闪光不同。重庆大学先进电磁制造团队推断该光斑由微间隙放电火花所致[22, 23]，故结合微间隙放电机制对电磁脉冲焊接过程中的特殊光斑开展理论分析、仿真模拟和实验测试。

3. 微间隙放电现象的理论分析

当铝合金板与铜板发生高速碰撞时，动能快速转化为内能，温度急剧升高。高温会使碰撞产生的金属碎屑发光，形成火花，但这种方式产生的火花应仅出现在板件高速碰撞瞬间。从图 6.48（a）可知，当放电电压为 10 kV、焊接间隙为 2 mm 时，板件高速碰撞后再经过 31.36 μs 才产生特殊光斑；而在图 6.48（b）中，当放电电压为 15 kV、焊接间隙为 1 mm 时，铝合金板和铜板还未发生碰撞就产生了特殊光斑。因此可推断该光斑不是由板件高速碰撞产生的火花引起的。电磁脉冲焊接与其他高能焊接方式（爆炸焊接、激光高速冲击焊接）不同，由洛伦兹力驱动铝合金板加速，且整个板件处于一个非规则的脉冲强磁场中。根据仿真结果，电磁脉冲焊接过程中，时变磁场中的铝合金板和铜板会感应产生电流，并在一定区域内流动。两块板件中都会感应产生相应的电动势，由于铝合金板距离焊接线圈更近，感应磁通穿过的面积更大，并会对铜板产生屏蔽效果，因此两者的感应电动势并不相同，且由于磁场不规则，在垂直方向（$Z$ 方向）上存在感应电势差分量。当铝合金板与铜板的感应电势差足够大且两者的间隙足够小（微间隙）时，可能发生间隙击穿空气放电，产生放电火花，形成光斑。同理，铜板与金属固定板之间的感应电势差与两者的间隙满足一定条件时，也将产生微间隙放电的现象。根据空气击穿的条件，铜-铝合金板微间隙击穿放电的条件由式（6.17）给出。

$$E_b < \frac{\Delta E_d(t)}{r_d(t)} \tag{6.17}$$

式中，$\Delta E_d(t)$为铝合金板与铜板之间的电势差；$r_d(t)$为铝合金板与铜板之间的间隙；$E_b$ 为空气的击穿场强，约为 30 kV/cm。

此外，微间隙内气体的实际击穿场强低于理论击穿场强。徐翱等的研究结果表明，当间隙间距为 1 μm 时，在 140 V 的间隙电压作用下，可以直接由阴极场致电子发射而形成微间隙气体放电，并且，由 Fowler-Nodheim 公式可知，当间隙间距小于 1 μm 时，击穿间隙所需的电压会快速减小[29]。王荣刚等发现微间隙放电与 Paschen 定律不同，对于间距为 4 μm 及以下的间隙，其击穿电压随间距的减小而降低，可达到 100 V 以下[30]。孙志等的研究发现，当间隙间距为 2.1 μm 时，紫铜电极、不锈钢电极的击穿场强阈值（负极性）分别为 107 V/μm 和 113 V/μm，另外还发现电压快速升高时会发生火花放电[31]。式（6.17）中，$\Delta E_d(t)$和 $r_d(t)$都随着时间的变化而变化。根据上述结论，要击穿板件间微小间隙中的空气，需在 $\Delta E_d(t)$和 $r_d(t)$的变化过程中，满足两板之间的间隙足够小且电势差足够大的条件。

铝合金板与铜板之间的电势差是由时变磁场产生的感应电动势引起的，感应电动势 $E_i$ 可表示为

$$E_i = \frac{\Delta\phi}{\Delta t_i} = \frac{S_i \Delta B_i}{\Delta t_i} \tag{6.18}$$

式中，$\Delta B_i$ 为磁通密度的变化量；$\Delta t_i$ 为与其对应的时间变化量；$S_i$ 为磁通穿过区域的面积。

将式（6.18）代入式（6.17），可得到

$$E_b < \frac{\Delta E_{Zi}}{r_d(t)} = \frac{E_{Zi\mathrm{Al}} - E_{Zi\mathrm{Cu}}}{r_d(t)} = \frac{\Delta\phi_{Z\mathrm{Al}} - \Delta\phi_{Z\mathrm{Cu}}}{\Delta t_i r_d(t)} = \frac{S_{Zi}(\Delta B_{Zi\mathrm{Al}} - \Delta B_{Zi\mathrm{Cu}})}{\Delta t_i r_d(t)} \tag{6.19}$$

式中，$\Delta B_{Zi\mathrm{Al}}$ 为铝合金板区域内的磁通密度的变化量（$Z$ 方向分量）；$\Delta B_{Zi\mathrm{Cu}}$ 为铜板区域内的磁通密度的变化量（$Z$ 方向分量）；$S_{Zi}$ 为相应的磁通穿过区域面积。

在电磁脉冲焊接过程中，时变磁场是由焊接线圈中的放电电流产生的，其变化量与放电电流变化量$\Delta I$ 之间的关系可以表示为

$$\Delta B_i(t) \propto \Delta I(t) \tag{6.20}$$

将式（6.20）代入式（6.18），则有

$$E_i \propto S_i \frac{\mathrm{d}\Delta I(t)}{\mathrm{d}t} \tag{6.21}$$

由图 2.2 可知，放电电流波形是衰减振荡波，感应电动势是时变的，因而板件间的感

应电势差也会随时间变化。且由于放电回路中电阻、电感等较小，本书研制的电磁脉冲焊接装置产生的放电电流衰减周期较长。如图 6.49 所示，当放电电压为 15 kV 时，放电电流的第一个峰值约为 334 kA，第二个峰值约为 305 kA，两个峰值之间的损耗仅约为 8.7%。可见，振荡过程中电磁能量消耗缓慢，消耗周期相对较长，也为铜-铝合金板之间的微间隙放电提供了有利条件。

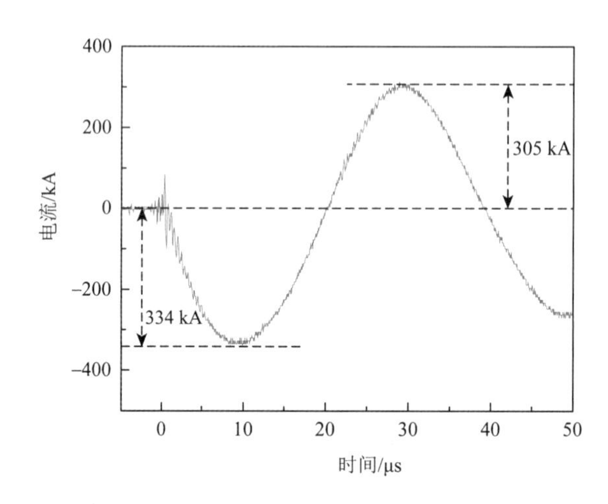


图 6.49　放电电压为 15 kV 时的放电电流波形

除感应电势差外，板件之间的间隙距离也是影响微间隙放电的关键因素。在铝合金板与铜板碰撞之前，两板间间隙较大，感应电势差无法击穿相对较长的间隙；而此时铜板与金属固定板之间的间隙较小，当感应电势差足够大时，该处易产生微间隙放电。如图 6.48（b）所示，当放电电压为 15 kV 时，放电电流幅值较大，而焊接间隙仅有 1 mm 时，金属固定板与铜板受到时变磁场的影响较大，因此两者形成电势差后易产生放电火花。在铝合金板与铜板碰撞之后，随着铝合金板持续运动，板件间隙不断减小（未实现焊接区域均存在微小间隙）。当板件间隙减小至一定范围内，且感应电势差变化到满足该间隙的击穿条件时，板件间隙发生击穿放电，产生火花，并伴随强烈的发光现象，如图 6.46 和图 6.48（a）所示。

#### 4. 微间隙放电现象的仿真与实验研究

为验证理论分析，通过仿真模型研究电磁脉冲焊接过程中的铝合金板与铜板之间的电场强度（$Z$ 分量）和接触压力分布。当放电电压设置为 14 kV、焊接间隙设置为 1 mm 时，电场分布的仿真结果如图 6.50 所示，铜板端部与铝合金板端部之间存在 $Z$ 分量的电场强度，且分布不均匀。垂直方向的感应电势差是由于该区域磁场不规则、存在 $Z$ 分量引起的。仿真中固体力学模块不能反映空气（非固体）的塑性变形，因此该结果反映的是铝合金板未变形时两板间的电场强度分布规律。

除了板件间的感应电势差，焊接间隙间距也是影响微间隙放电的重要条件。由于 COMSOL 仿真模型无法计算板件接触后两者的间隙间距，采用接触压力分布的仿真结果

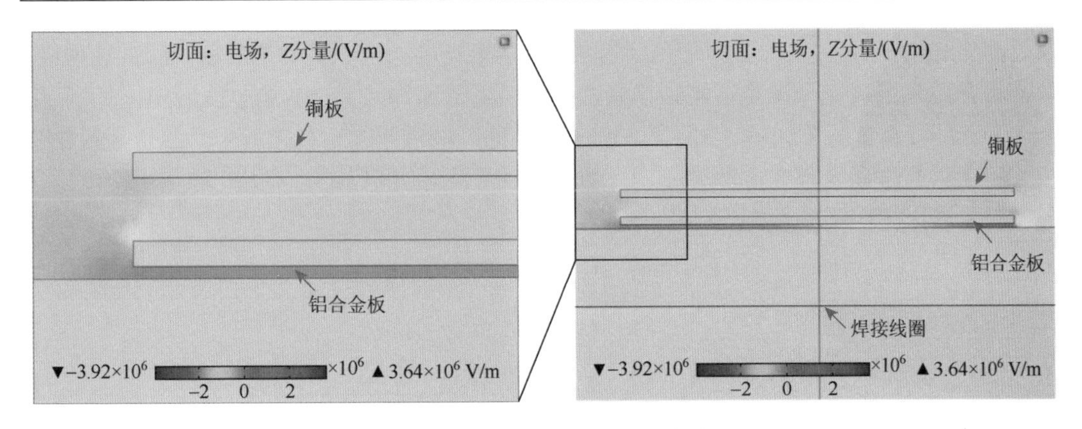


图 6.50　电场强度 $Z$ 分量的仿真结果

间接表征板件之间的间隙间距分布规律。当铜板与铝合金板未实现焊接时，接触压力越大，表明板件间的间隙间距越小；反之，接触压力越小，表明板件间的间隙间距越大。当 $t = 14.5$ μs 时，铝合金板上表面与铜板下表面之间的接触压力密度分布如图 6.51（a）所示，此时，接触压力密度最大的区域都出现在了连接区域边缘的端部。在这些位置，铝合金板与铜板未能实现冶金结合，巨大的冲击压力使两者紧密接触却又存在微小间隙。铜-铝合金板电磁脉冲焊接接头结合界面边缘区域典型形貌如图 6.51（b）所示，紧邻边缘区域的板件间隙间距在 0.5～2.5 μm 的范围内。在巨大的接触压力以及感应电势分布差异的共同作用下，间隙内会形成不均匀分布的电场，这些区域最容易出现微间隙放电。远离这些位置的区域，铜板与铝合金板之间的间隙间距相对较大，电场强度难以达到间隙空气的击穿阈值。而在板件的初始碰撞区，因其周围环形焊接区内的铜板与铝合金板实现了冶金结合，形成等电势区域，其内部电场强度较弱，因此未发现微间隙放电。

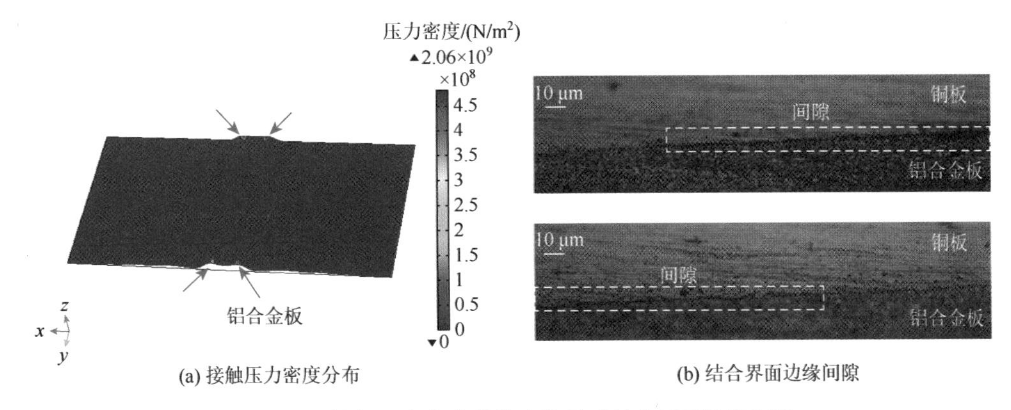


(a) 接触压力密度分布　　(b) 结合界面边缘间隙

图 6.51　接触压力密度的仿真结果及结合界面边缘间隙

实验结果表明，微间隙放电持续时间极短，且产生的空间狭小，难以直接观测。为进一步探究电磁脉冲焊接过程特殊光斑与微间隙放电之间的联系，测量了焊接过程中铜板与铝合金板之间的间隙电压，以验证两板在垂直方向存在电势差。根据实验中微间隙放电的位置，将高压硅胶导线接入铜板的点 $P_{C1}$ 和铝合金板的点 $P_{C2}$，两点均距离中心 $A$

点处约 4 mm，如图 6.52（a）所示，高压硅胶导线连接电压探头和示波器。测试过程中，将铝合金板与铜板完全固定，使其不能发生塑性变形和焊接。当放电电压为 10 kV、间隙为 2 mm 时，测量结果如图 6.52（b）所示。可见，电磁脉冲焊接过程中，铝合金板与铜板之间在垂直方向上存在电势差（$Z$ 分量）。当板件间的电势差与两者间隙满足空气击穿条件时，会产生微间隙放电[29-31]。

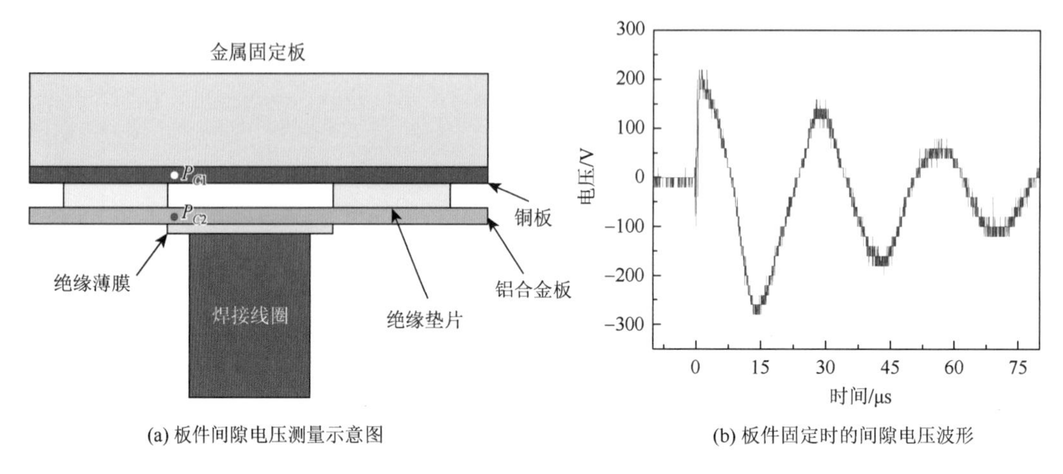


(a) 板件间隙电压测量示意图　　(b) 板件固定时的间隙电压波形

图 6.52　未变形时板件间隙电压测量方式及其结果

## 6.6.2　微间隙放电致表面缺陷的形成机理

### 1. 板件表面宏观形貌及缺陷分布

微间隙放电不仅消耗板件中的电磁能量，还会在金属板件表面产生缺陷。由 6.6.1 小节可知，微间隙放电主要对铝合金板上表面、铜板下表面、铜板上表面和金属固定板下表面产生影响。

图 6.53 为不同焊接情况下金属板件表面宏观形貌。铜-铝合金板电磁脉冲焊接接头边缘的宏观形貌如图 6.53（a）所示。从图中可以看出，在靠近焊接区域附近的边缘，铜板下表面与铝合金板上表面都出现了明显的烧蚀痕迹（坑洞），其分布位置与图 6.51（a）中接触压力密度最大区域基本一致。铜板下表面与铝合金板上表面的坑洞缺陷位置都是相对应的。初步推断是微间隙放电过程中，巨大的瞬时放电电流产生高温，烧蚀板件表面形成坑洞。这样的坑洞缺陷不仅出现在重庆大学先进电磁制造团队的焊接样品表面，在 Zhu 等[32]、Sarvari 等[33]和 Wang 等[34]的实验结果图片中，金属板件表面也出现了类似的坑洞痕迹，由此可见微间隙放电导致板件表面缺陷并非偶然现象。图 6.53（b）是将铝合金板剥离后铜板下表面的宏观形貌，焊接接头区域边缘产生了坑洞缺陷，分布位置与图 6.53（a）基本一致。图 6.53（c）和（d）分别是未实现焊接时，铜板下表面和铝合金板上表面的宏观形貌。可见，即使铜板与铝合金板未实现可靠焊接，在板件碰撞区域附近的端部边缘，其表面都出现了坑洞缺陷。因而微间隙放电及板件表面缺陷产生与板件是否实现了有效焊接无明显关系。此外，除了在铜板与铝合金板接触表面发

现了坑洞，铜板上表面与金属固定板下表面也出现了因微间隙放电而形成的坑洞缺陷，分别如图 6.53（e）和（f）所示。从图中可知，铜板上表面与金属固定板下表面的坑洞缺陷主要集中在板件中心区域对应的端部边缘。表明在该区域内微间隙放电的概率较大，与仿真结果一致，电磁脉冲焊接过程中，铜板与铝合金板、铜板与金属固定板之间的感应电势差在板件中心区域端部边缘最大。此外，由于金属固定板表面受到微间隙放电作用次数较多，其坑洞缺陷严重，影响其使用寿命。

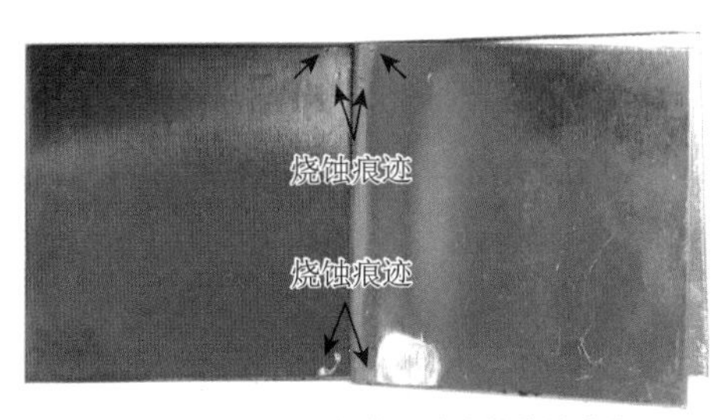

(a) 铜-铝合金板焊接接头边缘的烧蚀痕迹

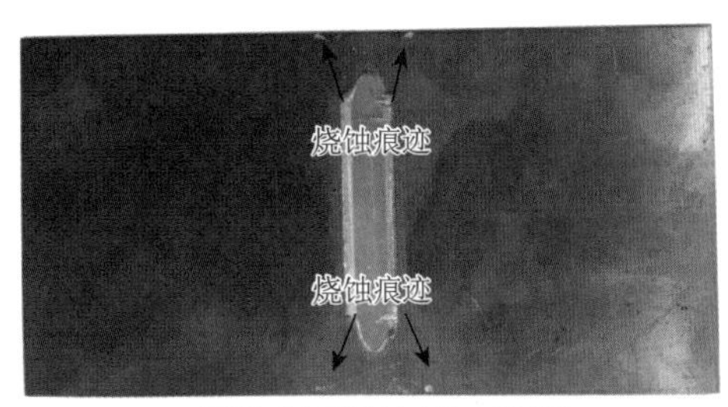

(b) 铜板下表面烧蚀痕迹（焊接）

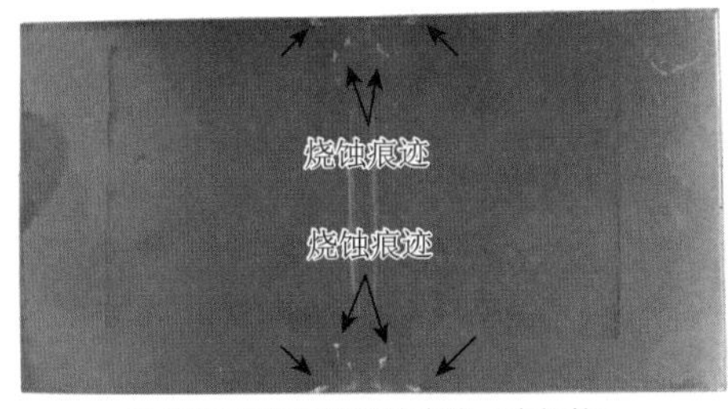

(c) 铜板下表面的烧蚀痕迹（未焊接）

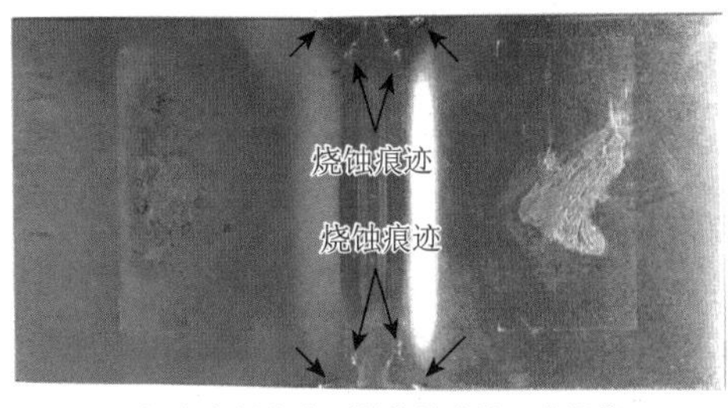

(d) 铝合金板上表面的烧蚀痕迹（未焊接）

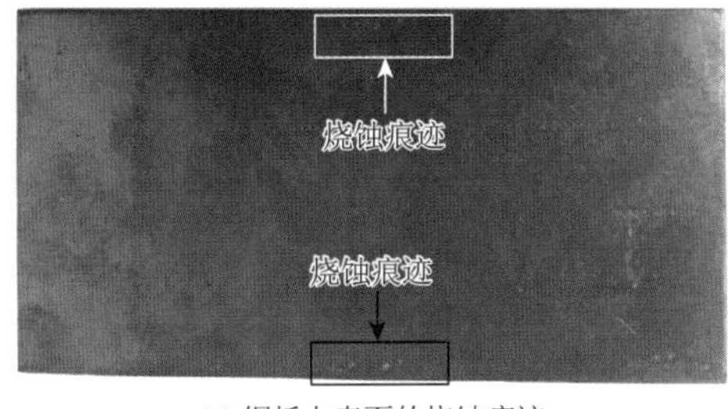

(e) 铜板上表面的烧蚀痕迹

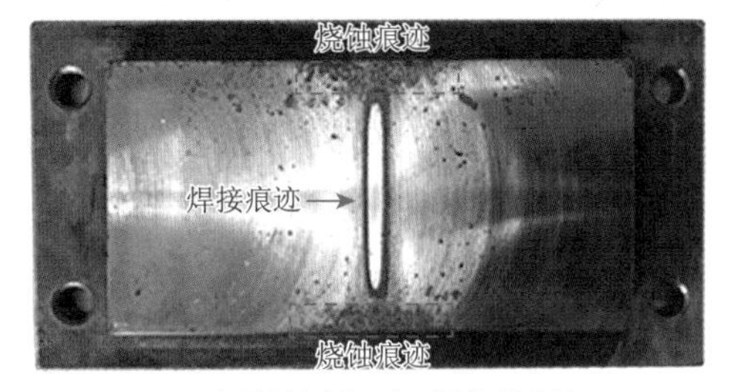

(f) 金属固定板下表面的烧蚀痕迹

图 6.53　微间隙放电对金属板件表面的影响

2. 缺陷的微观形貌及元素组成

为了更好地与金属射流区别，且深入研究微间隙放电对金属板件表面的影响，结合 SEM 和 EDS 分析了铜-铝合金板结合界面和烧蚀坑洞（放电电压为 13 kV、焊接间隙为 2 mm）的微观形貌和元素成分，结果分别如图 6.54～图 6.56 所示。图 6.54（a）是铝合金板表面烧蚀坑洞的微观形貌，其形状为不规则圆形，最大直径约为 1.5 mm。坑洞中心深度最大，形貌最为复杂，逐渐向四周变浅，呈喷射状。因为不同元素含量及分布的区别，坑洞颜色与板件本身颜色差异显著。EDS 点扫描分析结果表明，点 1 处的碳元素原子百分比为 73.22%，铝元素原子百分比约为 1.24%，氧元素原子百分比

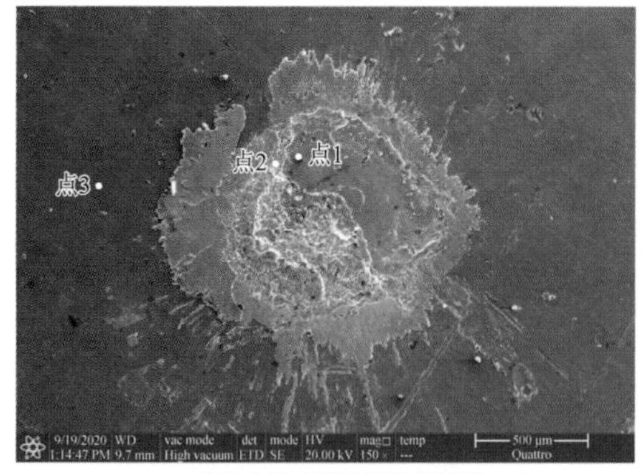


(a) 铝合金板表面坑洞微观形貌

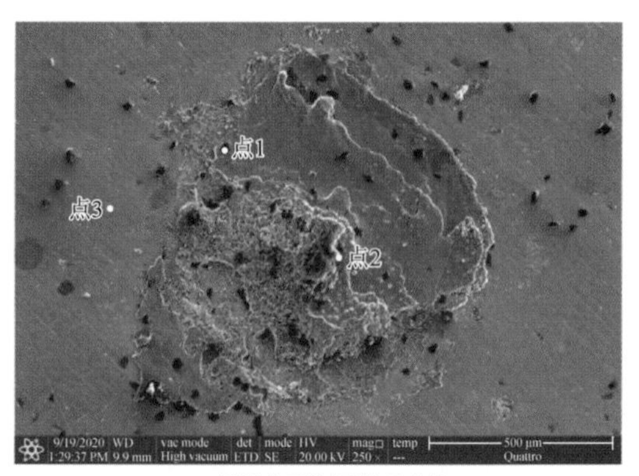


(b) 铜板表面坑洞微观形貌

图 6.54　板件表面坑洞的微观形貌

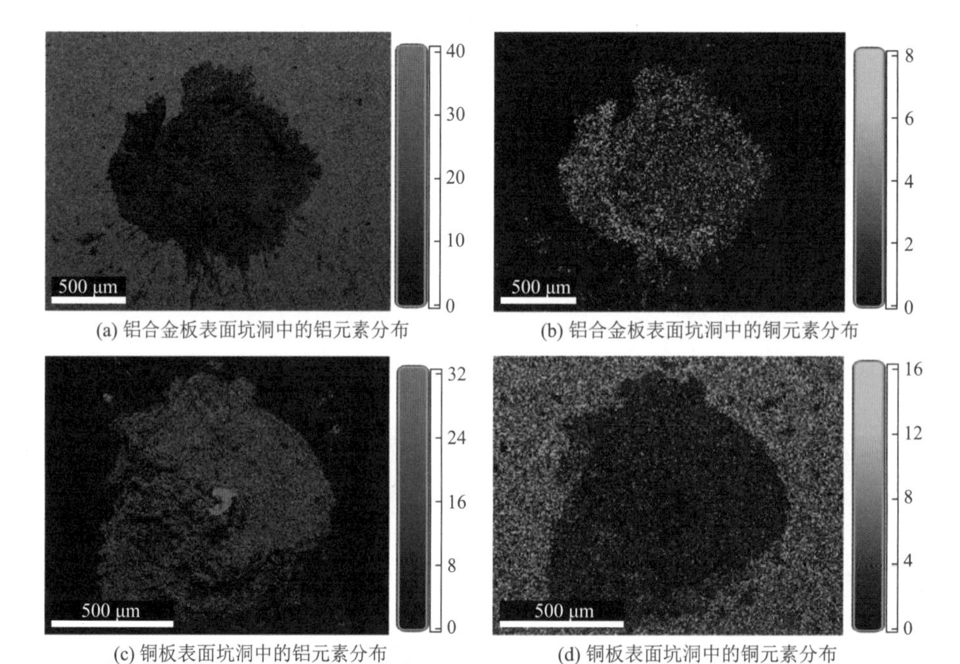


(a) 铝合金板表面坑洞中的铝元素分布　(b) 铝合金板表面坑洞中的铜元素分布

(c) 铜板表面坑洞中的铝元素分布　(d) 铜板表面坑洞中的铜元素分布

图 6.55　板件表面坑洞的元素分布面扫描结果

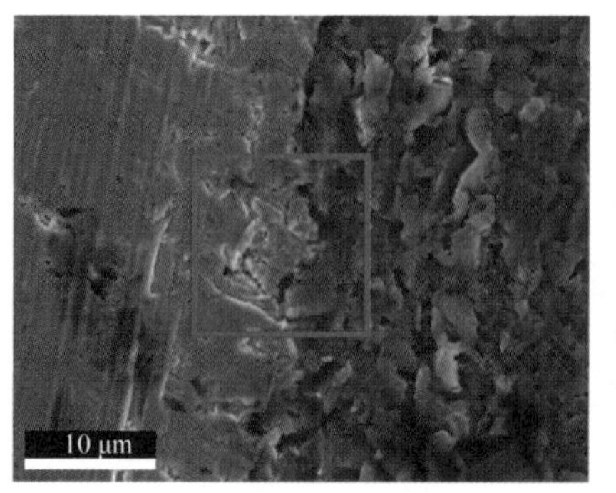


(a) 电磁脉冲焊接接头的结合界面

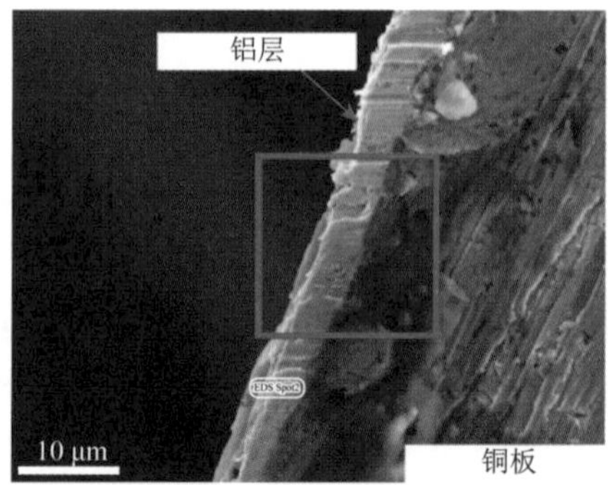


(b) 烧蚀坑洞截面的微观形貌

图 6.56　不同区域的微观形貌

约为 25.54%。碳元素含量较多的原因主要有两个：一是在焊接样品表面处理过程中由砂纸带入；二是微间隙放电的电流导致的瞬时高温使空气中或板件表面上的物质发生碳化反应。微间隙放电会产生瞬时高温，铝在高温下容易与空气中的氧气形成氧化铝，因而存在氧元素。点 2 处的铝元素原子百分比为 57.56%，铜元素原子百分比约为 42.44%。点 3 处的铝元素原子百分比约为 100%，表明烧蚀坑洞外铝合金板表面未与空气中的氧气反应。图 6.54（b）是铜板表面烧蚀坑洞的微观形貌，其烧蚀坑洞为非规则等腰三角形，其颜色与板件本身明显不同。坑洞中一部分形貌复杂，区域内出现了多个黑色的物质。对比坑洞内和坑洞外的元素成分以及黑点的成分，EDS 点扫描结果表明，点 1 处的铝元素原子百分比约为 9.14%，铜元素原子百分比约为 2.04%，碳元素原子百分比约为 77.42%，氧元素原子百分比约为 11.39%。铜板中碳元素含量较多的原因与铝合金板一样。点 2 处的铝元素原子百分比为 65.6%，铜元素原子百分比约为 28.85%，氧元素原子百分比约为 5.55%。烧蚀坑洞外部的点 3 处铜元素的原子百分比约为 100%。

为探究坑洞缺陷中元素分布的整体情况，采用 EDS 对图 6.54 中的坑洞进行面扫描分析，结果如图 6.55 所示。图 6.54（a）中铝合金板表面烧蚀坑洞的面扫描结果如图 6.55（a）所示。铝合金板表面的铝元素原子百分数约为 59.45%。图 6.55（b）是铝合金板表面的铜元素分布，其原子百分数约为 40.55%。由图可知，铝合金板表面坑洞中的元素主要是铜，而铝元素含量较少。在坑洞外的其他区域，仍有少量的铜飞溅出来。图 6.55（c）是铜板表面的铝元素分布，其原子百分数约为 54.59%。图 6.55（d）是铜板表面的铜元素分布，其原子百分数约为 45.41%。从图中可以看出，铜板表面坑洞的元素主要是铝，而铜元素较少。与此同时，在铜板的坑洞外也有零星的铝飞溅出来。

结合孙志等的研究[31]与上述实验结果可知，当铜板与铝合金板发生微间隙放电时，会产生电弧并释放大量的热量，驱使放电区域内的物质发生传递。因此，在烧蚀坑洞中会存在因放电而带来的对侧板件中的金属元素和空气中的杂质元素。

为研究烧蚀坑洞的形成机理，对烧蚀坑洞截面的微观形貌开展分析，并与电磁脉冲焊接接头截面的微观形貌进行对比，结果如图 6.56 所示。图 6.56（a）是铜-铝合金板电磁脉冲焊接结合界面（放电电压为 14 kV、焊接间隙为 2.5 mm），呈现出相互嵌入的波纹形貌，形成机械互锁结构，表明两种材料之间实现了有效焊接。图 6.56（b）是相同条件下，焊接接头区域内铜板下表面烧蚀坑洞截面的微观形貌。铜板表面的铝层厚度约为 8 μm，且两者结合界面较为光滑平整，没有波纹结构这一特征，与电磁脉冲焊接接头结合界面形貌完全不同。此外，8 μm 厚的铝层并非完全由微间隙放电引起的物质传输带来，因此还需对板件表面坑洞缺陷形成机理做进一步探究。

### 3. 表面缺陷的物质成分及形成机理

为探究坑洞中具体的物质成分，将板件表面缺陷区域切割后，采用 PANalytical X' Pert Powder 的 X 射线衍射仪（X-ray diffraction，XRD）测试相应样品表面。$2\theta$ 范围为 5°～120°，物质分析结果如图 6.57 所示。可见，铜板下表面坑洞缺陷中存在金属间化合物 $Al_2Cu$，表明在微间隙放电过程中不仅存在物质的转移，还形成了金属间化合物。

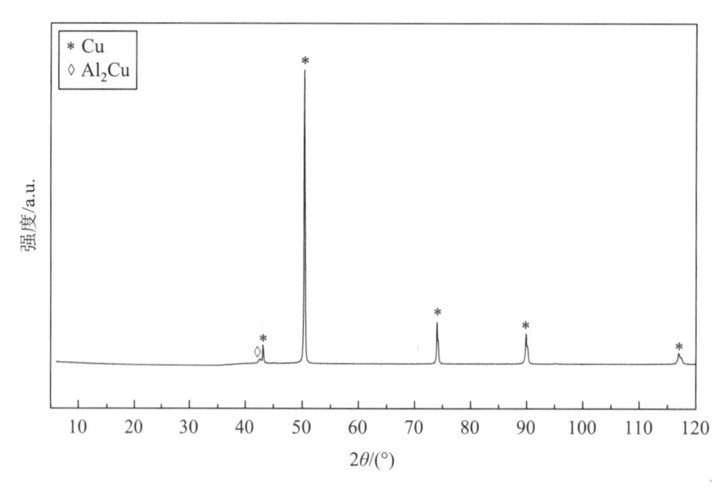


图 6.57　铜板下表面坑洞的 XRD 分析结果

根据仿真结果和 XRD 分析结果，微间隙放电所致板件表面坑洞缺陷形成机理与电阻点焊接[35-38]原理相似。图 6.58 是板件表面坑洞缺陷的形成机理示意图。如图 6.58 所示，根据仿真结果，微间隙放电时，其放电区域内的铜板与铝合金板接触压力最大。此时铝合金板中的高电势对铜板的低电势放电（或是铜板中的高电势对铝合金板的低电势放电），放电电流从高电势流向低电势，瞬间产生的高温使放电区域内的金属熔化，熔化后的金属在接触压力作用下相互结合，形成金属间化合物。但由于微间隙放电电流持续时间较短，铜板与铝合金板的放电区域面积较小，产生的金属间化合物较少，能够有效连接的区域面积较小，且连接强度难以实现板件紧密结合。此外，微间隙放电会加热间隙中的空气，使其急剧膨胀，驱使板件发生分离。分离过程中，熔化区内的金属间化合物一部分留在铝合金板，另一部分则留在铜板，破坏了板件的表面形貌，并与烧蚀作用共同形成了坑洞缺陷。

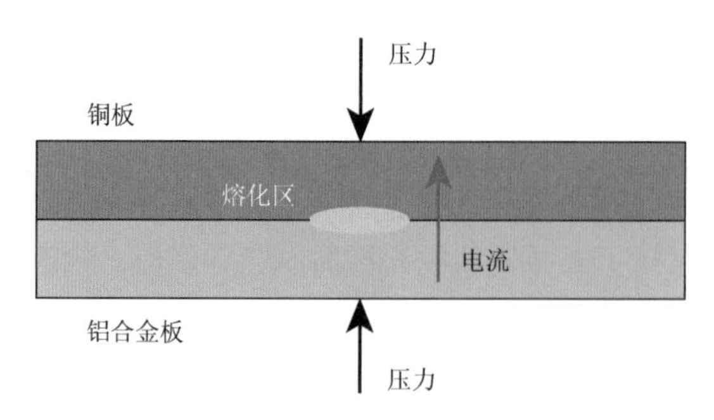


图 6.58　板件表面坑洞缺陷形成机理示意图

此外，不仅在铜-铝合金板电磁脉冲焊接过程中发现了微间隙放电所致的表面坑洞缺陷，如图 6.59 所示，在基于 I 型线圈的镁合金-铝合金板、钛合金-铝合金板电磁脉冲焊接，以及基于双 H 型线圈的镁合金-铜板、镁合金-钛合金板电磁脉冲焊接中，均在板件表面发现了坑洞缺陷，部分坑洞缺陷周围发现了黑色物质，初步分析为微间隙放电所致的炭黑。

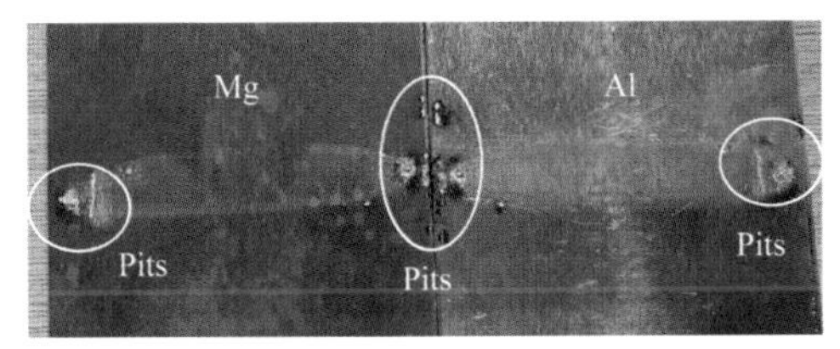

(a) 镁合金-铝合金板表面缺陷

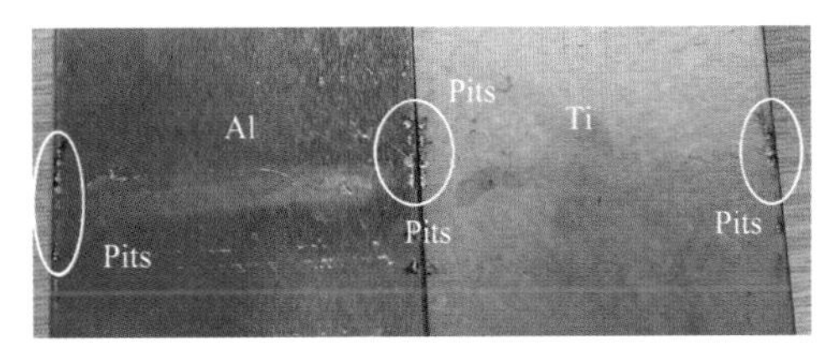

(b) 钛合金-铝合金板表面缺陷

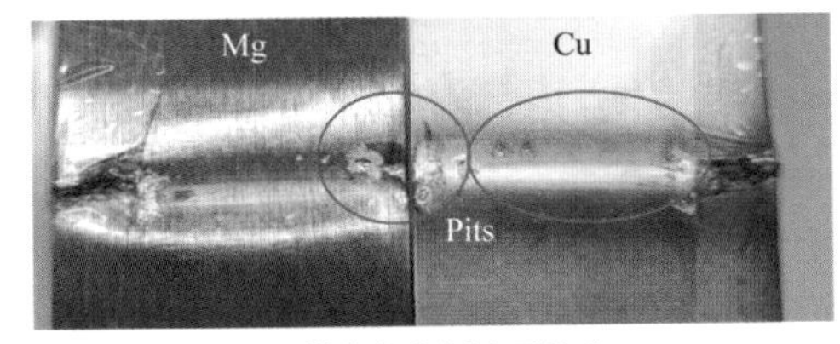

(c) 镁合金-铜板表面缺陷

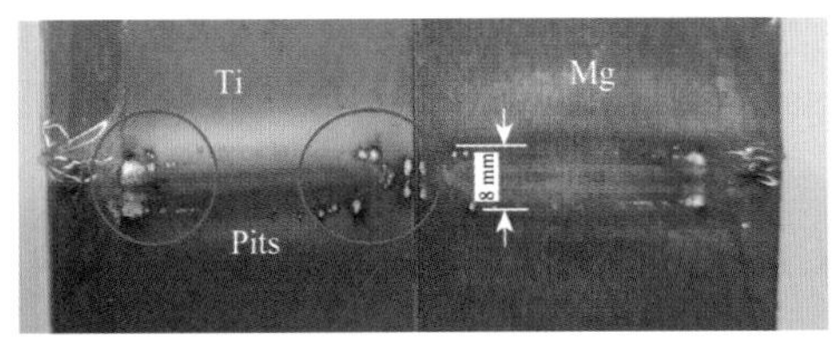

(d) 镁合金-钛合金板表面缺陷

图 6.59　电磁脉冲焊接过程板件表面坑洞缺陷

### 6.6.3　抑制微间隙放电的方法

1. 绝缘强度对微间隙放电的抑制

铝合金板与铜板的表面坑洞缺陷会破坏其表面的完整性，对电磁脉冲焊接接头的整体性能和应用范围都有影响，尤其是在一些精密工程应用中对加工要求较为严格，因此抑制或减少微间隙放电具有重要的意义。

微间隙放电是由板件间隙的绝缘强度不足引起的，提高绝缘强度就可以抑制间隙内的空气被击穿。金属固定板与铜板之间的微间隙放电可通过提高两者间隙的绝缘强度进行抑制。为测试该方法对抑制铜板与金属固定板之间微间隙放电的有效性，进一步验证微间隙放电与板件表面烧蚀坑洞之间的联系，将铜板上表面沿着其短边轴线分为两部分，一部分采用绝缘性能较好且厚度较薄的绝缘胶带处理，如图 6.60（a）所示，另一部分不作任何处理，随即开展铜-铝合金板电磁脉冲焊接实验。当放电电压为 12 kV、焊接间隙为 2 mm 时，铜板与铝合金板实现了有效焊接。铜板上表面形貌如图 6.60（b）所示，其未经绝缘处理的部分出现了明显的坑洞缺陷，而经过绝缘胶带处理的部分则表面光滑，未出现坑洞痕迹。此外，在铜板焊接区域多层椭圆内及其附近的表面非常光滑，没有坑洞缺陷。由此再次表明，坑洞缺陷的产生与铜板和金属

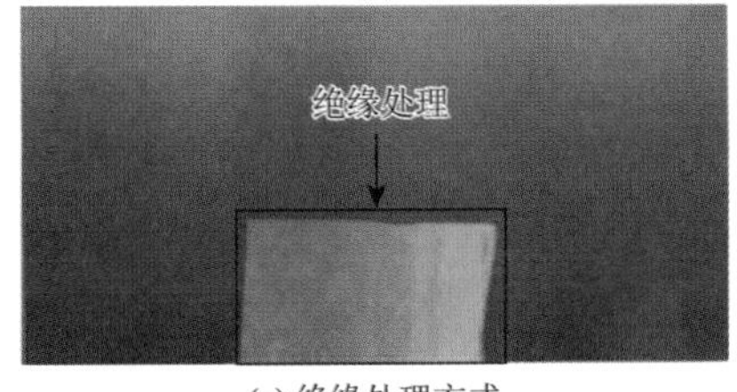

(a) 绝缘处理方式

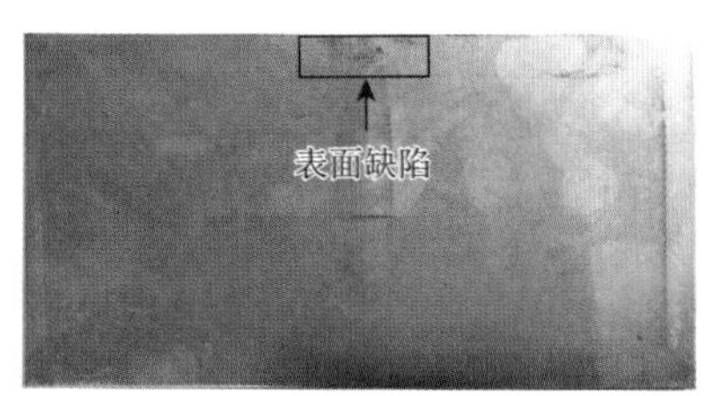

(b) 微间隙放电抑制实验结果

图 6.60　提高绝缘强度对微间隙放电的抑制作用

固定板的碰撞无关，而是因为绝缘强度不足，铜板与金属固定板之间发生微间隙放电，形成坑洞缺陷。提高铜板上表面与金属固定板之间的绝缘强度，可抑制微间隙放电，减少两者接触表面的坑洞缺陷，延长金属固定板使用寿命。

2. *抑制微间隙放电的电磁脉冲驱动焊接方法*

在电磁脉冲焊接过程中，铜板下表面与铝合金板上表面之间是冶金结合区域，不能直接用绝缘胶带处理，可从减小两者的感应电势差着手。由仿真结果可知，在空间磁场中，铝合金板对铜板具有一定的屏蔽效果。因此，基于电磁脉冲驱动焊接（electromagnetic pulse drive welding，EMPDW）技术，重庆大学先进电磁制造团队提出采用驱动板屏蔽铝合金板和铜板，减小两者在 $Z$ 方向上的感应电动势差，从而抑制微间隙放电。电磁脉冲驱动焊接技术常应用于焊接成形性能差或者导电性能差的金属，如镁合金、不锈钢等[39-41]。该技术采用成形性能和导电性能优异的金属作为驱动板，如铝合金等，在洛伦兹力的作用下，驱使成形性能差或者导电性能差的金属板（飞板）高速变形并与基板撞击，实现飞板与基板的可靠焊接。

电磁脉冲驱动焊接的装配如图 6.61 所示，与电磁脉冲焊接相比，仅在焊接线圈上方和铝合金板（飞板）下方之间多出一块驱动铝合金板。

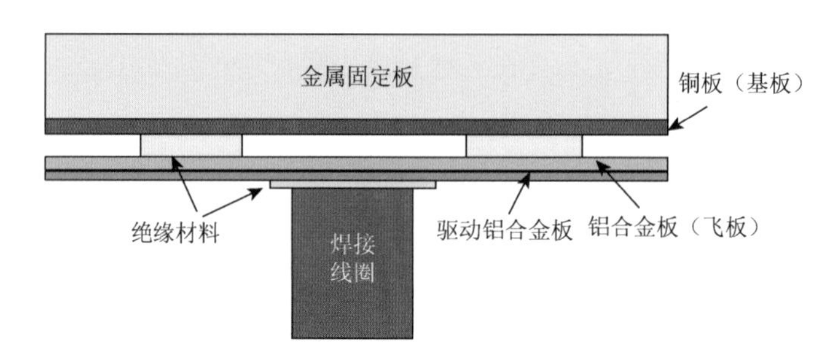


图 6.61　铜-铝合金板电磁脉冲驱动焊接装配图

电磁脉冲驱动焊接过程中，驱动板会感应出涡流 $I_{de}$，其方向与焊接线圈中的放电电流 $I$ 方向相反。当忽略间隙带来的损耗时，感应涡流的幅值与放电电流的幅值相同。与此同时，驱动板的感应涡流也会在空间中产生时变磁场 $B_{de}$，其方向与放电电流产生的时变磁场相反。因而在空间中任意一点，都会受到放电电流的磁场和驱动板涡流产生的磁场的共同作用，即

$$B_h = B + B_{de} \tag{6.22}$$

两者叠加后的磁场 $B_h$ 几乎为 0，因此，在焊接区域内，驱动板对空间中的铝合金板、铜板和金属固定板都具有屏蔽效果。

1）电磁脉冲驱动焊接过程的仿真研究

有限元仿真模型可分析驱动板对空间时变磁场的屏蔽效应及相关电磁参数的分布规律。电磁脉冲驱动焊接仿真模型如图 6.62 所示，驱动板材料选择铝，厚度设置为 0.5 mm。

驱动板宽度设置为 50 mm，长度为 100 mm；飞板（铝合金板）和基板（铜板）的宽度设置为 40 mm，长度为 100 mm。驱动板设置为可自由移动，与实际情况一致。由于驱动板会消耗部分电磁能量，为使焊接效果基本保持一致，电磁脉冲驱动焊接仿真模型中的放电电压设置为 13 kV，电磁脉冲焊接仿真模型中的放电电压设置为 12 kV，对两者开展对比分析。

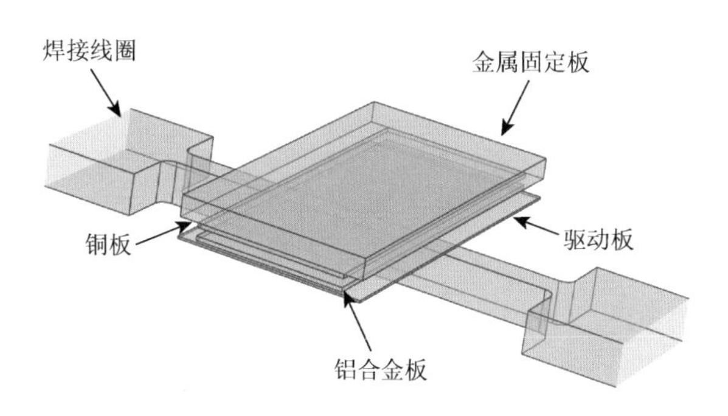


图 6.62　电磁脉冲驱动焊接的三维仿真几何模型

电磁脉冲焊接与电磁脉冲驱动焊接的仿真结果如图 6.63 所示，左侧是电磁脉冲焊接，右侧是电磁脉冲驱动焊接。当 $t = 3$ μs 时，由于洛伦兹力小于板件的变形抗力，电磁脉冲焊接中的铝合金板和电磁脉冲驱动焊接中的驱动板都没有发生明显变形，如图 6.63（a）所示。此时，电磁脉冲焊接中的铝合金板边缘的磁通密度最大，并分布在铝合金板边缘。电磁脉冲驱动焊接中磁通密度最大处出现在驱动板的边缘，并且沿着驱动板的长边方向逐渐减小。电磁脉冲驱动焊接中的铝合金板（飞板）和铜板（基板）边缘的磁通密度几乎为 0 T，可见，驱动板对飞板和基板实现了屏蔽效果。当 $t = 6$ μs 时，洛伦兹力高于板件的变形抗力。在洛伦兹力的作用下，电磁脉冲焊接中的铝合金板和电磁脉冲驱动焊接中的驱动板都发生变形，如图 6.63（b）所示。电磁脉冲焊接过程中，塑性变形并不会改变铝合金板中的磁通密度的分布，因而在铝合金板边缘的磁通密度依然是最大的。电磁脉冲驱动焊接中，驱动板也发生了塑性变形，且由于驱动板比铝合金板薄，放电电压更高，塑性变形程度更大，但也未改变磁通密度的分布。在驱动板带动下，放置于

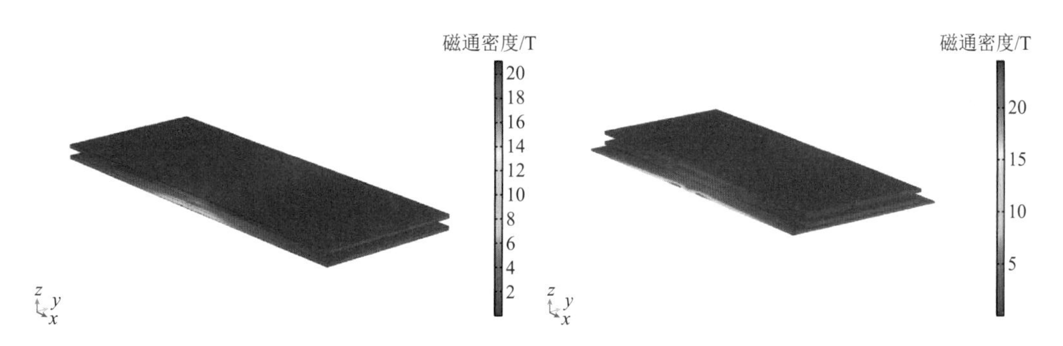


(a) 铝合金板未变形时磁通密度的分布（$t = 3$ μs）

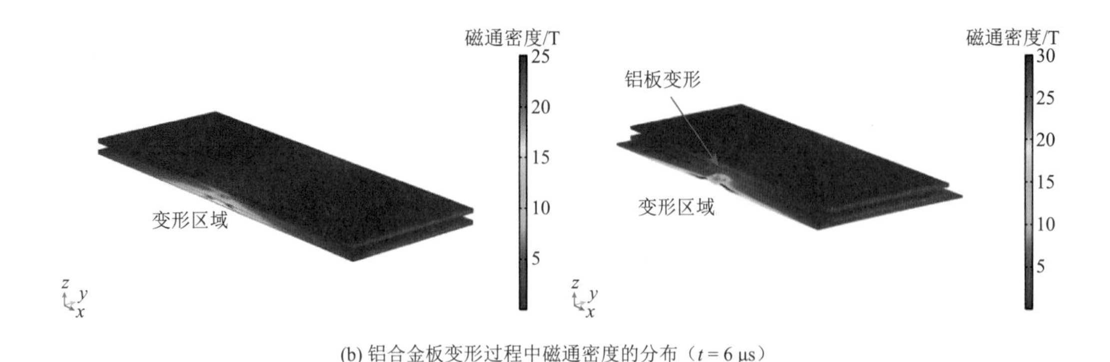


(b) 铝合金板变形过程中磁通密度的分布（$t = 6\ \mu s$）

图 6.63　电磁脉冲焊接和电磁脉冲驱动焊接的仿真结果对比

驱动板上方的铝合金板也发生了塑性变形，此外，铝合金板的磁通密度变大。尽管不能和电磁脉冲焊接过程中铝合金板的磁通密度相比，但无法使其磁通密度变为 0 T。由此推知，在电磁脉冲驱动焊接中，铝合金板与铜板之间也存在着感应电势差，可引起微间隙放电。

在驱动板驱使铝合金板塑性变形并撞向铜板的过程中，驱动板与焊接线圈之间的距离不断增大。当铝合金板与驱动板之间的距离不变时，铝合金板与焊接线圈之间的距离也不断增大，从而使铝合金板受到驱动板感应涡流产生的时变磁场的影响高于焊接线圈中放电电流产生的时变磁场的影响，两者之差使铝合金板感应产生涡流，并与铜板之间产生感应电势差。尽管如此，与没有驱动板的电磁脉冲焊接相比，此时铝合金板的磁通密度已大幅降低，感应涡流幅值较小。由于电磁能量较小，产生微间隙放电的强度会降低，其影响也会减小。

2）电磁脉冲驱动焊接的实验研究

为探究电磁脉冲驱动焊接对微间隙放电的抑制作用，开展了相应的实验研究。实验中，驱动板选用 1060 铝合金板，厚度为 0.05 mm。实验前，先将驱动板放置于 YTH-4-10 型恒温箱进行退火处理，退火温度设置为 350℃，处理时间为 2 h。退火可以降低驱动板的硬度，使其更易塑性变形，减少用于自身变形的能量损耗。驱动板与飞板之间采用 0.01 mm 的绝缘薄膜隔离，可防止驱动板与飞板之间发生微间隙放电。

当放电电压为 11 kV、焊接间隙为 2 mm 时，铝合金板与铜板未实现电磁脉冲焊接；当放电电压为 12 kV、焊接间隙为 2 mm 时，铝合金板与铜板也未实现电磁脉冲驱动焊接。两种条件下金属板件表面如图 6.64（a）所示。对比可知，尽管驱动焊接的放电电压更高，产生的放电电流更大，但其表面的坑洞面积小于电磁脉冲焊接中板件表面的坑洞面积，坑洞数量也相对较少。当放电电压为 14 kV、焊接间隙为 2 mm 时，铝合金板与铜板实现可靠焊接；当放电电压为 15 kV、焊接间隙为 2 mm 时，在驱动板作用下，铝合金板与铜板实现可靠焊接。两种条件下板件表面接头附近区域如图 6.64（b）所示。两种焊接方式表面缺陷出现的位置大致相当。对比可知，电磁脉冲驱动焊接接头附近的坑洞面积明显小于电磁脉冲焊接接头附近的坑洞面积。

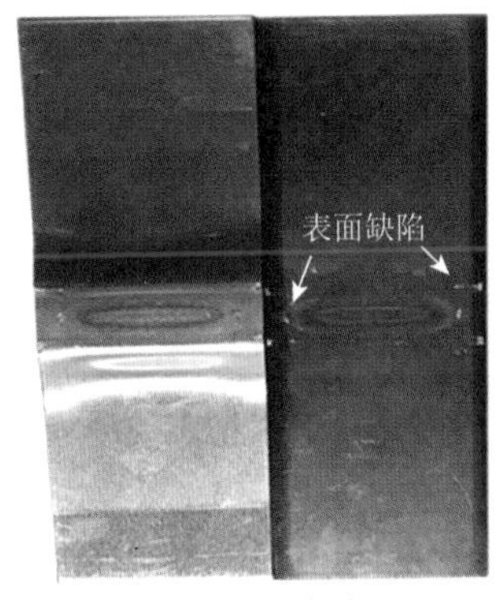

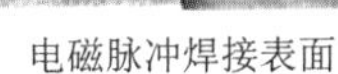

电磁脉冲焊接表面　　电磁脉冲驱动焊接表面

(a) 板件表面缺陷对比（未实现焊接）

电磁脉冲焊接表面　　电磁脉冲驱动焊接表面

(b) 板件表面缺陷对比（实现焊接）

图 6.64　电磁脉冲焊接与电磁脉冲驱动焊接后板件表面形貌

为了进一步验证电磁脉冲驱动焊接对微间隙放电的抑制作用，通过高速摄像机捕捉焊接过程中的特殊光斑，采样时间设置为 1.64 μs。当放电电压为 15 kV、焊接间隙为 2 mm 时，铝合金板与铜板实现了驱动焊接，其完整过程如图 6.65 所示。图中显示了驱动板的塑性变形、飞板的塑性变形和金属射流的产生、发展及消失。与图 6.46 相比，电磁脉冲

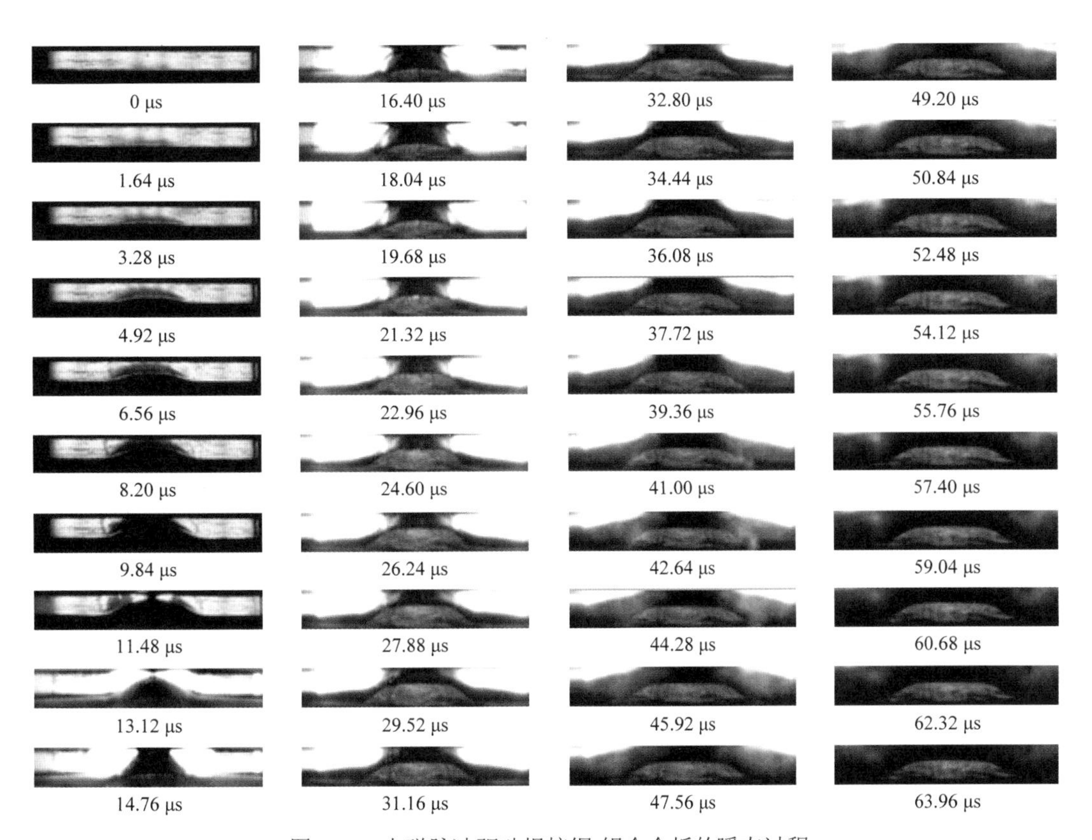


图 6.65　电磁脉冲驱动焊接铜-铝合金板的瞬态过程

驱动焊接中微间隙放电产生的特殊光斑并不明显。可见，电磁脉冲驱动焊接可在一定程度上抑制微间隙放电及板件表面缺陷产生。

微间隙放电会烧蚀板件表面，形成坑洞缺陷，影响电磁脉冲焊接技术在精密制造中的应用，采用提高绝缘强度和驱动焊接的方式可减少微间隙放电的影响，拓宽电磁脉冲焊接的应用范围。当然，这部分研究内容仍有待深入与完善，将在未来工作中继续探索。

## 参 考 文 献


[1] Cui J J，Wang S L，Yuan W，et al. Effects of standoff distance on magnetic pulse welded joints between aluminum and steel elements in automobile body[J]. Automotive Innovation，2020，3（3）：231-241.

[2] Wang P F，Ning X W，Du J，et al. Electromagnetic pulse welding on a magnesium-aluminum joint：Role of angle of welding[J]. Materials and Manufacturing Processes，2023，38（4）：371-378.

[3] Wang K F，Shang S L，Wang Y X，et al. Unveiling non-equilibrium metallurgical phases in dissimilar Al-Cu joints processed by vaporizing foil actuator welding[J]. Materials & Design，2020，186：108306.

[4] Lee T，Zhang S Y，Vivek A，et al. Wave formation in impact welding：Study of the Cu-Ti system[J]. CIRP Annals-Manufacturing Technology，2019，68（1）：261-264.

[5] 张婷婷. 铝/镁合金爆炸焊接界面连接机制及组织特征[D]. 太原：太原理工大学，2017.

[6] 高帅. 激光高速冲击焊接异种金属箔板研究[D]. 镇江：江苏大学，2017.

[7] 郑远谋. 爆炸焊接和爆炸复合材料的原理及应用[M]. 长沙：中南大学出版社，2007.

[8] 彭建祥. Johnson-Cook 本构模型和 Steinberg 本构模型的比较研究[D]. 绵阳：中国工程物理研究院，2006.

[9] Corbett B M. Numerical simulations of target hole diameters for hypervelocity impacts into elevated and room temperature bumpers[J]. International Journal of Impact Engineering，2006，33（1-12）：431-440.

[10] Gu C X，Shen Z B，Liu H X，et al. Numerical simulation and experimentation of adjusting the curvatures of micro-cantilevers using the water-confined laser-generated plasma[J]. Optics and Lasers in Engineering，2013，51（4）：460-471.

[11] Bae G，Xiong Y M，Kumar S，et al. General aspects of interface bonding in kinetic sprayed coatings[J]. Acta Materialia，2008，56（17）：4858-4868.

[12] Kore S D，Date P P，Kulkarni S V，et al. Electromagnetic impact welding of Al-to-Al-Li sheets[J]. Journal of Manufacturing Science and Engineering，2009，131（3）：34501-34504.

[13] Plimpton S. Fast parallel algorithms for short-range molecular dynamics[J]. Journal of Computational Physics，1995，117（1）：1-19.

[14] Daw M，Foiles S，Baskes M. The embedded-atom method：A review of theory and application[J]. North-Holland：Material Science Reports，1983，9：251-310.

[15] Cai J，Ye Y Y. Simple analytical embedded-atom-potential model including a long-range force for fcc metals and their alloys[J]. Physical Review B，1996，54（12）：8398-8410.

[16] Li C X，Xu C N，Zhou Y，et al. Atomic diffusion behavior in electromagnetic pulse welding[J]. Materials Letters，2023，330：133242.

[17] 李成祥，许晨楠，周言，等. 铜-铝电磁脉冲焊接界面形成过程的原子扩散行为[J]. 焊接学报，2024，45（3）：22-31，130.

[18] 丁亮，牛涛，张艳苓，等. 强磁场作用下原子扩散行为的研究进展[J]. 航空制造技术，2016，59（11）：64-68.

[19] 吴俊. 磁场对 Al-Cu 扩散偶扩散行为及 2A12 铝合金固溶时效的影响[D]. 沈阳：东北大学，2017.

[20] Wang P Q，Chen D L，Ran Y，et al. Electromagnetic pulse welding of Al/Cu dissimilar materials：Microstructure and tensile properties[J]. Materials Science and Engineering：A，2020，792：139842.

[21] Christian P，Peter G. Identification of process parameters in electromagnetic pulse welding and their utilisation to expand the process window[J]. International Journal of Material，Mechanics and Manufacturing，2018，6（1）：69-73.

[22] Zhou Y，Li C X，Wang X M，et al. Investigation of jet and micro-gap discharge in Cu-Al plates EMPW process[J]. Journal of

Materials Processing Technology，2021，290：116977.

[23] Wang X M，Li C X，Zhou Y，et al. Mechanism of the discharge behavior in electromagnetic pulse welding：Combination of electron emission and electric field[J]. Materials Today Communications，2023，36：106726.

[24] 周言. 铜-铝板电磁脉冲焊接瞬态过程及接合机理研究[D]. 重庆：重庆大学，2021.

[25] 杜建. 镁-铝板件电磁脉冲焊接设备研制及焊接工艺研究[D]. 重庆：重庆大学，2020.

[26] Bellmann J，Beyer E，Lueg-Althoff J，et al. Measurement of collision conditions in magnetic pulse welding processes[J]. Journal of Physical Science and Application，2017，7（4）：1-10.

[27] Auluck S K H，Kaushik T C，Kulkarni L V，et al. Conical electric gun：A new hypervelocity macroparticle launcher based on the munroe effect[J]. IEEE Transactions on Plasma Science，2003，31（4）：725-728.

[28] Bergmann O R. The scientific basis of metal bonding with explosives[C]//8th International ASME Conference on High Energy Rate Fabrication，San Antonio，1984：197-202.

[29] 徐翱，金大志，王亚军，等. 场致发射影响微间隙气体放电形成的模拟[J]. 高电压技术，2020，46（2）：715-722.

[30] 王荣刚，张桐恺，郭昱均，等. 微电极间隙气体放电特性研究[C]//第十八届全国等离子体科学技术会议摘要集，成都，2017.

[31] 孙志，付琳清，高鑫，等. 基于原子力显微镜的微间隙空气放电研究[J]. 电工技术学报，2018，33（23）：5616-5624.

[32] Zhu C C，Sun L Q，Gao W L，et al. The effect of temperature on microstructure and mechanical properties of Al/Mg lap joints manufactured by magnetic pulse welding-science direct[J]. Journal of Materials Research and Technology，2019，8（3）：3270-3280.

[33] Sarvari M，Abdollah-Zadeh A，Naffakh-Moosavy H，et al. Investigation of collision surfaces and weld interface in magnetic pulse welding of dissimilar Al/Cu sheets[J]. Journal of Manufacturing Processes，2019，45：356-367.

[34] Wang S L，Zhou B B，Zhang X，et al. Mechanical properties and interfacial microstructures of magnetic pulse welding joints with aluminum to zinc-coated steel[J]. Materials Science and Engineering：A，2020，788：139425.

[35] 张昌青，金鑫，王维杰，等. 纯铝 1060/镀锌钢电阻点钎焊工艺及接头性能[J]. 焊接学报，2019，40（9）：151-155，168.

[36] 胡崭. AZ31 镁合金与 DC54D 钢电阻点焊研究[D]. 重庆：重庆大学，2019.

[37] 王丁冉. 多层板不锈钢电阻点焊连接状态超声波检测研究[D]. 长春：吉林大学，2020.

[38] 王心笛. 不锈钢不等厚板电阻点焊熔核形态及力学性能研究[D]. 长春：吉林大学，2020.

[39] Park H，Kim D，Lee J，et al. Effect of an aluminum driver sheet on the electromagnetic forming of DP780 steel sheet[J]. Journal of Materials Processing Technology，2016，235：158-170.

[40] Desai S V，Kumar S，Satyamurthy P，et al. Improvement of performance of electromagnetic welding process by use of driver materials[J]. International Journal of Applied Electromagnetics and Mechanics，2011，35（2）：113-121.

[41] Kumar S，Khan M R，Saroj P C，et al. Experimental investigation of driver material on electromagnetic welding of alloy D9 SS tube to SS316L（N）plug[J]. The International Journal of Advanced Manufacturing Technology，2019，105（10）：4225-4235.

# 第7章　电磁脉冲焊接效果的评估

## 7.1　引　　言

电磁脉冲焊接接头的性能（特别是力学性能）对其工业应用的安全性和可靠性至关重要。因此，焊接接头性能评估一直是电磁脉冲焊接技术领域的一个研究热点。目前，国内外学者通常采用剥离、拉伸、剪切等破坏性手段评估电磁脉冲焊接接头力学性能。然而，接头或者母材破坏后无法继续使用，而工艺参数选取时需进行大量测试，破坏性评估无疑会提高生产成本并增加工序。因此，如何实现电磁脉冲焊接效果的非破坏性评估成为亟须解决的问题。

本章首先应用常规破坏性评估方法对电磁脉冲焊接效果进行评估，在此基础上阐述重庆大学先进电磁制造团队提出的两种非破坏性评估方法。事实上，无论采取何种评估方法，电磁脉冲焊接效果归根结底取决于结合界面的状态（包括结合区域面积、结合界面形貌、结合界面形成过程等）。因此，重庆大学先进电磁制造团队从研究碰撞点运动行为、金属射流、结合界面状态等关键特征与接头性能的关系入手，提出基于金属射流状态的电磁脉冲焊接效果评估方法，以及结合 $V_c$-$\beta$ 仿真轨迹与焊接窗口的电磁脉冲焊接效果评估方法[1-4]。

## 7.2　电磁脉冲焊接效果评估的常规破坏性方法

在电磁脉冲焊接技术的研究中，剥离试验常用于电磁脉冲焊接接头的可靠性评估，即采用手动剥离（冶金结合区域面积较小时）或者尖嘴钳剥离，沿着某一个方向连续旋转、扭绞，直到电磁脉冲焊接接头失效。

采用尖嘴钳对焊接间隙为2 mm、放电电压为11～14 kV的铜-铝合金板电磁脉冲焊接接头开展剥离试验，剥离后的宏观形貌如图7.1所示[5]。当铝合金板与铜板之间的结合强度不足时，铝合金板将从铜板表面剥离。不同焊接条件下获得的接头力学性能不同，剥离效果也不同。当放电电压为11 kV时，铝合金板完全从铜板表面剥离，仅在铜板表面留下银白色的焊痕，表明其冶金结合强度不足。当放电电压为12 kV和13 kV时，接头区域部分铝合金从铜板表面剥离，其余铝合金残留在铜板表面难以剥离，但银白色椭圆环焊痕在其端部未闭合，且随着放电电压的提高，开口间距越来越小，表明椭圆环焊痕的形貌与放电电压呈正相关。当放电电压升高到14 kV时，银白色椭圆环焊痕闭合，形成完整的椭圆环，此时残留在铜板表面的铝合金面积增大，银白色椭圆环焊痕内的铝合金几乎残留在铜板表面，难以剥离。剥离试验表明，当焊接间隙一定时，放电电压越高，银白色椭圆环焊痕越完整且铝合金越难以从铜板表面剥离，表明电磁脉冲焊接效果越好。

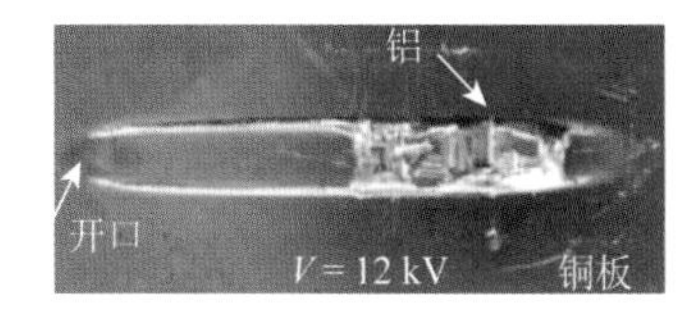

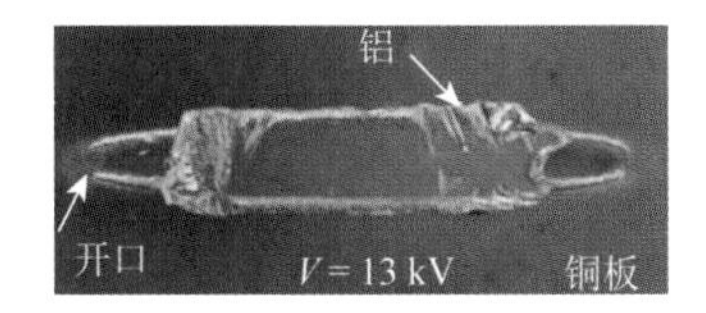

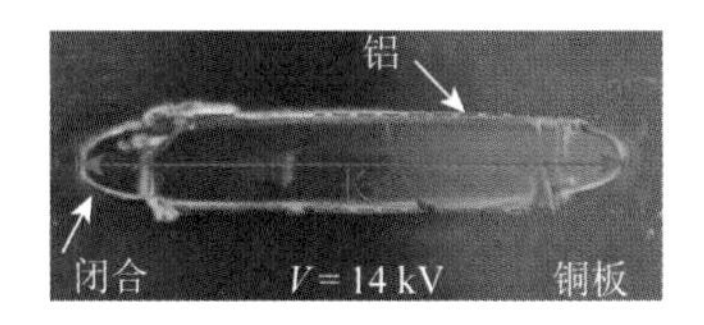


图 7.1 铜-铝合金板电磁脉冲焊接接头剥离试验结果

剥离试验是一种定性的评估方法，可初步评估电磁脉冲焊接效果。相比之下，采用万能试验机开展拉伸剪切测试[1, 6, 7]，可获得更为精确的电磁脉冲焊接接头拉伸性能，并进行定量对比。以板状工件为例，拉伸剪切测试通过在电磁脉冲焊接面上施加纵向拉伸剪切力，测定接头能够承受的最大负荷。为方便测试，板状工件电磁脉冲焊接测试样品按照如图 7.2 所示的方式加工。

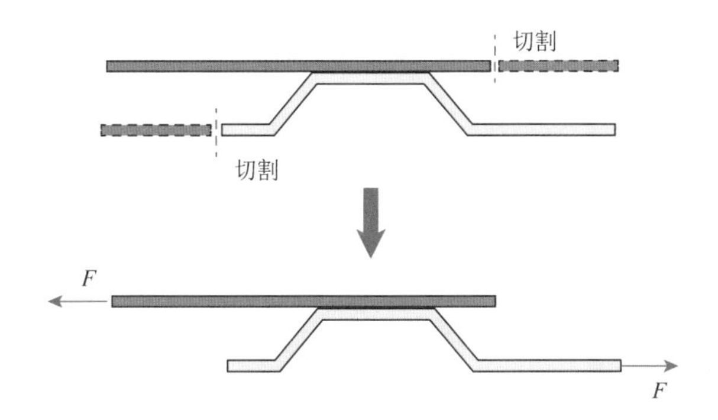


图 7.2 电磁脉冲焊接测试样品切割及拉伸方向

万能试验机上下夹持器将样品对称夹持并以图 7.2 中标注的方向施加拉力，如图 7.3（a）所示，拉伸速度通常设置为 1～2 mm/min。测试中，拉力不断增大，直至样品接头失效，测试结果如图 7.3（b）所示。

(a) 样品拉伸剪切试验工装

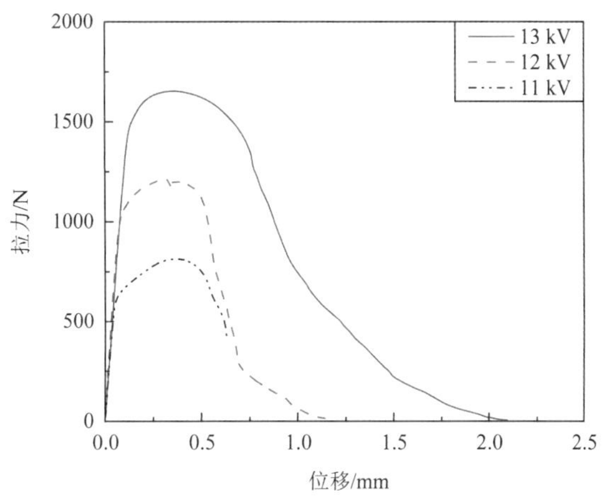


(b) 拉伸剪切试验结果

图 7.3 电磁脉冲焊接接头拉伸剪切试验

测试结果显示，铜-铝合金板电磁脉冲焊接接头出现了三种失效类型：第一种是完全分离类型，由于接头焊痕的面积太小，铜板与铝合金板被轻易分离，如图 7.4（a）所示；第二种是部分分离，接头的强度高于母材但有效焊接面积不足，接头一部分被分离，另一部分发生铝合金板（母材）断裂，如图 7.4（b）所示；第三种是母材断裂，难以通过拉伸剪切测试获得接头的拉伸强度，只能获取母材的拉伸强度，表明该接头的性能高于母材，如图 7.4（c）所示。第二种和第三种失效类型都出现了电磁脉冲焊接接头的强度高于母材、母材断裂的现象，且断裂位置都处于接头附近的变形区域。电磁脉冲焊接过程中，铝合金板受到洛伦兹力的驱动，发生塑性变形和高速碰撞，焊接区域内的部分铝合金因塑性变形受到拉伸而变薄，降低了该部分的强度。当接头可靠焊接时，其强度高于铝合金板变薄处所能承受的最大拉伸强度，因而铝合金板更易断裂。

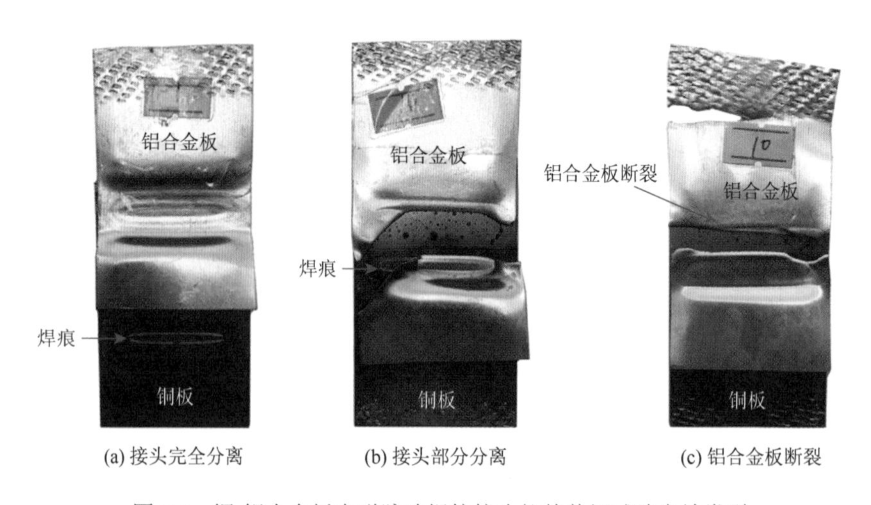


(a) 接头完全分离　(b) 接头部分分离　(c) 铝合金板断裂

图 7.4　铜-铝合金板电磁脉冲焊接接头拉伸剪切试验失效类型

此外，对所焊接的镁合金-铝合金板电磁脉冲焊接接头开展了拉伸剪切试验。镁合金-铝合金板焊接样品同样出现上述三类失效类型：一是接头完全分离，铝合金板和镁合金板在拉伸过程中直接分离，如图 7.5（a）所示；二是拉伸过程中焊接接头处铝合金板断裂，如图 7.5（b）所示；三是铝合金板完全断裂，此类焊接接头较长，实现了铝合金板与镁合金板连接部分牢固焊接，如图 7.5（c）所示。从铝合金板拉裂的情况可以发现，断裂区域出现在镁合金板与铝合金板焊接接头边缘，接头未产生位移。出现该情况主要是因为在铝合金板受力形变以及高速撞击过程中，焊接区域内的板件因塑性形变而拉伸变薄，在焊接牢靠的情况下，焊接接头强度高于该处铝合金板（母材）拉伸强度，在拉伸力度提升至一定程度时，便发生断裂。实验表明，在焊接可靠的情况下，当施加拉力在 6000 N 左右时，便会出现如图 7.5（c）所示的铝合金板完全断裂的情况。

进一步采用拉伸剪切试验方式对不同焊接条件的铜-铝合金板电磁脉冲焊接接头、镁合金-铝合金板电磁脉冲焊接接头开展了测试分析，结果分别如表 7.1～表 7.4 所示[1, 8]。表中，“×”表示未实现焊接；“O”表示铝合金板（母材）断裂。表中数据表明，当焊接间隙相同时，抗拉性能随着放电电压的提升而增强。同时，对比相同放电电压下、不同焊接间

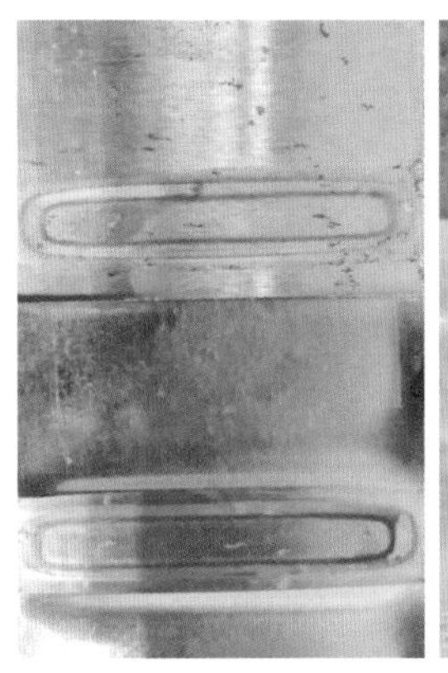
(a) 接头完全分离

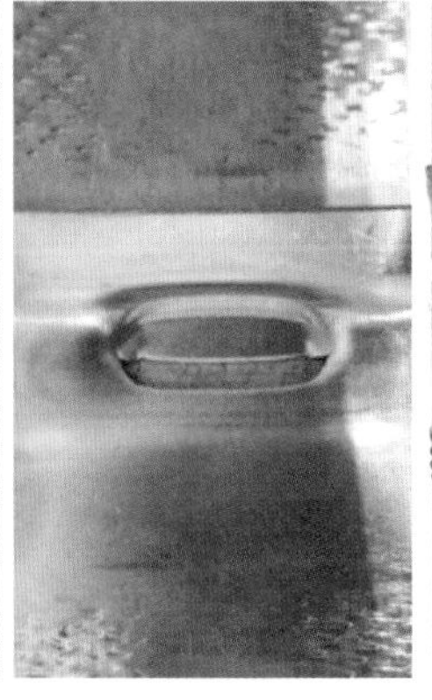
(b) 接头部分分离

(c) 铝合金板断裂

图 7.5　镁合金-铝合金板电磁脉冲焊接接头拉伸剪切试验失效类型

隙的焊接结果可知，接头的抗拉性能随着焊接间隙的增大呈现出先提高后降低的规律。究其原因，当焊接间隙较小时，铝合金板的加速运动距离过短，无法达到可靠焊接所需的最低撞击速度；而当焊接间隙太大时，由于铝合金板加速运动距离太长反而会降低撞击速度，导致焊接接头的力学性能下降甚至无法实现冶金结合。因此，随着焊接间隙的增加，铜-铝合金板焊接接头的力学性能先提高再降低。

**表 7.1　铜-铝合金板焊接接头的拉伸剪切试验结果**　（单位：N）

| 焊接间隙/mm | 放电电压/kV | | | | | |
|---|---|---|---|---|---|---|
| | 10 | 11 | 12 | 13 | 14 | 15 |
| 1 | 1823 | 2663 | 3499 | 5151 | 5947 | 6135 |
| 1.5 | 1420 | 2186 | 3658 | 5517 | O | O |
| 2 | × | 1860 | 2075 | O | O | O |
| 2.5 | × | × | 1562 | 3976 | O | O |
| 3 | × | × | × | 1920 | 3488 | O |

注：“×”表示未实现焊接；“O”表示铝合金板完全断裂。

镁合金-铝合金板电磁脉冲焊接接头的力学性能不仅与放电电压、焊接间隙相关，还受到镁合金轧制方向与焊接方向间的夹角的影响，其拉伸剪切试验结果如表 7.2～表 7.4 所示。

**表 7.2　0°方向镁合金-铝合金板焊接样品拉伸剪切试验结果**　（单位：N）

| 焊接间隙/mm | 放电电压/kV | | | | |
|---|---|---|---|---|---|
| | 12 | 13 | 14 | 15 | 16 |
| 0.5 | × | × | × | × | × |
| 1.0 | × | — | 4837.01 | O | O |
| 1.5 | — | 2249.51 | O | O | O |

续表

| 焊接间隙/mm | 放电电压/kV | | | | |
|---|---|---|---|---|---|
| | 12 | 13 | 14 | 15 | 16 |
| 2.0 | × | — | O | O | O |
| 2.5 | × | × | 2469.70 | 4088.94 | O |
| 3.0 | × | × | 1328.36 | 3065.37 | 3548.08 |
| 3.5 | × | × | × | 1118.26 | 4248.06 |

注：“×”表示未实现焊接；“—”表示焊接效果不牢固；“O”表示铝合金板完全断裂。

**表 7.3　45°方向镁合金-铝合金板焊接样品拉伸剪切试验结果**　（单位：N）

| 焊接间隙/mm | 放电电压/kV | | | | |
|---|---|---|---|---|---|
| | 12 | 13 | 14 | 15 | 16 |
| 0.5 | × | × | × | × | × |
| 1.0 | × | × | 2068.06 | 2836.06 | 3976.36 |
| 1.5 | × | — | O | O | O |
| 2.0 | × | × | 2453.49 | O | O |
| 2.5 | × | × | × | 1813.92 | O |
| 3.0 | × | × | × | 372.59 | 4082.69 |
| 3.5 | × | × | × | × | 2713.45 |

注：“×”表示未实现焊接；“—”表示焊接效果不牢固；“O”表示铝合金板完全断裂。

**表 7.4　90°方向镁合金-铝合金板焊接样品拉伸剪切试验结果**　（单位：N）

| 焊接间隙/mm | 放电电压/kV | | | | |
|---|---|---|---|---|---|
| | 12 | 13 | 14 | 15 | 16 |
| 0.5 | × | × | × | × | × |
| 1.0 | × | × | × | 1341.33 | 1734.13 |
| 1.5 | × | × | 1119.71 | O | O |
| 2.0 | × | × | × | — | O |
| 2.5 | × | × | × | — | 1067.78 |
| 3.0 | × | × | × | × | — |
| 3.5 | × | × | × | × | — |

注：“×”表示未实现焊接；“—”表示焊接效果不牢固；“O”表示铝合金板完全断裂。

电磁脉冲焊接接头力学性能可通过剥离试验、拉伸剪切试验进行分析，究其根本，还是与结合界面特征相关，因而也可以通过结合界面的微观形貌评估接头性能[9-12]。由图 7.1 可知，铝合金板和铜板结合强度与焊痕面积成正比，但对于部分剥离或者难以剥离的接头，很难测量焊痕宽度并对比分析，因此常采用线切割的方式获得焊接接头的横截面，经过抛光等处理流程，再通过光学显微镜分析结合界面宽度（焊痕宽度）与形貌。

如前所述，板状工件电磁脉冲焊接接头焊痕呈椭圆环形貌，如图 7.1 所示。接头横截面的焊痕宽度（结合界面长度）从椭圆环中心处到端部不断递减，为了研究结合界面形貌，常常从椭圆环中轴线处切割制样获得中心横截面，此处的焊痕宽度最大、形貌结构最清晰，便于制样与研究。

由于椭圆环焊痕的对称性，电磁脉冲焊接接头横截面具有两个结合区域，通常选择其中一侧进行分析。当放电电压为 16 kV、焊接间隙为 1.5 mm、夹角为 45°时，镁合金-铝合金板电磁脉冲焊接接头的中心右侧横截面微观形貌如图 7.6[13]所示。从图中可知，接头中心右侧横截面内，同时存在缝隙与结合界面，结合界面长度即焊痕宽度。实验结果显示，焊痕宽度与接头的抗拉力成正比，可以反映焊接接头的力学性能。

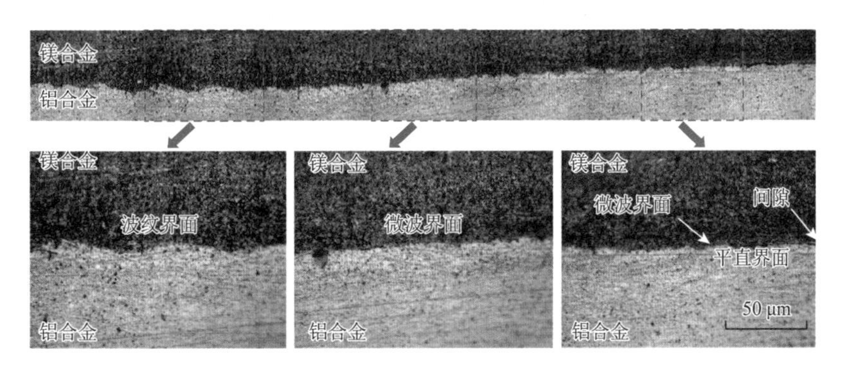


图 7.6　镁合金-铝合金板电磁脉冲焊接接头横截面微观形貌

以镁合金-铝合金板电磁脉冲焊接为例，当放电电压设置为 13～16 kV，焊接间隙设置为 1.5 mm 时，焊接接头结合界面的微观形貌见图 7.7。当放电电压为 13 kV 时，镁合金板与铝合金板没有实现牢固焊接，线切割制样时易脱落，因而暂不讨论。通过光学显微镜分析可知，当放电电压为 14 kV、15 kV 和 16 kV 时，结合界面长度（焊痕宽度）分别为 1.27 mm，1.35 mm，1.77 mm。此外，结合界面微观形貌也与接头机械性能相关。从图中可知，当放电电压为 14 kV 时，结合界面形貌几近平直，仅在靠近板件中心处出现了微小的波纹，其波长最大约为 1.67 μm，波高约为 0.81 μm；当放电电压为 15 kV 时，结合界面的波长最大约为 41.8 μm，波幅最大约为 5 μm；当放电电压为 16 kV 时，结合界面出现了明显的波纹形貌，其波长最大约为 83.28 μm，波幅最大约为 13.19 μm，均远高于 14 kV 和 15 kV 时的情况，铝合金与镁合金机械互锁更加紧密。通过与拉伸剪切试验结果比对可知，结合界面焊痕越长、波纹形貌越复杂，抗拉性能越高[11, 12]。

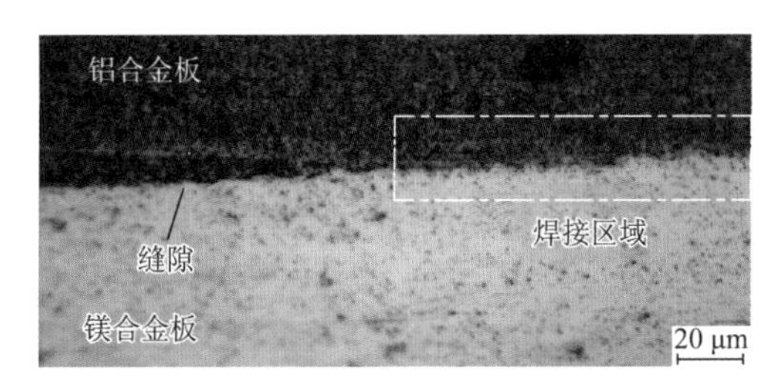


(a) 当放电电压为14 kV时的结合界面

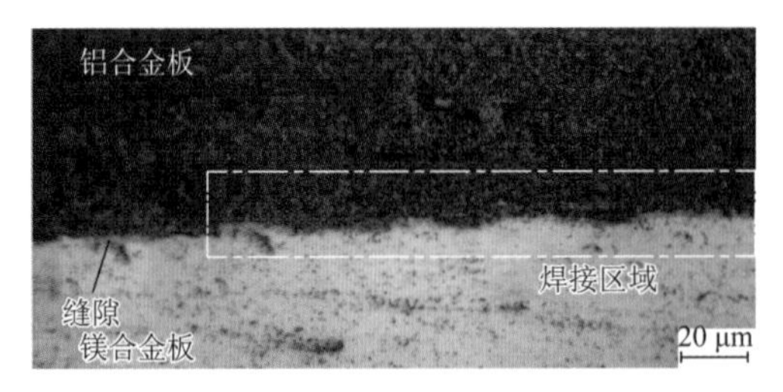

(b) 当放电电压为15 kV时的结合界面

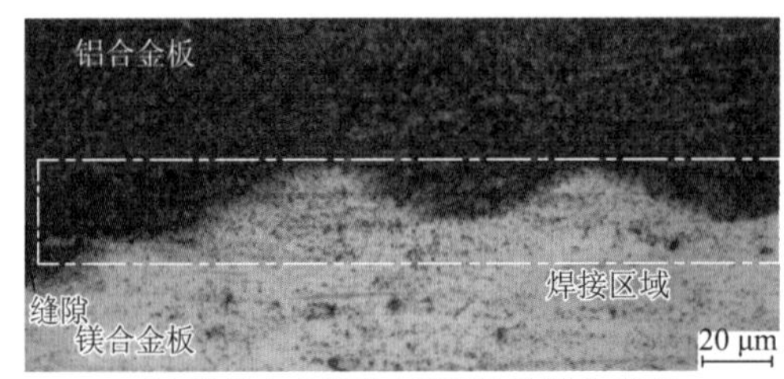

(c) 当放电电压为16 kV时的结合界面

图 7.7　镁合金-铝合金板电磁脉冲焊接结合界面微观形貌

与板状工件类似，管状工件电磁脉冲焊接接头的性能也常采用剥离测试、拉伸剪切试验和结合界面微观形貌分析等方式评估[14-16]。图 7.8 是铝合金管与不锈钢棒电磁脉冲焊接接头的剥离试验。从图中可知，接头失效主要位于母材区域（铝合金管）[14]，表明电磁脉冲焊接接头强度高于母材。图 7.9（a）中部分铝合金残留在接头处，难以剥离，表明铝合金管与铜棒形成了可靠的冶金结合，且强度高于母材（铝合金管）。图 7.9（b）中铝合金管完全与铜棒分离，仅在铜棒表面留下部分焊痕。由剥离试验结果可知，管状工件电磁脉冲焊接接头的焊痕主要集中在集磁器工作区边沿的对应区域，即为两条焊痕，其间仅为紧密接触，并未实现冶金结合。

图 7.8　铝合金管-不锈钢棒电磁脉冲焊接接头剥离测试方法

图 7.10（a）是通过万能试验机对电缆电磁脉冲焊接接头进行的纵向拉伸剪切试验工装示意图，通过夹持器对接头两端施加载荷，直到铝合金端子与铜绞线分离或者铝合金端子断裂为止，获得电缆接头的力学性能数据如图 7.10（b）所示。

对于管状工件电磁脉冲焊接样品，扭转试验常用于测试其抗扭转性能[17, 18]，如图 7.11

所示，铝合金-钢管电磁脉冲焊接接头的抗扭矩约为 280 N • m，扭转角在 50°～60°，由试验结果可知，铝合金管（母材）发生了破裂且接头完好。

(a) 铝合金管未完全剥离

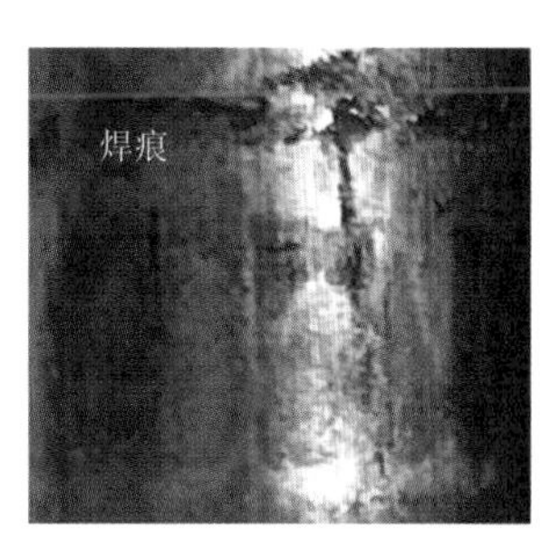


(b) 铝合金管完全剥离

图 7.9　铝合金管-铜棒电磁脉冲焊接接头剥离测试结果

(a) 样品拉伸剪切试验工装

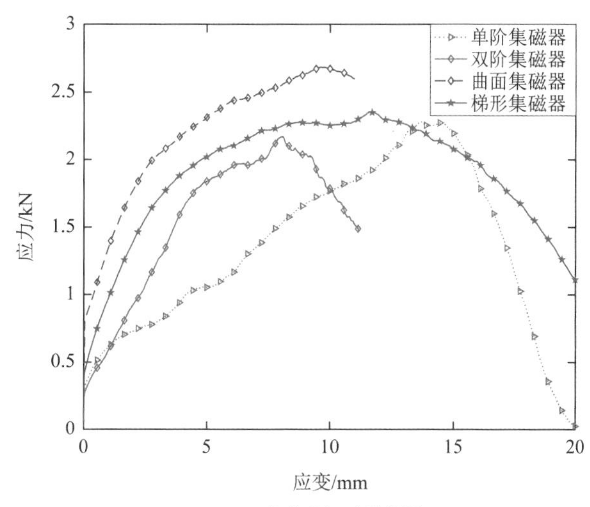


(b) 拉伸剪切试验结果

图 7.10　电缆接头电磁脉冲焊接样品拉伸剪切试验

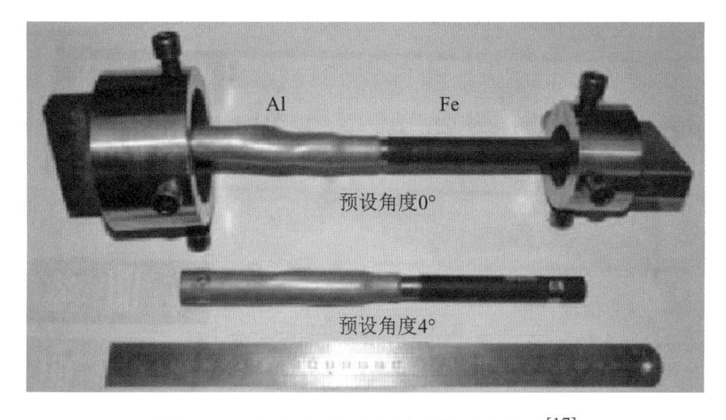


图 7.11　铝合金管-钢管扭转测试结果[17]

# 7.3　基于金属射流状态的电磁脉冲焊接效果评估方法

## 7.3.1　结合界面形貌与金属射流的关系

金属射流的产生是实现电磁脉冲焊接的关键，接头结合界面的形成过程与金属射流的产生密切相关，而结合界面的微观形貌、长度均与焊接相关，由此可推断，金属射流状态与电磁脉冲焊接效果存在联系。

金属射流产生的光斑由高速摄像机捕获。当放电电压设置为 10～13 kV，焊接间隙设置为 1.5 mm 时，铝合金板-铜板电磁脉冲焊接过程的金属射流强度如图 7.12（a）所示，金属射流光斑产生 1.64 μs 后，通过其覆盖面积进行比较。当放电电压为 10 kV 时，金属射流光斑集中在铜板与铝合金板的夹角附近，夹角之间仅有一条微弱的光缝，金属射流光斑覆盖区域的面积也较小。放电电压由 10 kV 提高到 13 kV，金属射流光斑的覆盖面积不断增加。当放电电压为 13 kV 时，铝合金板与铜板之间的间隙几乎被金属射流光斑完全覆盖，包括夹角区以及夹角之间的区域，强度明显提高。当放电电压设置为 13～16 kV，焊接间隙设置为 1.5 mm 时，镁合金板-铝合金板电磁脉冲焊接过程的金属射流强度见图 7.12（b），金属射流光斑产生 1.41 μs 后，通过其覆盖面积可以发现，与铜-铝合金板电磁脉冲焊接过程的金属射流强度变化规律类似，均是放电电压越高，金属射流光斑覆盖面积越大，金属射流强度增加。

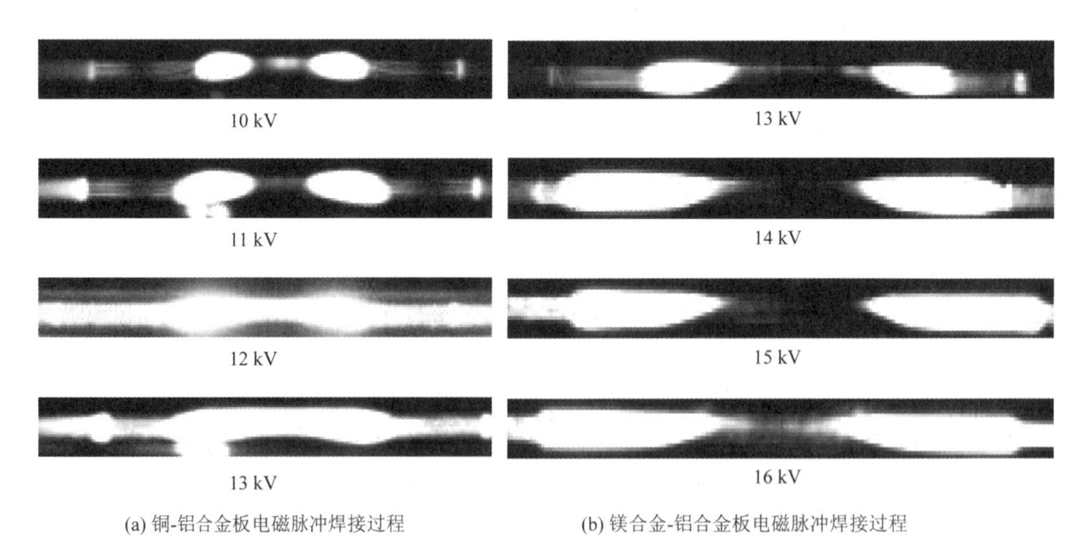


图 7.12　电磁脉冲焊接过程中的金属射流形貌

以铜-铝合金板电磁脉冲焊接为例，根据前面内容所述，当放电电压提高且碰撞角度无明显差异时，铝合金板与铜板的碰撞速度会增大。碰撞压力也随之增大，金属板件表面被破坏程度严重，产生的金属颗粒数量也会增加，因而金属射流强度不断提高，金属射流产生的光斑覆盖面积不断扩大。为了验证这一推论，同时进一步探究电磁脉冲焊接接头结合界面形貌与金属射流之间的联系，通过 SPH 模型开展仿真与分析。在模型中将铝合金板与铜板的碰撞角度设置为 20°，为使差异更加明显，将碰撞速度分别设置为 400 m/s、700 m/s 和 1000 m/s。当 $t = 2.474$ μs 时，不同碰撞速度下金属射流的仿真结果如图 7.13 所示。可见，当碰撞速度不同时，形成的铜-铝合金板电磁脉冲焊接结合界面形貌也不相同。随着碰撞速度的提高，结合界面波纹的波长和波幅都不断提高，表明导致结合界面形貌演化的塑性变形剧烈，因而从结合界面边缘喷射出的金属颗粒数量、形态及组成成分也形成了差异。当碰撞速度为 400 m/s 时，结合界面波纹和波幅微小，趋近平直形貌，金属颗粒化并不明显，体积较大的层片状金属较多，此时金属射流的主要成分是铝合金。当碰撞速度为 700 m/s 时，金属颗粒化明显，金属颗粒数量增多且金属射流中开始含有少量的铜颗粒。当碰撞速度为 1000 m/s 时，金属颗粒数量变得更多，分布区域也更广，且金属射流中铜颗粒的含量也明显提高。金属射流中颗粒的温度高、数量多，因而产生的光斑强度更高，覆盖区域更大，与图 7.12 中的规律一致。

(a) 碰撞速度400 m/s

(b) 碰撞速度700 m/s

(c) 碰撞速度1000 m/s

图 7.13　碰撞速度影响金属射流的仿真结果

由此可知，铜-铝合金板电磁脉冲焊接结合界面微观形貌越复杂，金属颗粒数量越多，金属射流光斑越强烈。由 7.2 节可知，结合界面微观形貌越复杂，电磁脉冲焊接接头的焊接质量越高。此外，根据统计结果，结合界面波纹形貌演变过程时间越长，金属射流持续时间越长。

## 7.3.2　结合界面长度与金属射流的关系

由 7.3.1 小节可知，金属射流形成过程与结合界面演化过程是正相关的，而结合界面长度（焊痕宽度）与电磁脉冲焊接接头效果紧密相关。因此，可以通过建立金属射流状态、结合界面长度、焊接效果三者之间的关系，通过捕捉金属射流的状态，实现非破坏性评估电磁脉冲焊接效果。

以铜-铝合金板电磁脉冲焊接为例，根据前面内容所述，尽管金属射流产生的光斑分别沿着铜板、铝合金板表面在两个方向上运动，但是紧贴铝合金板运动的金属射流产生于刚刚满足金属射流形成的临界条件阶段，其产生光斑强度较低且持续时间较短，难以反映整个金属射流过程。因此仅考虑紧贴铜板表面运动的金属射流产生的光斑作为评估依据。当金属射流移动速度不足时，铜板与铝合金板难以形成有效结合界面，还易沉淀产生过渡层[18]。受限于高速摄像机拍摄条件，当金属射流产生的光斑强度太高或焊接间隙太小时，光斑会很快覆盖整个拍摄窗口，其运动速度难以准确计算，因而可结合金属射流的发展时间进行分析。根据图 7.13 和 Cui 等[19]的研究结果可知，结合界面产生过程是由平直形貌到波纹形貌再到平直形貌，对应的金属射流也是由弱变强再变弱，本书将金属射流初期由弱变强阶段定义为金属射流发展阶段。根据实验结果可知，波纹界面对焊接接头效果更为重要，因此将金属射流发展阶段与焊接效果联系起来。

此处，金属射流发展时间指紧贴铜板表面运动的金属射流出现明显光斑至光斑强度出现明显衰减之间的时间，结合界面长度通过光学显微镜分析测量，电磁脉冲焊接结合界面长度指接头中心横截面焊接区域 1 和焊接区域 2 的长度相加，如图 6.1（b）所示，测量 5 次后求取平均值。

根据实验结果与计算分析，不同条件下铜-铝合金板电磁脉冲焊接过程金属射流发展时间及结合界面长度的关系如图 7.14 所示。图 7.14（a）是放电电压、金属射流发展时间和结合界面长度之间的关系，此时，焊接间隙为 1.5 mm、放电电压为 10～13 kV。图 7.14（a）表明，随着放电电压的提高，金属射流发展时间不断增加，结合界面长度也不断增加，三者是正相关的。图 7.12（b）是焊接间隙、金属射流发展时间和结合界面长度之间的关系，此时，放电电压为 12 kV、焊接间隙为 1.5～3 mm，当焊接间隙为 3 mm 时，铝合金板与铜板未实现有效焊接，结合界面长度记为 0 mm。由图 7.14（b）可知，随着焊接间隙的增加，金属射流发展时间先增加再减少，结合界面长度先增加后减小，三者也是正相关的。此外，对于镁合金-铝合金板电磁脉冲焊接，当焊接间隙为 1.5 mm、放电电压为 13～16 kV 时，放电电压与金属射流持续时间的关系如图 7.15（a）所示。金属射流持续时间指金属射流起始阶段和发展持续阶段的时间之和，不包括消退阶段。从图 7.15（a）中可知，随着放电电压的提高，金属射流持续时间不断增加，两者呈正相关。放电电压的提高会增加碰撞速度和碰撞点速度，金属射流持续时间也会增加。镁合金-铝合金板电磁脉冲焊接接头结合区域宽度（图 6.2 中焊接区域 1 与焊接区域 2 宽度叠加总和）与放电电压之间的关系见图 7.15（b），当放电电压为 13 kV 时，镁合

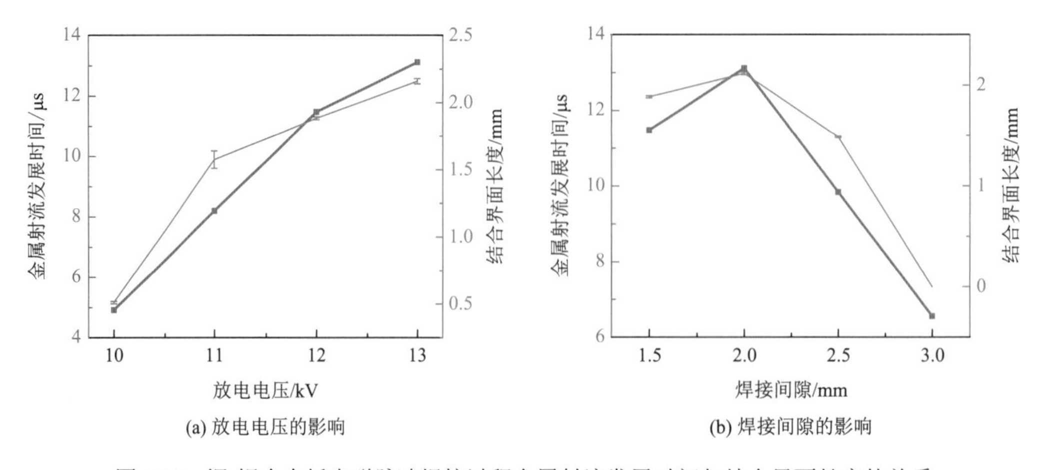


(a) 放电电压的影响　　(b) 焊接间隙的影响

图 7.14　铜-铝合金板电磁脉冲焊接过程金属射流发展时间与结合界面长度的关系

金板与铝合金板未能实现焊接；当放电电压为 14 kV、15 kV 和 16 kV 时，镁合金-铝合金电磁脉冲焊接结合区域宽度分别为 1.27 mm、1.46 mm 和 1.77 mm。这一结果表明，镁合金-铝合金板电磁脉冲焊接过程中的金属射流持续时间与结合区域宽度（结合界面长度）之间是正相关的。

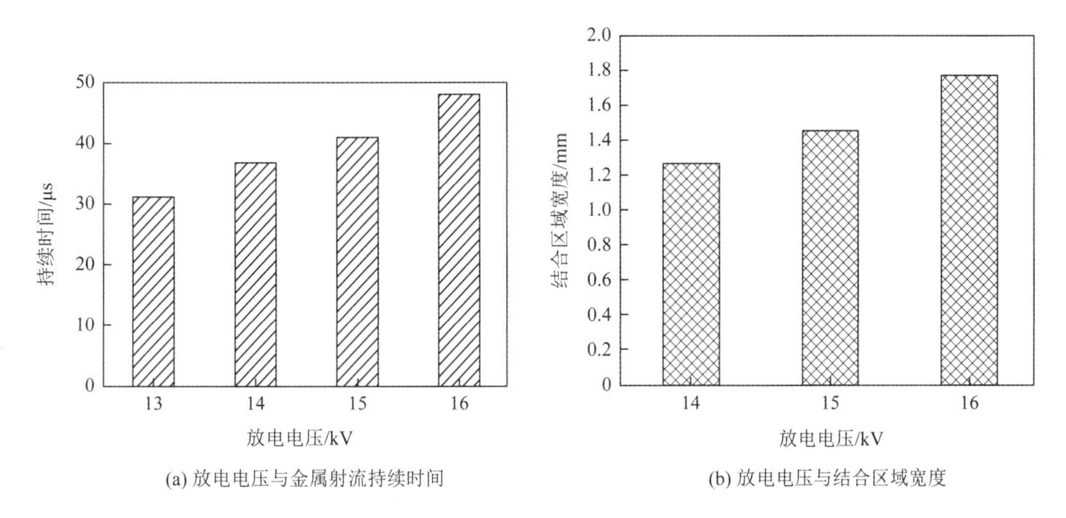


(a) 放电电压与金属射流持续时间　　(b) 放电电压与结合区域宽度

图 7.15 镁合金-铝合金板电磁脉冲焊接过程金属射流持续时间与结合区域宽度的关系

可见，无论焊接条件或材料如何变化，电磁脉冲焊接过程中的金属射流发展时间与结合界面长度之间是正相关的。另外，通过拉伸剪切试验结果可知，结合界面长度越长，接头焊接力学性能越佳。此外，金属射流发展时间越长，结合界面演化过程越复杂，即结合界面形貌复杂，会提高焊接接头的力学性能。综上所述，电磁脉冲焊接过程中，金属射流发展时间越长、速度越快，接头结合界面波纹的波长和波幅越大、结合界面长度越长，焊接效果就越好。由于电磁脉冲焊接过程中金属射流发展时间的计算与结合界面长度计算存在误差，可选取一定范围进行焊接效果的评估。同时，为提高准确度，可将金属射流速度与发展时间共同作为评估指标。研究表明，本书条件中铜-铝合金板电磁脉冲焊接接头的强度均高于母材（铝合金板）的临界条件为放电电压为 13 kV、焊接间隙为 2 mm，对应的金属射流光斑发展时间约为 16.40 μs，运动速度约为 2500 m/s。经计算验证，在该实验条件中，当金属射流产生光斑特征高于这一范围时，可获得良好的铜-铝合金板电磁脉冲焊接接头。此外，由于环境压力对电磁脉冲焊接过程中的金属射流存在影响[20]，该方法及结果仅适用于大气压条件。

# 7.4 基于仿真结果 $V_c$-$\beta$ 轨迹曲线的电磁脉冲焊接效果评估方法

## 7.4.1 焊接效果评估模型构建

电磁脉冲焊接过程中的洛伦兹力幅值、塑性变形、碰撞速度常采用数值仿真分析，但其结果只能判定板件之间、管件之间是否接触，或者代入碰撞速度分析其微观结构演化，但仍难以提供可靠、准确的焊接效果评估依据。重庆大学先进电磁制造团队将仿真结果的 $V_c$-$\beta$ 轨迹曲线与焊接窗口相结合，提出一种根据电磁脉冲焊接仿真模型评估焊接效果的方法[2-4]。

由第 5 章中的仿真结果可知，电磁脉冲焊接过程中的碰撞前端点移动速度 $V_c$ 和碰撞角度 $\beta$ 是随整个碰撞过程的发展而动态变化的。由焊接窗口理论可知，只有当 $V_c$ 与 $\beta$ 均处于焊接窗口临界范围内才能获得良好的焊接效果。

电磁脉冲焊接过程中 $V_c$ 和 $\beta$ 是连续变化的，那么根据极限思想，可设定在某一极短时间段内，$V_c$ 和 $\beta$ 均保持恒定。基于这一设定，本节将以铝合金板、铜板电磁脉冲焊接为例，搭建一个基于仿真结果 $V_c$-$\beta$ 轨迹曲线的焊接效果评估模型，具体方法如下：根据铝合金板、铜板电磁脉冲焊接的二维截面仿真结果，对碰撞过程中一系列离散时间点对应的碰撞前端点移动速度 $V_c$ 和碰撞角度 $\beta$ 进行计算，以 $V_c$、$\beta$ 构建碰撞前端点坐标系，并按照时间顺序连接每个时间点的（$V_c$，$\beta$），形成 $V_c$-$\beta$ 轨迹曲线，将该曲线与铜-铝合金板的电磁脉冲焊接窗口（同样以 $V_c$ 为横轴，以 $\beta$ 为纵轴）进行对比，通过某时刻的碰撞前端点坐标（$V_c$，$\beta$）是否位于焊接窗口内，判断此时刻碰撞前端点处是否实现焊接，同时根据轨迹曲线位于焊接窗口内的长度获得整个碰撞过程中可实现焊接的时间区间及与之对应的焊接区间和焊痕宽度[2-4]。

此处，通过判断仿真结果中的接触对间隙距离是否小于阈值 $1\times10^{-5}$ mm 来确定是否发生碰撞，即当接触对间隙距离小于阈值时，判定铝合金板与铜板发生碰撞。根据提取碰撞过程中某时刻接触对间隙距离沿接触对目标边的分布仿真结果，可以获得某时刻发生碰撞的区域，从而获得某时刻碰撞前端点的位置（即碰撞区域的边缘位置）。

碰撞过程中，$T$ 时刻碰撞前端点移动速度 $V_c$ 可由 $T-\Delta t/2$ 时刻到 $T+\Delta t/2$ 时刻内移动的距离除以时间求得，其计算公式如下：

$$V_c = \Delta d / \Delta t_{(T-\Delta t/2)-(T+\Delta t/2)} = (d_{T+\Delta t/2} - d_{T-\Delta t/2}) / \Delta t_{(T-\Delta t/2)-(T+\Delta t/2)} \tag{7.1}$$

式中，$d_{T-\Delta t/2}$ 为 $T-\Delta t/2$ 时刻碰撞前端点的位置；$d_{T+\Delta t/2}$ 为 $T+\Delta t/2$ 时刻碰撞前端点的位置；$\Delta d$ 为 $T-\Delta t/2$ 到 $T+\Delta t/2$ 时间段内即 $\Delta t_{(T-\Delta t/2)-(T+\Delta t/2)}$ 时间段内碰撞前端点的移动距离，此处，令 $\Delta t_{(T-\Delta t/2)-(T+\Delta t/2)}=0.1$ μs，当初始碰撞时刻的碰撞前端点移动速度过快时，$\Delta t_{(T-\Delta t/2)-(T+\Delta t/2)}$ 取 0.02 μs。

在碰撞过程中，$T$ 时刻的铝合金板、铜板碰撞情况如图 7.16 所示，碰撞角度 $\beta$ 可由碰撞前端点及板件轮廓线上的点的坐标值计算求得，计算公式为

$$\beta = \arctan((y_1 - y_0)/(x_1 - x_0)) + \arctan((y_2 - y_0)/(x_2 - x_0)) \tag{7.2}$$

式中，$x_0$、$y_0$ 分别为 $T$ 时刻碰撞前端点的坐标值；$x_1$、$y_1$ 和 $x_2$、$y_2$ 分别为与碰撞前端点相距一定距离铜板、铝合金板轮廓线上某点的坐标值，坐标点的值可通过仿真结果提取得到。

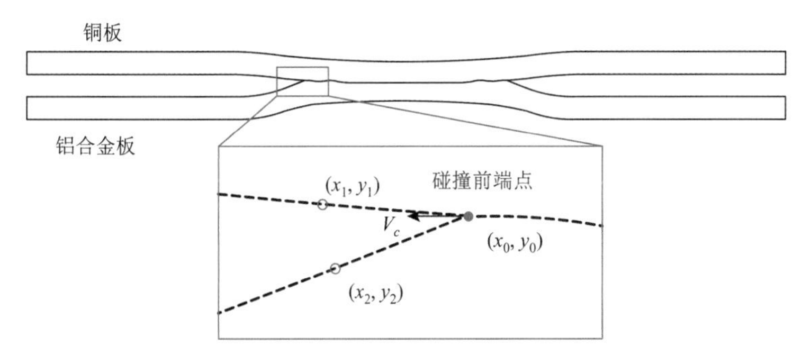


图 7.16　$T$ 时刻的铝合金板、铜板碰撞情况

本节案例中铝合金板和铜板的厚度均为 1 mm，材料分别为 1060 铝合金和 T2 铜。根据 Hoseini Athar 和 Tolamineiad 的研究结果[21]，将 1060 铝合金的硬度值（$2.45\times10^8$ N/m$^2$）及密度值（2700 kg/m$^3$）代入式（7.3），且将经验常数 $k_1$ 取为 1（板件表面较清洁和平整），可得 Deribas 下界值。

$$\beta=\sqrt{\frac{2.45\times10^8}{2700\cdot V_c^2}} \tag{7.3}$$

电磁脉冲焊接窗口的焊接上限通过 Getdata 软件提取 Hoseini Athar 等建立的以 $V_c$ 和$\beta$为横纵坐标的铜-铝合金板电磁脉冲焊接的焊接上限曲线数据而得。金属射流形成边界通过由 Getdata 软件提取 Cowan 等获得的铜-铝合金焊接产生金属射流的临界条件数据而得[22]。根据 Hoseini Athar 等的研究结果，最大碰撞角度为 31.9°。根据上述方法，可获得本实验条件下的铜-铝合金板电磁脉冲焊接窗口如图 7.17 所示。

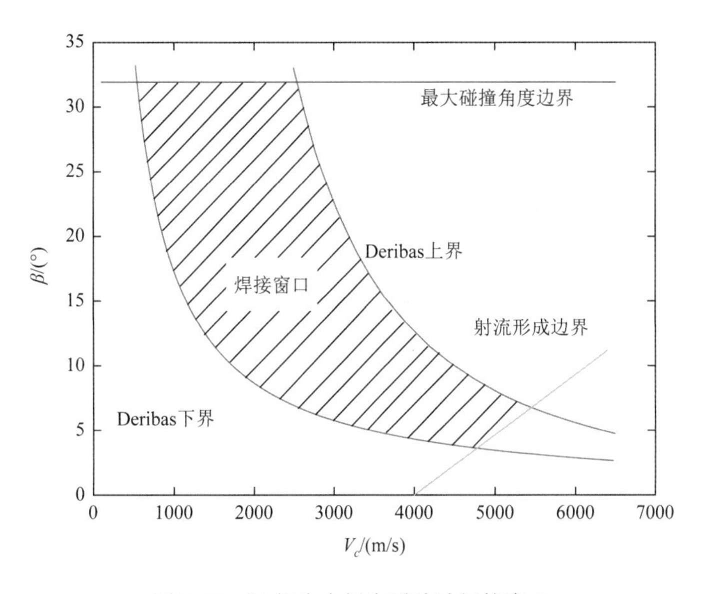


图 7.17　铜-铝合金板电磁脉冲焊接窗口

当放电电压为 7 kV 时，根据铜-铝合金板电磁脉冲焊接的仿真结果，针对 12.65～

13.45 μs 时间段中的一系列时间点，计算板件碰撞区域左侧的碰撞前端点移动速度 $V_c$ 及碰撞角度$\beta$，获得一系列时间点对应的坐标（$V_c$，$\beta$）及其相应的 $V_c$-$\beta$ 轨迹曲线，并将其与焊接窗口进行对比，得到图 7.18。

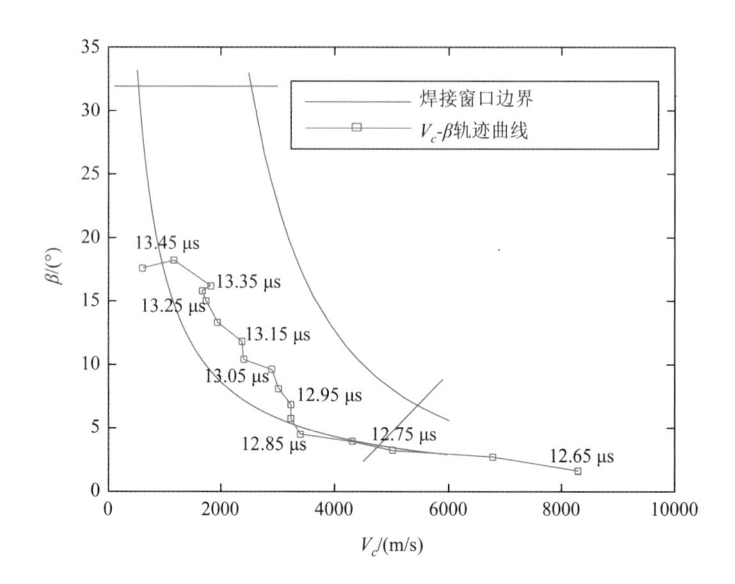


图 7.18　7 kV 时的 $V_c$-$\beta$轨迹曲线与焊接窗口

从图 7.18 中可以看出，在碰撞前期，即 $t = 12.65\sim12.75$ μs，碰撞前端点移动速度 $V_c$ 非常大，超过了铝合金板和铜板中的声速，且碰撞角度$\beta$比较小，处于金属射流边界条件之外，因而不能产生金属射流清洁板件碰撞表面，进而不能完成焊接。随着碰撞过程的发展，$V_c$ 减小，$\beta$增大。当 $t = 12.9$ μs 时，对应的坐标（$V_c$，$\beta$）点开始进入铜-铝合金板电磁脉冲焊接窗口。此时，碰撞点处可形成有效焊接。碰撞继续发展，$V_c$ 继续减小，而$\beta$持续增大，在 12.9～13.4 μs 整个时间段内，对应的 $V_c$-$\beta$轨迹曲线均处于焊接窗口。当 $t = 13.45$ μs 时，$V_c$ 减小到 620 m/s，根据焊接窗口，当 $V_c = 620$ m/s 时，$\beta$需大于 27.8°且小于 31.9° 才能形成焊接，而此时，$\beta = 17.6°$，碰撞前端点坐标（$V_c$，$\beta$）离开焊接窗口区域，因而不能再形成有效焊接。

由此可见，从初始碰撞时刻开始至 $t = 12.9$ μs，铝合金板与铜板不能形成可靠焊接，即在两板碰撞的中心区域会形成一个未焊接区域（中部未焊接区）。此段时间内，左侧碰撞前端点移动的距离为 2.1519 mm，假设碰撞区域的左右两侧完全对称，则中部未焊接区宽度为 4.3038 mm。从 $t = 12.9$ μs 到 $t = 13.4$ μs 的时间段内，碰撞前端点对应坐标（$V_c$，$\beta$）均处在铜-铝合金板电磁脉冲焊接窗口可焊接区域范围内，能够形成有效焊接。此段时间内，左侧碰撞前端点移动的距离为 1.2082 mm，表明板件碰撞过程中左半部分的结合界面长度约为 1.2082 mm。

当放电电压分别为 8 kV 和 9 kV 时，根据铜-铝合金板电磁脉冲焊接仿真结果，对碰撞前端点的 $V_c$ 和$\beta$进行计算，得到 $V_c$-$\beta$轨迹曲线及其在焊接窗口中的位置分别如图 7.19（a）和（b）所示。

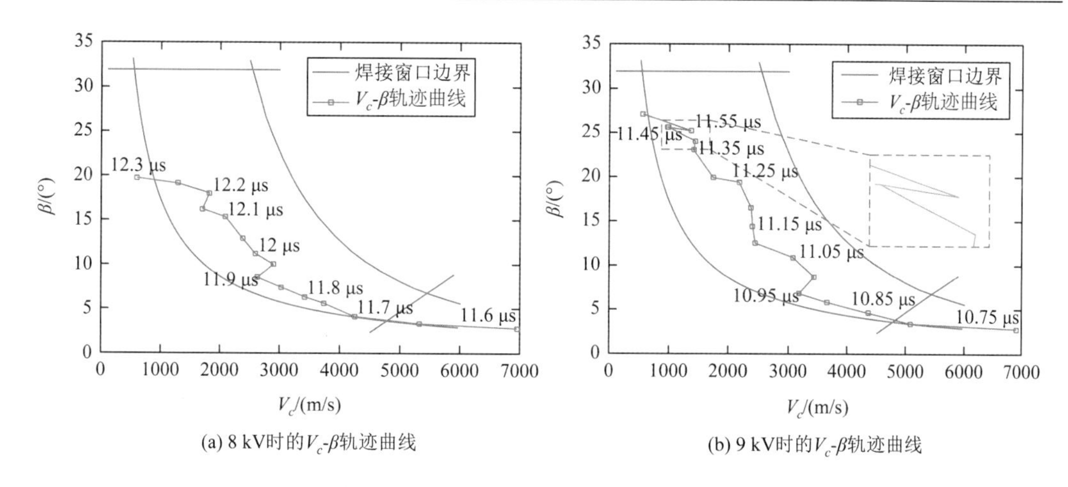


(a) 8 kV时的$V_c$-β轨迹曲线　　(b) 9 kV时的$V_c$-β轨迹曲线

图 7.19　不同放电电压时的 $V_c$-β轨迹曲线

当放电电压为 8 kV 时，铜-铝合金板碰撞过程中，碰撞区域左侧的碰撞前端点坐标（$V_c$，$\beta$）位于焊接窗口内的时间区间，即可焊接时间区间为 $t$ = 11.7 μs 到 $t$ = 12.25 μs，时长为 0.55 μs，与之对应的结合界面宽度计算结果约为 1.4463 mm。当放电电压为 9 kV 时，可焊接时间区间为 $t$ = 10.85 μs 到 $t$ = 11.55 μs，时长为 0.7 μs，与之对应的结合区域宽度计算结果约为 1.6078 mm。当放电电压为 9 kV 时，铜-铝合金板电磁脉冲焊接接头的结合界面区域比放电电压为 8 kV 时更宽，因此焊接效果更好，该评估方法与研究结果的趋势一致，表明该方法具有可行性。

## 7.4.2　参数校正及实验结果

为了进一步验证所提方法的准确性与可靠性，基于双 H 型线圈通过铜-铝合金板电磁脉冲焊接实验进行验证与校正。

当放电电压为 7 kV 时，铝合金板与铜板仅发生了塑性变形及碰撞，未能实现可靠焊接，即焊痕长度为 0 mm。当放电电压为 8 kV、9 kV 和 10 kV 时，铝合金板与铜板实现了可靠焊接，且接头处无裂纹等明显损伤。通过拉伸剪切试验对其接头性能进行评估，结果如图 7.20 所示。当放电电压为 8 kV 和 9 kV 时，焊接接头处完全分离，焊接接头断口形貌如图 7.20（a）和（b）所示，当放电电压为 10 kV 时，焊接样品未在接头处断裂，而是铝合金板（母材）断裂，如图 7.20（c）所示。拉伸剪切试验结果表明，放电电压越高，焊接效果越好。

当放电电压分别为 8 kV 和 9 kV 时，铜-铝合金板电磁脉冲焊接接头拉伸断口界面的微观形貌如图 7.21 所示。当放电电压分别为 8 kV 和 9 kV 时，焊痕宽度（冶金结合区域）的测量结果平均值分别为 0.49 mm 和 0.77 mm，中部未焊接区宽度测量结果平均值分别为 4.266 mm 和 5.18 mm。

当放电电压不同时，多次测量铜-铝合金板电磁脉冲焊接接头焊接区域宽度及中部未焊接区域宽度并求平均数，如表 7.5 所示。当放电电压分别为 8 kV 和 9 kV 时，铜-铝合金板电磁脉冲焊接接头结合界面宽度和中部未焊接区宽度与断口焊痕测量所得结果几近一致。

计算可得，铜-铝合金板电磁脉冲焊接接头可承受的最大拉力与结合界面宽度之比均约为 3 N/μm，可见电磁脉冲焊接接头可承受的最大拉力值与结合界面宽度近似成正比。

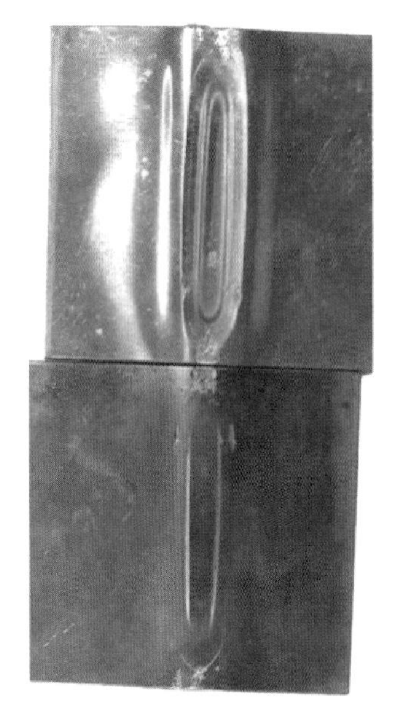

(a) 8 kV时接头失效

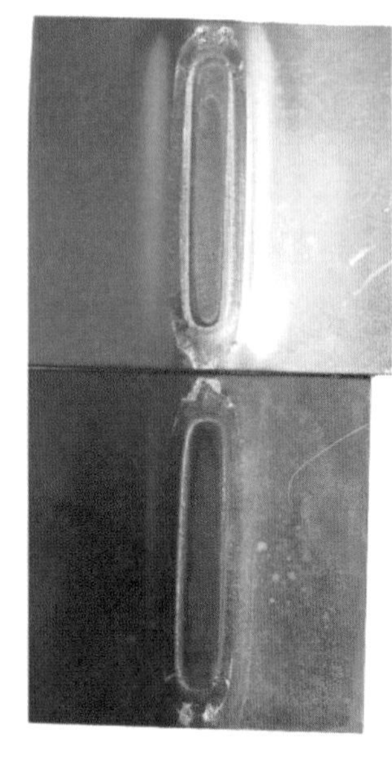

(b) 9 kV时接头失效

(c) 10 kV时接头失效

图 7.20　铜-铝合金板电磁脉冲焊接接头的失效类型

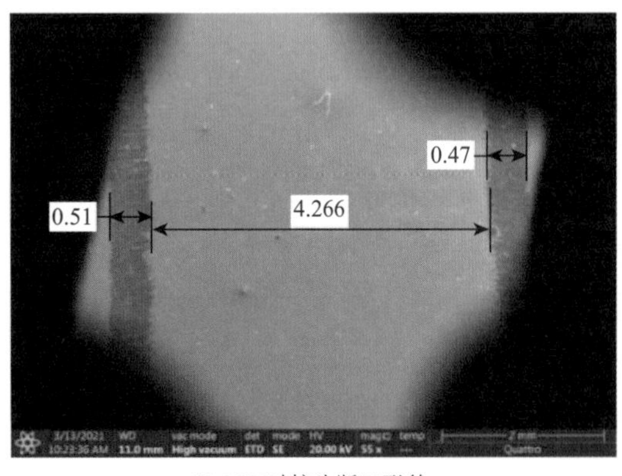

(a) 8 kV时接头断口形貌

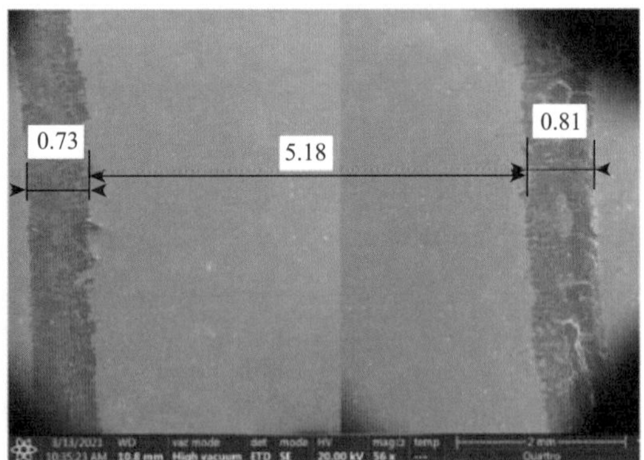


(b) 9 kV时接头断口形貌

图 7.21　铜-铝合金板电磁脉冲焊接接头断口形貌（单位：mm）

**表 7.5　焊接区域（冶金结合区域）与未焊接区域的宽度**

| 放电电压/kV | 左侧冶金结合区宽度/μm | 右侧冶金结合区宽度/μm | 中部未焊区宽度/μm |
|---|---|---|---|
| 8 | 490.4 | 489.2 | 5627.4 |
| 9 | 769.2 | 842.3 | 5852.6 |
| 10 | 957.6 | 891.8 | 4785.1 |

当放电电压为 10 kV 时，铜-铝合金板电磁脉冲焊接接头结合界面平均宽度为 924.7 μm，而该条件下获得的焊接接头样品在拉伸剪切测试中从母材处断裂，可知当结合界面宽度大于 924.7 μm 时，铜-铝合金板电磁脉冲焊接接头的抗拉强度高于铝合金板自身的抗拉强度，表明焊接效果好。

当放电电压为 7 kV 时，难以实现铝合金板与铜板的可靠焊接，而当放电电压为 8 kV 和 9 kV 时，可获得铜-铝合金板电磁脉冲焊接接头。此外，随着放电电压的升高，结合界面的宽度变宽，电磁脉冲焊接接头力学性能提高。该趋势与前面所述评估方法所获结果是一致的。然而，在中部未焊接区宽度及结合界面宽度方面，评估结果与实验测量结果仍存在差异，分别如表 7.6 和表 7.7 所示。

**表 7.6　中部未焊接区域宽度仿真与实验结果**

| 放电电压/kV | 仿真结果/mm | 实验结果/mm | 结果差异/mm |
|---|---|---|---|
| 8 | 4.313 | 4.95 | –0.637 |
| 9 | 4.8232 | 5.52 | –0.6968 |

**表 7.7　焊接区域宽度仿真与实验结果**

| 放电电压/kV | 仿真结果/mm | 实验结果/mm | 结果差异/mm |
|---|---|---|---|
| 7 | 1.20816 | 0 | 1.20816 |
| 8 | 1.4463 | 0.49 | 0.9563 |
| 9 | 1.6 | 0.785 | 0.815 |

由表 7.6 可知，实验结果中的中部未焊接区宽度比仿真计算结果偏大。Niessen 等认为，当碰撞前端点刚达到焊接条件时，金属射流并不会立刻产生，而是当板件间的碰撞压力持续上升达到一定强度后，金属板件表面塑性流动才会产生金属射流，进而形成焊接[23]。由此推断，在图 7.18 和图 7.19 中，当 $V_c$-$\beta$轨迹曲线刚刚进入焊接窗口时，由于板件间碰撞压力不足未形成金属射流，不能立刻实现焊接，因此实验中的中部未焊接区宽度比仿真结果大。

由表 7.7 可知，除去初始金属射流 0.3 mm 的宽度，仿真与实验的结果差距依然较大。此外，仿真中的结合界面宽度偏大，即仿真中 $V_c$-$\beta$轨迹曲线移出焊接窗口的时间长度偏长，表明图 7.19（a）和（b）中 $V_c$-$\beta$轨迹曲线移出焊接窗口 Deribas 下界的时间偏大。Deribas 下界是根据经验公式（7.3）计算得出的，本节案例主要参考 Hoseini Athar 和 Tolamineiad 的结论[21]，将式（7.3）中的经验常数 $k_1$ 设置为 1。当经验常数 $k_1$ 取值增大时，Deribas 下界将整体上移，使进入焊接窗口的时间推迟而移出焊接窗口的时间提前。结合本节的实验结果可知，仿真分析中经验常数 $k_1$ 的取值偏小，导致实验和仿真出现偏差。因为本节实验中的铝合金板、铜板表面相较仿真模型中的理想状态更粗糙、不清洁，且仿真中材料模型较为简单，不能完全模拟实验中的板件变形过程，也会导致仿真中的碰撞角度和碰撞速度计算结果出现偏差。此外，仿真结果计算中的时间点间隔取值，也会引入误差。实验中也存在随机因素，例如，不同板件表面粗糙程度和洁净程度的差异、线圈装配误差、测量误差等都会对结果产生影响。但是，这些误差不会影响电磁脉冲焊接接头效果的变化趋势。

通过仿真与实验结果的对比表明，仿真中采用的铜-铝合金板电磁脉冲焊接窗口下界与实际焊接窗口下界存在差异。因此，需要校正式（7.3）中经验常数 $k_1$ 的取值。当放电电压为 7 kV 时，铝合金板与铜板未能实现焊接，通过程序不断调整 $k_1$ 的取值，使放电电压为 7 kV 时的 $V_c$-$\beta$ 轨迹曲线处于焊接下限的外部，同时使放电电压为 8 kV 及 9 kV 时的 $V_c$-$\beta$ 轨迹曲线处于调整后的焊接窗口内，且使计算所得的结合界面宽度与实验结果一致。

调整过程中发现，当经验常数 $k_1$ 取值为 1.6、放电电压为 7 kV 时，基于仿真结果的 $V_c$-$\beta$ 轨迹曲线与原焊接窗口及调整后的焊接窗口对比结果如图 7.22（a）所示。从图中可知，当 $k_1 = 1.6$ 且放电电压为 7 kV 时，$V_c$-$\beta$ 轨迹曲线几乎全部位于焊接窗口外部。仅有 $t = 13.05$ μs、$t = 13.15$ μs 和 $t = 13.35$ μs 三个离散孤点位于焊接窗口内。由于金属射流的产生需要一定时间，三个离散孤点对应的时刻及碰撞前端点所处的位置难以实现可靠焊接。因此，当经验常数 $k_1$ 调整为 1.6、放电电压为 7 kV 时，基于仿真结果的 $V_c$-$\beta$ 轨迹曲线位于焊接窗口外部，焊痕宽度为 0 mm，与实验结果一致。为进一步确定经验常数 $k_1$ 的取值，将放电电压为 8 kV 和 9 kV 时的 $V_c$-$\beta$ 轨迹曲线与调整后的焊接窗口对比，结果如图 7.22（b）所示。当放电电压为 8 kV 时，焊接时间区间为 $t = 11.95$ μs 到 $t = 12.1$ μs，时长为 0.15 μs，与之对应的结合界面宽度为 0.40845 mm。当放电电压为 9 kV 时，焊接时间区间为 $t = 11$ μs 到 $t = 11.4$ μs，时长为 0.4 μs，与之对应的结合界面宽度为 0.9064 mm。评估模型的计算结果与实验结果几近一致，因此，本节案例中铜-铝合金板电磁脉冲焊接窗口下限公式经验常数 $k_1$ 的取值调整为 1.6。

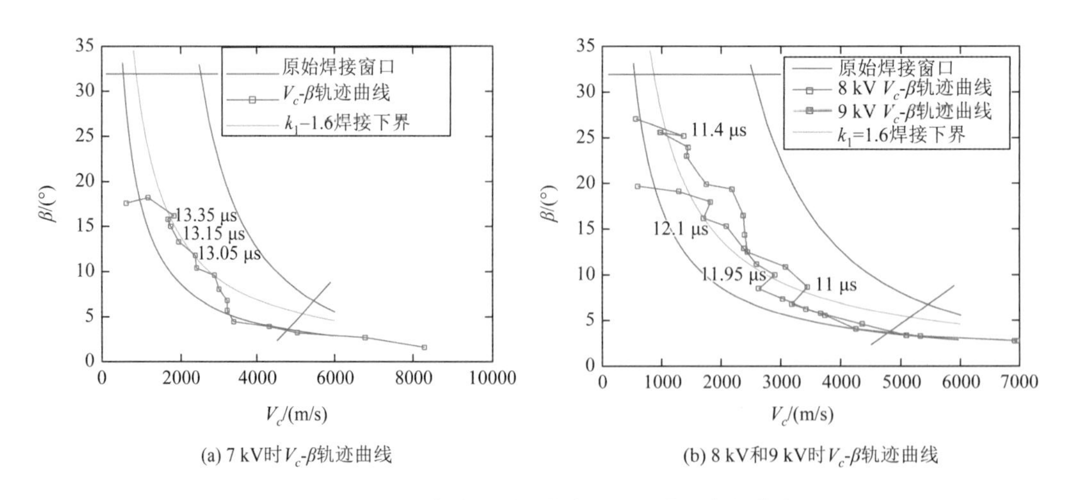


(a) 7 kV时 $V_c$-$\beta$轨迹曲线　　(b) 8 kV和9 kV时 $V_c$-$\beta$轨迹曲线

图 7.22　$V_c$-$\beta$轨迹曲线与原焊接窗口及调整后的焊接窗口

由本节案例可知，基于仿真结果 $V_c$-$\beta$ 轨迹曲线的电磁脉冲焊接效果评估方法能够准确判断铜-铝合金板之间是否形成可靠焊接，能够为电磁脉冲焊接实验研究和工业生产提供一种非破坏性的评估方法。

此外，该方法不仅可以评估板状工件电磁脉冲焊接效果，还可以通过管状工件电磁脉冲焊接仿真结果获得相应的 $V_c$-$\beta$ 轨迹曲线进行分析。管状工件电磁脉冲焊接的横截面如图 7.23 所示。在不考虑集磁器缝隙的情况下，管状工件电磁脉冲焊接过程具有轴对称性，只需要分析某一边铝合金管与铜棒碰撞过程。与对称型双 H 线圈焊接不同，铝合金管内的铜棒在碰撞前不会发生塑性变形，铝合金管与铜棒碰撞前端点的坐标（$V_c$，$\beta$）求解更容易一些。

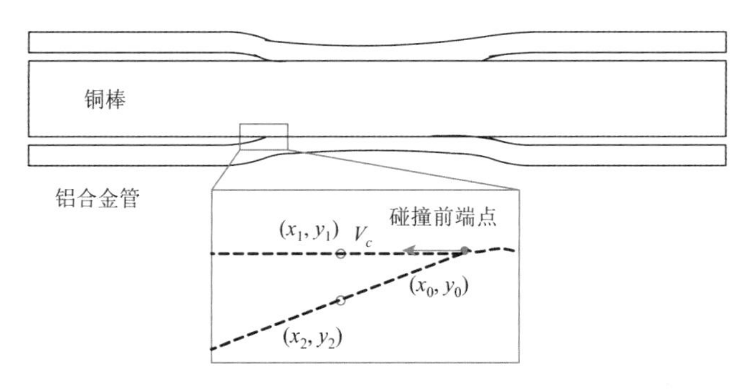


图 7.23　管状工件电磁脉冲焊接 $V_c$-$\beta$轨迹曲线参数获取示意

综上所述，本节所提方法可在板状工件、管状工件电磁脉冲焊接中应用，具有一定的普适性。当然，该方法也会受到工件自身状态的影响，如表面粗糙程度、清洁程度等，从而需要调整经验常数，因此，关于电磁脉冲焊接效果非破坏性评估方法还有待进一步探究。

## 参 考 文 献

[1] 周言. 铜-铝板电磁脉冲焊接瞬态过程及接合机理研究[D]. 重庆：重庆大学，2021.

[2] 石鑫. 电磁脉冲焊接双 H 型线圈的优化设计与实验研究[D]. 重庆：重庆大学，2021.

[3] 李成祥，石鑫，周言，等. 针对 H 型线圈的电磁脉冲焊接仿真及线圈截面结构影响分析[J]. 电工技术学报，2021，36（23）：4992-5001.

[4] Zhou Y，Li C X，Shi X，et al. Evaluation model of electromagnetic pulse welding effect based on Vc-β trajectory curve[J]. Journal of Materials Research and Technology，2022，20：616-626.

[5] Zhou Y，Li C X，Wang X M，et al. Investigation of flyer plate dynamic behavior in electromagnetic pulse welding[J]. Journal of Manufacturing Processes，2021，68：189-197.

[6] Wang P Q，Chen D L，Ran Y，et al. Electromagnetic pulse welding of Al/Cu dissimilar materials：Microstructure and tensile properties[J]. Materials Science and Engineering：A，2020，792：139842.

[7] Yoon B H，Shim J Y，Kang B Y. Joint properties of dissimilar Al/Steel sheets formed by magnetic pulse welding[J]. Journal of Welding and Joining，2020，38（4）：374-379.

[8] 李成祥，杜建，周言，等. 电磁脉冲板件焊接设备研制及镁/铝合金板焊接实验研究[J]. 电工技术学报，2021，36（10）：2018-2027.

[9] Li C X，Zhou Y，Wang X M，et al. Influence of discharge current frequency on electromagnetic pulse welding[J]. Journal of Manufacturing Processes，2020，57：509-518.

[10] 周言，李成祥，杜建，等. 放电电压对镁-铝磁脉冲焊接中金属射流及结合界面的影响[J]. 电工技术学报，2022，37（2）：459-468，495.

[11] Itoi T，Inoue S，Nakamura K，et al. Lap joint of 6061 aluminum alloy sheet and DP590 steel sheet by magnetic pulse welding and characterization of its interfacial microstructure[J]. Journal of Japan Institute of Light Metals，2018，68（3）：141-148.

[12] Yu H P，Dang H Q，Qiu Y N. Interfacial microstructure of stainless steel/aluminum alloy tube lap joints fabricated via magnetic pulse welding[J]. Journal of Materials Processing Technology，2017，250：297-303.

[13] Wang P F，Ning X，Du J，et al. Electromagnetic pulse welding on a magnesium–aluminum joint：Role of angle of welding[J]. Materials and Manufacturing Processes，2023，38（4）：371-378.

[14] Chen S J，Han Y，Gong W T，et al. Mechanical properties and joining mechanism of magnetic pulse welding of aluminum and titanium[J]. The International Journal of Advanced Manufacturing Technology，2022，120（11）：7115-7126.

[15] Yu H P，Dang H Q. Mechanical properties and interface morphology of magnetic pulse-welded Al–Fe tubes with preset geometric features[J]. The International Journal of Advanced Manufacturing Technology，2022，123（7）：2853-2868.

[16] Böhme M，Sharafiev S，Schumacher E，et al. On the microstructure and the origin of intermetallic phase seams in magnetic pulse welding of aluminum and steel[J]. Materialwissenschaft Und Werkstofftechnik，2019，50（8）：958-964.

[17] Yu H P，Xu Z D，Fan Z S，et al. Mechanical property and microstructure of aluminum alloy-steel tubes joint by magnetic pulse welding[J]. Materials Science and Engineering：A，2013，561：259-265.

[18] 于海平，赵岩，李春峰. 铜弹带磁脉冲焊接接头的力学性能[J]. 兵器材料科学与工程，2015，38（3）：8-12.

[19] Cui J J，Wang S L，Yuan W，et al. Effects of standoff distance on magnetic pulse welded joints between aluminum and steel elements in automobile body[J]. Automotive Innovation，2020，3（3）：231-241.

[20] Christian P，Peter G. Identification of process parameters in electromagnetic pulse welding and their utilisation to expand the process window[J]. International Journal of Materials，Mechanics and Manufacturing，2018，6（1）：69-73.

[21] Hoseini Athar M M，Tolamineiad B. Weldability window and the effect of interface morphology on the properties of Al/Cu/Al laminated composites fabricated by explosive welding[J]. Materials & Design，2015，86：516-525.

[22] Cowan G R，Holtzman A H. Flow configurations in colliding plates：Explosive bonding[J]. Journal of Applied Physics，1963，34（4）：928-939.

[23] Niessen B，Schumacher E，Lueg-Althoff J，et al. Interface formation during collision welding of aluminum[J]. Metals，2020，10（9）：1202.

# 第 8 章　电磁脉冲焊接工艺优化

## 8.1　引　　言

随着电磁脉冲焊接技术的推广，应用场景不断丰富，对电磁脉冲焊接技术的工艺和适用性提出了更高的要求。例如，应用电磁脉冲焊接技术焊接板状工件时需要在两个工件之间加入一定高度的垫片以便为飞板提供加速距离，然而在实际生产过程中，垫片的放取并不方便，不仅增加工序、降低生产效率，还会增大加工成本；更重要的是，部分应用场景（如叠层工件焊接）并未为垫片预留间隙，这在一定程度上限制了电磁脉冲焊接技术的应用范围。再如，对于一些长直管状工件，仅通过单次焊接可能难以实现可靠结合，需要进行多次焊接，而目前针对电磁脉冲焊接的多次焊接工艺还缺乏专门的研究和讨论。

本章针对一些特定工作场景，提出电磁脉冲焊接的新工艺，包括板状工件电磁脉冲焊接的无垫片工艺、长直管状工件电磁脉冲焊接的渐进工艺以及适用于叠层工件电磁脉冲焊接的焊接工艺。

## 8.2　板状工件电磁脉冲焊接的无垫片工艺

### 8.2.1　I 型线圈电磁脉冲点焊接

根据电磁脉冲焊接的原理，飞板（外管）在洛伦兹力驱动下加速一段距离才能获得足够的动能与基板（内管/棒）实现焊接。管状工件电磁脉冲焊接间隙由两者之间直径差异形成，而对于板状工件电磁脉冲焊接，飞板与基板之间需要使用垫片为飞板提供加速距离，其工装结构如图 8.1 所示[1, 2]。垫片的厚度与垫片之间的间距都会影响电磁脉冲焊接效果，因而改变垫片厚度也被作为调节焊接效果的常用方法之一。

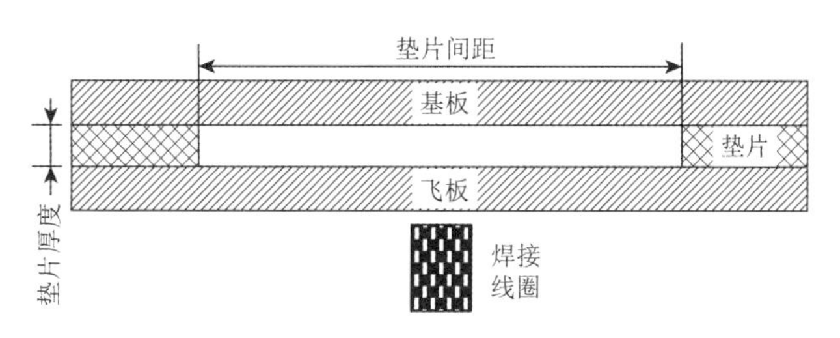


图 8.1　电磁脉冲焊接过程中垫片的工装结构

然而，在一些应用场景中，板状工件之间缺少垫片放置空间或者不方便放取垫片，这给板状工件电磁脉冲焊接技术在工业生产中的推广应用带来诸多限制[3, 4]。例如，在电动汽车锂离子电池的铝合金汇流排与铜电极片的焊接中，铜电极片、铝合金汇流排的搭接区域内都要实现焊接，因而无法在搭接区域内放置垫片，一定程度上阻碍了电磁脉冲焊接技术在这一领域的应用。

为解决垫片对电磁脉冲焊接技术应用的限制，国内外学者提出了电磁脉冲点焊接方法[3, 5, 6]，其主要思路为：第一步是在飞板上冲压预加工一个凸台，如图 8.2（a）所示；第二步则是利用凸台内的空间为凸台上表面区域内的飞板加速运动提供足够的距离，以实现局部焊接，如图 8.2（b）所示。

(a) 冲压形成的凸台

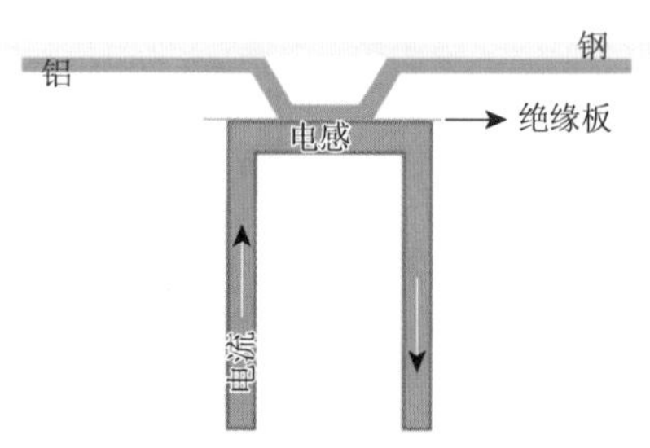


(b) 板状工件电磁脉冲点焊接

图 8.2　电磁脉冲点焊接方法

与传统冲压相比，电磁成形技术用于电磁脉冲点焊接凸台的制备，可提高金属材料的成形极限和性能，为此，重庆大学先进电磁制造团队联合电磁成形与电磁脉冲点焊接技术开展板状工件无垫片焊接研究[3, 7]。实验中，将铝合金板放置于线圈上并与模具紧密贴合，模具中有一个圆台型凹孔，其下表面直径为 15 mm、上表面直径为 12 mm、高度为 1.5 mm，如图 8.3(a)所示。采用 I 型线圈驱动铝合金板成形，其作用区域宽度为 15 mm，与圆台凹孔的下表面的直径一样，使得铝合金板能够充分变形并与模具紧密贴合，产生的凸台更加规则。

(a) 凸台制备模具

(b) 用于制作凸台的I型线圈

图 8.3　凸台制备模具及 I 型线圈

当放电开关导通，铝合金板在巨大的洛伦兹力驱动下，紧贴着圆台型凹孔变形，产生一个凸台。不同放电电压下，铝合金板表面圆台型凸台如图 8.4 所示。从图中可知，放电电压越高，铝合金板表面凸台上表面直径越大。当放电电压为 15 kV 时，凸台上表面直径为 11.5 mm，已经接近模具的几何尺寸。由于在圆台上表面与侧面连接处的夹角不足以使铝合金板完全与模具贴合，因此，铝合金板表面制备的凸台尺寸与模具存在一定差异。

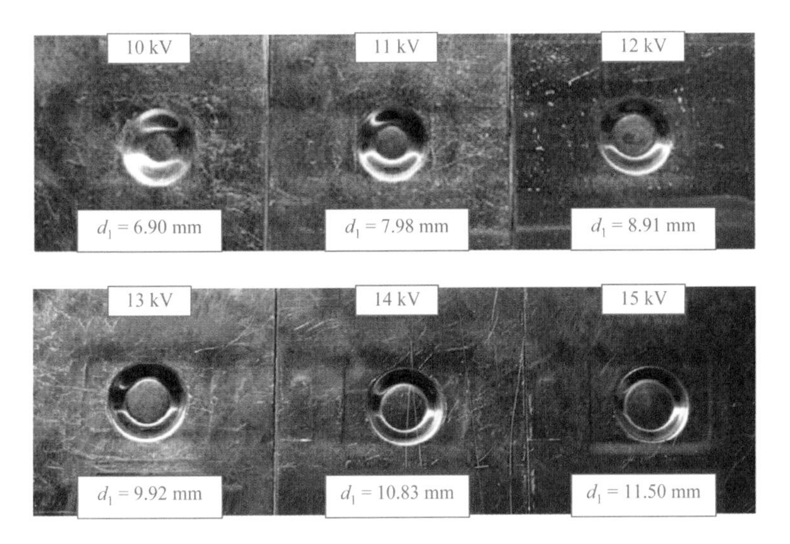


图 8.4　不同放电电压下铝合金板表面圆台凸点电磁成形结果

在电磁脉冲点焊接中，铝合金表面凸台不仅为上表面区域提供了加速的空间，同时也增加了其运动过程的复杂性，如凸台侧面对上表面运动过程的反向作用力。而焊接线圈宽度可影响洛伦兹力分布，驱动不同区域运动。因此，焊接线圈宽度对 I 型线圈电磁脉冲点焊接具有影响。为此，选用了两个不同宽度的焊接线圈开展铜-铝合金板的电磁脉冲点焊接实验，其工装示意如图 8.5 所示。其中，较宽的电磁脉冲焊接线圈宽度为 15 mm，与凸台下表面直径一样，较窄的电磁脉冲焊接线圈宽度为 8 mm，小于凸台上表面直径。

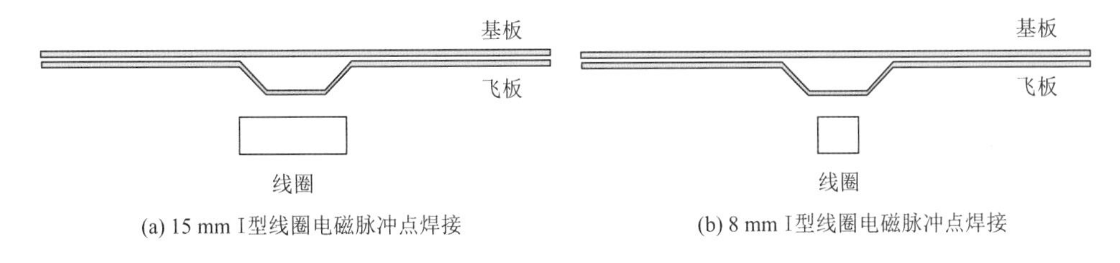


图 8.5　不同宽度 I 型线圈与板状工件工装示意图

实验中，铝合金表面的凸台在洛伦兹力驱动下与铜板碰撞，实现冶金结合，当放电电压为 15 kV 时，15 mm　I 型线圈电磁脉冲点焊接结果如图 8.6 所示。铝合金板表面呈现两个同心圆，是由凸台区与铜板碰撞产生的，选用不同的模具结构，其表面形貌也不同。

对不同宽度焊接线圈、不同放电电压下获得的铜-铝合金板电磁脉冲点焊接接头进行拉伸剪切试验，结果如表 8.1 所示。

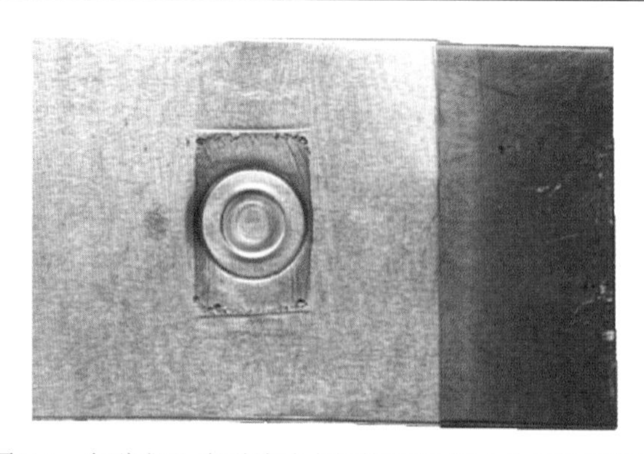

图 8.6　电磁成形-电磁脉冲点焊接的铜-铝合金板焊接接头

**表 8.1　铜-铝合金板电磁脉冲点焊接拉伸剪切测试结果**

| 线圈类别/kV | 窄线圈/N | 宽线圈/N |
| --- | --- | --- |
| 10 | × | × |
| 11 | — | × |
| 12 | 1013.9 | × |
| 13 | 1409.2 | × |
| 14 | 1533.2 | — |
| 15 | 1852.8 | 1032.5 |

注：“×”表示未实现焊接；“—”表示焊接效果不牢固。

从表 8.1 中可知，当放电电压为 11 kV 时，宽度为 8 mm 的窄线圈已可实现铜-铝合金板电磁脉冲焊接。而对于宽度为 15 mm 的宽线圈，当可实现铜-铝合金板焊接时，所需放电电压已达到 14 kV。此外，当放电电压相同时，宽线圈所获得的铜-铝合金板电磁脉冲焊接接头的抗拉强度远低于窄线圈所获得的接头。这是由于当线圈宽度增大时，线圈中的电流密度减小，凸台表面所产生的洛伦兹力减小，导致焊接效果不佳。

图 8.7 和图 8.8 分别为不同宽度 I 型线圈所获得的电磁脉冲点焊接接头拉伸剪切失效后的断口形貌，铜板表面均残留着铝合金，焊痕均为环状。从图 8.7 和图 8.8 中可知，宽线圈获得的铝合金板表面平整无鼓包，且焊痕为圆环形，窄线圈获得的铝合金板表面存在鼓包，且焊痕为扁平椭圆环形。这是由于线圈宽度与板件表面凸台的匹配程度不同导致的差异。洛伦兹力的主要影响区域不会超出线圈的几何尺寸范围。对于较窄的线圈，凸台受到的洛伦兹力主要集中在中心区域，边缘较小。凸台受力的不均匀导致了不同程度的变形，即焊接过程中凸台上表面边缘出现凸起。塑性变形区域的狭窄同样使得加速碰撞的区域范围较窄，因而形成了扁平椭圆环形的焊痕。当使用宽线圈时，凸台上表面受力更加均匀，

(a) 铝合金板表面

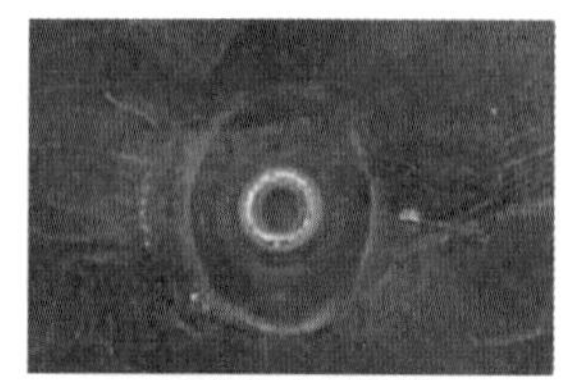

(b) 铜板表面焊痕

图 8.7　宽线圈电磁脉冲点焊接接头失效形貌

因此铝合金板表面在焊接后仍然平整。此外，整个凸台上表面均为加速碰撞区域，因而焊痕外形与其上表面一致，形成了圆环形。

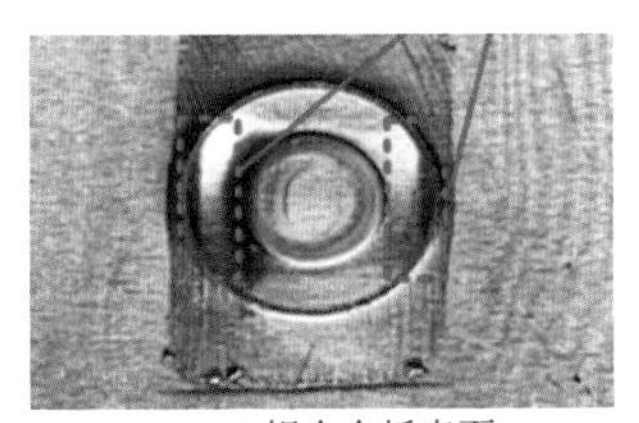
(a) 铝合金板表面

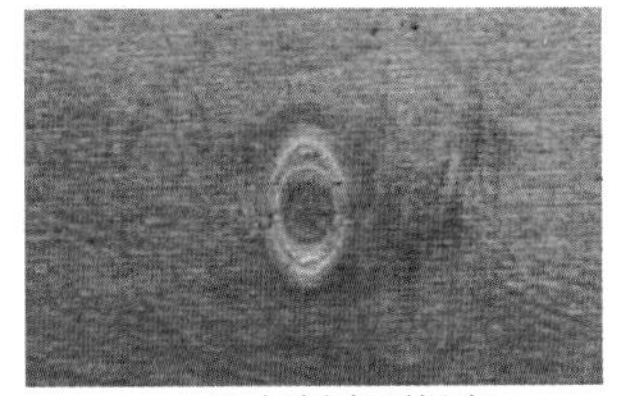
(b) 铜板表面焊痕

图 8.8　窄线圈电磁脉冲点焊接接头失效形貌

### 8.2.2　盘型线圈电磁脉冲点焊接

如图 8.4 所示，当采用 I 型线圈时，在铝合金板表面与焊接线圈对应的区域，存在微小的矩形变形区域。由于洛伦兹力在铝合金板表面的分布，以及铝合金板与模具之间、铝合金板与铜板之间难以完全贴合，与焊接线圈对应区域的铝合金会在凸台加工、碰撞焊接两个过程反复变形，影响其性能与服役寿命，且这种微小变形对加工制造过程存在一定影响。因此，根据平板集磁器的洛伦兹力分布特点，考虑盘型线圈及平板集磁器结构，提出了一种基于盘型线圈的无垫片板状工件电磁脉冲焊接方法。与 I 型线圈类似，第一步采用电磁成形技术在铝合金板表面加工一个凸台，利用凸台的高度作为凸台上表面加速空间；第二步采用盘型线圈与平板集磁器配合驱动凸台上表面高速运动，并与铜板高速碰撞，实现铜-铝合金板电磁脉冲焊接，具体过程如图 8.9 所示。除凸台区域外，铝合金板表面其他区域不会产生变形，对其性能影响较小。

为进一步验证基于盘型线圈与平板集磁器的电磁脉冲点焊接工艺的可行性与可靠性，本节将开展基于盘型线圈与平板集磁器的电磁脉冲点焊接实验。与 I 型线圈一样，焊接前采用图 8.3 中的凸台制备模具加工铝合金板件。

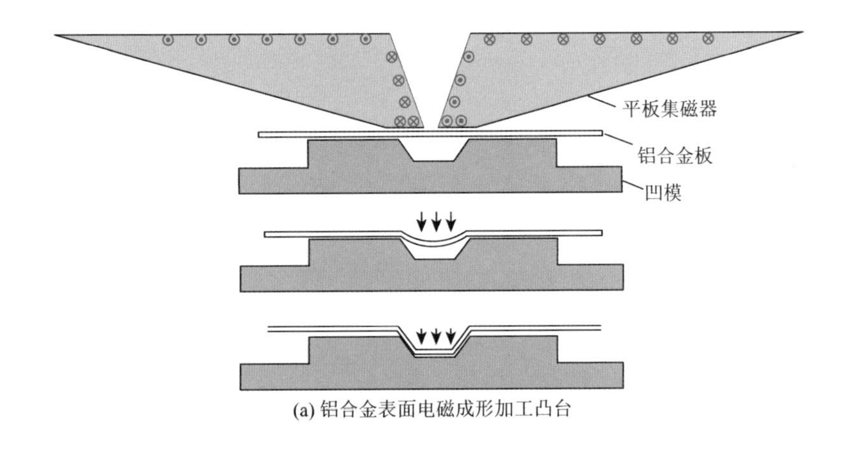

(a) 铝合金表面电磁成形加工凸台

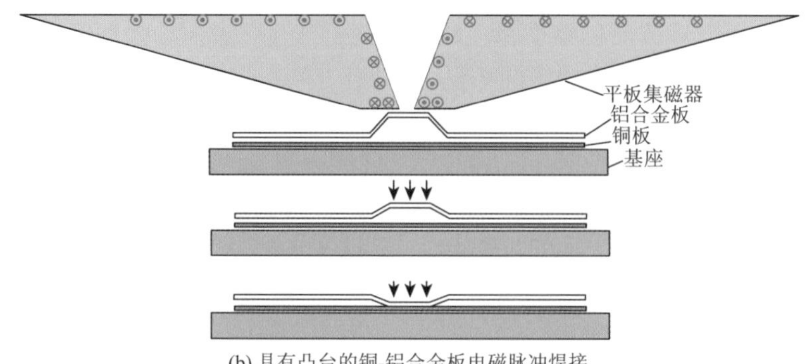


(b) 具有凸台的铜-铝合金板电磁脉冲焊接

图 8.9 基于盘型线圈与平板集磁器的电磁脉冲点焊接过程示意图

当平板集磁器的下表面孔直径$d_2$为10 mm时，铝合金板表面的凸台电磁成形结果如图8.10所示。从图中可以看出，铝合金板凹陷区域中心存在一个鼓包，鼓包形成的原因与前述一致。铝合金板凹陷区域作为电磁脉冲焊接时作为飞板的凸台上表面。当开展铜-铝合金板电磁脉冲点焊接时，凹陷区域的鼓包会影响洛伦兹力的分布，从而影响电磁脉冲焊接效果。由实验结果可知，当平板集磁器下表面孔直径$d_2$ = 2 mm时，铝合金板表面不会产生鼓包。因此，为抑制铝合金板凹陷区域的鼓包，在后续实验中，均采用下表面孔直径$d_2$ = 2 mm的平板集磁器。

图 8.10 当下表面孔直径 $d_2$ = 10 mm 时平板集磁器获得的铝合金板电磁成形结果

当放电电压为 7～12 kV 时，铝合金板凸台电磁成形结果如图 8.11 所示。测量分析可知，不同放电电压成形的铝合金板凸台高度均为 1.5 mm，凸台底面的直径 $d_2$ 均为 15 mm，与模具的深度、表面直径一致，表明放电电压对铝合金板凸台的高度与底面直径影响较小。与此同时，铝合金板凸台的上表面直径 $d_1$ 随着放电电压的提高而增长。当放电电压为 12 kV 时，铝合金板凸台上表面直径 $d_1$ 已达到 11.16 mm，十分接近其成形极限。此外，由于平板集磁器结构的影响，其中心孔洞和缝隙对应区域的铝合金板所感应的洛伦兹力较小，因此，铝合金板凸台轮廓并非一个完整的圆形，中心孔洞和缝隙对应区域的铝合金板变形程度较小，使得凸台轮廓发生畸变。

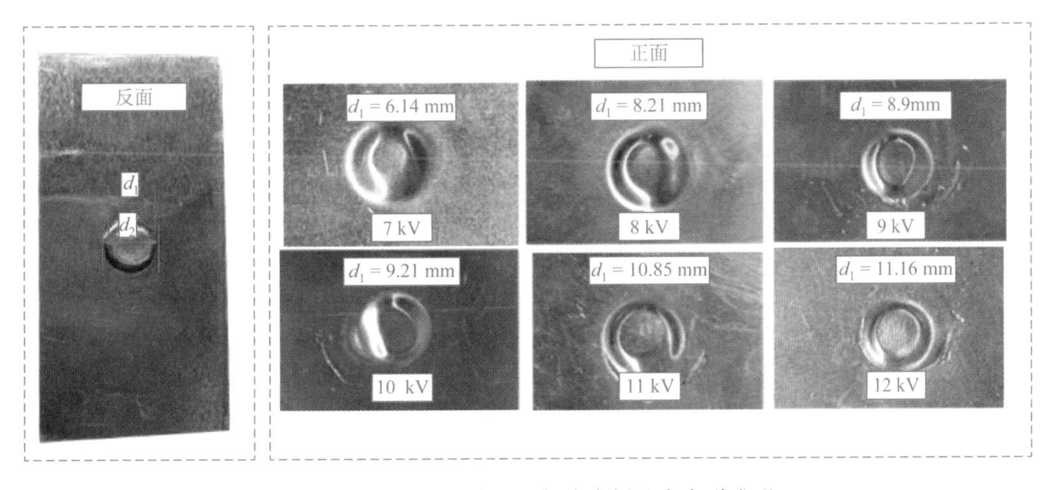


图 8.11　不同放电电压下铝合金板凸台电磁成形

根据上述结果，采用放电电压为 12 kV 时获得的具有凸台的铝合金板作为电磁脉冲点焊接的材料，将放电电压设置为 11～13 kV，基于盘型线圈与平板集磁器开展铜-铝合金板电磁脉冲点焊接实验。

实验中，当放电电压为 11 kV 和 12 kV 时，铝合金板与铜板无法实现电磁脉冲点焊接。这表明，铝合金板凸台结构对其上表面运动存在一定的阻碍，难以达到放置垫片时飞板自由移动的效果。当放电电压为 13 kV 时，铝合金板凸台区域与铜板实现了电磁脉冲点焊接，其宏观形貌如图 8.12 所示。测量可知，铝合金板表面焊接区域的直径为 15.12 mm，和平板集磁器下表面的尺寸相近。相比于有垫片的电磁脉冲焊接方式和 I 型线圈电磁脉冲点焊接方式，铝合金板表面受影响的区域面积明显下降，这表明盘型线圈电磁脉冲点焊接的变形影响区域小，以局部焊接的形式实现了铝合金板与铜板之间的可靠连接，更有利于复杂结构与狭小空间的电磁脉冲焊接，且具有美观小巧、适用范围广等优点。此外，在铝合金板中心焊接区域边缘出现了一个鼓包。与 3.4 节中铝合金板焊接区域的鼓包产生机制不同，该鼓包出现在变形区域边缘，是因为平板集磁器缝隙对应区域的铝合金板感应洛伦兹力较小，难以驱动铝合金板与铜板发生剧烈碰撞形成金属射流。

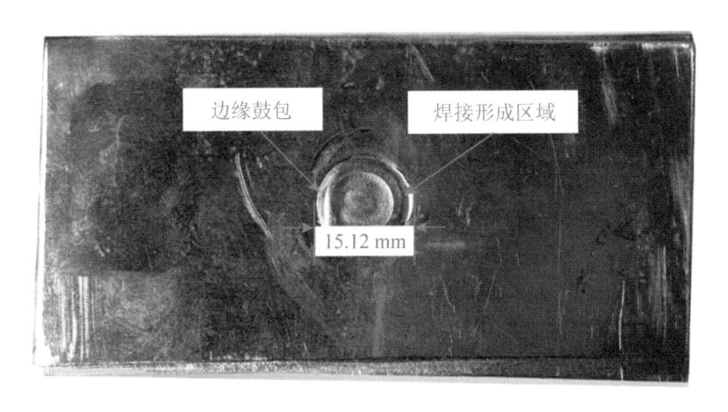


图 8.12　基于盘型线圈与平板集磁器的铜-铝合金板电磁脉冲点焊接样品

# 8.3　长管工件渐进式焊接工艺

## 8.3.1　长管工件渐进式焊接工艺设计

由第 5 章的实验结果可以发现，受限于集磁器工作区域的影响，能够在管状工件上产生的焊接区域十分有限，通常不超过所用集磁器工作区域的宽度。例如，当集磁器工作区域长度为 8 mm 时，铝合金端子在洛伦兹力作用下的变形区域如图 8.13 所示，其焊接区长度不足 5 mm。

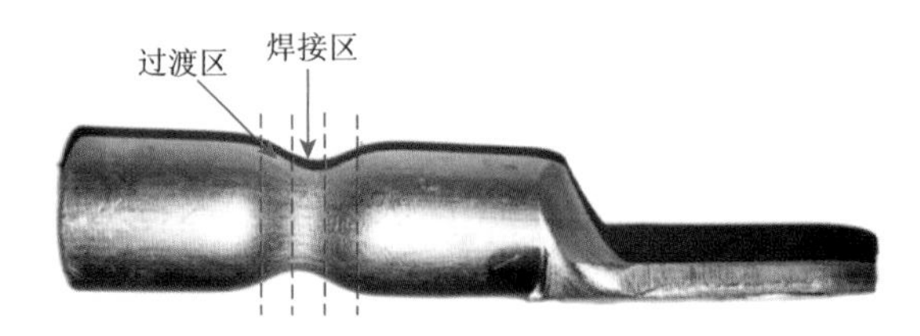


图 8.13　铝合金端子在洛伦兹力作用下的变形区域

当电磁脉冲焊接设备的放电能量一定时，集磁器工作区域越小，产生的涡流密度越大，形成的洛伦兹力则越大，驱使管状工件产生更大的变形量，进而能够与内部工件焊接得更加牢固，意味着更佳的机械性能与电气性能。因此，相较于焊接线圈一侧的表面，集磁器工作区域面积较小，进而作用于管状工件的区域也较小。此外，由于洛伦兹力在铝合金端子表面的非均匀分布特征，铝合金端子的塑性变形区域面积小于集磁器工作区域。

然而，在一些特殊的应用场景中，对于焊接区域长度的需求远远不止 10 mm。例如，对于标准的 70 $mm^2$ 电力电缆来说，若采用 DT-70 型铝合金端子，其与电力电缆铜绞线的连接区域长度可达 50 mm，显然单次焊接无法满足铝合金端子与铜绞线的连接需要。当然，也可以通过增大集磁器工作区域提高每次焊接的长度，如图 8.14 所示，但这样会同

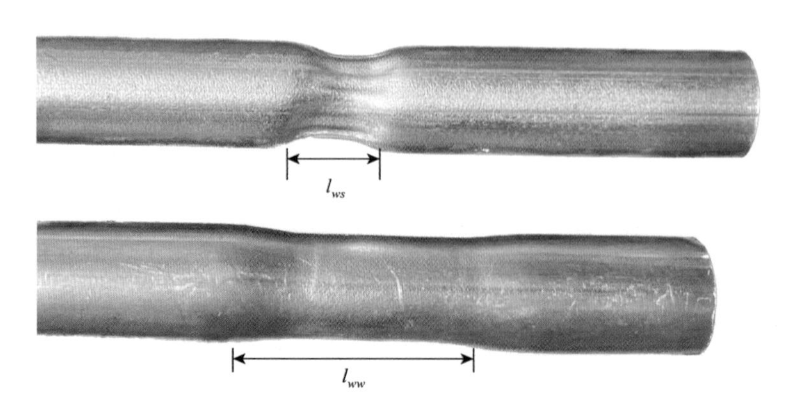


图 8.14　不同集磁器作用区域宽度的焊接效果

时增大集磁器与线圈的体积，提高成本。为了增加电磁脉冲焊接区域长度，扩大焊接面积，同时避免成本提高与驱动器体积增大，重庆大学先进电磁制造团队提出渐进式电磁脉冲焊接方式，并以铜绞线与铝合金端子为例开展实验研究。

当铝合金端子与铜绞线实现了电磁脉冲焊接后，铝合金端子的几何结构便不再是规则管件，焊接区域与管状工件其他区域之间形成了一个过渡区域，其界面为一个斜面，在该斜面内，每一个点与集磁器工作区域的距离均不相同，将影响该过渡区域受到的洛伦兹力及其产生的塑性变形，从而影响电磁脉冲焊接效果。将每一次电磁脉冲焊接作为一道工序，那么前后工序的施加方式，即渐进方案必然会对最终获得的电磁脉冲焊接接头性能产生影响。基于此，着重分析两种较为极端的情况作为渐进方案，即间隔型渐进式电磁脉冲焊接与重叠型渐进式电磁脉冲焊接，具体如图 8.15 所示。

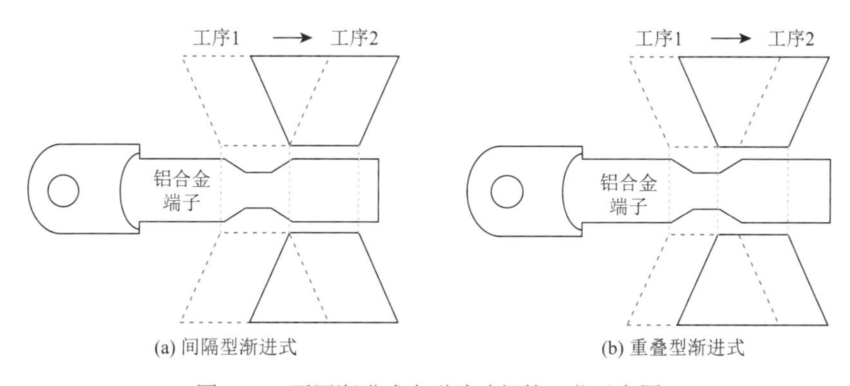


图 8.15　不同渐进式电磁脉冲焊接工艺示意图

两种渐进式电磁脉冲焊接工艺的工序 1 完全相同，即对铝合金端子与铜绞线进行单次加工。工序 1 完成后，铝合金端子的几何结构将变为如图 8.13 所示，存在过渡区，那么，工序 2 实施过程中，过渡区与集磁器的相对位置对焊接效果存在着影响。间隔型渐进式电磁脉冲焊接是将集磁器工作区域边缘直接与铝合金端子在工序 1 中产生的过渡区边缘对齐，也就是与工序 1 的影响区域完全间隔开来，如图 8.15（a）所示。重叠型渐进式电磁脉冲焊接则是将集磁器工作区域边缘与铝合金端子在工序 1 中产生的焊接区域边缘对齐，部分工作区域与铝合金端子的过渡区重叠，如图 8.15（b）所示。在后续的电磁脉冲焊接中，分别继续按照两种渐进方案重复加工，增加焊接区域长度，直至满足要求。

由两种方式可知，电力电缆接头要满足所需的轴向焊接长度时，间隔型渐进式电磁脉冲焊接的次数较少，可以节省操作步骤和成本，但铝合金端子与电力电缆的接触面分布更分散，且在铝合金端子每两个焊接区域之间存在未变形的部分，形成一个明显的鼓包，如图 8.16（a）所示。与此同时，重叠型渐进式电磁脉冲焊接的次数较多，但铝合金端子与铜绞线的接触面更为紧密，且在铝合金端子每两个焊接区域之间未变形区域并不明显，铝合金端子靠近焊接区域 1 边缘部分距离集磁器较远，几乎与焊接间隙相等，难以感应产生较大的洛伦兹力，该区域的铝合金不会因为洛伦兹力发生塑性变形。洛伦兹力从铝合金端子焊接区域 1 边缘到待焊接区域逐渐增大，铝合金端子未变形区域的洛伦兹力最大，未变形区域在工序 2 中会发生塑性变形，由于力的作用，也将带动过渡区域部分发生塑性变形，但与铝合金端子自身感应产生的洛伦兹力相比较小，因此也有一部分不会发生碰撞，且存在一定程度的鼓包，如图 8.16（b）所示。

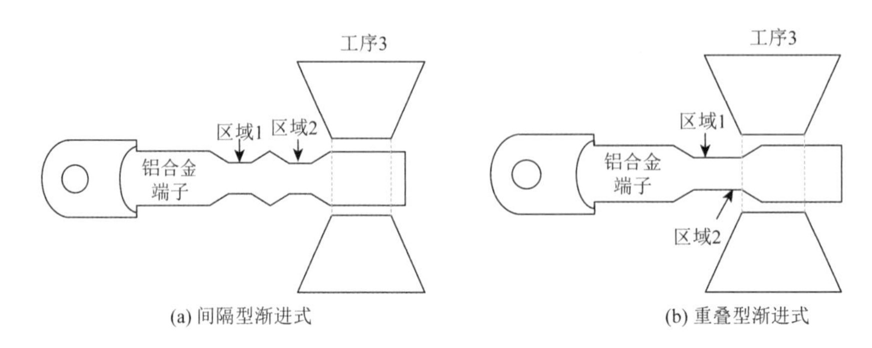


(a) 间隔型渐进式　　(b) 重叠型渐进式

图 8.16　不同渐进式电磁脉冲焊接效果示意图

## 8.3.2　长管工件渐进式焊接实验及改进

为进一步验证、对比间隔型渐进式电磁脉冲焊接工艺与重叠型渐进式电磁脉冲焊接工艺的有效性，采用两种方式开展了铝合金端子与铜绞线的电磁脉冲焊接实验。

实验中，放电电压设置为 8 kV，分别按照两种渐进式电磁脉冲焊接工艺进行加工，对铝合金端子与铜绞线加工 3 次，获得的焊接样品如图 8.17 所示。间隔型渐进式电磁脉冲焊接工艺获得的电力电缆接头表面两个焊接区域之间存在明显的鼓包，如图 8.17（a）所示，与图 8.16（a）所分析的一致。重叠型渐进式电磁脉冲焊接工艺所获得的电力电缆接头，其表面无明显的鼓包，如图 8.17（b）所示，与图 8.16（b）所分析的一致，表明重叠型渐进式电磁脉冲焊接工艺得到的电力电缆接头的接触面更为集中。

(a) 间隔型渐进式电磁脉冲焊接效果

(b) 重叠型渐进式电磁脉冲焊接效果

图 8.17　渐进式电磁脉冲焊接样品

采用游标卡尺测量电力电缆接头的径向变形量与轴向变形长度，结果如表 8.2 所示。由表可知，不同渐进式电磁脉冲焊接工艺下接头产生的径向变形量几乎相同，但间隔型渐进式电磁脉冲焊接得到的电力电缆接头轴向变形长度为 29.09 mm，大于重叠型渐进式电磁脉冲焊接所获电力电缆接头的轴向变形长度为 28.74 mm。尽管两者相差并不大，但当焊接次数增加时，两种不同渐进式电磁脉冲焊接接头轴向长度差异也会不断增大。

表 8.2　不同渐进工艺所获电力电缆接头变形量

| 工艺 | 轴向变形/mm | 径向变形/mm |
|---|---|---|
| 间隔型渐进式电磁脉冲焊接 | 29.09 | 3.90 |
| 重叠型渐进式电磁脉冲焊接 | 28.74 | 3.93 |

综上所述，两种渐进式电磁脉冲焊接工艺都具有各自的优势，而两者的优势对于电力电缆接头最终呈现性能的影响还需要进一步比较分析。不同渐进式电磁脉冲焊接工艺所获得的电力电缆接头拉伸剪切测试结果如图 8.18 所示。间隔型渐进式电磁脉冲焊接工艺获得的电力电缆接头抗拉力为 4.935 kN，重叠型渐进式电磁脉冲焊接工艺获得的电力电缆接头抗拉力为 6.480 kN。由此表明，重叠型渐进式电磁脉冲焊接工艺获得的电力电缆接头具有更好的力学性能。

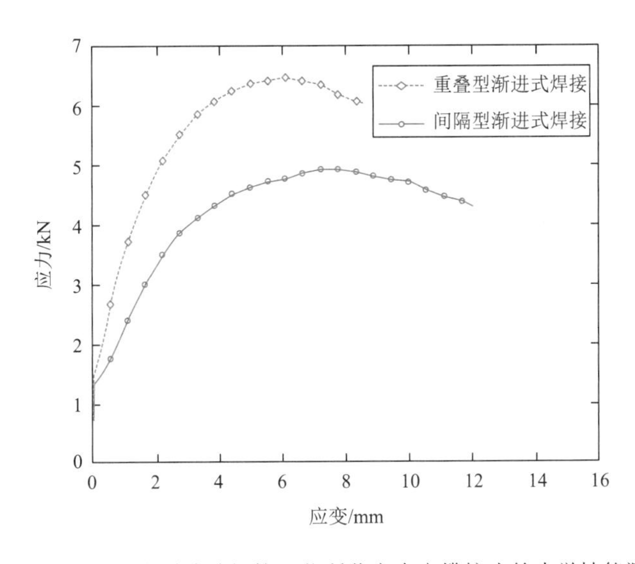


图 8.18　不同渐进式电磁脉冲焊接工艺所获电力电缆接头的力学性能测试结果

电气性能对电力电缆电磁脉冲焊接接头同样重要。采用 VICTOR 4090A LCR 数字电桥测试不同渐进式电磁脉冲焊接工艺获得的接头，间隔型渐进式电磁脉冲焊接电缆接头与重叠型渐进式电磁脉冲焊接电缆接头的接触电阻分别为 0.0461 Ω 和 0.0333 Ω，表明重叠型渐进式电磁脉冲焊接电缆接头在部分区域内能够获得更紧密的接触，使其接触电阻降低。

值得注意的是，无论间隔型渐进式电磁脉冲焊接工艺还是重叠型渐进式电磁脉冲焊接工艺，电力电缆接头焊接区域均存在鼓包，而鼓包区域内未能实现铝合金端子与电力电缆之间的冶金结合。重叠型渐进式电磁脉冲焊接接头的鼓包如图 8.19 所示，这样的鼓包在铝合金端子与铜绞线电磁脉冲焊接中可形成紧锁机构，对于增强接头力学性能有一定的积极作用。

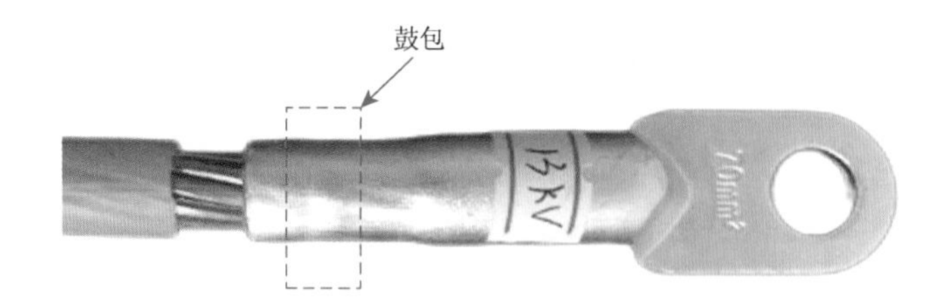


图 8.19　重叠型渐进式电磁脉冲焊接接头的鼓包

但是，一些特殊应用场景（如制备复合结构的长管工件）对管件表面的平整度要求较高，需要消除这种鼓包缺陷。因此，部分学者提出通过改变集磁器工作区结构，其截面几何结构如图 8.20 所示，使其与管件待焊接区域空间布局协调，从而使洛伦兹力的分布与管状工件变形形状一致，实现更为协调的渐进式电磁脉冲焊接[8]。

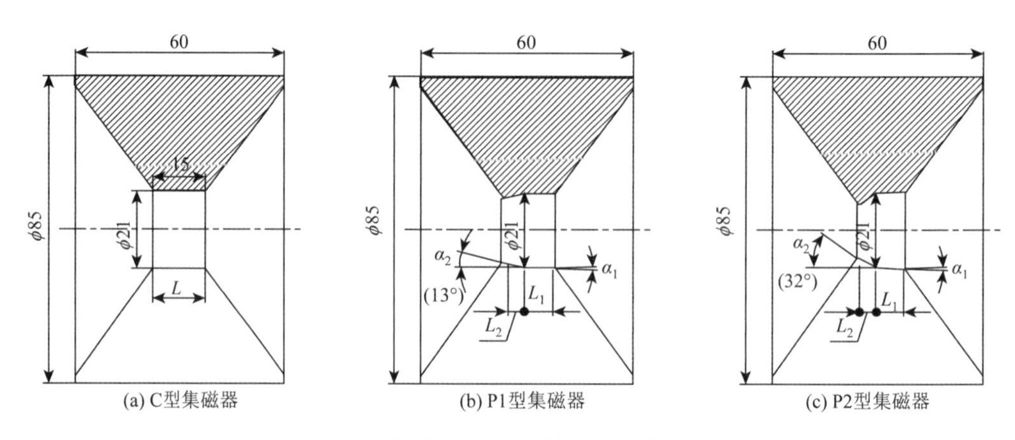


图 8.20　不同结构的集磁器横截面（单位：mm）[8]

通过对比不同集磁器的焊接效果，优化了电磁脉冲焊接工艺步骤，具体为：第一步采用 C 型集磁器；第二步在送进量为 80%$L$、7.5 mm 的条件下采用 P2 型集磁器。采用上述步骤获得的铝合金-钢管电磁脉冲焊接复合管如图 8.21 所示，从外观形貌上看，鼓包缺陷得到了较好的抑制[8]。然而，该方法在使用过程中需要更换集磁器，一定程度上会降低生产效率。

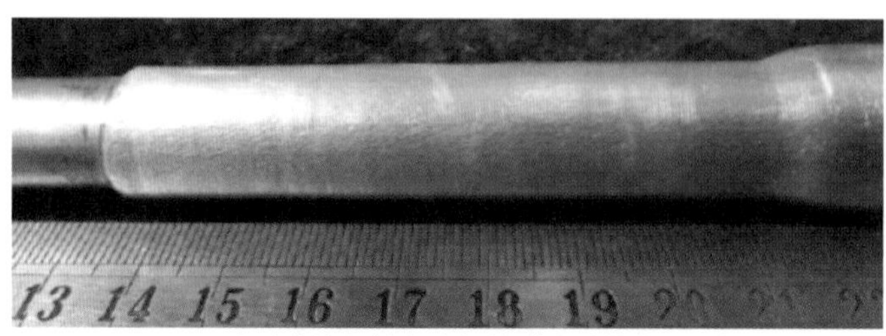


(a) 铝合金管-钢管电磁脉冲焊接复合管外观形貌

(b) 铝合金管-钢管电磁脉冲焊接复合管截面形貌

图 8.21　C 型集磁器与 P2 型集磁器协同电磁脉冲焊接结果[8]

为此，重庆大学先进电磁制造团队提出了一种适用于长管工件（复合管）的优化集磁器，其结构如图 8.22 所示。集磁器工作区域可分为 3 个部分，区域 A 的直径略大于飞管直径，作为初始焊接区与飞管未变形部分的焊接区，区域 B 作为飞管变形部分（初次焊接冶金结合区域带动塑性变形部分）的焊接区，区域 C 直径略大于复合管件部分的直径，属于强化焊接区。

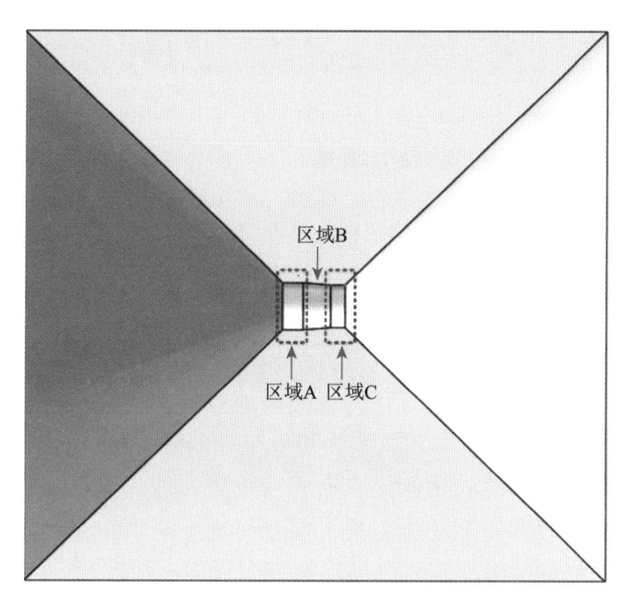


图 8.22　优化后的长管工件集磁器结构

当电磁脉冲焊接长管工件时，将飞管端部放置于区域 A，内管/棒放置于同样的位置。初次放电后，飞管端部与内管/棒实现冶金结合，复合管件部分的直径小于飞管直径，复合管件部分与飞管未变形部分存在塑性变形部分，其直径从冶金结合部分至未变形部分呈现出逐渐增大的变化趋势。将其向前推进，使得冶金结合部分位于区域 C，变形部分位于区域 B，未变形部分位于区域 A，再次放电实现飞管对应部分与内管/棒的冶金结合。随后将这一过程不断重复，实现复合管件的加工。这一集磁器结构可避免更换集磁器带来的繁琐流程，提高生产效率。采用该结构集磁器渐进焊接而成的铝合金管-铜棒复合长管工件如图 8.23 所示。铝合金管表面宏观形貌表明，鼓包缺陷同样得到了较好的抑制，验证了该结构的有效性。

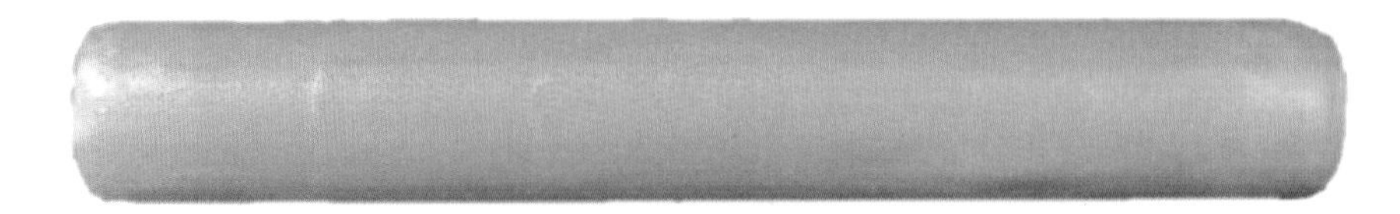

图 8.23 优化集磁器渐进式焊接获得的铝合金管-铜棒复合长管工件

# 8.4 叠层工件焊接工艺

无论板件还是管件的焊接，前述介绍的均为单层工件之间的电磁脉冲焊接。在实际工程应用中，还存在着多层工件焊接的情况，如锂离子电池极耳及其与电池盖板/汇流排等叠层工件的焊接、风机定子叠层铝排的焊接，要连接这些多层、薄、高反射性、高导电性的材料并非易事，电磁脉冲焊接技术在加工这类材料时具有效率高、无振动的优势，应用潜力大。本节聚焦锂离子电池叠层极耳与汇流排焊接的应用场景，以多层铝片与铜板间的叠层板状工件电磁脉冲焊接为例，介绍叠层板状工件电磁脉冲焊接技术以及重庆大学先进电磁制造团队提出的基于梯度通孔结构的叠层板状工件电磁脉冲焊接技术。

## 8.4.1 叠层板状工件电磁脉冲焊接仿真

现有的锂离子电池叠层极耳焊接技术均存在一定的局限性。传统的熔焊存在脆性金属间化合物形成、焊缝变形等问题[9, 10]，而电阻焊与激光焊不适用于高导电性和高反射性的金属极耳。目前，锂离子电池叠层极耳常用超声波焊接[11]，但是，焊接过程中的高频振动会导致附着在电芯极片表面的正负极材料脱落[12]。事实上，就其形状而言，锂离子电池叠层极耳、极耳焊接形成的极耳体，以及电池盖板均为板状薄片结构。因此，锂离子电池叠层工件所涉及的焊接，本质上均为板状工件间的焊接。而在板状工件焊接方面，电磁脉冲焊接技术与前述焊接技术相比具有独特优势，但与单层板状工件相比，叠层板状工件的空间电磁参数分布与运动行为更为复杂且尚不清晰，为此，重庆大学先进电磁制造团队在锂离子电池叠层极耳电磁脉冲焊接方面开展了研究。

参考相关研究，均以 3 层铝合金板与单层铜板代表叠层极耳与电池盖板/汇流排开展实验测试[11, 13]。综合考虑叠层极耳与盖板的几何参数和实验条件，在 COMSOL Multiphysics 软件中搭建了二维仿真模型，如图 8.24 所示，该模型包含了 I 型线圈，极耳 $A_1$、$A_2$、$A_3$和汇流排 $A_4$，空气域，并对极耳与极耳之间、极耳与盖板之间的空气（后续简称夹层空气）单独建模。为探究各极耳的电磁参数分布和运动行为，在叠层极耳设置了 6 个观测点。此外，由于叠层极耳的空间电磁参数将相互影响，采用材料为空的方式不适合应用于仿真模型中，重庆大学先进电磁制造团队提出了一种碰撞点偏移联合夹层空气分割的方法，解决了动态网络中空气域夹断的问题。模型中，极耳厚度设置为 0.2 mm，极耳间距设置为 0.1 mm，空气域为直径 90 mm 的圆形区域。线圈材料为铜，极耳材料为铝。材料参数、多物理场设置均与第 5 章一致，此处不再赘述。网格剖分结果如图 8.25 所示。

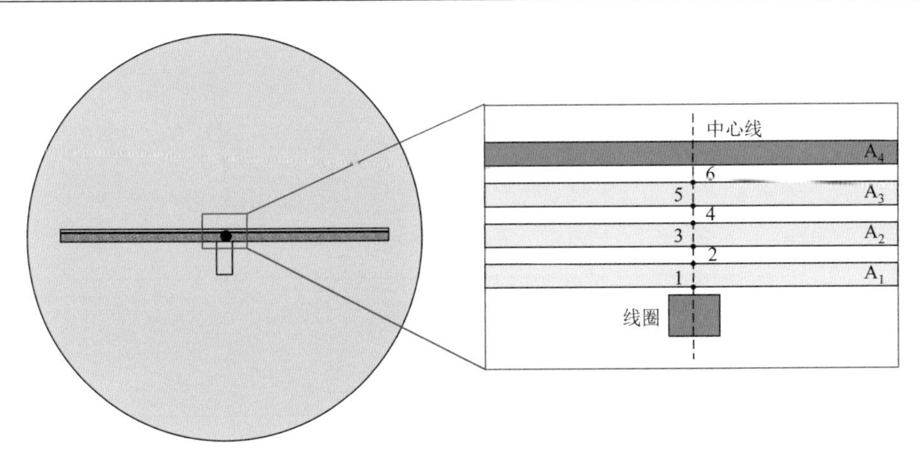


图 8.24　叠层极耳与汇流排电磁脉冲焊接仿真二维模型及观测点

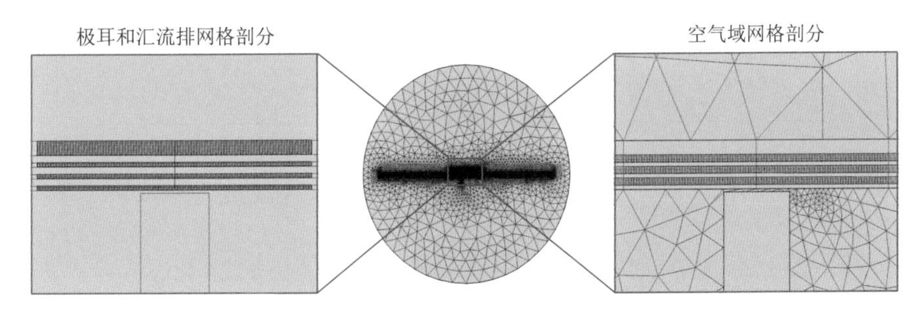


图 8.25　叠层极耳及电池盖板电磁脉冲焊接仿真二维模型

极耳 $A_1$、$A_2$ 和 $A_3$（以观测点 1、3 和 5 为代表）的磁感应强度、感应涡流密度和洛伦兹力密度的仿真结果如图 8.26 所示，其随时间整体呈现上升趋势。当时间相同时，靠近 I 型线圈的磁感应强度始终更大，表明随着极耳离线圈的距离增大，磁感应强度衰减明显。当 $t = 2.34$ μs、3.35 μs 和 4.02 μs 时，$A_2$ 的磁感应强度发生了明显的波动（先突增后下降，又缓慢上升），$A_1$ 的磁感应强度发生了轻微的波动（轻微上升），这是由于 $A_1$ 与 $A_2$ 发生了碰撞。在碰撞瞬间，$A_1$ 和 $A_2$ 距离拉近，$A_1$ 的屏蔽作用减弱，所以 $A_2$ 的磁感应强度增大；此后 $A_1$ 因为碰撞发生了轻微的反弹，$A_1$ 和 $A_2$ 距离增大，屏蔽作用增大，$A_2$ 的磁感应强度下降，$A_1$ 由于反弹和线圈的距离减小，磁感应强度略有提升；$A_1$ 继续受

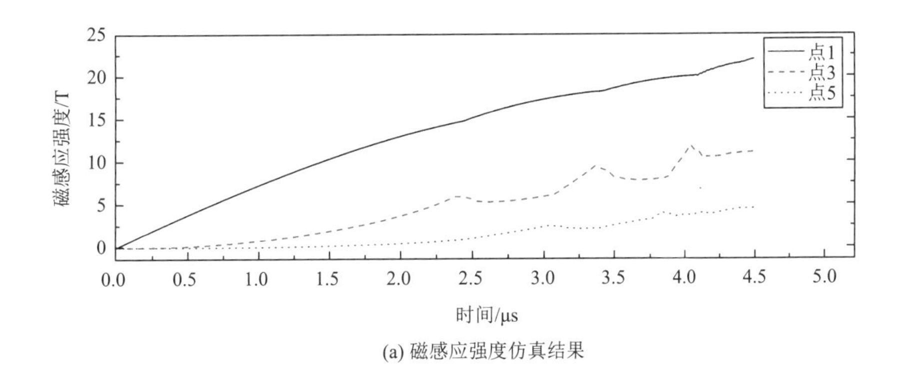


(a) 磁感应强度仿真结果

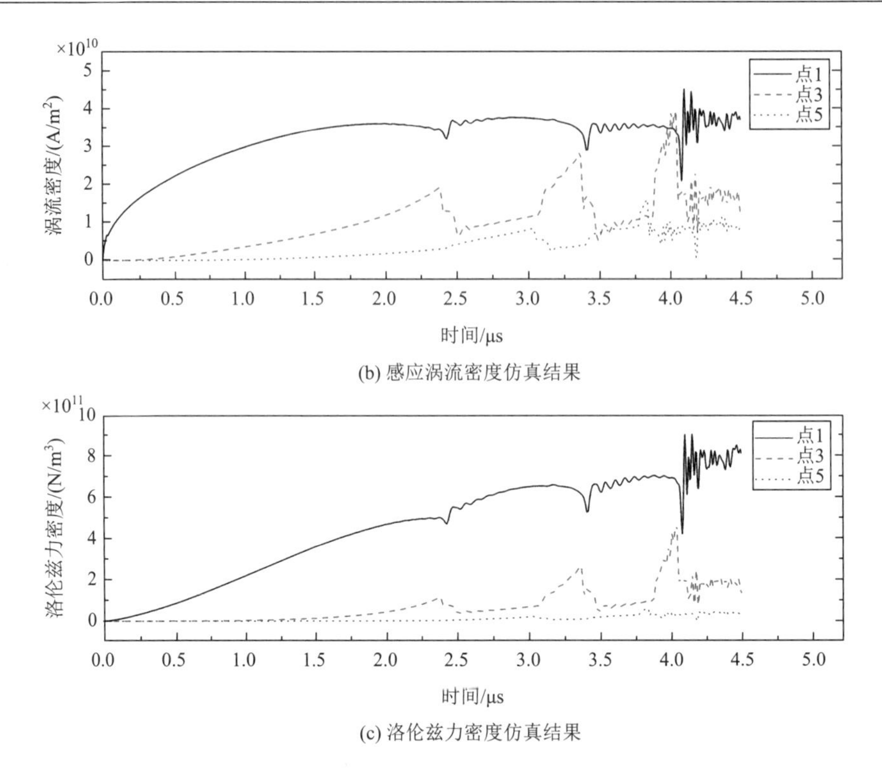


(b) 感应涡流密度仿真结果

(c) 洛伦兹力密度仿真结果

图 8.26　观测点 1（$A_1$）、3（$A_2$）和 5（$A_3$）的电磁参数变化情况

力运动并和线圈之间的距离不断增大，$A_1$ 和 $A_2$ 之间的距离缩小、磁场屏蔽作用降低，故 $A_2$ 的磁感应强度又逐渐提高。当 $t = 3.03$ μs 和 3.82 μs 时，$A_2$ 和 $A_3$ 的磁感应强度也有波动，原因同上。

极耳 $A_1$、$A_2$ 和 $A_3$ 的感应涡流密度在磁感应强度变化的时刻也发生了变化，均由极耳间的碰撞和反弹引起，且由于感应涡流密度受极耳间是否接触影响较大，因此变化比磁感应强度更加强烈。当 $t = 4.02$ μs 时，三层极耳完成完全碰撞后不断回弹和碰撞，使得感应涡流密度波动剧烈。洛伦兹力密度的变化规律和感应涡流密度相似。

极耳的运动与碰撞过程仿真结果如图 8.27 所示，其过程大概可以描述为，极耳 $A_1$ 做加速运动→$A_1$ 第一次碰撞 $A_2$→$A_2$ 第一次碰撞 $A_3$→$A_1$ 第二次碰撞 $A_2$→$A_3$ 碰撞 $A_4$ 并发生反弹→$A_2$ 第二次碰撞 $A_3$，$A_3$ 在 $A_4$ 和 $A_2$ 之间来回反弹→$A_1$ 第三次碰撞 $A_2$，以此循环。

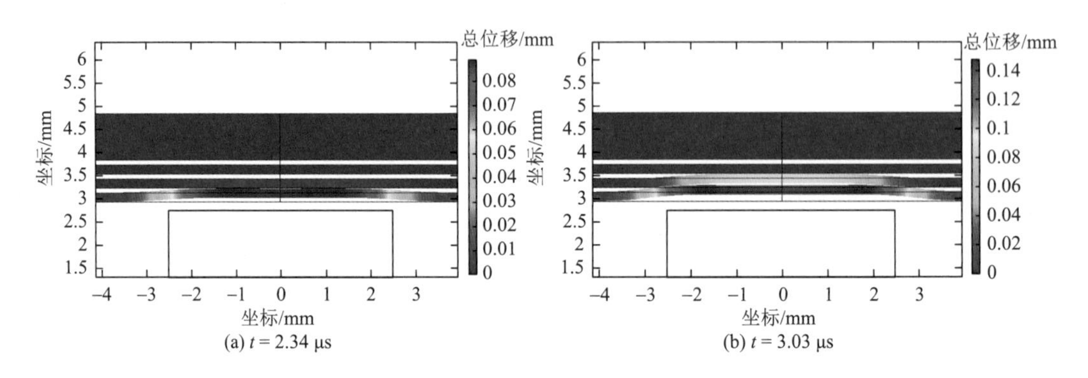


(a) $t = 2.34$ μs　　(b) $t = 3.03$ μs

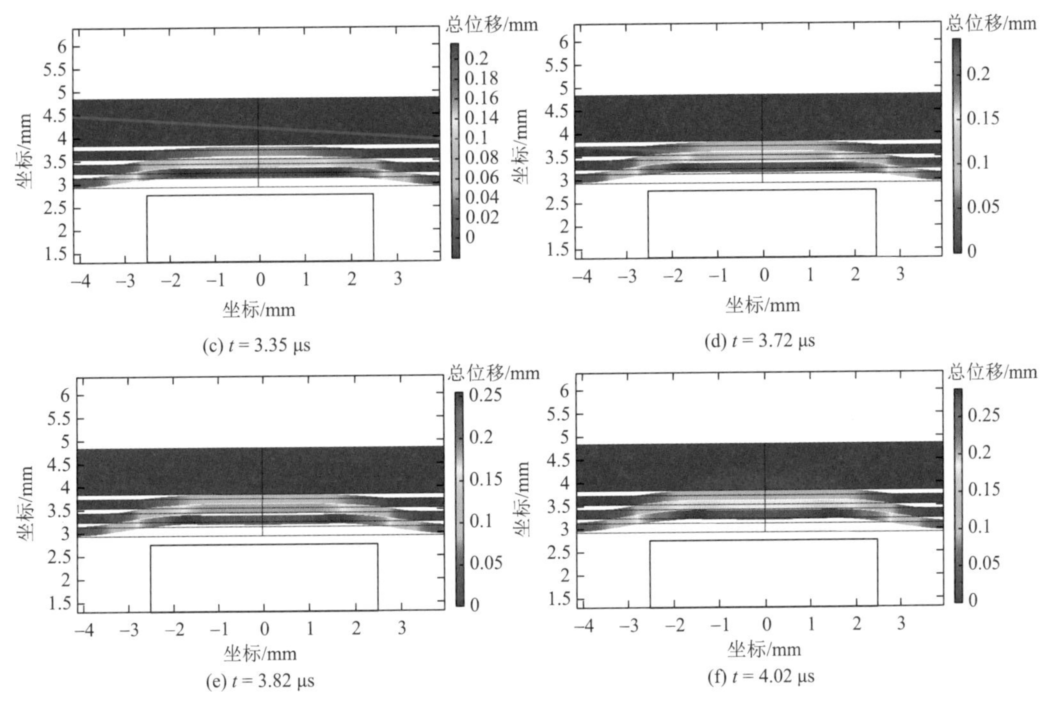


图 8.27　叠层极耳运动与碰撞过程的仿真结果

观测点 2、4 和 6 的纵向速度可在一定程度上分别代表 $A_1$、$A_2$ 和 $A_3$ 的基本运动情况。为进一步了解极耳的运动与碰撞过程，提取仿真结果中点 2、4 和 6 的纵向速度随时间变化的情况，其结果如图 8.28 所示。

由于涉及多次反弹和磁场屏蔽，极耳的运动与碰撞过程十分复杂，此处根据仿真结果其过程如下所述。

第一阶段，极耳 $A_1$ 加速运动：当 $t$ 在 0～2.34 μs 范围内，极耳 $A_1$ 受到洛伦兹力作用发生塑性变形并加速运动，极耳 $A_1$ 上各质点位移在中心区域最大，逐渐向两侧递减，分布规律和洛伦兹力一致，当 $t$ = 2.34 μs 时，其速度达到 139.59 m/s。

第二阶段，$A_1$ 初次碰撞 $A_2$：当 $t$ = 2.34 μs 时，极耳 $A_1$ 的最大变形量达到了 0.1 mm，$A_1$ 碰撞 $A_2$ 并将动能传递给 $A_2$，$A_1$ 的速度先迅速减小，当 $t$ = 2.50 μs 时，其速度减小为 13.96 m/s；$A_2$ 被撞击后发生塑性变形并在极短时间内（$t$ = 2.46 μs）加速至 157.87 m/s。由于碰撞反弹和速度突变，$A_1$ 和 $A_2$ 之间存在间隙，且受洛伦兹力作用影响，$A_1$ 在碰撞后速度又持续增大。

第三阶段，$A_2$ 初次碰撞 $A_3$：当 $t$ = 3.03 μs 时，极耳 $A_2$ 的最大变形量达到了 0.1 mm，$A_2$ 和 $A_3$ 发生碰撞并将动能传递给 $A_3$，$A_2$ 的速度先迅速下降并且当 $t$ = 3.15 μs 时速度减小为–2.43 m/s（以极耳向汇流排运动方向为正），后由于洛伦兹力的作用又开始增大，此时，由于距离 $A_1$ 较远，磁场被屏蔽，其速度回升较慢，当在 $t$ = 3.35 μs 时上升至 29.89 m/s。$A_3$ 被撞后发生塑性变形并在极短时间内（$t$ = 3.11 μs）加速至 154.92 m/s。$A_3$ 与 $A_1$ 距离较远，磁场被屏蔽，其受到的洛伦兹力不足以完全克服自身变形抗力和空气阻力，速度略有下降。由于速度突变和反弹，$A_2$ 和 $A_3$ 之间存在间隙。

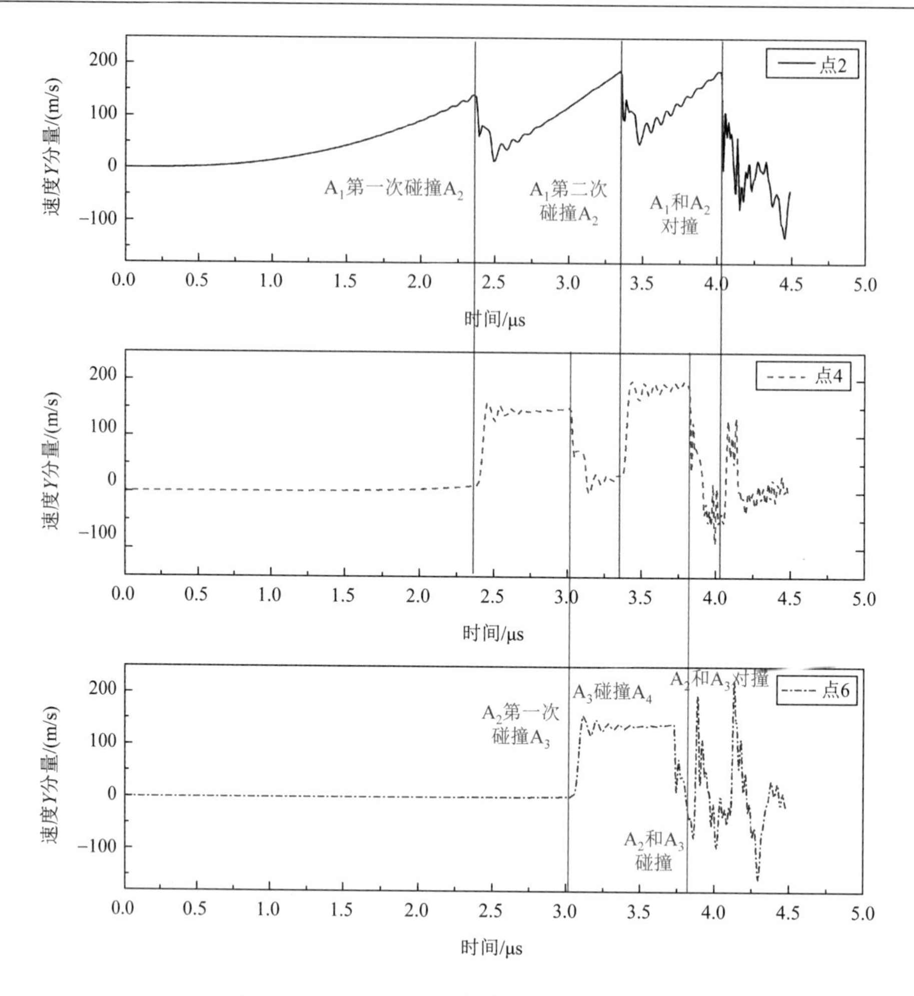


图 8.28　点 2、4 和 6 的纵向速度仿真结果

第四阶段，$A_1$ 第二次碰撞 $A_2$：$A_1$ 在洛伦兹力作用下持续加速运动，当 $t = 3.35$ μs 时，其速度达到 187.28 m/s，并与 $A_2$ 发生第二次碰撞，$A_1$ 的速度迅速下降，当 $t = 3.48$ μs 时，速度减小为 48.64 m/s，随后由于洛伦兹力作用又开始逐渐增大。$A_2$ 被碰撞后，当 $t = 3.44$ μs 时，其速度上升至 197.86 m/s。由于磁场被屏蔽，$A_2$ 受到洛伦兹力作用同样不足以完全克服自身变形抗力和空气阻力，导致速度略有下降。由于碰撞反弹和速度的突变，$A_1$ 和 $A_2$ 之间存在间隙。

第五阶段，$A_3$ 碰撞 $A_4$：当 $t = 3.72$ μs 时，$A_3$ 以 140.06 m/s 的速度与 $A_4$ 碰撞，由于 $A_4$ 被固定，反弹力较大，$A_3$ 开始反向运动，当 $t = 3.85$ μs 时，其速度达到–75.21 m/s。

第六阶段，$A_2$ 第二次碰撞 $A_3$，$A_3$ 在 $A_4$ 和 $A_2$ 之间来回反弹：当 $t = 3.82$ μs 时，$A_2$ 加速至 187.25 m/s，$A_3$ 的速度为–38.76 m/s，$A_2$ 和 $A_3$ 发生了对撞，相对速度为 226.01 m/s。

第七阶段，$A_1$ 第三次碰撞 $A_2$：当 $t = 4.02$ μs 时，$A_1$ 以 186.07 m/s 的速度碰撞 $A_2$，此时，$A_2$ 的速度为–43.34 m/s，两者发生了对撞且相对速度为 229.41 m/s。

此外，在 $A_2$ 被碰撞前，其速度具有明显的上升趋势，主要有两个方面的原因：一是空气流动产生的大气压强差使其加速；二是磁场屏蔽作用减弱，$A_2$ 受到一定程度的洛伦兹力而加速。

## 8.4.2　叠层板状工件电磁脉冲焊接影响因素

为进一步探究叠层板状工件电磁脉冲焊接效果及其影响因素，考虑板状工件电磁脉冲焊接的特性和装配误差后，实验中，铝合金板（极耳）采用 1060 铝，其尺寸为 90 mm×90 mm×0.1 mm，铜板（汇流排）采用 T2 紫铜，其尺寸为 100 mm×100 mm×1 mm。叠层极耳与汇流排电磁脉冲焊接工装仿真示意如图 8.24 所示，极耳间采用 0.1 mm 厚的绝缘垫片间隔。

当放电电压为 15 kV 且 I 型线圈截面宽度分别为 2.5 mm、5 mm 和 7.5 mm 时，叠层工件电磁脉冲焊接结果如表 8.3 所示，“√”表示实现焊接，“×”表示未实现焊接，其接头典型形貌如图 8.29 所示。

**表 8.3　叠层工件电磁脉冲焊接结果**

| 放电电压/kV | 线圈截面宽度/mm | 是否实现焊接 | | |
|---|---|---|---|---|
| | | $A_1$-$A_2$ | $A_2$-$A_3$ | $A_3$-$A_4$ |
| 15 | 2.5 | × | √ | √ |
| | 5.0 | √ | √ | √ |
| | 7.5 | √ | × | √ |

注：“√”表示实现焊接；“×”表示未实现焊接。

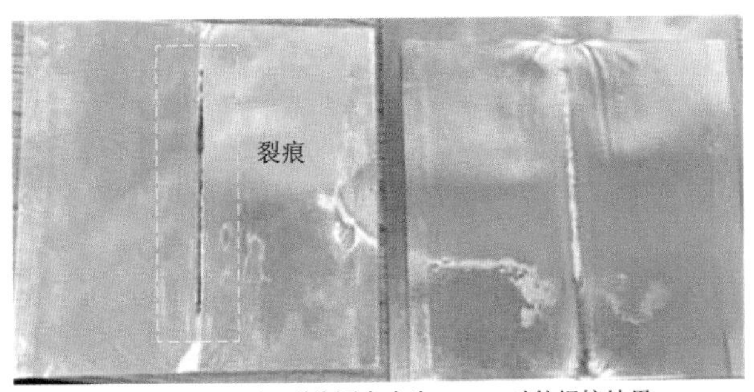


(a) 当I型线圈宽度为2.5 mm时的焊接结果

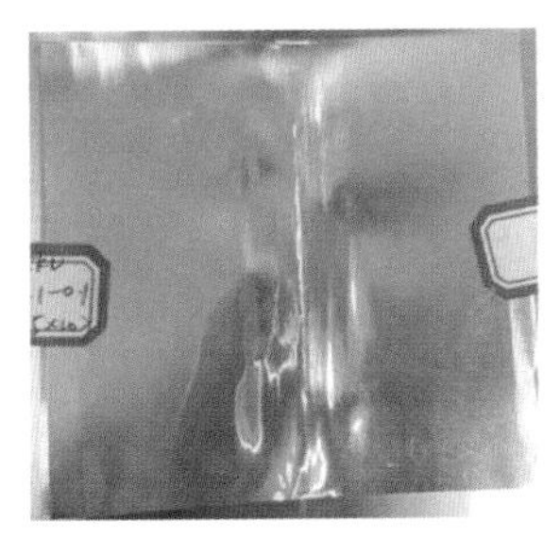

(b) 线圈宽度为5 mm时的焊接结果　(c) 线圈宽度为7.5 mm时的焊接结果

图 8.29　线圈截面宽度不同时叠层工件电磁脉冲焊接典型形貌

当线圈截面宽度为 2.5 mm 时，$A_2$-$A_3$ 和 $A_3$-$A_4$ 实现了焊接。$A_1$ 表面有一条明显的裂痕，其焊接区域的形状和颜色发生了明显变化，并伴有粉状物质脱落和附着在 $A_2$ 表面。分析认为这是由于回弹力过大和极耳部分熔化造成的。当线圈截面宽度为 5mm 时，各层极耳均实现了焊接。当线圈截面宽度为 7.5 mm 时，$A_1$-$A_2$ 与 $A_3$-$A_4$ 实现了焊接，但 $A_2$ 与 $A_3$ 之间焊接失败。因此，随着线圈截面宽度的减小，叠层工件更容易实现焊接，但因其太小容易产生裂痕。

叠层工件接头表面焊接区也为一个多层扁平椭圆。椭圆的中轴线在焊接区内最宽，采用游标卡尺测量三个样品并求其平均宽度，结果如表 8.4 所示。焊接区宽度略大于线圈截面宽度，且线圈截面宽度越宽，焊接区越宽，两者之差也越大。

**表 8.4　叠层工件电磁脉冲焊接结果**

| 线圈截面宽度/mm | 焊接区宽度/mm |
| --- | --- |
| 2.5 | 3.05 |
| 5 | 5.92 |
| 7.5 | 8.71 |

焊接区也是铝极耳的塑性变形区，与碰撞速度和碰撞角度相关，均受线圈截面宽度的影响。如图 8.30（a）所示，在极耳 $A_3$ 中，$P_{msb}$ 为极耳间的初始碰撞位置，$P_{msf1}$ 和 $P_{msf2}$ 为碰撞后最终位移停止位置。如图 8.30（b）所示，在极耳 $A_3$ 中，$P_{mwb}$ 为线圈截面变宽时极耳间的初始碰撞位置，$P_{mwf1}$ 和 $P_{mwf2}$ 为碰撞后最终位移停止位置。从图中可知，随着线圈截面宽度的变化，焊接区宽度也会发生变化，其中，$w_{msi}$ 和 $w_{mwi}$ 为初始塑性变形区域宽度，$w_{msf}$ 和 $w_{mwf}$ 为最终塑性变形区域宽度。当线圈截面变宽时，$w_{mwi}$ 和 $w_{mwf}$ 变宽。在焊接过程中，初始碰撞角 $\alpha_{ms1}$ 和 $\alpha_{mw1}$ 减小到最终碰撞角 $\alpha_{ms2}$ 和 $\alpha_{mw2}$。由于图 8.30（b）的线圈截面宽度比图 8.30（a）的宽，$\alpha_{ms1} > \alpha_{mw1}$ 且 $\alpha_{ms2} < \alpha_{mw2}$，所以当线圈截面宽度越宽时，碰撞角的变化范围越大。根据前面内容所述，在焊接窗口中，每个碰撞速度都有对应的碰撞角度范围。碰撞速度越大，对应的碰撞角度范围也越大[14-16]。当线圈截面宽度较小时，初始碰撞较大，碰撞角度较小，碰撞速度范围较大。因此，线圈截面越宽，$V_c$-$\beta$ 轨迹曲线在焊接窗口内停留的时间越长。相应的结合界面长度较长，意味着更容易实现电磁脉冲焊接。

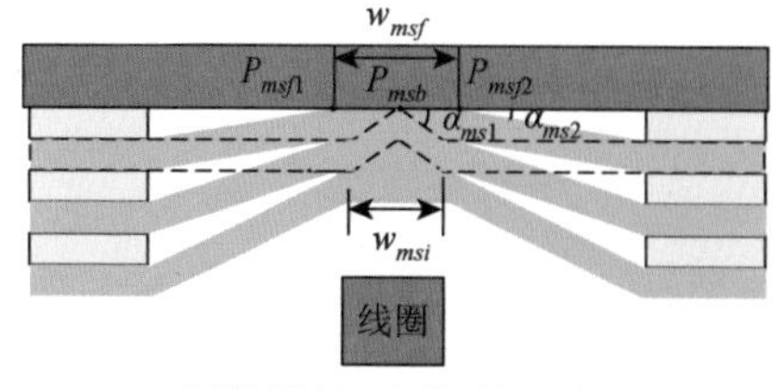

(a) 窄线圈作用下焊接过程示意图

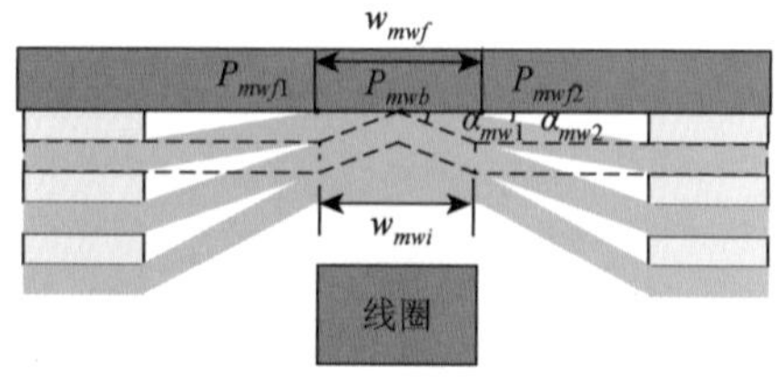

(b) 宽线圈作用下焊接过程示意图

图 8.30　线圈截面宽度不同时焊接过程示意图

进一步地，为测试叠层极耳电磁脉冲焊接接头的力学性能，在 SANS 万能试验机上进行了 $A_1$-$A_2$、$A_2$-$A_3$ 和 $A_3$-$A_4$ 的拉伸试验。选取放电电压为 15 kV、线圈宽度为 5 mm 的焊接试样进行测试，测试过程如图 8.31 所示。在拉伸试验中，设置拉伸速率为 1 mm/min，分别测试 $A_1$-$A_2$、$A_2$-$A_3$ 和 $A_3$-$A_4$ 的力学性能。当拉伸力达到 0.104 kN 时，$A_1$ 从电磁脉冲焊接接头中剥离脱落，如图 8.32（a）所示。当拉伸力达到 0.805 kN 和 0.864 kN 时，极耳 $A_2$ 与 $A_3$ 断裂，如图 8.32（b）和（c）所示，表明电磁脉冲焊接接头的力学性能高于母材（铝合金板）。因此，叠层极耳电磁脉冲焊接接头也存在两种破坏模式：极耳脱落与极耳断裂。

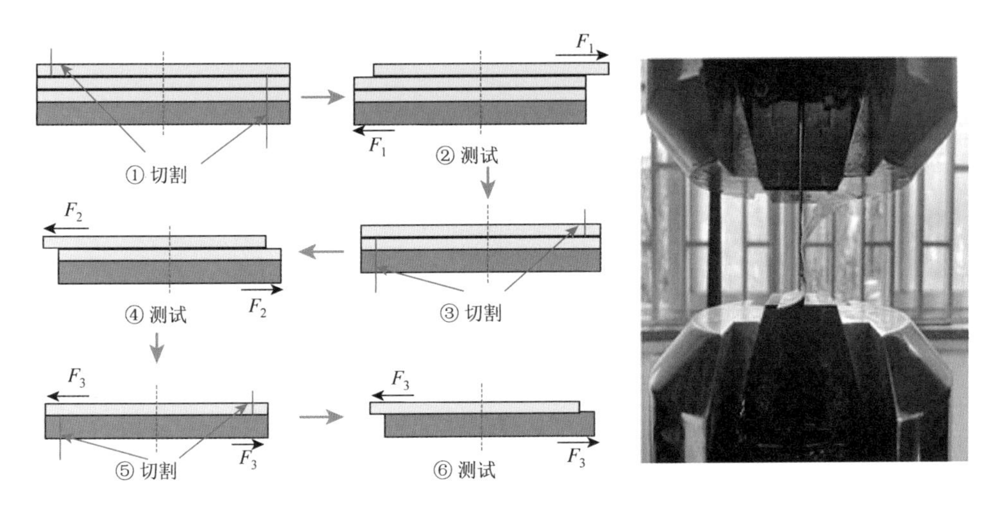


图 8.31　线圈截面宽度不同时焊接过程示意图

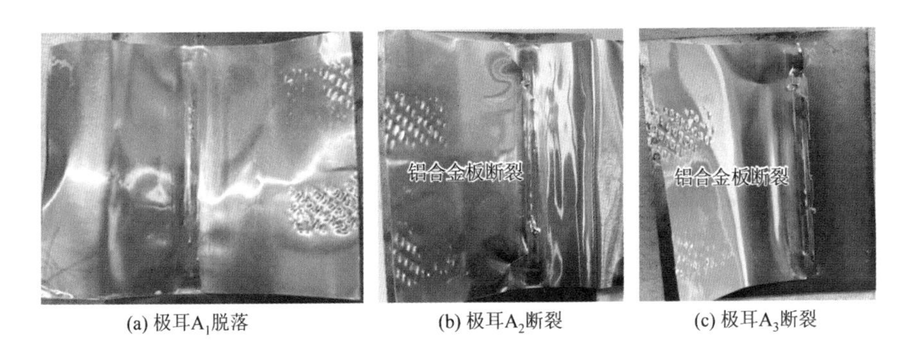


(a) 极耳$A_1$脱落　(b) 极耳$A_2$断裂　(c) 极耳$A_3$断裂

图 8.32　叠层极耳电磁脉冲焊接接头拉伸测试失效模式

为探究放电电压对电磁脉冲焊接叠层极耳的影响规律，将放电电压设置为 11～15 kV，步长为 1 kV，线圈宽度和高度分别为 5 mm 和 10 mm，极耳间距设置为 0.1 mm，其结果如表 8.5 所示，“√”表示实现焊接，“×”表示未实现焊接。

**表 8.5　不同放电电压下极耳的焊接情况**

| 厚度/mm | 间距/mm | 线圈宽度/mm | 电压/kV | 是否实现焊接 | | |
|---|---|---|---|---|---|---|
| | | | | $A_1$-$A_2$ | $A_2$-$A_3$ | $A_3$-$A_4$ |
| 0.1 | 0.1 | 5 | 11 | × | × | √ |
| 0.1 | 0.1 | 5 | 12 | × | × | √ |

续表

| 厚度/mm | 间距/mm | 线圈宽度/mm | 电压/kV | 是否实现焊接 | | |
|---|---|---|---|---|---|---|
| | | | | $A_1$-$A_2$ | $A_2$-$A_3$ | $A_3$-$A_4$ |
| 0.1 | 0.1 | 5 | 13 | √ | × | √ |
| 0.1 | 0.1 | 5 | 14 | √ | √ | √ |
| 0.1 | 0.1 | 5 | 15 | √ | √ | √ |

注：“√”表示实现焊接；“×”表示未实现焊接。

为研究极耳厚度对焊接效果的影响，在极耳间距为 0.1 mm、线圈宽度为 5 mm、放电电压为 15 kV 的条件下，开展了极耳厚度分别为 0.1 mm、0.15 mm、0.2 mm、0.3 mm 和 0.5 mm 的焊接实验，结果如表 8.6 所示，“√”表示实现焊接，“×”表示未实现焊接。

**表 8.6　不同厚度极耳的焊接情况**

| 厚度/mm | 间距/mm | 线圈宽度/mm | 电压/kV | 是否实现焊接 | | |
|---|---|---|---|---|---|---|
| | | | | $A_1$-$A_2$ | $A_2$-$A_3$ | $A_3$-$A_4$ |
| 0.1 | 0.1 | 5 | 15 | √ | √ | √ |
| 0.15 | 0.1 | 5 | 15 | √ | √ | √ |
| 0.2 | 0.1 | 5 | 15 | √ | √ | √ |
| 0.3 | 0.1 | 5 | 15 | √ | × | × |
| 0.5 | 0.1 | 5 | 15 | √ | × | × |

注：“√”表示实现焊接；“×”表示未实现焊接。

为研究极耳间距对焊接效果的影响，在极耳厚度为 0.1 mm、线圈宽度为 5 mm、放电电压为 15 kV 的条件下，分别开展了极耳间距为 0.1 mm、0.2 mm、0.3 mm、0.4 mm 和 0.5 mm 的焊接实验，结果如表 8.7 所示，“√”表示实现焊接，“×”表示未实现焊接。

**表 8.7　不同间距下极耳的焊接情况**

| 厚度/mm | 间距/mm | 线圈宽度/mm | 电压/kV | 是否实现焊接 | | |
|---|---|---|---|---|---|---|
| | | | | $A_1$-$A_2$ | $A_2$-$A_3$ | $A_3$-$A_4$ |
| 0.1 | 0.1 | 5.0 | 15 | √ | √ | √ |
| 0.1 | 0.2 | 5.0 | 15 | × | √ | √ |
| 0.1 | 0.3 | 5.0 | 15 | × | √ | √ |
| 0.1 | 0.4 | 5.0 | 15 | × | × | √ |
| 0.1 | 0.5 | 5.0 | 15 | × | × | √ |

注：“√”表示实现焊接；“×”表示未实现焊接。

### 8.4.3　板状工件电磁脉冲焊接接头逐层微观形貌

为进一步研究叠层板状工件电磁脉冲焊接结合机理，以焊接方向沿中轴线切割多层铝合金-铜板电磁脉冲焊接接头，采用台式显微镜（型号：日立-TM4000Plus Ⅱ）逐层分析，其截面微观形貌如图 8.33 所示。与单层铜-铝合金板电磁脉冲焊接接头相同[17]，叠层工件电磁脉冲焊接接头每层横截面也可分为 5 个区域，对焊缝区长度进行测量，结果如图 8.34（a）所示。焊接区长度越长，该层接头的力学性能越好，如图 8.30 所示。焊接区长度与碰撞角和碰撞速度有关[18]。当多层铝合金板与铜板碰撞时，$A_1$、$A_2$ 和 $A_3$ 几乎以相同的碰撞速度一起运动。$A_3$ 与 $A_4$ 发生碰撞时，碰撞速度和碰撞角度均在适当范围内。然而，$A_2$ 与 $A_3$、$A_1$ 与 $A_2$ 的运动区域紧密接触，因而碰撞角较小，如图 8.34（b）所示。当 $A_3$ 与 $A_4$ 发生碰撞时，$A_3$ 的中心区域发生反弹[19, 20]，为 $A_2$ 与 $A_3$ 之间的焊接提供了空间。$A_2$ 和 $A_1$ 之间的间隙也是由反弹产生的，但反弹产生的碰撞角小于 $A_3$ 与 $A_4$ 之间的碰撞角。因此，$A_3$ 和 $A_4$ 结合界面焊接区最长。

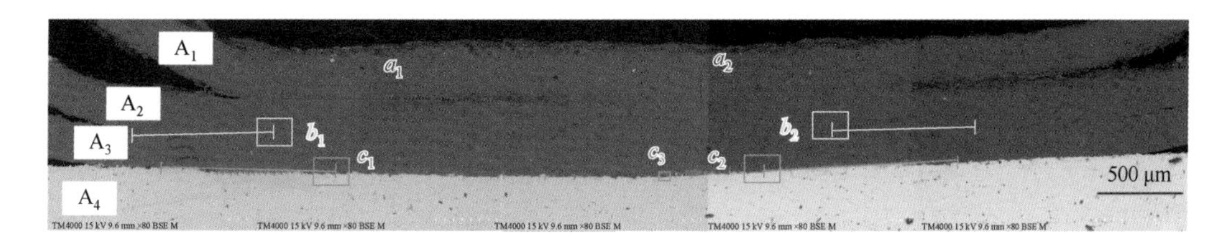


图 8.33 叠层极耳电磁脉冲焊接结合界面整体形貌

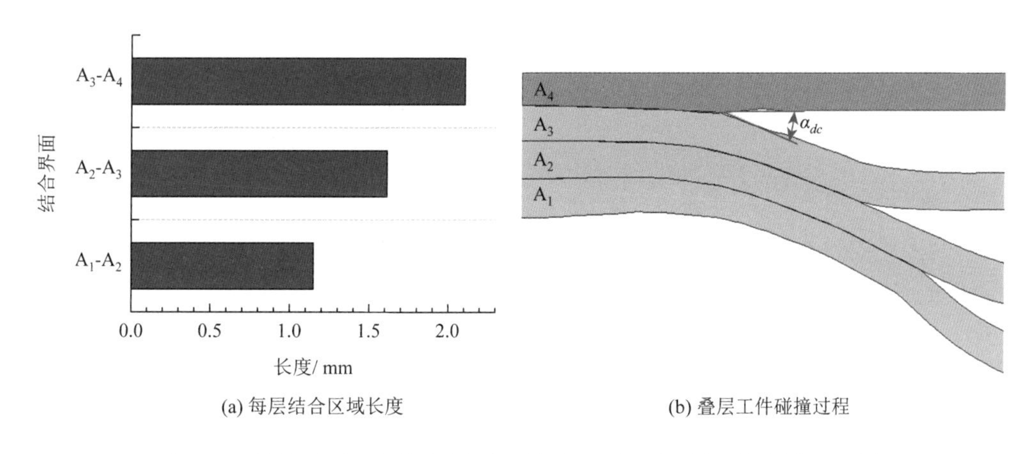


(a) 每层结合区域长度 (b) 叠层工件碰撞过程

图 8.34 叠层极耳电磁脉冲焊接每层结合区域长度及其碰撞过程示意图

图 8.35（a）为铝合金与铝合金（$A_1$-$A_2$）的结合界面，其位于未焊区与焊接区的边界。未焊区存在非连续的间隙，且 $A_1$ 和 $A_2$ 的间隙构成波纹状的边界轮廓。$A_1$ 和 $A_2$ 材料均为 1060 铝合金，力学性能相似，因此，受冲击的材料首先在其中一侧发生塑性变形，同时发生加工硬化，并随着变形的增大而强化。当硬化超过另一侧时，另一侧材料开始变形，反复交替，呈现出波纹状[21]。在焊接区中，材料结合程度很高，未出现明显的边界轮廓，但在焊接区发现了一些微孔。在电磁脉冲焊接过程中，结合界面可以达到高于铝的熔点（660℃）的温度[22]。由于熔体体积相对于界面处母材的体积非常小，界面处金属熔化并迅速凝固，凝固过程中产生了微孔。EDS 面扫描结果表明，焊接区内没有明显

的裂纹和间隙，该区域内 $A_1$ 和 $A_2$ 形成了一个整体。图 8.35（b）显示了铝合金与铝合金（$A_2$-$A_3$）的结合界面，同样是未焊区与焊接区的边界。在未焊区也可以看到不连续的边界轮廓。$A_2$-$A_3$ 界面焊接区域的冶金结合紧密，无明确的边界轮廓。EDS 面扫描结果也表明，焊接区内无明显的裂纹和缝隙，相互间形成了一个整体。

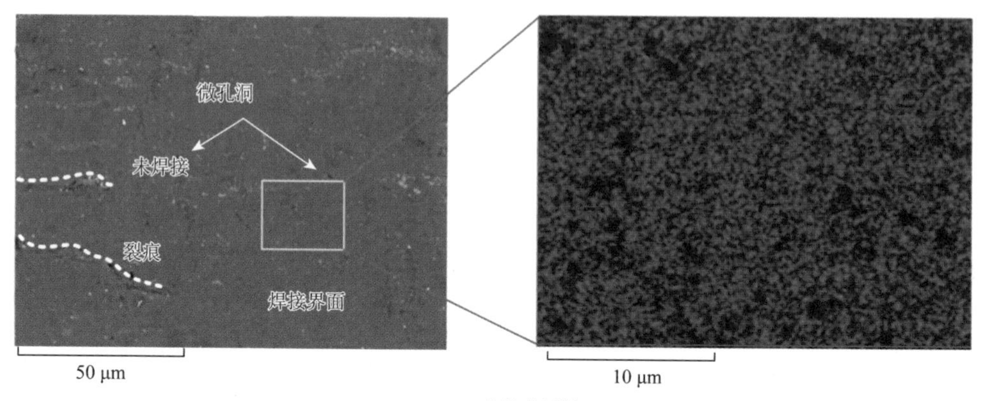


(a) $A_1$-$A_2$的结合区域

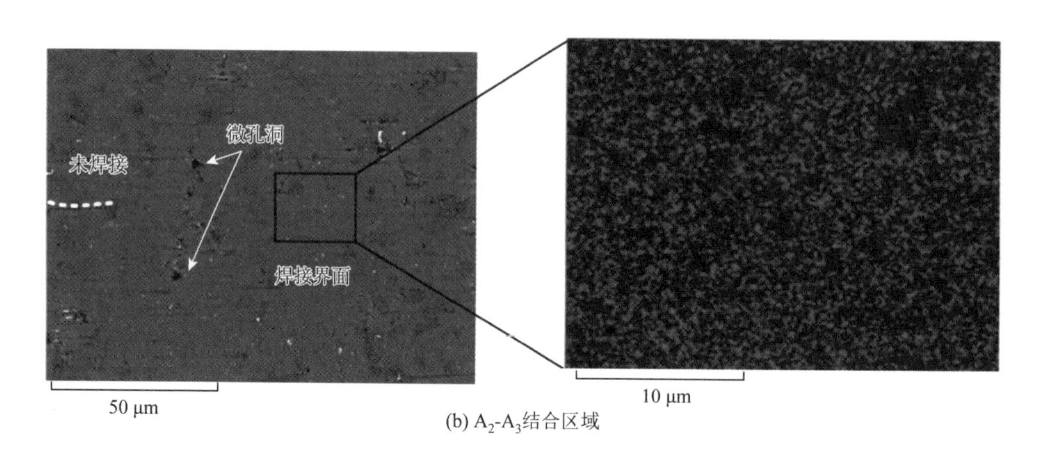


(b) $A_2$-$A_3$结合区域

图 8.35　铝合金极耳间结合界面及其面扫描结果

极耳 $A_4$（铝合金板）与铜汇流排（铜板）的电磁脉冲焊接结合界面微观结构及元素分布如图 8.36 所示。在铜-铝合金板电磁脉冲焊接区内无明显间隙，且发现了平直界面、波纹界面和涡旋界面三种典型形貌。波纹界面和涡旋界面均显示其获得了良好的焊缝[23]。涡旋界面可形成机械互锁结构效应，可提高结合强度，而平直界面的强度通常低于波纹界面或涡旋界面[24]。EDS 线扫描结果表明，元素分布从铜板侧向铝合金板侧发生了变化：铜元素含量处于较高水平并趋于稳定，在结合界面附近逐渐下降到几乎为零，而铝元素的变化规律与铜元素相反。对比三种典型结合界面的 EDS 线扫描结果可知，此条件下叠层极耳与铜汇流排电磁脉冲焊接铜-铝结合界面中，铜和铝的含量在波动范围内变化均匀，没有明显的平台区域，表明未产生金属间化合物，或者金属间化合物太少，难以准确检测。平直界面、波纹界面和涡旋界面的扩散区宽度分别为 0.76 μm、2.38 μm 和

2.73 μm，在铜-铝结合界面处形成一定的斜率，表明在叠层工件电磁脉冲焊接过程中塑性变形和高速碰撞引起的高温高压作用下，结合界面两侧的元素发生了扩散行为，元素扩散一定程度上促进了铜-铝结合界面的冶金结合，且涡旋界面的扩散宽度最大，说明此处金属塑性流动强烈，可促进元素扩散形成冶金结合。

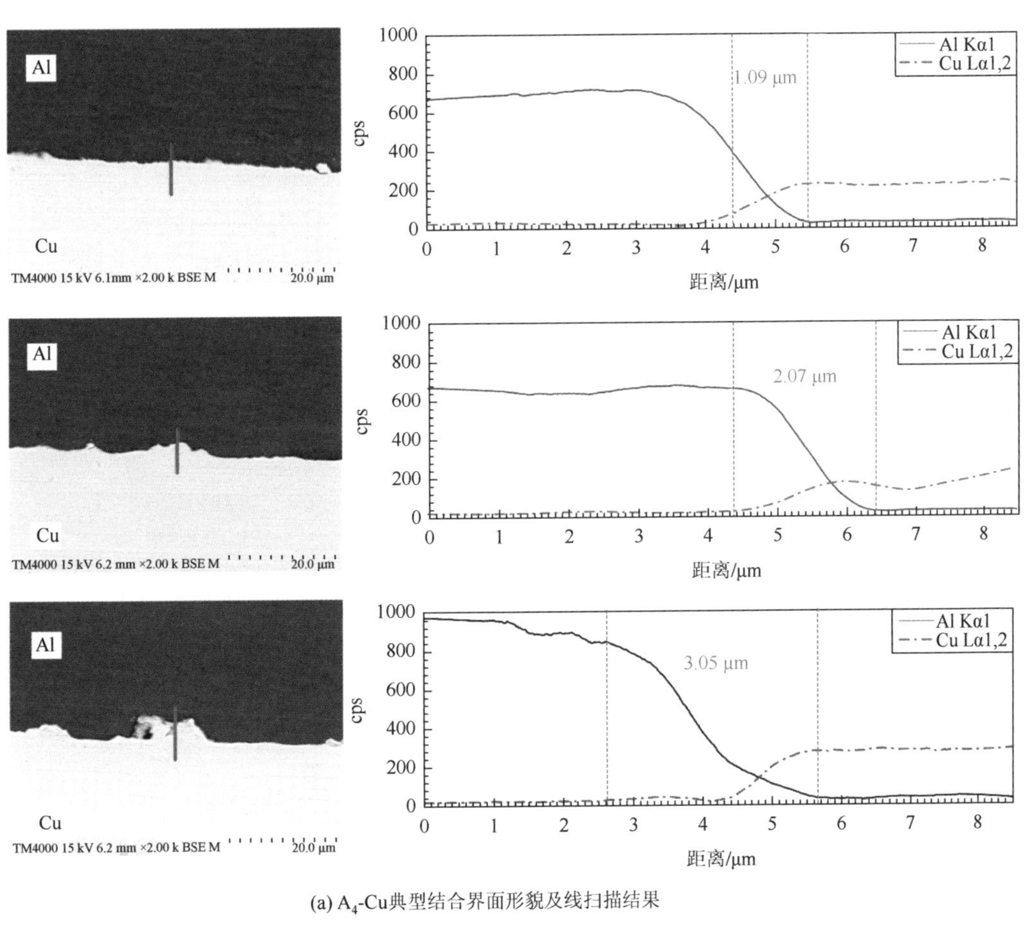


(a) $A_4$-Cu典型结合界面形貌及线扫描结果

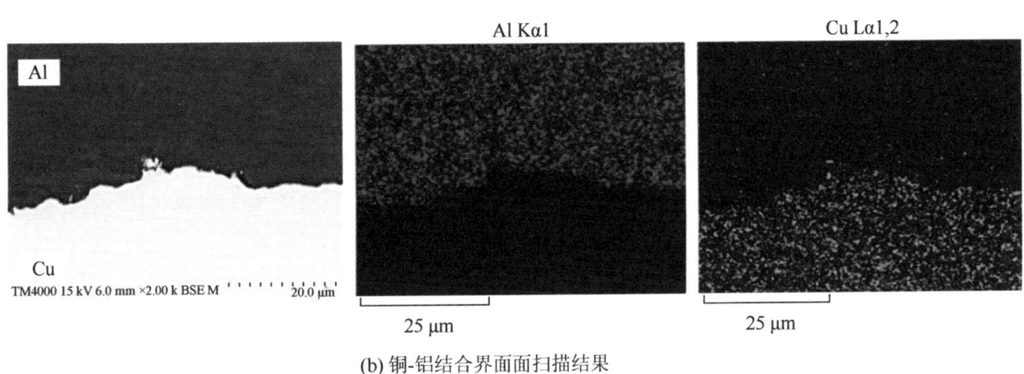


(b) 铜-铝结合界面面扫描结果

图 8.36　铝合金极耳 $A_4$ 与铜汇流排之间结合界面元素分布

cps 表示谱图采集计数率，无单位

### 8.4.4　具有梯度通孔的叠层板状工件电磁脉冲焊接

锂离子电池生产过程中，极片都是紧密堆叠的，极耳之间缺少加速空间，在 8.4.1 节～8.4.3 节电磁脉冲焊接叠层极耳过程中，均采用了垫片为极耳提供塑性变形、加速运动的空间（焊接间隙）。然而，垫片的放置和回收都增加了电磁脉冲焊接的复杂程度和工序。为了解决这个问题，重庆大学先进电磁制造团队提出了一种应用于多层铜板与铝合金板电磁脉冲焊接的梯度通孔结构，使得多层铜板与铝合金板在没有垫片的情况下也可以实现可靠结合。

具有梯度通孔的叠层工件电磁脉冲焊接具体过程如图 8.37 所示，在叠层工件待连接区域引入半径梯度递减的通孔构造圆台凹槽，采用铝合金板作为飞板（飞板的塑性变形大，不宜用极耳作为飞板，故单独采用一块铝合金板作为飞板）先与汇流排焊接，随后沿凹槽斜面与各层极耳依次碰撞，飞板与极耳间产生接触界面塑性流动速度差异，并逐层驱动极耳运动使层间接触界面塑性流动形成较大的速度差异，在水平方向与垂直方向同时形成波纹界面，扩大焊接面积，实现可靠冶金结合。

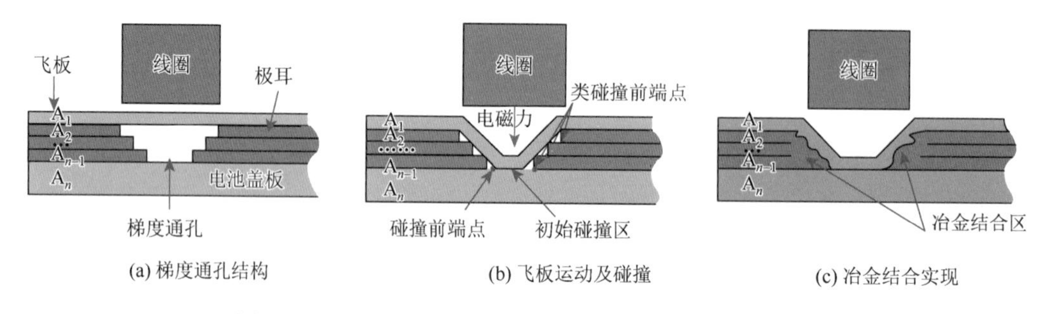


图 8.37　具有梯度通孔的叠层板状工件电磁脉冲焊接示意图

为验证具有梯度通孔的叠层工件电磁脉冲焊接方法的可靠性，开展了具有梯度通孔的叠层板状工件电磁脉冲焊接实验，并与电磁脉冲直接焊接叠层板状工件的实验结果进行对比，实验中，采用 300 μm 的紫铜箔代表极耳、1 mm 的铝合金板代表飞板与汇流排。实验方式及其结果如图 8.38 所示。图 8.38（a）中，铝合金板仅与最外层的铜箔 $A_1$ 实现了焊接，其余铜箔没有实现焊接。而在图 8.38（b）中，铝合金板（飞板）通过通孔与底层铝合金板（基板）实现了焊接，并使铜箔 $A_1$、$A_2$、$A_3$ 之间紧密连接。

采用 SEM 与 EDS 进一步分析结合界面的微观形貌与元素分布，其结果如图 8.39 所示。铝合金板之间、铜箔之间、铜箔与铝合金板之间均形成了冶金结合，还观测到了电磁脉冲焊接所产生的特殊波纹界面，该界面增大了接触面积，可提高拉伸强度、降低接触电阻。由面扫描结果可知，铜箔与铜箔形成了整体，没有明显的界限和金属间化合物层。由此表明，该方法可实现极耳与汇流排这类叠层工件的电磁脉冲焊接，符合实验预期结果。

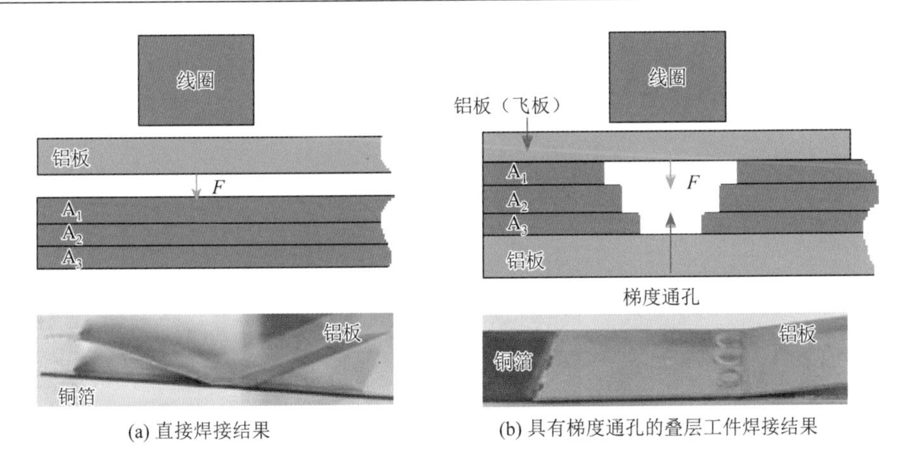


(a) 直接焊接结果　　(b) 具有梯度通孔的叠层工件焊接结果

图 8.38　电磁脉冲焊接叠层工件预研及结果

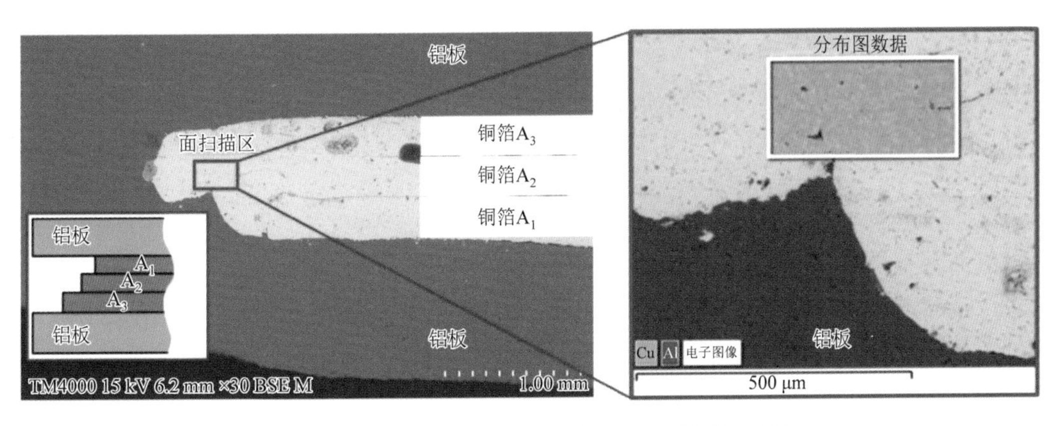


图 8.39　电磁脉冲焊接叠层工件结合界面的微观形貌

此外，还开展了具有直孔的叠层工件电磁脉冲焊接，并与具有梯度通孔的叠层工件电磁脉冲焊接结果对比。实验中，采用了 4 层 0.3 mm 铝合金板替代铝极耳，1 mm 紫铜板替代汇流排，飞板为 1 mm 的铝合金板，放电电压设置为 15 kV，线圈采用 I 型线圈，焊接结果如图 8.40 所示。图 8.40（a）为具有直孔的叠层工件电磁脉冲焊接接头横截面，在飞板与孔壁之间存在明显的孔隙，图 8.40（b）为具有梯度通孔的叠层工件电磁脉冲焊接接头横截面，未见明显的孔隙。采用 SEM 对比分析其横截面右侧区域微观形貌，结果如图 8.41 所示。从图中可见，在直孔作用下，叠层铝合金板形成了紧密贴合，板件间的边界轮廓明显，而在梯度通孔作用下，靠近接头区域叠层铝合金板相互间没有明显边界

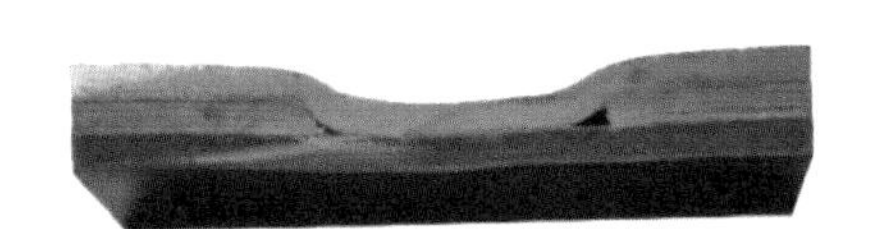

(a) 具有直孔的叠层工件电磁脉冲焊接接头截面

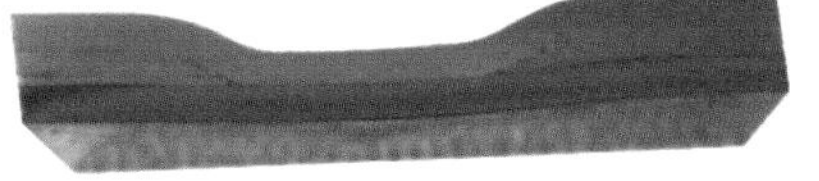

(b) 具有梯度通孔的叠层工件焊接接头截面

图 8.40　通孔结构对电磁脉冲焊接叠层工件的影响

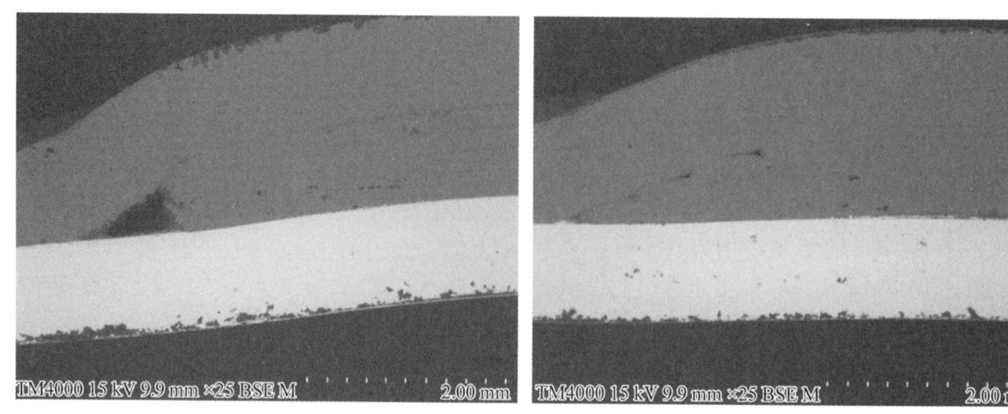


(a) 具有直孔的叠层工件电磁脉冲焊接接头形貌

(b) 具有梯度通孔的叠层工件焊接接头形貌

图 8.41　通孔结构对叠层工件电磁脉冲焊接接头微观形貌的影响

轮廓，与接头较远的区域则存在边界轮廓。此外，在直孔顶角处，飞板由于应力集中产生了较大的塑性变形，而对于梯度通孔而言，未见明显的塑性变形。

进一步分析叠层工件中铝合金-铝合金板结合界面、铝合金-铜板结合界面，各层微观形貌如图 8.42 所示。铝合金飞板 $A_0$ 与铜汇流排板之间形成了涡旋状的结合界面，如图 8.42(a)所示，表明两者实现了良好的冶金结合。飞板 $A_0$ 与铝合金极耳 $A_1$ 之间存在一个非连续的边界轮廓，轮廓中有部分区域实现了焊接，如图 8.42（b）所示。铝合金极耳 $A_1$ 与 $A_2$ 之间、铝合金极耳 $A_2$ 与 $A_3$ 之间的边界轮廓并不明显，铝合金之间的结合区域面积更大，分别如图 8.42（c）和（d）所示。铝合金极耳 $A_3$ 与 $A_4$ 之间的边界轮廓明显，但未见明显的间隙，如图 8.42（e）所示。铝合金极耳 $A_4$-铜汇流排之间的结合形貌与飞板 $A_0$-铜汇流排之间的结合形貌不同，存在部分非连续的间隙，如图 8.42（f）所示。

飞板 $A_0$ 与铝合金极耳（$A_3$ 与 $A_4$）之间的微观形貌如图 8.43 所示，各部分的边界轮廓较为明显，在飞板 $A_0$ 与铝合金极耳之间的间隙内，夹杂着部分金属颗粒，白色球状颗粒推断为铜，其余则为铝，飞板 $A_0$ 与铜汇流排剧烈碰撞过程中，产生了金属射流并沿着梯度通孔运动，因而在飞板 $A_0$ 与 $A_3$ 的间隙中也存在金属射流颗粒，表明梯度通孔结构可为金属射流提供运动通道。

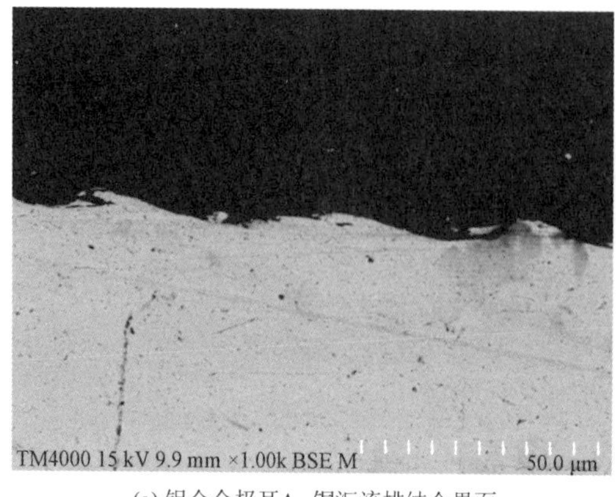


(a) 铝合金极耳$A_0$-铜汇流排结合界面

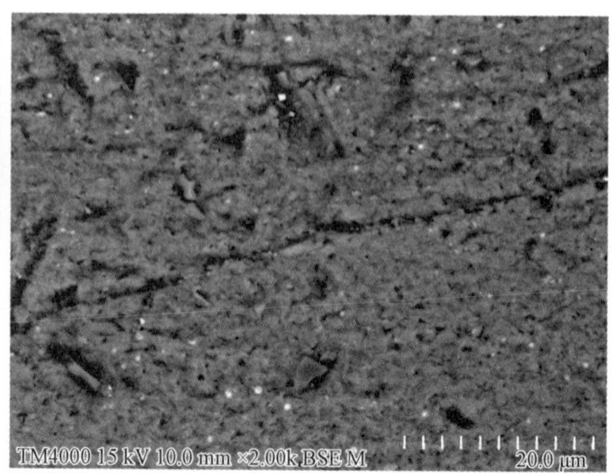


(b) 铝合金极耳$A_0$-$A_1$结合界面

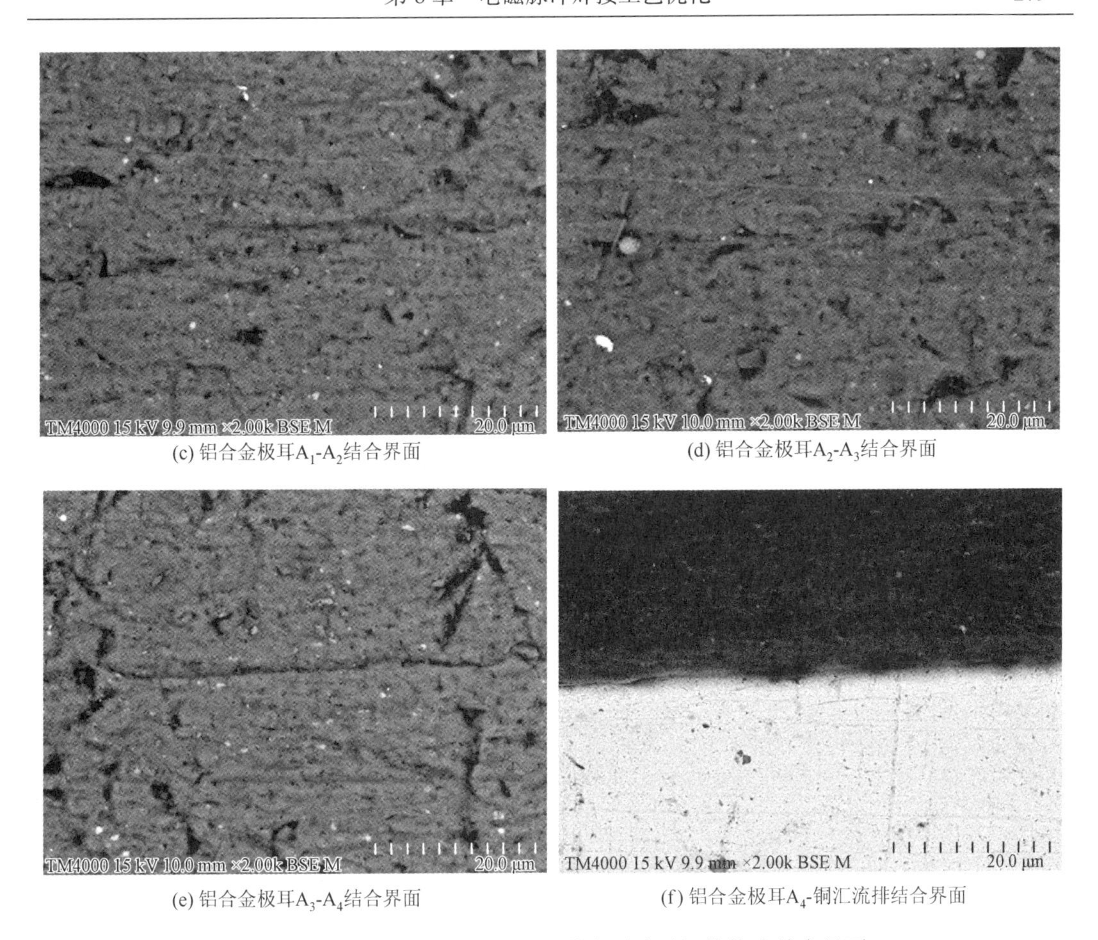


(c) 铝合金极耳$A_1$-$A_2$结合界面

(d) 铝合金极耳$A_2$-$A_3$结合界面

(e) 铝合金极耳$A_3$-$A_4$结合界面

(f) 铝合金极耳$A_4$-铜汇流排结合界面

图 8.42　具有梯度通孔的叠层工件电磁脉冲焊接接头结合界面

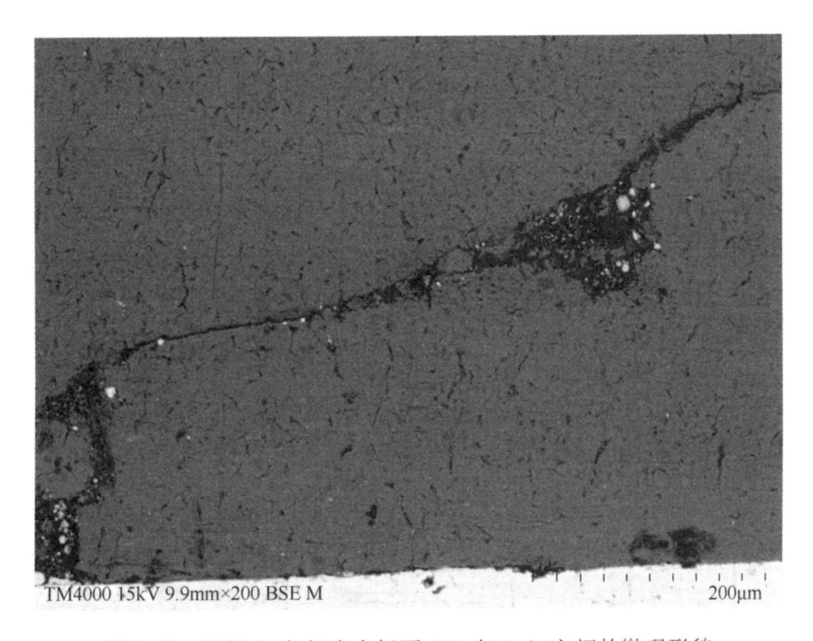


图 8.43　飞板 $A_0$ 与铝合金极耳（$A_3$ 与 $A_4$）之间的微观形貌

上述分析表明，所提出的基于梯度通孔的叠层工件电磁脉冲焊接方法具有可行性，但在焊接参数的选取与驱动器的优化方面还需要进一步深入研究。

## 参考文献


[1] 李成祥，杜建，周言，等. 电磁脉冲板件焊接设备研制及镁/铝合金板焊接实验研究[J]. 电工技术学报，2021，36（10）：2018-2027.

[2] Cui J J，Sun T，Geng H H，et al. Effect of surface treatment on the mechanical properties and microstructures of Al-Fe single-lap joint by magnetic pulse welding[J]. The International Journal of Advanced Manufacturing Technology，2018，98（5）：1081-1092.

[3] Wu H，Li C X，Zhou Y，et al. Study of electromagnetic pulse spot welding technology without gasket for Electric Vehicle[J]. Energy Reports，2022，8：1457-1462.

[4] 柳泉潇潇，朱佳佩，崔俊佳. 焊接间隙对铝合金薄板磁脉冲点焊接头组织和力学性能的影响[J]. 航空制造技术，2020，63（21）：14-20.

[5] Manogaran A P，Manoharan P，Priem D，et al. Magnetic pulse spot welding of bimetals[J]. Journal of Materials Processing Technology，2014，214（6）：1236-1244.

[6] Khalil C，Marya S，Racineux G. Magnetic pulse welding and spot welding with improved coil efficiency—Application for dissimilar welding of automotive metal alloys[J]. Journal of Manufacturing and Materials Processing，2020，4（3）：69.

[7] 吴浩. 电磁脉冲板件焊接平板集磁器的优化设计与实验研究[D]. 重庆：重庆大学，2022.

[8] 范治松. Al/Fe 双金属管磁脉冲复合变形行为及界面微观结构形成机制[D]. 哈尔滨：哈尔滨工业大学，2016.

[9] Shawm Lee S，Hyung Kim T，Jack Hu S，et al. Characterization of joint quality in ultrasonic welding of battery tabs[J]. Journal of Manufacturing Science and Engineering，2013，135（2）：021004.

[10] Haddadi F. Microstructure reaction control of dissimilar automotive aluminium to galvanized steel sheets ultrasonic spot welding[J]. Materials Science and Engineering：A，2016，678：72-84.

[11] Dhara S，Das A. Impact of ultrasonic welding on multi-layered Al-Cu joint for electric vehicle battery applications：A layer-wise microstructural analysis[J]. Materials Science and Engineering：A，2020，791：139795.

[12] 毛璟祺. 锂离子动力电池极耳磁脉冲连接数值模拟与工艺研究[D]. 长沙：湖南大学，2020.

[13] Wu Y D，Liu H H，Li Y B. Joining multiple-layer Al-Cu thin foils by a novel resistance rolling welding method for battery application[J]. Journal of Manufacturing Processes，2022，84：718-726.

[14] Jansen A N，Amine K，Newman A E，et al. Low-cost，flexible battery packaging materials[J]. The Journal of the Minerals，Metals & Materials Society，2002，54（3）：29-32.

[15] 石鑫. 电磁脉冲焊接双 H 型线圈的优化设计与实验研究[D]. 重庆：重庆大学，2021.

[16] Raoelison R N，Racine D，Zhang Z，et al. Magnetic pulse welding：Interface of Al/Cu joint and investigation of intermetallic formation effect on the weld features[J]. Journal of Manufacturing Processes，2014，16（4）：427-434.

[17] Li C X，Zhou Y，Wang X M，et al. Influence of discharge current frequency on electromagnetic pulse welding[J]. Journal of Manufacturing Processes，2020，57：509-518.

[18] Zhou Y，Li C X，Shi X，et al. Evaluation model of electromagnetic pulse welding effect based on Vc-β trajectory curve[J]. Journal of Materials Research and Technology，2022，20：616-626.

[19] Li C X，Zhou Y，Shi X，et al. Magnetic field edge-effect affecting joint macro-morphology in sheet electromagnetic pulse welding[J]. Materials and Manufacturing Processes，2020，35（9）：1040-1050.

[20] Yu H P，Dang H Q. Mechanical properties and interface morphology of magnetic pulse-welded Al-Fe tubes with preset geometric features[J]. The International Journal of Advanced Manufacturing Technology，2022，123：2853-2868.

[21] Cao Y，Yang S，Xia M. Research on Al-Al electromagnetic pulse welding technology and mechanism[J]. Hot Working Technology，2020，49（9）：50-58.

[22] Li J S，Sapanathan T，Raoelison R N，et al. On the complete interface development of Al/Cu magnetic pulse welding via experimental characterizations and multiphysics numerical simulations[J]. Journal of Materials Processing Technology，2021，296：117185.

[23] Lee T，Zhang S Y，Vivek A，et al. Wave formation in impact welding：Study of the Cu–Ti system[J]. CIRP Annals，2019，68（1）：261-264.

[24] Lu Z Y，Gong W T，Chen S J，et al. Interfacial microstructure and local bonding strength of magnetic pulse welding joint between commercially pure aluminum 1060 and AISI 304 stainless steel[J]. Journal of Manufacturing Processes，2019，46：59-66.